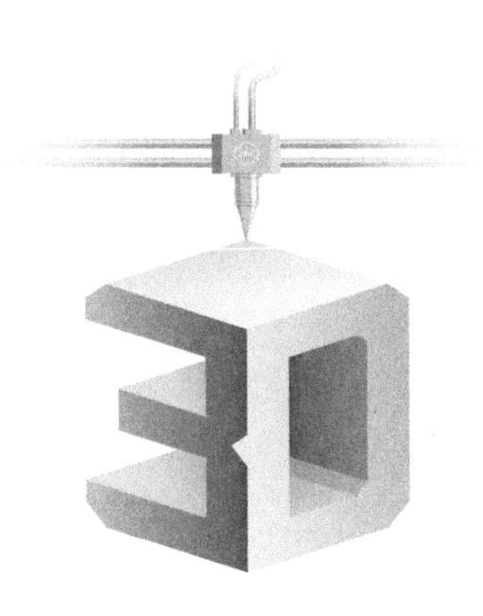

3D打印实用技术

中国矿业大学金属材料与加工系　组织编写
王延庆　张存生　郝敬宾　刘新华　等 编 著

·北京·

内容简介

本书根据 3D 打印物理层积三维结构的基本单元，将 3D 打印技术分为零维光斑点、零维粉末点、一维线和二维面四大类型，在梳理 3D 打印技术发展历程及相关政策等知识的基础上，详细介绍了 14 种 3D 打印工艺的实物模型案例、专利信息、工艺过程、主要特点、所用材料、典型应用以及各自的发展等内容。每种工艺辅以新颖的打印实例，分析其创新思路及相关研究进展，并指出工艺的发展方向。同时本书还介绍了最新的 4D/5D 打印技术以及 3D 打印相关标准和专利。本书理论与实践相结合，实用性和前瞻性兼具，使读者能够真正掌握 3D 打印技术并将其应用于实际工作中。

本书全面系统，内容新颖，通俗易懂，逻辑清晰，适合机械制造、机械加工、3D 打印相关专业师生阅读参考，也可供 3D 打印相关行业工程技术人员使用。

图书在版编目（CIP）数据

3D 打印实用技术/中国矿业大学金属材料与加工系组织编写；王延庆等编著. —北京：化学工业出版社，2023.5（2024.6 重印）

ISBN 978-7-122-42757-1

Ⅰ. ①3… Ⅱ. ①中… ②王… Ⅲ. ①快速成型技术 Ⅳ. ①TB4

中国国家版本馆 CIP 数据核字（2023）第 016913 号

责任编辑：曾　越
责任校对：宋　玮
装帧设计：王晓宇

出版发行：化学工业出版社
（北京市东城区青年湖南街 13 号　邮政编码 100011）
印　　装：北京科印技术咨询服务有限公司数码印刷分部
787mm×1092mm　1/16　印张 17¾　字数 455 千字
2024 年 6 月北京第 1 版第 2 次印刷

购书咨询：010-64518888
售后服务：010-64518899
网　　址：http://www.cip.com.cn
凡购买本书，如有缺损质量问题，本社销售中心负责调换。

定　　价：89.80 元

编写人员名单

王延庆　张存生　郝敬宾　刘新华　王运赣　庄建军

吕云卓　邵漠宇　文世峰　向东清　崔万银　招　銮

英艺华　刘建业　杨卫明　孙金平　姜一帆　王　晗

张雪媛　吉　喆　潘　盈　贺　永　张营营　郝　凯

沙晓中　董冠文　燕国同　徐灵安　高瑞兰

序言

FOREWORD

3D 打印技术被称为制造业的第二次革命技术，其革命性在于完全突破传统等材、减材制造方式，通过材料逐点、逐线、逐层累积、增材的方式将数字模型逐渐制造成三维实体。显然，零维的点、一维的线和二维的层（或者面）是累积、增材获得最终三维实体的最小几何单元，如同一个细胞、一颗种子发育成长过程一样，3D 打印技术的累积、增材思想更加符合事物发展本质，顺应大自然规律。3D 打印技术诞生 30 余年以来，已经产生了十余种具体的工艺。

王延庆博士受化学工业出版社之邀完成的《3D 打印实用技术》一书，全面、详尽地介绍了多达十四种 3D 打印工艺，并紧扣累积、增材的思想和维度增加的原理，将其分为四大类，分别是零维光斑点成形工艺（SLA、Polyjet/Projet、CLIP、TPP）、零维粉末点成形工艺（SLS、3DP、SLM、LSF/LENS/LC）、一维线成形工艺（FDM、EBFF、DIW、NFDW）、二维面成形工艺（LOM、Solido）。该书还深入剖析每个工艺的相关专利信息，梳理各工艺发展、演进的脉络，同时还介绍了由 3D 打印内涵升级而产生的 4D/5D 打印技术、3D 打印的支撑技术——数字技术和激光技术以及我国在 3D 打印领域的前沿工作。该书为读者构建全面、系统的 3D 打印知识体系，并较好地展望 3D 打印的发展趋势，内容丰富全面，角度新颖独特，将为 3D 打印技术在我国的普及、发展和应用产生积极作用。

西安交通大学微制造专家 方亮教授

前言

3D 打印技术，即三维打印（Three Dimensional Printing）技术，其学术名称为增材制造（Additive Manufacturing）技术，目前正成为世界各国高度重视的战略性核心引擎技术。3D 打印技术通过材料逐点、逐线、逐层（或面）增加的方式将数字模型制造成三维实体。相较传统的等材制造、减材制造，3D 打印技术较好地体现了“积跬步而至千里”的增材思想。同时，3D 打印技术又是一种数字化驱动的使能技术，它能够以功能和性能的产品数字化设计为驱动和内核，完全突破常规制造和装配工艺的限制，并充分利用和发挥增材思想，甚至还可以灵活地数字化控制三维实体不同部位的形状、材料和特性，使三维实体既承载高密度的形状信息，又附加高分辨率的材料和物性信息，最终使三维实体呈现出完全超乎寻常的梯度结构和性能。总之，3D 打印技术可以摆脱传统制造技术对产品创新设计的禁锢和枷锁，自由地将产品性能最佳化作为创新设计的目标。

本书以“数字分层—物理层积”为主线，数字分层主要介绍造型、反求、模型网格化、模型切片等数字技术。物理层积部分作为本书的主体内容，紧扣 3D 打印累积、增材的思想和维度增加的原理，按照实现 3D 打印的基本几何单元，分别是零维光斑点、零维粉末点、一维线、二维面，介绍四大类型的 3D 打印工艺，总计十四个具体的 3D 打印工艺，分别介绍它们的专利信息、工艺过程、主要特点、应用领域、所用材料、衍生发展等。本书还介绍了 3D 打印内涵升级而产生的 4D/5D 打印技术，以及 3D 打印的支撑技术——数字技术和激光技术。本书充分挖掘各工艺专利所记载的重要创新点，以及国内外有关 3D 打印的标准所定义的权威信息，注重源头创新、源头信息的解析，同时突出我国前沿发展情况。

本书分为 8 章。第 1 章为概论，简述 3D 打印技术的概念、产生背景、发展历程、发展趋势、应用领域、典型分类等；第 2～3 章为 3D 打印的支撑技术——数字技术和激光技术；第 4～7 章介绍四大类型、十四种 3D 打印工艺，第 4 章介绍零维光斑点成形工艺，包括 SLA、Polyjet/Projet、CLIP、TPP，第 5 章介绍零维粉末点成形工艺，包括 SLS、3DP、SLM、LSF/LC/LENS，第 6 章介绍一维线成形工艺，包括 FDM、EBFF、DIW、NFDW，第 7 章介绍二维面成形工艺，包括 LOM、Solido；第 8 章介绍 4D/5D 打印技术。为了帮助读者更了解 3D 打印，本书收集了相关拓展阅读、工艺视频等资源，资料下载地址链接：https://pan.baidu.com/s/1QpCIsyTQMugNlVlmxXXEig（提取码：1218）。

本书由中国矿业大学王延庆确定全书架构，在前期讲义的基础上形成初稿，并经过其他编委会成员的补充完善形成终稿。华中科技大学王运赣教授编写第 1 章有关 3D 打印发展历程部分；大连交通大学的吕云卓教授编写第 1 章有关 3D 打印发展前景和趋势部分；中国矿业大学的张营营教授编写第 1 章有关 3D 打印分类标准部分；济南市技师学院高瑞兰编写第 1 章有关 3D 打印专利部分；南京信息工程大学工程训练中心主任庄建军教授补充编写第 1 章有关 3D 生物医疗应用部分；山东裕隆金和精密机械有限公司燕国同总经理、甘肃机电职业技术学院机械工程学院董冠文补充编写第 1 章 3D 打印有关模具方面的应用；曲阜金皇活塞股份有限公司徐灵安经理补充编写第 1 章 3D 打印有关铸造方面的应用；江苏云仟佰数字科技有限公司邵漠宇副总经理编写第 1 章有关 3D 打印应用部分、第 2 章数字技术部分，同时补充编写第 4 章 3DP 工艺；山东大学张存生教授、南京威布三维科技有限公司联合创始人郝凯补充编写第 2 章 RE 反求工程部分；中国矿业大学郝敬宾博士编写第 3 章激光部分；华中科技大学文世峰博士补充编写第 4 章 SLA 工艺；珠海赛纳三维科技有限公司向东清工程师补充编写第 4 章 Polyjet 工艺；纳糯三维科技（上海）有限公司崔万银总经理补充编写第 4 章 TPP 工艺；甘肃普锐特科技有限公司潘盈总经理编写第 4 章光敏树脂材料部分；上海盈普三维打印科技有限公司招銮总经理补充编写第 5 章 SLS 工艺；中山市增材制造协会英艺华总干事、广东汉邦激光科技有限公司刘建业总经理、中国矿业大学杨卫明教授共同补充编写第 5 章 SLM 工艺；中国矿业大学吉喆博士编写第 5 章粉末材料部分；哈尔滨工业大学（威海）孙金平博士编写第 6 章线成形工艺；浙江大学贺永教授、西安近代化学研究所姜一帆博士补充编写第 6 章 DIW 工艺；广东工业大学王晗教授补充编写第 6 章 NFDW 工艺；中国矿业大学刘新华教授、南京威布三维科技有限公司教育市场总监沙晓中补充编写第 6 章应用实例、应用研究；中国矿业大学图书馆张雪媛馆员进行部分示意图的构思与设计。同时，中国矿业大学于梦茹、汪鑫、周政、谢明慧、唐梦珂、柴克涵六位研究生，广东工业大学詹道桦、蓝兴梓、欧伟程、姚敬松四位博士生，林健、郑和辉、刘茂林三位研究生，负责部分文献查阅、整理以及文稿校对工作。在此，对上述人员一并表示感谢。

本书全面系统，内容新颖，通俗易懂，逻辑清晰，适合增材制造、机械、电气、材料等相关专业作为教材使用，也可供 3D 打印相关行业工程技术人员阅读参考。

由于笔者水平有限，书中难免有疏漏之处，恳请广大读者批评、指正。

编著者

目录

CONTENTS

第 1 章 绪论 …… 001

1.1 3D 打印概述 …… 001

1.1.1 3D 打印的概念 …… 001

1.1.2 3D 打印产生背景 …… 003

1.1.3 3D 打印发展历程 …… 003

1.1.4 3D 打印发展趋势 …… 013

1.2 3D 打印的应用领域 …… 016

1.2.1 3D 打印在生物医疗方面的应用 …… 016

1.2.2 3D 打印在航空航天方面的应用 …… 020

1.2.3 3D 打印在工业生产方面的应用 …… 024

1.2.4 3D 打印未来应用的限制和风险 …… 032

1.3 3D 打印的分类 …… 033

1.3.1 标准中定义的分类 …… 033

1.3.2 按照设备的运动行为分类 …… 037

1.3.3 按照成形的最小几何单元分类 …… 037

参考文献 …… 038

第 2 章 数字技术 …… 040

2.1 三维造型 …… 040

2.1.1 常用的三维造型软件 …… 040

2.1.2 NX 三维造型实例 …… 050

2.2 三维模型网格化 …… 053

2.2.1 STL 文件介绍 …… 053

2.2.2 STL 文件的设置和生成 …… 053

2.2.3 STL 文件的信息和含义 …… 055
2.3 三维模型切片 …… 056
2.3.1 切片软件介绍 …… 056
2.3.2 Gcode 文件信息和含义 …… 059
2.3.3 切片软件应用案例 …… 064
2.4 反求工程 …… 071
2.4.1 基本概念 …… 071
2.4.2 应用领域 …… 071
2.4.3 反求设备 …… 075
2.4.4 反求工程软件 …… 077
2.4.5 反求工程应用案例 …… 078
参考文献 …… 086

第 3 章 激光技术 …… 087

3.1 激光原理 …… 087
3.1.1 激光产生原理 …… 087
3.1.2 激光器的基本结构和工作原理 …… 089
3.1.3 激光器的分类 …… 090
3.2 激光特性 …… 091
3.2.1 激光的方向性 …… 091
3.2.2 激光的单色性 …… 092
3.2.3 激光的相干性 …… 092
3.2.4 激光的高强度 …… 092
3.3 激光应用 …… 093
3.3.1 激光切割 …… 093
3.3.2 激光冲击 …… 095
3.3.3 激光光固化 …… 096
参考文献 …… 100

第 4 章 零维光斑点成形工艺 …… 101

4.1 立体光刻装置工艺 …… 101
4.1.1 简述 …… 101
4.1.2 工艺过程及特点 …… 102
4.1.3 应用实例 …… 104
4.2 多喷工艺 …… 106
4.2.1 简述 …… 106
4.2.2 工艺过程及特点 …… 106
4.2.3 应用领域及实例 …… 109
4.3 连续液面成形工艺 …… 112

4.3.1 简述 …… 112
4.3.2 工艺过程及特点 …… 113
4.3.3 相关原理 …… 114
4.3.4 应用领域及实例 …… 118
4.4 双光子聚合工艺 …… 119
4.4.1 简述 …… 120
4.4.2 工艺过程及特点 …… 121
4.4.3 应用实例 …… 124
4.5 光敏树脂材料 …… 126
4.5.1 概念 …… 126
4.5.2 组成 …… 126
4.5.3 光固化原理 …… 127
4.5.4 光敏树脂种类 …… 127
4.5.5 3D 打印用光敏树脂特性及安全使用事项 …… 129
4.5.6 常用商品化 3D 打印用光敏树脂 …… 130
参考文献 …… 134
第 5 章 零维粉末点成形工艺 …… 136
5.1 选择性激光烧结工艺 …… 137
5.1.1 简述 …… 137
5.1.2 工艺过程及特点 …… 137
5.1.3 应用实例 …… 139
5.2 三维打印工艺 …… 144
5.2.1 简述 …… 144
5.2.2 工艺过程及特点 …… 147
5.2.3 3DP 工艺材料 …… 149
5.2.4 影响金属 3DP 打印件性能的因素 …… 151
5.2.5 应用实例 …… 156
5.3 选择性激光熔融工艺 …… 160
5.3.1 简述 …… 160
5.3.2 工艺过程及特点 …… 164
5.3.3 相关原理 …… 167
5.3.4 应用领域及实例 …… 170
5.4 激光立体成形工艺 …… 174
5.4.1 简述 …… 174
5.4.2 工艺系统组成 …… 176
5.4.3 工艺过程及特点 …… 177
5.4.4 应用实例 …… 179
5.5 粉末材料 …… 181
5.5.1 概述 …… 181

5.5.2 制备方法 …… 183
5.5.3 性能参数 …… 188
5.5.4 3D 打印用塑料粉末 …… 192
5.5.5 3D 打印用金属粉末 …… 193
参考文献 …… 195

第 6 章 一维线成形工艺 …… 197

6.1 熔融沉积成形工艺 …… 198
6.1.1 简述 …… 198
6.1.2 工艺过程及特点 …… 200
6.1.3 应用实例 …… 207
6.2 电子束无模成形工艺 …… 213
6.2.1 简述 …… 214
6.2.2 工艺系统组成 …… 217
6.2.3 工艺过程及特点 …… 218
6.2.4 EBFF 所用丝材 …… 220
6.2.5 应用实例 …… 222
6.3 墨水直写工艺 …… 223
6.3.1 简述 …… 223
6.3.2 工艺过程及特点 …… 223
6.3.3 应用实例 …… 228
6.4 近场直写工艺 …… 231
6.4.1 简述 …… 231
6.4.2 工艺过程及特点 …… 232
6.4.3 应用实例 …… 235
参考文献 …… 238

第 7 章 二维面成形工艺 …… 241

7.1 叠层实体制造工艺 …… 242
7.1.1 简述 …… 242
7.1.2 工艺过程及特点 …… 243
7.1.3 应用实例 …… 244
7.2 速立得工艺 …… 247
7.2.1 简述 …… 247
7.2.2 工艺过程及特点 …… 249
7.2.3 应用实例 …… 251
7.3 薄材材料 …… 252
7.3.1 概述 …… 252
7.3.2 LOM 工艺所用薄材 …… 253

7.3.3 Solido 工艺所用薄材 …… 255
参考文献 …… 256

第 8 章 4D/5D 打印 …… 257

8.1 4D 打印 …… 257
8.1.1 简述 …… 257
8.1.2 4D 打印概念、内涵 …… 258
8.1.3 4D 打印的材料 …… 259
8.1.4 4D 打印的应用案例 …… 262
8.2 5D 打印 …… 266
8.2.1 简述与概念 …… 266
8.2.2 5D 打印的背景 …… 266
8.2.3 5D 打印的关键问题 …… 267
8.2.4 5D 打印的发展方向 …… 268
参考文献 …… 270

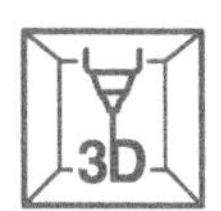

第1章 绪论

3D 打印技术一开始被称为快速成形技术，后来又被称为增材制造技术，直到 1993 年，美国麻省理工学院获批一项名称为“Three-dimensional printing techniques”的专利而推出一项全新的快速成形技术，从而首次出现“3D 打印”这个名称。显然，当时“3D 打印”名称仅是指一项具体的快速成形技术而已。而在 2013 年，美国前总统奥巴马在其发表的国情咨文演讲中，提及“3D 打印”，并提出要推动该项技术在美国快速、普遍发展，显然，这时候被奥巴马总统所称的“3D 打印”，已经泛指所有的快速成形技术了。由此，快速成形、增材制造，以及“3D 打印”这个更加通俗易懂的名称，便很快被媒体、公众普遍接受，并受到社会广泛关注。在医疗卫生、航空航天、模具制造、文创模型等领域，3D 打印技术已经获得越来越多的应用。在更多小批量、个性化以及复杂零件制造方面，3D 打印还将逐渐获得更加广泛的应用。本章在介绍 3D 打印基础知识之上，介绍 3D 打印的应用领域与分类。

1.1 3D 打印概述

1.1.1 3D 打印的概念

3D 打印，英文名称为 Three Dimensional Printing（3DP），国际标准化组织在 ISO/ASTM 52900—2015 标准中，给出了其定义：利用打印头、喷嘴或其他打印技术，通过材料堆积的方式制造零件或实物的工艺[1]。

我国在 GB/T 35351—2017 中也给出了 3D 打印的定义，基本上就是翻译了国际标准化组织的定义：利用打印头、喷嘴或其他打印技术，通过材料堆积的方式制造零件或实物的工艺。

本书给出更加具体的定义：3D 打印是一项数字化驱动的先进制造技术，主要包括数字分层与物理层积两大过程。首先以三维模型为基础，并将模型经网格化、层片化等数字处理，获得数字驱动文件，完成数字分层过程；然后选用不同的材料，运用不同的工艺，利用数字驱动文件驱动相应的机械系统，实现相应材料的物理累积，最终获得三维实体，必要的话对其进行适当的后处理，完成物理层积过程，如图 1-1 所示。

[1] 原文为 3D printing，n-fabrication of objects through the deposition of a material using a print head，nozzle，or another printer technology。

数字处理　　物理层积

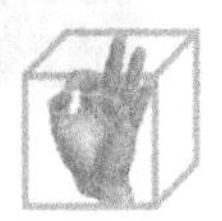

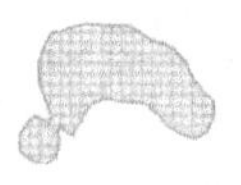

(a) 造型　(b) 网格化　(c) 切片　(d) 生成支撑　(e) 设置打印参数　(f) 形成打印路径　(g) 选择打印机　(h) 必要后处理

图 1-1　3D 打印概念示意图

对于上述定义，说明以下 3 点：

第一，3D 打印是一项数字化驱动技术，通常需要经过如下数字处理过程：

① 借助 NX、Pro/E、3DMax 等三维造型软件获得三维模型文件，如图 1-1（a）所示。

② 将三维模型文件转存获得 STL 文件，通常上述三维造型软件均可以直接转存，实现三维模型的表面网格化，即利用足够多细小的三角形面片去代替模型的表面，实现光滑表面的离散化，如图 1-1（b）所示。

③ 借助 Cura、Repetier、Makeware 等专用切片软件，进一步将 STL 文件模型沿着某一坐标轴方向进行层片化处理，实现分层及逐层二维路径的生成，最终获得模型的 3D 打印数字驱动文件，如图 1-1（c）所示。

3D 打印甚至可以和大数据、云计算等深度融合，推动智能制造甚至整个工业领域的快速转型和发展。社会普遍认为，3D 打印将是第四次工业革命的重要推动技术，甚至是引擎技术，因此包括中国在内的很多国家和地区，均对 3D 打印的发展给予了足够重视。

第二，3D 打印是一项快速响应、快速成形的先进制造技术。

在人们日益增长的物质、文化需求，且更加注重个性化需求的背景下，产品的结构越来越复杂，而批量大幅减小，甚至是完全个性化的单件，而且通常还需要更快的市场响应速度，这些新的市场需求和客户要求，为 3D 打印技术的产生、发展提供了原动力。任意复杂的三维模型，均可以通过离散与分层等数字处理，降维为点、线、面等几何结构的组合，从而轻易实现任意复杂模型的 3D 打印成形。还需要指出的是，3D 打印技术较传统批量化制造手段不同，可以省略模具设计与制造，或者铸造、机加工等生产工序和时间，直接、快速地将材料成形，从而可以较快地响应市场需求，而这也正是 3D 打印技术发展起初被称为快速成形（Rapid Prototyping，RP）技术的原因。

第三，3D 打印是一项革命性制造技术。

传统的制造手段先后经历等材制造、减材制造两个过程。其中，等材制造指通过铸、锻、焊等方式生产制造产品，材料重量基本不变，这已有 3000 多年的历史；而减材制造，是指在工业革命后，使用车、铣、刨、磨等机加工设备对材料进行切削加工，以达到设计形状，这已有 300 多年的历史。传统的制造手段均是在考虑充分余量的情况下，由大的毛坯获得小的零件，材料成形完成了一个减材过程；而 3D 打印技术，则是在数字处理获得低维点、线、面等几何结构的基础上，逐渐累积成形获得三维零件，材料成形完成了一个增材过程，这仅有 30 多年的历史。因此，3D 打印技术突破传统制造手段的减材方式而演变为增材方式，制造原理获得了根本性、革命性的突破，而这也正是 3D 打印技术在业界又被称为增材制造（Additive Manufacturing，AM）技术的原因，尤其是国内的学术文件以及官方文件中，更常见增材制造这个名称。

同样在国际标准化组织 ISO/ASTM 52900—2015 标准中，为 Additive Manufacturing（AM）给出了下面的定义：以三维模型数据为基础，通过材料堆积的方式制造零件或实物的工艺，通常增材制造，与减材制造、等材制造相对应[1]。而在国标 GB/T 35351—2017 中，为增材制造给出了下面的定义：以三维模型数据为基础，通过材料堆积的方式制造零件或者实物的工艺。

需要指出的是，在国际和国内的两个标准中，均提及 3D 打印的含义等同于增材制造。而且在国际标准给出的 3D 打印定义中还指出两点：一是 3D 打印主要用在非技术、非专业的领域；二是到目前为止，3D 打印这个称呼通常指价格和总体性能较低的工艺和设备。

然而，增材制造技术经过三十多年的发展，其含义逐渐发生变化，内涵逐渐丰富：首先，2013 年，4D 打印概念被美国麻省理工学院（MIT）自组装实验室（Self-Assembly Lab）主任——Skylar Tibbits 教授提出，4D 打印技术是 3D 打印在三维坐标轴基础上增加了“时空轴”，应当归入增材制造技术的范畴；其次，随着制造思维的进一步发散，“5D 打印”“6D 打印”的概念也将会逐渐引入增材制造的“大家庭”中，增材制造将包含更高维度、更多方面、更深层次的含义。因此，增材制造和 3D 打印“含义等同”的固有思维应该被打破，甚至 3D 打印被认为是增材制造技术的“俗称”，也更加不准确。

1.1.2　3D 打印产生背景

1945 年以来，制造业随着三次大的工业革命而获得快速发展，不断满足和丰富着人们日益增长的物质、文化需求。然而，市场和客户在不同的工业化时期，对企业和产品提出了不同的要求：20 世纪 50～60 年代，强调生产规模以尽快弥补市场短缺；20 世纪 70 年代，控制生产成本以获得最大的企业效益；20 世纪 80 年代，提升产品质量以满足客户更高品质要求；20 世纪 90 年代，尤其是进入 21 世纪以来，则注重个性化以满足客户更多的特性要求。由此，在更加注重个性化需求的背景下，产品呈现 4 个鲜明的特征：一是结构复杂，通常都是传统、常规手段无法制造的；二是批量较小，甚至是完全个性化的单件；三是品种较多，产品结构、特性、功能都更加丰富、多元；四是响应快速，产品往往需要快速推陈出新以更快响应瞬息万变的市场变化。3D 打印技术就是在上述背景下应运而生。

1.1.3　3D 打印发展历程

3D 打印突然火热，很多人以为它是横空出世的新技术。其实，任何新奇技术都不是一蹴而就的。回顾 3D 打印技术的发展历程，大体上可以分为三个阶段：19 世纪末期思想孕育阶段、20 世纪末期技术发展阶段和进入 21 世纪以来的市场拓展阶段。因此，可以把 3D 打印称作“19 世纪的思想，20 世纪的技术，21 世纪的市场”。

（1）思想孕育阶段

① Franois Willème　3D 打印技术的思想，最早追溯且可以查证的，是法国人 Franois Willème 提出的。1864 年 8 月 9 日，他获得了一项名称为“Photo-sculpture”的美国专利，提出“旋转切分、分度连接”的思想，并设计出一种多角度成像的方法来获取物体三维图像，对处于中心位置的物体进行圆周方向上多角度切分并拍照记录，如图 1-2（a）所示，然后将各切分角度部分的形貌或轮廓再连接起来，获得中心位置物体的复制品，如图 1-2（b）所示，这可以认为是 3D 打印最早的启蒙思想，同时也是今天 3D 扫描技术的鼻祖。

② J. E. BLanther　1890 年 4 月 24 日，旅居美国芝加哥的澳大利亚人 J. E. BLanther 申请一项名称为“Manufacture of contour relief-map”的美国专利（473901），并于 1892 年 5 月 3 日获得授权。该专利提出将地形图的轮廓线压印在一系列的蜡片上，然后按轮廓线切割

[1] 原文为“The process of joining materials to make parts from 3D model data，usually layer upon layer，as opposed to subtractive and formative manufacturing methodologies。”

蜡片，并将一系列的蜡片粘接在一起，从而得到蜡质的三维地形图，该专利原理如图 1-3 所示。该专利首次提出“分层制造、逐层累积”的思想，并直接为后来出现的叠层实体制造技术（Laminated Object Manufacturing，LOM）奠定了基础。

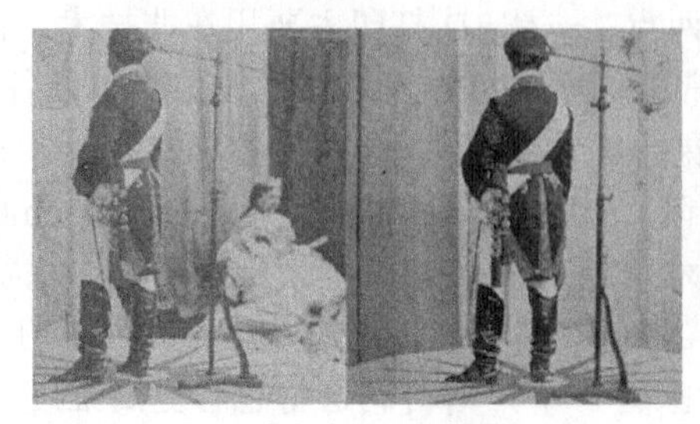

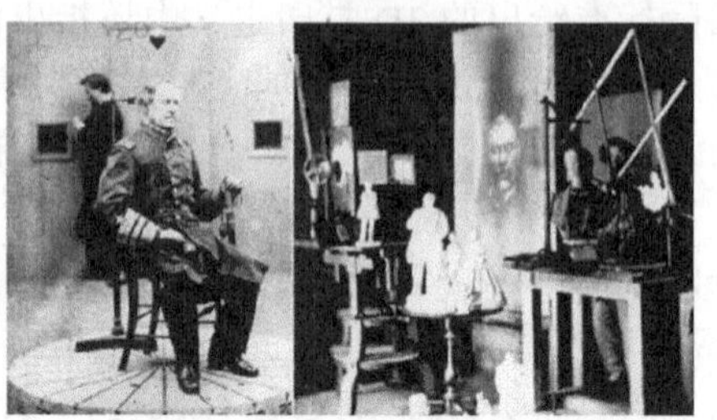

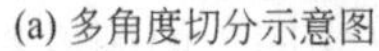

(a) 多角度切分示意图　　(b) 各切分角度再连接示意图

图 1-2　Photo-sculpture 原理示意

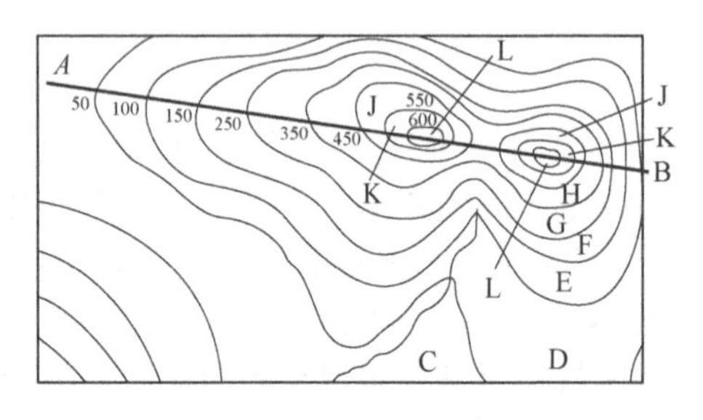

图 1-3　专利 473901 原理示意

③ Carlo Baese　1902 年 5 月 17 日，来自德国柏林的 Carlo Baese 申请一项名称为“Photographic process for the reproduction of plastic object”的美国专利（774549），并于 1904 年 11 月 8 日获得授权，提出用光线逐层照射光敏聚合物，逐层获得塑料层片或薄膜并叠加在一起，最终获得塑料件，同样体现了“分层制造、逐层累积”的思想，该专利原理如图 1-4 所示。该专利直接为后来出现的立体光刻装置技术（Stereolithography Apparatus，SLA）奠定了基础。

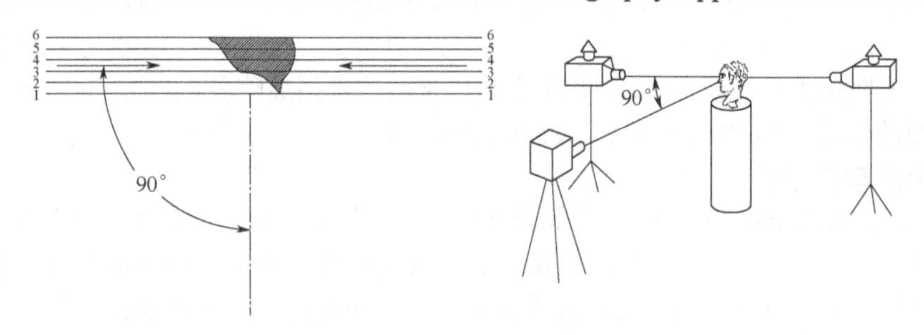

图 1-4　专利 774549 原理示意

④ Bamunuarchige Victor Perera　1937 年 3 月 11 日，马来西亚人 Bamunuarchige Victor Perera 申请一项名称为“Process of making relief maps”的美国专利（2189592），并于 1940 年 2 月 6 日获得授权，提出在硬纸板上切割轮廓线，然后将这些切割后的硬纸板粘接成三维地形图的方法，该专利原理如图 1-5 所示。

⑤ Paul L. Dimatteo　1974 年 10 月 21 日，美国人 Paul L. Dimatteo 申请一项名称为“Method of generating and constructing three-dimensional bodies”的美国专利（3932923），并于 1976 年 1 月 20 日获得授权，提出先用轮廓跟踪器将三维物体转化成许多二维轮廓薄片，

然后用激光切割这些薄片成形，再用螺钉、销钉等将一系列薄片连接成三维物体。该专利原理如图 1-6 所示。

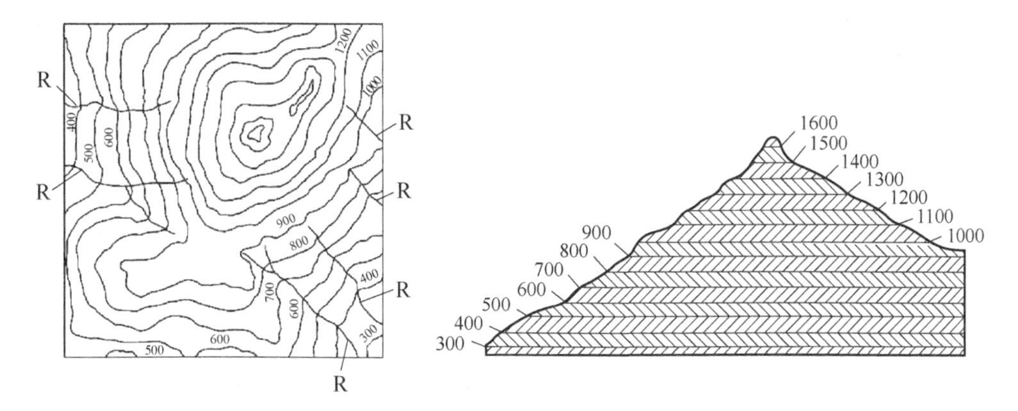

图 1-5　专利 2189592 原理示意

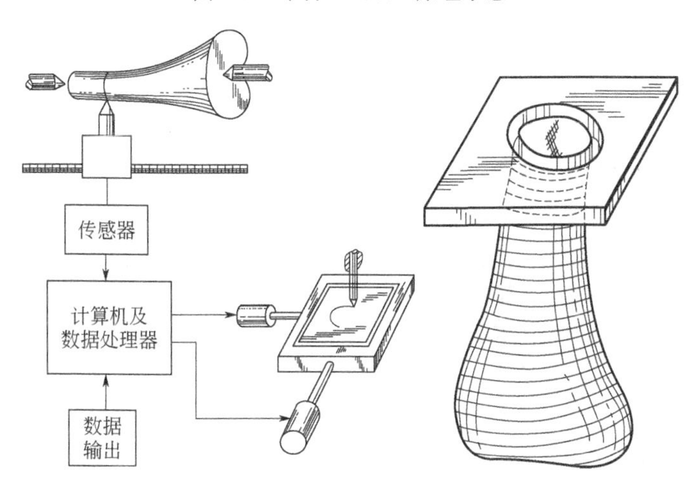

图 1-6　专利 3932923 原理示意

（2）技术发展阶段

上述“旋转切分、分度连接”及“分层制造、逐层累积”等累积制造的思想，经过近一个多世纪的酝酿和发展后，终于在 20 世纪 80 年代开始迎来了技术发展，出现了具体的实现思想的工艺路线和工艺方案，以下 4 个典型的工艺系统，为 3D 打印技术的发展、衍生奠定了基础，同时也为 3D 打印的商业化做了很好的尝试。

① 立体光刻装置（Stereolithography Apparatus，SLA）工艺　1984 年 8 月 8 日，美国人 Charles W. Hull（后又称为 Chuck Hull）申请一项名称为“Apparatus for production of three-dimensional object by stereolithography”的美国专利，并于 1986 年 3 月 11 日获得授权。专利里面发明了术语“stereolithography”，简称 SL，即立体光刻，后演变为 SLA（Stereolithography Apparatus），即立体光刻装置。后于 1988 年被 3D Systems 公司开始商业化并推出世界上第一台 3D 打印机 SLA-250（有文献称为 SLA-1），如图 1-7。因此，Charles W. Hull 也被业界公认为“世界 3D 打印之父”。有消息称，世界上第一台 3D 打印机 SLA-250 已经于 2018 年 5 月 31 日，在上海智慧湾国际会议中心举行的 2018 年国际 3D 打印嘉年华上，被 Charles W. Hull 和 3D Systems 公司无偿捐赠给了中国，由中国 3D 打印文化博物馆永久收藏和展示。

3D Systems 公司在 1997～2021 年之间拥有“SLA”名称的商标权，同时还研发了现在通用的 STL 文件格式。该工艺系统为利用紫外激光逐点（曝光点或光斑）、逐层照射光敏树脂材料获得三维物体的工艺过程和机械装置，其最小的累积、成形单元可以认为是零维光斑点（所对应的树脂）。因此，SLA 是零维光斑点成形 3D 打印工艺的典型代表，后面还陆续衍生、发展了其他零维光斑点成形的工艺系统。

② 选择性激光烧结（Selective Laser Sintering，SLS）工艺　1986 年 10 月 17 日，美国人 Carl R. Deckard 申请一项名称为“Method and apparatus for producing parts by selective sintering”的美国专利，并于 1989 年 9 月 5 日获得授权，这就是选择性激光烧结——SLS。Carl R. Deckard 于 1987 年与他人共同创立了 Nova Automation 公司，后于 1989 年 2 月正式改名为 Desk Top Manufacturing（DTM）公司，并于 1992 年推出了第一台商业化 SLS 设备——Sinterstation 2000，如图 1-8 所示。DTM 公司自 1990 年开始拥有“SLS”名称的商标权。DTM 公司于 2001 年被 3D Systems 以 4500 万美元的估值收购，3D Systems 在 2003～2016 年之间拥有“SLS”名称的商标权。该工艺系统为利用激光束逐点（曝光点或光斑）、逐层熔化粉末材料获得三维物体的工艺过程和机械装置，其最小的累积、成形单元可以认为是零维粉末点。因此，SLS 是零维粉末点成形 3D 打印工艺的典型代表，后面还陆续衍生、发展了其他零维粉末点成形的工艺系统。

图 1-7　3D Systems 公司推出的 SLA-250 3D 打印机

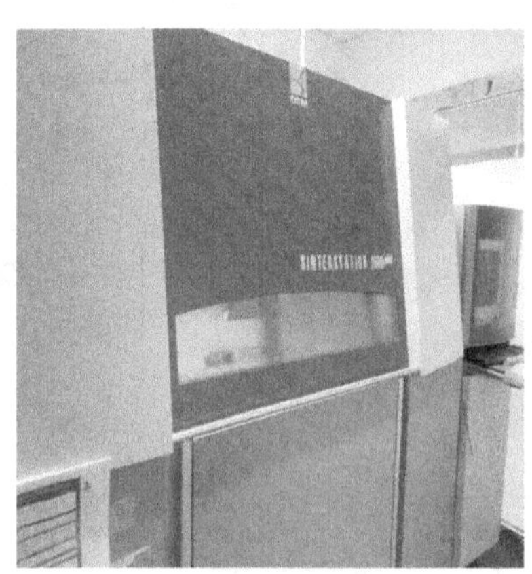

图 1-8　DTM 公司推出的第一台 Sinterstation 2000 3D 打印机

③ 叠层实体制造（Laminated Object Manufacturing，LOM）工艺　1987 年 4 月 17 日，美国人 Michael Feygin 申请一项名称为“Apparatus and method for forming an integral object from laminations”的美国专利，并于 1988 年 6 月 21 日获得授权，这就是叠层实体制造——LOM。Michael Feygin 早在 1984 年就提出关于 LOM 的设想，并于 1985 年组建了 Helisys 公司（后为 Cubic Technologies 公司），后来在 1990 年推出第一台商业机 LOM-1015，如图 1-9 所示，成功将该技术商业化。Helisys 在 1993～2006 年之间拥有“LOM”名称的商标权。该工艺系统为直接利用层片材料，逐层成形、逐层黏合获得

图 1-9　Helisys 公司推出的第一台 LOM-1015 3D 打印机

三维物体的工艺过程和机械装置，其最小的累积、成形单元可以认为是二维面。因此，LOM是二维面成形3D打印工艺的典型代表，后面还陆续衍生、发展了其他二维面成形的工艺系统。

④ 熔融沉积成形（Fused Deposition Modeling，FDM）工艺　1989年10月30日，美国人S.Scott Crump申请一项名称为"Apparatus and method for creating three-dimensional objects"的美国专利，并于1992年6月9日获得授权。该专利描述获得三维结构的设备与方法，就是通过带有加热装置的挤出头，熔融、挤出可以被熔化的材料到基底上，逐层累积，这就是熔融沉积成形——FDM。S.Scott Crump早在1988年就开始研究该工艺系统，并意识到FDM的市场前景，于1989年组建了Stratasys公司致力于商业化。Stratasys公司于1990～2000年之间拥有"3D MODELER"名称的商标权，于1991～2003年之间拥有"3D PLOTTER"名称的商标权，1991年至今，一直拥有"FDM"名称的商标权。有资料显示，Stratasys公司于1991年先后推出了第一台3D MODELER、3D PLOTTER，分别如图1-10、图1-11所示。Stratasys公司于1994年陆续推出了FDM-1650、FDM-2000、FDM-Quantum等机型。该工艺系统为利用丝状材料，熔挤成线、逐层沉积获得三维物体的工艺过程和机械装置，其最小的累积、成形单元可以认为是一维线。因此，FDM是一维线成形3D打印工艺的典型代表，后面衍生、发展了其他一维线成形的工艺系统。

图1-10　Stratasys的第一台3D MODELER

图1-11　Stratasys的第一台3D PLOTTER

（3）市场拓展阶段

上述技术发展的初期阶段，完成了3D打印技术四大工艺系统的完全定型和成熟，并在一些领域逐渐获得应用，但是商业价值和市场规模均不大且发展缓慢。20世纪末期直至进入21世纪，尤其是2010年以来，3D打印技术真正迎来了市场大幅拓展的大好局面，包括中国在内的诸多国家和地区，都在3D打印技术的应用和市场方面获得较快发展，同时产生了其他基于上述四大工艺系统的衍生、发展工艺。下面介绍该阶段发生的重大3D打印历史事件。

① 中国3D打印的发展　来自清华大学的颜永年教授、华中科技大学的王运赣教授以及西安交通大学的卢秉恒院士，在20世纪80年代末、90年代初期前往美国做访问学者，成为国内最早一批接触并了解3D打印的学者。他们回国后，均将3D打印技术作为自己的主要研究方向，为中国3D打印早期的发展做出了重要贡献。

a. 清华大学3D打印研发历程。1987年1月至1988年10月，清华大学颜永年在美国加州大学洛杉矶分校做访问学者，在国内学者中，较早接触了3D打印技术，为中国3D打印技术研究的先驱者。回国后，颜永年于1992年建立清华大学激光快速成形中心并担任主任，希望从美国引进设备进行研究，但是设备太贵，不得已辗转找到香港殷发公司寻求合作，该公司是美国 3D Systems 的代理商。双方达成协议，由清华大学提供场地、人员等，香港殷发公司提供设备，成立北京殷华快速成形模具技术有限公司。这是国内第一家 3D 打印公司，并于 1994 年 7 月产品通过鉴定，被评为“填补国内空白”。公司持续开发了分层实体制造（Slicing Solid Manufacturing，SSM）、熔融挤出制造（Melted Extrusion Modeling，MEM）、无模铸型制造（Patternless Casting Manufacturing，PCM）、多功能快速成形系统（Multifunctional Rapid Prototyping System，M-RPMS）等。2000 年后，开始了金属材料和生物材料及细胞的快速成形技术研究，开发了电子束选区熔化制造（Electron Beam Selective Melting Manufacturing，EBSM）、低温沉积制造（Low-temperature Deposition Manufacturing，LDM）和三维细胞受控组装（Three Dimensional Cell Controlled Assembly，3DCCA）等 3D 打印技术与装备。清华大学激光快速成形中心的研究工作一直处于国际前列，在国内外享有较高的声誉，举办了第一至第四届全国快速成形会议（1995 年、2000 年、2004 年、2006 年），第一至第三届国际快速成形会议（1998 年、2002 年、2008 年），第一、第二届中国生物制造会议（2002 年、2010 年），和第一至第五届国际生物制造研讨会（2005 年、2008 年、2011 年、2014 年、2018 年）。总之，清华大学颜永年教授及其激光快速成形中心，为 3D 打印技术在中国的研究和发展奠定了较早、较好的基础。

b. 华中科技大学 3D 打印研发历程。1990 年 1 月，华中科技大学的王运赣参加在美国亚利桑那州（Arizona）凤凰城召开的机械学科汇报会，并在美国进行为期一个月的参观访问。在此会上，美国卡内基梅隆大学（Carnegie Mellon University，CMU）介绍了美国 3D Systems 公司最新生产的 SLA（立体光刻装置）快速成形机（3D 打印机），王运赣对其印象极为深刻，并意识到这将是未来机械成形的一个全新方向。回国后，王运赣向学校汇报并得到支持，在华中科技大学锻压教研室成立快速成形技术研究中心。王运赣教授是华中科技大学 3D 打印研发历程的参与者与见证者，他在 2021 年整理了华中科技大学 3D 打印技术研发大事记，这也是国内 3D 打印行业发展的珍贵资料。

LOM 快速成形机的研制。1990 年至 1993 年，华中科技大学经过充分的调研，在 SLA 与 LOM 两项 3D 快速成形技术中，最终确定首先研究 LOM 快速成形机，不到一年便研制了国内首台以纸作为成形材料的快速成形样机 HRP-I，后与新加坡 KINERGY 公司合作进行商业化。2000 年，王运赣教授退休，分别于 2003 年、2014 年参与创立上海富奇凡机电科技有限公司、昆山博力迈三维打印科技有限公司，专门从事 3D 打印机的研发与产业化，主要产品有 FDM 式工业级 3D 打印机和食品 3D 打印机、MAM 式生物 3D 打印机（Motor Assisted Microsyringe，电机助推微注射器）、3DP 式药片 3D 打印机、SLA 式陶瓷 3D 打印机等。

SLA 设备和材料研究。2003 年，在黄树槐教授带领下，开展 SLA 设备和材料研究，先后研制了工件尺寸为 300mm×300mm×300mm、350mm×350mm×300mm、600mm×600mm×400mm 的 SLA 设备及其相应的紫外光敏树脂和光固化成形工艺。

3DP 工艺研究。2013 年，蔡道生老师组建研发团队，开始专注于可以实现彩色打印的 3DP 工艺。在产品初步成形同年，创立武汉易制科技有限公司。该设备填补了中国当时在 3DP 技术领域的空白，并分别于 2016 年、2018 年承担和参与国家重点研发计划“增材制造与激光制造”专项。2017 年，蔡道生老师团队联合东莞原力无限公司，开展金属型 3DP 工艺开发，于 2017 年底打印出第一个高致密度铁基金属鞋底模具，如图 1-12 所示。2019 年 8 月发布了国内首款黏合剂喷射金属 3D 打印机，图 1-13 为其 Easy3DP-M500 机型。

SLM 工艺研究。2006 年，曾晓雁老师开始 SLM 工艺研究，其团队是国内最早开始研发 SLM 装备的团队之一。在“863”项目的支持下，在国内最早自主成功研发 SLM 装备，成形尺寸为 100mm×100mm×140mm，如图 1-14 所示，并在国内率先实现金属义齿的激光 3D 打印。

2011 年，在国内外首次提出多光束 SLM 装备的概念，为大尺寸高效率复杂精密金属零件的制备提供了新方法。2013 年，生产的 SLM 设备售给首都航天机械公司，成为我国航天领域首台 SLM 设备。2014 年，成功研发国内外首台 4 光束 SLM 装备，如图 1-15 所示。此装备由 4 台 500W 光纤激光器、4 台振镜分区同时扫描成形，攻克了多光束无缝拼接、4 象限加工重合区制造质量控制等技术难题，成形金属工件尺寸高达 500mm×500mm×530mm，成形效率达到 $75cm^3/h$，为当时国际上效率最高、尺寸最大的高精度金属零件激光 3D 打印装备。

图 1-12　高致密度铁基金属鞋底模具

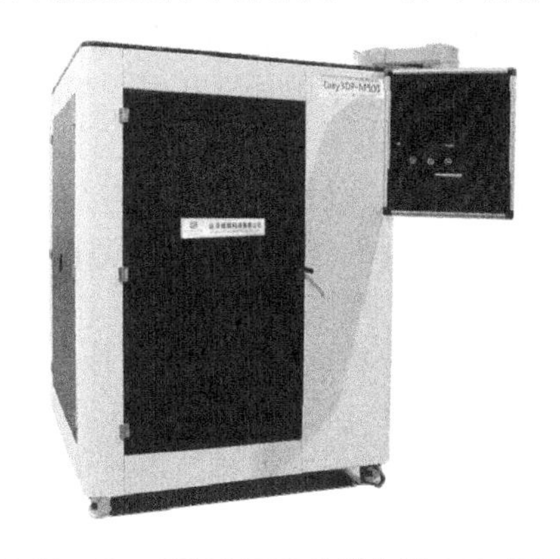

图 1-13　Easy3DP-M500 机型金属 3DP 打印机

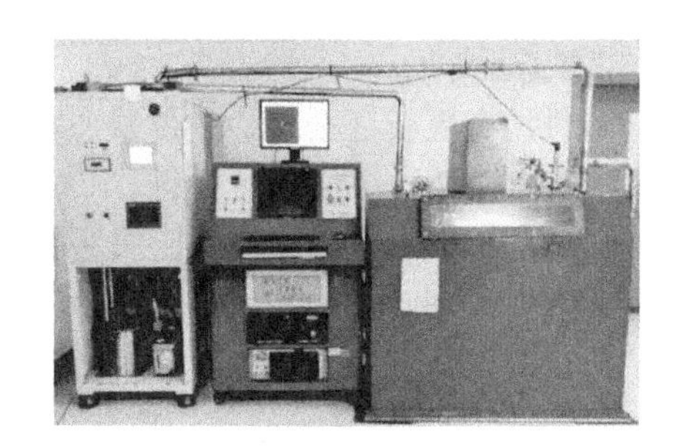

图 1-14　自主成功研发 SLM 装备

图 1-15　国内外首台 4 光束 SLM 装备

c. 西安交通大学 3D 打印研发历程。1992 年，西安交通大学的卢秉恒赴美做高级访问学者，在一次参观汽车模具企业时，第一次看到快速成形（3D 打印）技术在汽车制造业中的应用，他敏锐地意识到这一技术可以快速、低成本地实现新产品开发，能有效解决国内制造企业产品开发速度慢的问题。1993 年回国后，卢秉恒带着 4 名博士生，开始了 3D 打印技术的实验摸索，开发软件、设计设备、研究材料。因此，西安交通大学也是国内早期开展 3D 打印技术研究的高校之一。

1997 年底，西安交通大学成功研发出第一台 3D 打印机。

2000 年，由卢秉恒主持完成的“快速成型制造的若干关键技术及其设备”获国家科技进步二等奖。

2005 年，由卢秉恒主持完成的“滴灌灌水器基于迷宫流道流动特性的抗堵设计及一体化开发方法”获国家技术发明二等奖。

2015 年 8 月 21 日，国务院题为“先进制造与 3D 打印”的专题讲座上，卢秉恒受邀主讲，重点讲解了“3D 打印展现了全民创新的通途”。卢秉恒设想了未来制造业可能的前景：一半以上的制造为个性化定制，一半以上的价值由创新设计体现，一半以上的企业业务由众包完成，一半以上的创新研发由极客、创客实现。

2016 年，卢秉恒联合 10 多家高校、企业，牵头筹建国家增材制造创新中心，是全国首批第二家国家级创新中心，为制造业提供更多的增材制造创新产业化技术。

2018 年 6 月，卢秉恒受邀参加央视《开讲啦》节目，发表《3D 打印，让你的想象变为现实》的主题演讲，推动 3D 打印的科普。

目前，卢秉恒院士正带领西安交通大学 200 余人的团队实施“3D 打印+”战略，在金属 3D 打印、生物 3D 打印、陶瓷 3D 打印等方面，不断为我国 3D 打印领域贡献力量。

d. 中国首家 3D 打印专门产业化公司成立。1994 年 11 月 5 日，北京隆源自动成型系统有限公司成立，是中国最早开发、生产、销售激光选区粉末烧结快速成形机（工业级 3D 打印）的企业。公司于 2002 年通过了 ISO9001 国际质量体系认证。2013 年，三帝打印科技公司控股北京隆源自动成型系统有限公司，使北京隆源自动成型系统有限公司再次启动并驶入 3D 打印的“高铁”时代。北京隆源自动成型系统有限公司的成立标志着 3D 打印技术从此开始了在中国的产业化进程。

e. 诸多高校相继投入研发，推动中国 3D 打印全面发展。1996 年、1997 年、2011 年、2012 年、2017 年 1 月、2017 年 3 月，武汉滨湖机电技术产业有限公司、陕西恒通智能机器有限公司、西安铂力特增材技术股份有限公司、江苏永年激光成形技术有限公司、广州雷佳增材科技有限公司、苏州智能制造研究院分别依托华中科技大学、西安交通大学、西北工业大学、清华大学、华南理工大学、浙江大学的研究团队相继成立，属于学院派产业化公司，同时为 3D 打印技术的基础理论研究做出了较大贡献。

f. 更多 3D 打印公司先后成立，壮大中国 3D 打印市场。

2009 年，美籍华人许小曙博士回国创建湖南华曙高科技有限责任公司，并带领公司先后成功研制出中国第一台高端选择性激光尼龙烧结设备、选择性激光烧结尼龙材料。

2000 年，上海联泰科技股份有限公司成立，是中国较早参与 3D 打印技术应用实践的企业之一，目前拥有国内 SLA 工艺较大市场份额和用户群体，产业规模位居行业前列。

2004 年，杭州先临三维科技股份有限公司成立，是专注基于计算机视觉的高精度 3D 数字化软硬件技术的科技创新企业，主营齿科数字化和专业 3D 扫描设备及软件的研发、生产、销售。

2011 年，浙江闪铸三维科技有限公司成立，目前公司拥有涵盖 3D 设计软件、3D 打印机、3D 打印耗材和 3D 打印服务的完整产业链，产品分为工业级、商业级、民用级 3 个层次，满足不同类型的用户需求。

2011 年，广东汉邦激光科技有限公司成立，专注于金属粉末激光选区熔化（SLM）3D 打印设备的研发、生产、销售及服务领域。

2013 年，武汉易制科技有限公司成立，专注于黏合剂喷射 3D 打印技术。

2014 年，上海盈普三维打印科技有限公司成立，该公司于 1999 年开始从事 3D 打印业务，专注 SLS 打印技术的研发与应用。

2014 年，北京易加三维科技有限公司成立，致力于通过金属粉末床熔融 SLM、聚合物粉末床烧结 SLS 和 SLA，开发和生产工业级 3D 打印设备。

2016 年，南京威布三维科技有限公司成立，公司目前集 FDM、SLA、LCD、食品等 3D 打印机与白光、蓝光、激光等 3D 扫描设备的研发、制造、销售、培训等为一体，坚持“让制造更简单”的企业使命。

2018 年，珠海赛纳三维科技有限公司成立，是赛纳科技旗下专注 3D 打印技术研发与应用于一体的专业化企业。自主研发的 WJP 白墨填充技术，可实现全彩色、多材料、体素级 3D 打印效果，广泛应用于数字医疗、教育培训、工业设计等领域。

总之，在顶层设计的利好政策支持下，在不断增长的个性化市场需求驱动下，中国 3D 打印逐渐呈现蓬勃发展的良好态势，也为 3D 打印在世界范围内健康、快速发展起到了较好的促进作用。

② 彩色 3D 打印工艺的诞生　1989 年 12 月 8 日，美国麻省理工学院的 Emanual Sachs 教授等人联合申请一项名称为“Three-dimension printing techniques”的美国专利，并于 1993 年 4 月 20 日获得授权，这就是三维打印（3DP）。该工艺类似于已经运用于打印纸张的喷墨打印，使用液态的树脂黏结剂作为墨水，通过打印头将墨盒里的液态树脂黏结剂墨水喷于粉末材料上，将松散的粉末黏结在一起，逐层成形、逐层黏合获得三维物体。1995 年，Z Corporation 公司成立并致力于 3DP 打印机的商业化，自 1997 年以来陆续推出了一系列 3DP 打印机，包括 ZPRINTER 310 Plus（单色入门级快速原型制作系统）、ZPRINTE 450 和 ZPRINTER Z510、ZPRINTER 650 等。Z Corporation 公司自 2002 年至今，一直拥有“ZPRINTER”名称的商标权。2012 年 1 月 3 日，Z Corporation 公司被 3D Systems 收购，并被开发成了 3D Systems 的 Color Jet 系列打印机，实现彩色打印。该工艺最大的突破点在于，可以通过设置三原色的液态树脂黏结剂为墨水，实现粉末材料的彩色打印，这极大地满足了更多市场需求，让 3D 打印从此变得绚丽多彩。同时，该工艺为后来整个 3D 打印技术提供了一个更加通俗易懂、便于接受和传播的名称，这对于 3D 打印技术的进一步发展、商业化至关重要。

③ 金属 3D 打印的发展　同样是 1989 年，德国的 Hans J. Langer 博士创立 Electro Optical Systems 公司，简称 EOS 公司，一直致力于金属材料工业级 3D 打印技术的研发和商业化。EOS 公司尤其专注使用激光从 CAD 数据直接生成金属三维物体的 3D 打印工艺，该工艺名称为“Direct Metal Laser Sintering”，简称 DMLS 工艺。EOS 公司自 2012 年至今，一直拥有“DMLS”名称的商标权。为此，EOS 公司掌握了材料和激光之间的相互作用，这是直接使用激光制造可重复、高质量金属零件的基础。EOS 公司的成立，其标志意义还在于，3D 打印技术从此开始了其在欧洲的产业化进程。

1997 年 10 月 27 日，德国 Fraunhofer 激光研究所（Fraunhofer Institute of Laser Technology，ILT）的 Wilhelm Meiners、Konrad Wissenbach 和 Andres Gasser 三人通过 PCT 申请一项名称为“Selective Laser sintering at melting temperature”的美国专利，并于 2001 年 4 月 10 日获得授权。该专利提出通过激光完全熔化不含低熔点成分黏结剂的纯金属粉末，逐层获得三维结构零件，这就是基于 SLS 发展而来的激光选区熔化工艺（Selective Laser Melting，SLM），该工艺突出的特点是聚焦纯金属、全液态、高致密粉末打印成形，使零件更具功能性应用。

2000 年 5 月 9 日，美国人 David M.Keicher 等申请一项名称为“Forming structures from CAD solid models”的美国专利，并于 2002 年 5 月 21 日获得授权。该专利提出通过激光烧结同步送粉的粉末实现近成形获得三维结构，这就是激光工程近成形（Laser Engineered Net Shaping，LENS）。该工艺被 Optomec 拥有和商业化，聚焦金属零件打印，突出的特点是改变粉末的送粉方式，由粉末床式的铺粉形式变为料斗式的送粉形式，且料储方便经济。

总之，金属 3D 打印工艺因为可以制作较高力学性能的金属零件而发挥更多功能性用途，获得更广泛的应用，因此，金属 3D 打印工艺将会获得越来越多的市场关注和市场规模。

④ 生物医疗 3D 打印的发展　2006 年 4 月 4 日，英国著名医学杂志《柳叶刀》网站公布的一份研究报告称，美国 Wake Forest University 的 Anthony Atala 教授已经在实验室中利用 3D 打印技术成功培育出膀胱，并顺利移植到 7 名患者体内。因为移植的膀胱由接受移植者的体内细胞培育而成，所以移植后的膀胱不会在患者体内发生排异现象。这是世界上第一次将实验室 3D 打印出的完整器官成功移植入患者体内，这次重大突破将为此后其他器官的培育

研究增添希望，也将为成千上万苦苦等待器官移植的患者带来福音。由此，在生物医学领域，3D 打印技术被人们寄予了较多期待。

依据材料学的发展和其生物学性能，生物医学 3D 打印技术的发展，目前已经经历了四个层次。第一层次，打印出的产品不进入人体，主要包括一些体外使用的医学模型、医疗器械、假肢等，对使用的材料没有生物相容性的要求。第二层次，使用的材料具有良好的生物相容性，但是不能被降解，产品植入人体后成为永久性植入物，如假耳移植物、下颌骨等骨科移植物等。第三层次，使用的材料具有良好的生物相容性，而且能被降解，产品植入人体后，可以与人体组织发生相互关系，促进组织的再生，目前具有分级孔隙结构的骨支架等相对最为成熟。现阶段，第一到第三层次的技术发展已比较成熟，已经进入到实际应用层面。第四层次，使用活细胞、蛋白及其他细胞外基质作为材料，打印出具有生物活性的产品，最终目标是制造出组织、器官，这是生物 3D 打印的最高层次，也被称为“细胞打印”或“器官打印”。

细胞打印概念于 2000 年由美国 Clemson 大学的 Thomas Boland 教授首先提出，并于 2003 年首次成功实现。2004 年，该团队获得一项细胞打印的专利，并授权给 Organovo 公司。

中国在生物医学领域内的 3D 打印技术发展，受到了较多学者的关注，同时也是国家推动 3D 打印重要应用的方向之一。中国工程院院士、上海交通大学附属第九人民医院著名骨科生物力学专家戴克戎借助 3D 打印技术，先后将新型人工髋、肩、膝、踝关节、骨盆和四肢长骨假体植入人体。北京大学第三医院大外科主任、脊柱外科研究所所长、骨科教授刘忠军，则在世界上第一次完成枢椎椎体的 3D 打印及人体植入。浙江大学贺永教授则开展载细胞的凝胶生物 3D 打印研究，均取得了丰富的成果。

⑤ 桌面级 3D 打印的发展　2005 年，RepRap（Replicating Rapid Prototyper）项目由英国 University of Bath 机械工程高级讲师 Adrian Bowyer 博士创建，英国工程和物理科学研究理事会提供资金支持。2006 年推出 RepRap 0.2 版本，2008 年推出 RepRap1.0 版“达尔文”，2009 年推出 RepRap 2.0 版“孟德尔”。该项目的目的是制造具有一定程度的自我复制能力、能够打印出大部分其自身（塑料）组件的 3D 打印机，采用 FDM 形式，使用低熔点塑料丝材。而且从软件到硬件，各种资料都是免费和开源的，都在自由软件协议通用公共许可证（General Public License，GPL）之下发布。显然，RepRap 是开源 3D 打印机的鼻祖，然而其出现的更大意义在于推进了桌面级 3D 打印机的发展，使得原本动辄几十万元的 3D 打印机降至现在的几千元。

同样是 2005 年，美国的 Cornell University 建立了一个 FAB@HOME 项目，它和 RepRap 有点不一样，主要是以膏状材料作为打印材料，开发了两种打印机，这个项目在 2012 年关闭了。

由于不用激光，且材料多为聚乳酸（Poly Lactic Acid，PLA）、丙烯腈-丁二烯-苯乙烯（Acrylonitrile Butadiene Styrene，ABS）等低熔点聚合物丝材，使用和维护成本低，因此，目前桌面级工艺更多为 FDM 型，虽然最近几年，也出现了 SLA 型桌面级 3D 打印机。桌面级 3D 打印机多用步进电机，较工业级采用的伺服电机，容易在打印过程中造成失步等导致的精度失真问题。桌面级大多采用 16 位和 32 位芯片作为主控芯片，较工业级采用的 64 位芯片，打印速度要慢一些。然而，伴随着人们日益增长的个性化需求，大批量的个性化定制将成为日后重要的生产模式。同时，与现代服务业的紧密结合也将催生出新的产业以及商业模式，创造新的经济增长点，桌面级 3D 打印机将会产生更大规模的市场。最重要的是，2009 年 Stratasys 公司的一个 FDM 核心专利到期，引发了个人 3D 打印机的市场爆发。

另外，下面三个事件，对全球桌面级 3D 打印机产业的影响也巨大：2012 年 11 月，3D Systems 起诉了 Formlabs 和其经销商 Kickstarter，而在两年之后，2014 年 12 月 1 日，3D Systems 公司撤销对于 Formlabs 公司的专利侵权诉讼，显然，这对于 Formlabs 进一步扩大其 SLA 型桌面级 3D 打印机市场起到了巨大的促进作用；2013 年 7 月，Stratasys 以市值 4 亿美元的股票交换形式和 2 亿美元的期权并购了 Makerbot，而 Makerbot 曾经一度是全球 FDM 型桌面级 3D 打印机的巨头之一；2013 年 12 月，Stratasys 在美国起诉了 Afinia，认为 Afinia 的个人 3D 打印机侵犯了他的 4 个专利，2015 年 9 月，Afinia 的中国合作商太尔时代向北京知识产权法院递交了诉讼文件，指控 Stratasys 在中国的经销商——威控睿博所销售的 MakerBot Replicator 3D 打印机侵犯了太尔时代所拥有的两项专利，随后，2015 年 10 月 Stratasys 与 Afinia 达成了全球和解，显然，这对于 Afinia 进一步扩大其 FDM 型桌面级 3D 打印机市场起到了巨大的促进作用。

1.1.4 3D 打印发展趋势

（1）数据方面

3D 打印技术，是一项数字化驱动的制造技术，其数据的发展趋势体现在两个方面：

第一，分层方式的演变。前期数字分层方式及路径规划，直接决定着后面物理层积的效率及精度。目前，3D 打印技术是简单的平面切片分层，而以美国 DAYTON 大学、STANFORD 大学为代表的高校，对分层方式为主要内容的数据处理进行了研究，尝试由传统的二维平面分层发展为随形曲面分层。而国内，也已经在 2018 年的科技部《增材制造与激光制造的重点专项》里，给出该研究计划。

第二，数据来源的多样化。通常 3D 打印的三维模型，可以通过三维造型或者反求手段获得，甚至将 CT 以及数码相机的数据作为反求的数据源进行模型重构，并被越来越多地用于 3D 打印。当然，存在一定的数据失真，还需要深入研究。

（2）材料方面

3D 打印的发展，越来越倚重材料的发展。3D 打印材料的发展，有两个重要的发展趋势：

第一，组织工程材料。以血管及载细胞生物材料为基础，构建生命体组织、器官，是 3D 打印最重要的材料发展方向及最令人期待的应用领域。

第二，特殊功能材料。具有特定电、磁学性能（如超导体、磁存储介质）的特殊功能材料以及梯度功能材料，同样是 3D 打印备受关注的材料研究和发展方向，也是工业领域最为前沿的应用。

（3）结构方面

3D 打印的机械结构同样重要，决定着 3D 打印的精度、效率及应用拓展，有两个重要的发展趋势：

第一，大型化。打印尺寸受限，一直是 3D 打印设备的一个机械结构弱势。在确保精度的前提下，3D 打印的机械结构尺寸增大，可以提升 3D 打印机整体打印的制造能力，避免模型分割而提高打印效率，同时，可以大幅扩展其应用领域。分析各大公司近几年产品系列可以发现，打印件的制造尺寸呈增大的趋势，进一步查询目前各大公司，他们各类型 3D 打印机的最大打印尺寸，均受限在 1m 以内，国内有部分公司尝试大型尺寸的研发，已经收到了不错的市场效果。

第二，与传统制造方式结合。包括模具、铸造、锻造、电化学精密加工等传统方式的有效、深度融合，在 2018 年科技部的《增材制造与激光制造的重点专项》里，就安排了这类研究项目，旨在推动3D打印对传统制造业的赋能发展，同时也可以使3D打印本身获得更多的应用。

（4）制造模式

第一，出现“集散制造”模式。随着3D打印成本和技术门槛的降低，3D打印现在已经出现普及的趋势，甚至千家万户都将会拥有它、使用它，让它成为社会化的众创、众筹、众包的工具和平台，从而成为一种新的社会行为，这时，就会出现一种“集散制造”模式。概括地说，集散制造就是把整个生产流程再造，让包括人们消费模式在内的供需环节发生深刻改变。

第二，出现“功能优先”的设计理念。受限于零件的复杂程度，传统制造对于设计者，需要更多考虑制造工艺的可行性及成本，而面向3D打印的设计，可以完全忽略产品的复杂程度，完全可以从产品所需具备的功能出发进行设计，以前人们无法想象的工业产品将会大量出现，而在积少成多后，这些产品再反哺制造母机或重大装备，会令制造业发生重大改变。面向3D打印“功能优先”的设计理念，将大幅拓展产品的创意与创新空间，使产品设计人员不再受传统工艺和制造资源约束，专注于产品形态创意和功能创新，在“设计即生产”“设计即产品”理念下追求“创造无极限”，因此，在零部件的设计上可以采用最优的结构设计，无须考虑加工问题，解决了传统的航空航天、船舶、汽车等动力装备高端复杂精细结构零部件的制造难题。面向3D打印“功能优先”的设计理念，由于产品数字化设计、制造、分析高度一体化，也将显著缩短新产品开发定型周期，降低研发成本，实现“今日完成设计，明天得到成品”。

第三，“微纳制造”被极大促进。随着3D打印的应用从宏观制造扩展到微纳制造，微纳制造形式将是3D打印发挥重要作用的场合。现在做传感器采用微电子的微工艺，需要先制造一个模具，然后上流片，那么一个生产线都是投资几十亿美元甚至上百亿美元。如果定制化的传感器只有千百个需求的话，巨大的前期投入让这种小批量生产变得不可能，3D打印将可以完全胜任此类微纳制造。最近，美国西安大略大学的研究人员开发出了一种可植入的装置，用以检查患者的心脏状态。这种装置也是用3D打印技术制造出来的。它是无线可植入系统，集成了血压传感器、心血管压力监视器（包括支架），其体积只有 $2.475cm^3$，重量刚刚超过4g。

（5）自身进化

未来的3D打印还会向4D打印和5D打印进化。在3D打印的基础上，进一步考虑随着时间的变化，使模型逐渐发生形状和功能的变化，就分别有了所谓的4D打印、5D打印。

第一，4D打印，是随着时间变化，打印模型会发生形状变化。通常，打印时，模型形状可能是个平面，但打印好以后，在温度、磁场等环境作用下会逐渐发生变形。它的好处是一来简化了3D打印的工艺，二来可以把打印出来的模型轻松地装配至设备中去。

第二，5D打印，模型被打印好之后，功能、形状均可以随时间变化而变化。目前，5D打印骨骼试验已在动物身上取得成功。如果这种技术成熟后推广开来，其对社会面貌的影响远比智能制造、3D打印、4D打印要大得多。

（6）应用前景

显然，对于完全个性化的或者批量不大的应用领域，3D打印将会有更大的应用前景。

第一，生物医疗是完全个性化领域的代表。2016年，由国务院办公厅发文的《关于促进医药产业健康发展的指导意见》指出要推动生物3D打印技术、数据芯片等新技术在植介入产品中的应用；由国务院发文的《“十三五”国家战略性新兴产业发展规划》指出要利用增材制造（3D打印）等新技术，加快组织器官修复和替代材料及植介入医疗器械产品创新和产业化；2021 年 2 月 9 日，工信部发布《医疗装备产业发展规划（2021—2025 年）》意见稿，明确指出鼓励开发“3D 打印+医疗健康”新产品，推进医疗器械、康复器械、植入物、软组织修复等个性化定制发展，并在多个板块发展中强调 3D 打印新技术的应用，在“重点发展领域”中指出“推动应用先进材料、3D 打印等技术，提升血管支架、骨科植入、口腔种植等产品的生物相容性及力学性能水平”；在“跨界融合创新”中指出“支持医疗装备与电子信息、通信网络、互联网等跨领域合作，推进传统医疗装备与 5G、人工智能、工业互联网、云计算、3D 打印等新技术融合嵌入升级。加快开发原创性智慧医疗装备，推进智慧医疗、健康云服务发展”。由此可见，从国家政策层面上，“3D 打印+医疗”也属于近年来研究的热门，并受到国家的重视和大力支持，具有巨大的发展潜能，同时也体现了中国对于人们健康、生命至上理念的重视。

第二，航空航天则是小批量领域的代表。航空航天领域的零部件，通常没有民用产品批量大，但是，其结构通常比较复杂，且所用的材料一般均为加工难度较大、成本较高的高强高硬合金，显然，3D 打印将对其表现出较大的应用前景。

而纵观国内外，在上述两个领域内，3D 打印也的确被人们寄予了较多的期待。这在科技部于“十三五”期间组织实施的《增材制造与激光制造的重点专项》研究计划里面，也体现得十分清楚。

（7）基础科学

显然，3D 打印基于增材制造的基本原理，其基础理论研究是持续推动该项技术发展的动力，以下五个方向的科学问题，将会逐渐受到国内外学者的广泛关注。

第一，金属成形中的强非平衡态凝固学。由于 3D 打印过程中，材料与能量源交互作用时间极短，瞬间实现熔化-凝固的循环过程，对于金属材料来说，这样的强非平衡态凝固学机理是传统平衡凝固学理论无法完全解释的，因此建立强非平衡态下的金属凝固学理论，是 3D 打印领域需要解决的一个的重要的科学问题。

第二，极端条件下的 3D 打印新机理。随着人类迫切地探索外太空的需求不断增长，3D 打印技术被更多地应用于太空探索领域，人们甚至希望直接在外太空实现原位 3D 打印，这种情况及类似极端条件下的 3D 打印机理以及制件在这种服役环境下的寿命和失效机理的研究将十分重要。

第三，梯度材料、结构的 3D 打印机理。3D 打印是结构功能一体化实现的制造技术，甚至可以实现在同一构件中材料组成梯度连续变化、多种结构有机结合，实现这样的设计对材料力学和结构力学提出了挑战。

第四，组织器官个性化 3D 打印及功能再生原理。无论是制造过程的生命体活力的保持，还是在使用过程中器官功能再创机理的研究，都还处于初期阶段，需要多个学科和领域的专家学者共同努力。

第五，形性综合 3D 打印的控制机理。3D 打印将从目前的控形制造逐渐走向控形、控性综合制造。例如对金属零件的打印，它不仅可以将零件的形状打印出来，还可以控制里面复杂的结构，其精度非常高，而且强度也比较好，接近或超过锻件的强度水平。将来，用它打印飞机发动机上的叶片，会形成一个柱状晶，柱状晶按照设计人员预先的设计方向堆积，最后成形，综合性能要比锻造要好得多。

总之，未来 3D 打印的角色定位将会发生重大变化，它将由制造中的补充形式发展成为智能制造中的骨干形式。它会使制造流程得到再造，让专业人员用 3D 打印的观念重新审视制造领域的既有存在。虽然它制造零件的数量不如模具制造和数控加工，但是它所产生的价值可能远远大于后两者，所以，它的发展趋势和应用前景一片光明。

1.2 3D 打印的应用领域

目前 3D 打印技术已广泛应用于汽车制造、航天军工、日用消费、电器电子、生物医疗、文创首饰、建筑工程、教育教学等诸多领域。全球权威 3D 打印行业调研报告《Wohlers Report 2020》（该统计报告是把航空航天和军工应用分开统计的）数据显示，汽车制造是 3D 打印技术应用最多的领域，占比为 16.4%，消费/电子领域和航空航天则紧随其后，分别为 15.4% 和 14.7%，如图 1-16 所示。且调研表明，2020 年以前，用于模型制造的占比为 24.6%，主要是各类产品研发过程中设计验证、功能测试验证等，这也是自 3D 打印技术诞生以来应用占比最大的市场。而自 2020 年起，3D 打印技术作为终端产品的直接制造使用占比为 30.9%，如图 1-17 所示，成为了 3D 打印技术最大的用途，这也说明 3D 打印技术已经实现了从产品模型快速制造到终端产品直接制造的华丽转变、演化。经济学家 Carlota Perez 认为，每次以技术为主导的产业周期变革，其周期大约在 60 年，前 30 年为基础技术的发明阶段，后 30 年为技术加速应用阶段。而自 1986 年美国诞生世界第一家生产 3D 打印设备的公司 3D Systems 起，到现在 2021 年，恰好开始了后面的 30 年。因此，3D 打印技术应用将开始加速，也必将发挥更大的应用价值，并对相关行业产生深刻变革。本节将介绍 3D 打印技术分别在生物医疗、航空航天、工业生产三个领域内的典型应用，然后指出 3D 打印未来应用的限制和风险。

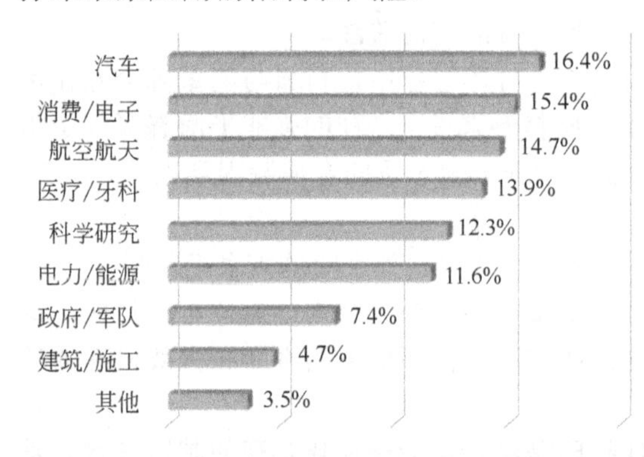

图 1-16 3D 打印在各工业领域中的应用占比

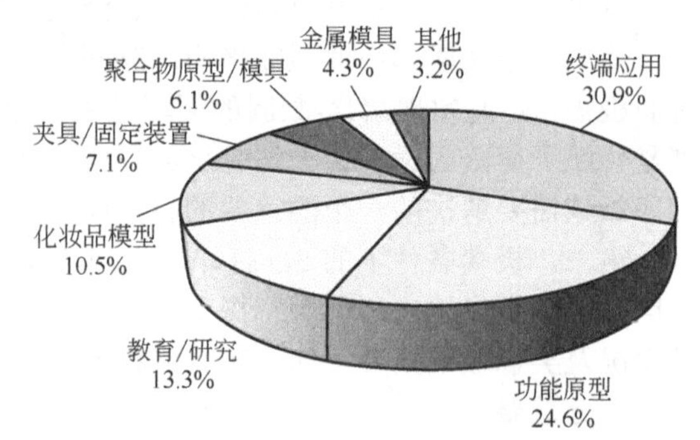

图 1-17 3D 打印的各种用途占比

1.2.1 3D 打印在生物医疗方面的应用

依据应用场景划分，目前 3D 打印在生物医疗中的应用主要包括术前规划模型、手术导板、体内植入物、医疗辅具等。同时，再生医学和类组织器官的生物 3D 打印，是医工交叉学科研究的前沿，也是未来 3D 打印在生物医疗方面的主要发展和应用方向。

（1）术前规划模型

术前规划模型是通过三维重建技术，将患者的 CT 影像数据转化为三维模型，并利用 3D 打印技术把模型打印成实物。通过这种三维模型可以实现病灶的三维可视化，解决了二维断层图像难以理解、评估等问题，可为医生提供更直观、精确的病变位置、空间解剖结构及形态、容积等信息，为复杂的手术方案制定、术前预演、术后效果评估等提供帮助，从而大幅提高手术的准确率和安全性。目前最新的 3D 打印技术已经可以打印出软硬结合、方便手术刀切割的材料，进一步增加医生手术的手感，也有利于提高年轻医生的操作水平。

3D 打印术前模型助力颅脑复杂肿瘤切除手术

病史摘要：某患者，40 岁，女性，头痛 2 月余，且有视力障碍，经检查发现颅脑肿瘤，且肿瘤周边有颅内动脉，建议手术治疗，但手术风险大。医院将患者 CT 与 MRI 影像进行融合，如图 1-18 所示，并进行三维重构，使重建的颅骨与动静脉、肿瘤等精确地还原患者颅内的情况，如图 1-19 所示。进一步，通过珠海赛纳科技有限公司的 WJP 型 3D 打印机，对重构设计后的患者颅腔模型进行全彩色 3D 打印，如图 1-20。借助该 3D 打印模型，医生对肿瘤周围血管分布观察得更加清晰，使得术中在镜下辨认被肿瘤包绕的血管时心中有数，可以在保护重要血管结构的同时对肿瘤进行精确切除。最终，在历经 11h 手术后，患者颅内鞍区脑膜瘤成功分块全切除，且肿瘤周围的双侧大脑前动脉、中动脉、颈内动脉等结构保护完整，手术获得巨大成功。

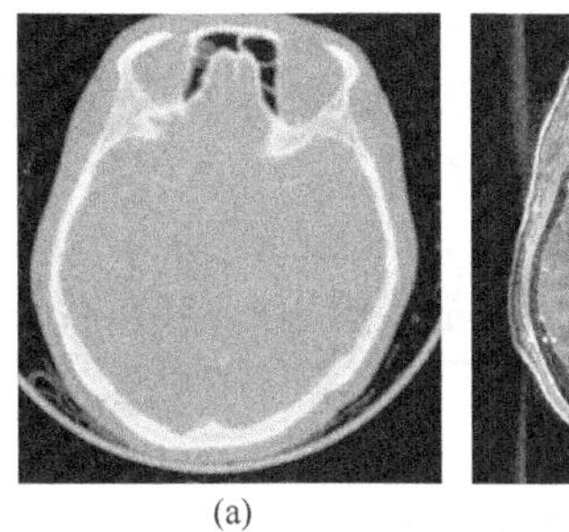
(a)

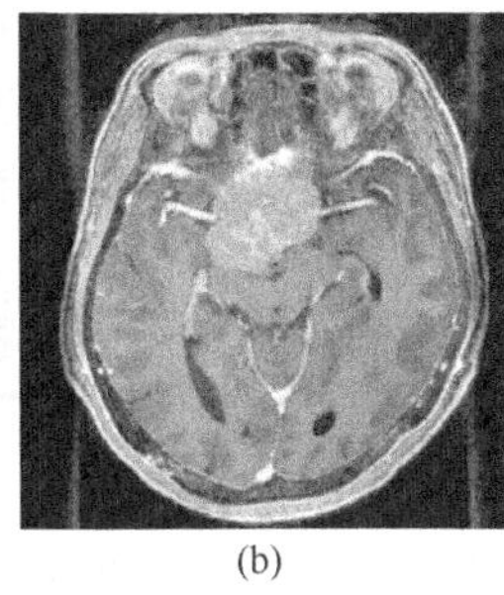
(b)

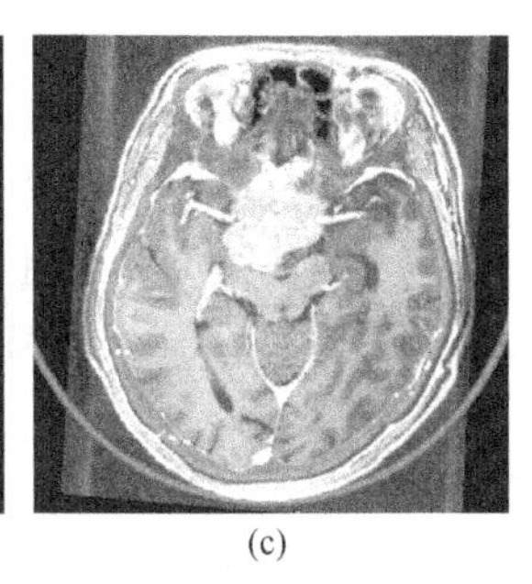
(c)

图 1-18　患者颅腔的 CT 图（a）、MRI 图（b）及 CT 与 MR 融合图（c）

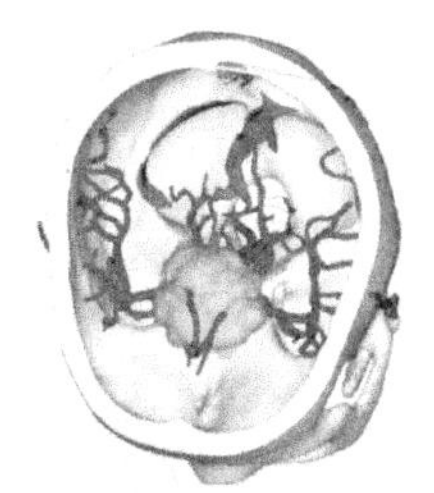
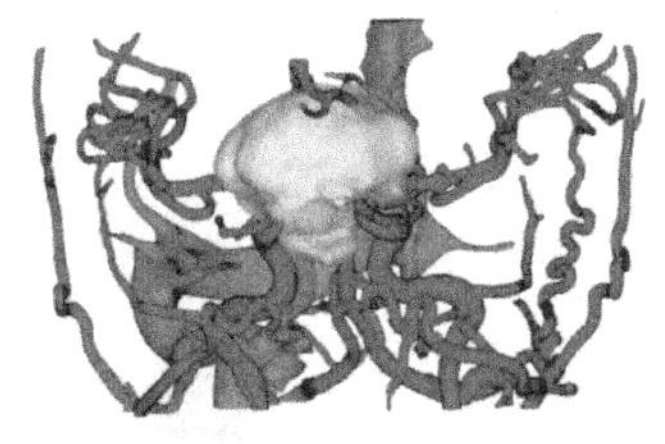

图 1-19　患者颅腔三维重构图

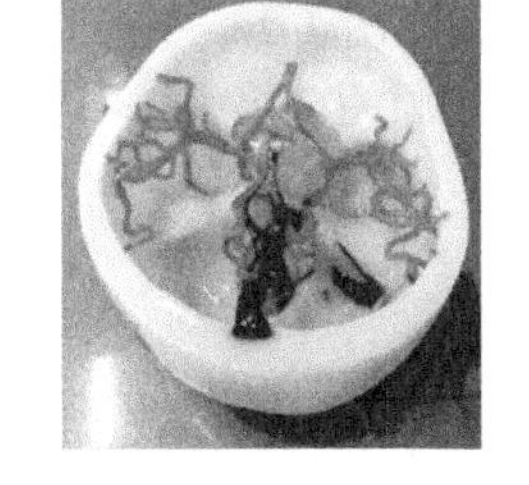

图 1-20　患者颅腔 3D 打印模型

案例 1-2

3D 打印术前模型助力肝脏切割术——母子拼肝

病史摘要：某患者，56 岁，女性，经检查确诊为肝恶性肿瘤、肝硬化。正常人体肝脏约有 1500cm^3，但患者的肝脏只有 765cm^3，肝功能存在严重缺陷。医院判定肝移植是目前唯一有效的治疗方法，且经过配型，患者 21 岁的儿子符合移植要求。显然，供体、受体两块肝脏如何精准切除，血管、胆管如何精确吻合，十分重要，这对于医生的技术有着极高的要求。医院根据患者母亲及供体儿子各自肝脏的术前 CT 数据，进行三维重建，分别如图 1-21（a）、图 1-22（a），并将两者的肝脏通过珠海赛纳科技有限公司的 WJP 型 3D 打印机，按照 1：1 的比例打印出来，分别如图 1-21（b）、图 1-22（b），从而能精确评估病变范围与邻近脏器组织的三维空间关系，并制定手术方式及切口位置等。最后手术非常成功，母亲的生命借儿子的肝脏得以成功延续。

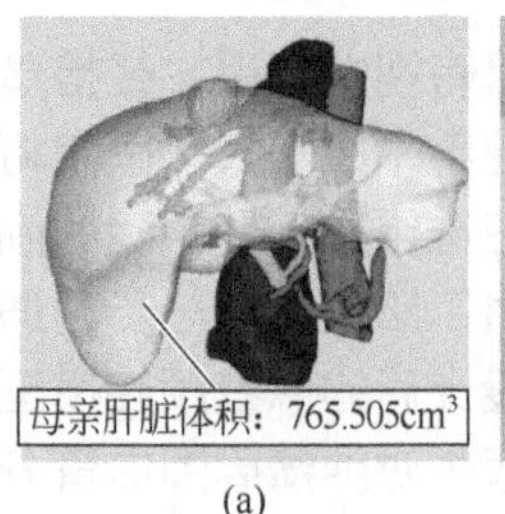

(a)

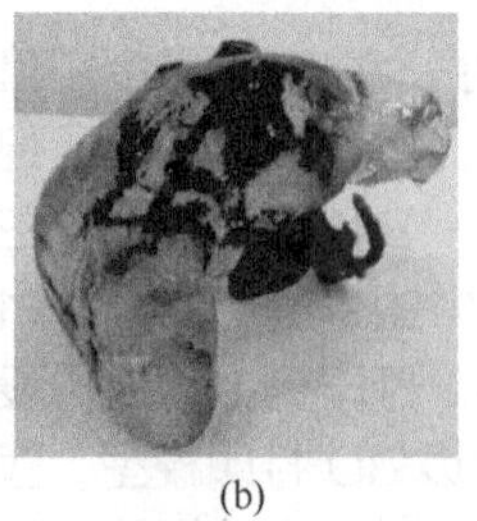

(b)

图 1-21 患者肝脏的三维重构图（a）及 3D 打印模型（b）

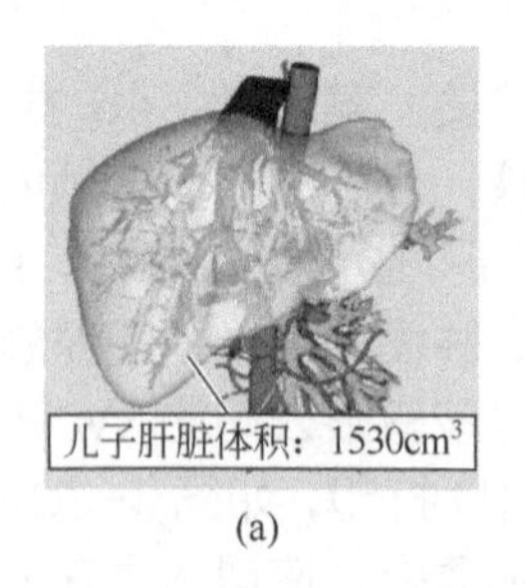

(a)

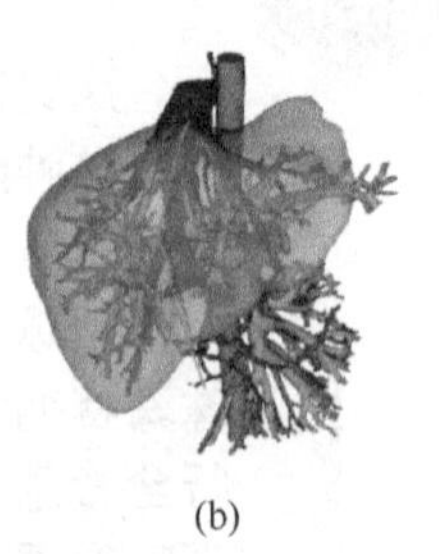

(b)

图 1-22 供体肝脏的三维重构图（a）及 3D 打印模型（b）

（2）手术导板

通过数字化设计并 3D 打印制作而成的手术导板，是将术前设计转移到术中实现的关键工具，可以规避重要血管和神经的创伤，减少出血量，提升手术安全性。此类产品常用打印材料主要有高分子尼龙材料及高强度且有较好韧性的树脂材料（如截骨导板，手术过程中需要用摆锯进行切割，故对强度和韧性有一定要求）、具有一定强度的透明树脂材料（如齿科种植导板）、普通树脂材料或 PLA 材料（如骶骨神经穿刺导板、脑出血穿刺导板，对导板强度无过高要求）。

（3）体内植入物

利用 3D 打印技术制造出符合个体需求、完美匹配而且能顺利植入体内的植入物，同时可以制造大小可控的微孔，这些微孔结构可降低金属材料的弹性模量，减小应力，也可以促进成骨整合，这是传统植入假体无可比拟的优势。此类 3D 打印植入物常用材料主要是钛合金粉末，如图 1-23、图 1-24，目前针对一些不需要过多受力承重和摩擦的植入假体，如椎间融合器、颅骨、颞下颌关节等小关节，已有学者在研究 PEEK（图 1-25）、镁合金等新型材料应用。

图 1-23 钛合金材料髋臼杯

图 1-24 钛合金材料肋骨

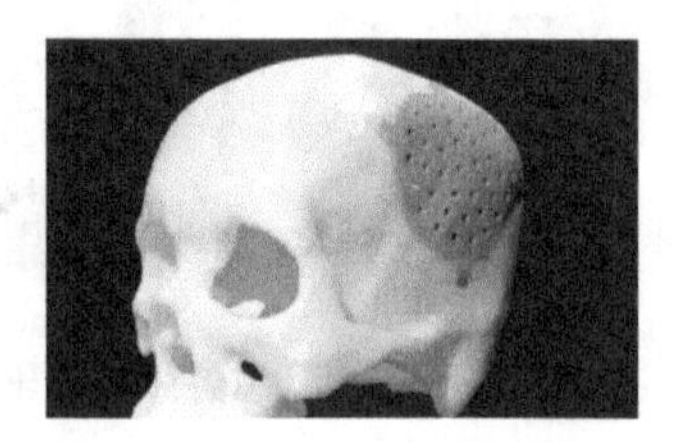

图 1-25 PEEK 材料颅骨

3D 打印世界首例枢椎椎体

病史摘要：2014 年，12 岁男性患者，经诊断，为尤文氏肉瘤，癌变部位位于枢椎，病情凶险，如图 1-26 所示。国际通用的办法是用钛合金网笼支撑切除癌变部位的空缺枢椎椎体，利用钛合金网笼上面的孔洞，结合前方的钛板、钛钉进行固定，达到使椎体融合，重建颈椎稳定性的目的。但是，钛合金网笼支撑力和接触面积有限，抗旋转能力、抗各种屈曲能力也都很薄弱。又因为其存在明显的“应力遮挡”，术后与钛合金网笼相邻的椎体往往出现塌陷，椎间高度难以维持。加上钛板有一定厚度，可能造成患者的吞咽困难。术后，患者还需在头部和肩胛打上钉子，在其上下安装一个支架，固定患者的头部。休息时，头根本不能碰到床，这种状态须维持 3～4 个月，有时甚至半年，给患者带来极大痛苦。患者被北京大学第三医院（简称“北医三院”）骨科刘忠军教授收治，经过颈椎后路和前路两次手术，为患者换上了世界首例应用 3D 打印技术人工定制的枢椎椎体，如图 1-27 所示，成功克服了上述传统治疗方法的弊端，并挽救了患者生命。

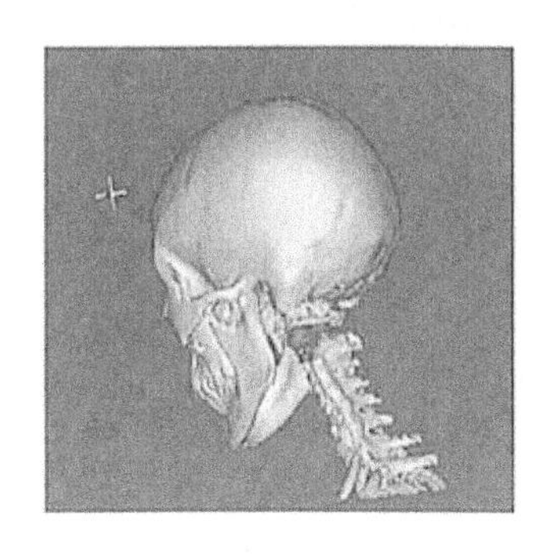

图 1-26　患者癌变位置

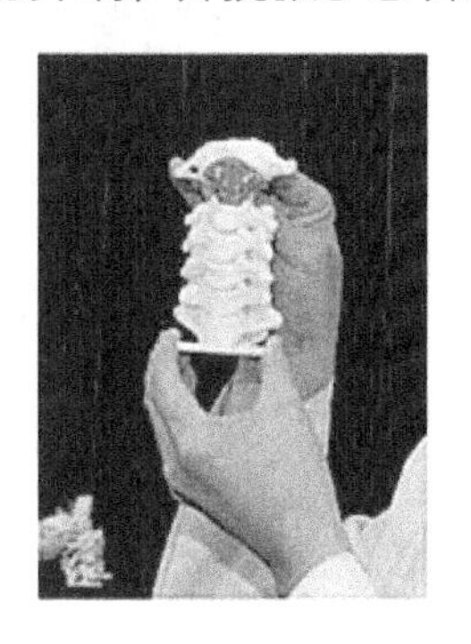

图 1-27　为患者通过 3D 打印获得的枢椎椎体

（4）医疗辅具

传统的医疗辅具大都通过石膏取模、低温热塑板塑型获得，由于石膏易吸水、收缩等特点容易使模型产生形变，影响制作精度，且在制作过程中过于依赖技师的个人经验。而利用光学三维扫描技术获得体表信息，结合患者 CT、MRI 数据，通过计算机精准设计，再采用 3D 打印技术制作而成的定制化、轻量化康复辅具，则更符合人体工程学设计，可以满足患者个性化需求，提高术后康复效果或非手术康复矫形效果，如图 1-28 为各类 3D 打印医疗辅具。3D 打印个性化医疗辅具的未来发展方向还有新型假肢、视听及言语功能代偿辅具、新型残障生活辅助系统——外骨骼机器人等。此类产品常用打印材料主要有高分子尼龙材料（如各种强度和韧性非常好的矫形器）、TPU 材料（如各类足底生物力学代偿器）、PLA 或高强度树脂材料（如不需过多受力的一些康复固定支具）。

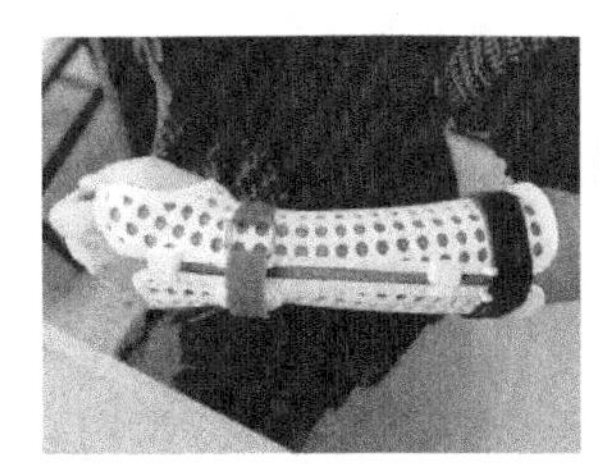

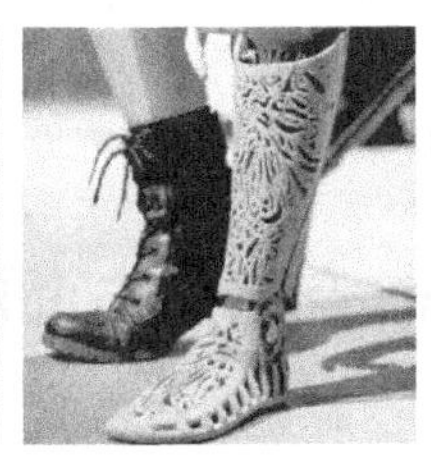
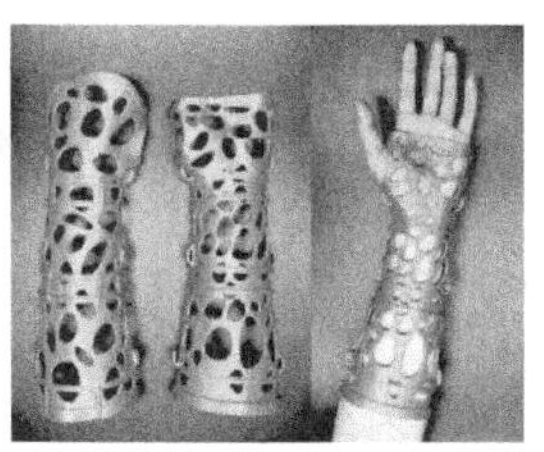

图 1-28　各类 3D 打印个性化医疗辅具（腕部固定支具、颈部固定支具、假肢、腕部固定支具等）

案例 1-4　3D 打印个性化脊柱侧弯矫形器治疗脊柱侧弯

病史摘要：2018 年，14 岁女患者，脊柱侧弯，脊柱全长 X 光片显示 Cobb 角 13°，未予以合适治疗。2020 年 1 月复查，Cobb 角度数增加至 27°，于上海交通大学医学院附属第九人民医院 3D 打印中心就诊，佩戴 3D 打印脊柱侧弯矫形器，半年后患者脊柱就被完全矫形，患者脊柱侧弯进展情况对比如图 1-29 所示。上海交通大学医学院附属第九人民医院 3D 打印中心根据患者的具体情况，通过人体三维扫描仪获取患者体表三维数据（图 1-30），并结合 X 片数据进行计算机辅助设计，为患者定制设计完全个性化脊柱侧弯矫形器模型，进一步通过 3D 打印获得脊柱侧弯矫形器，如图 1-31。该脊柱侧弯矫形器因为完全个性化设计，且为镂空结构，透气轻便，使患者佩戴舒适，每天能够佩戴 20h 以上。

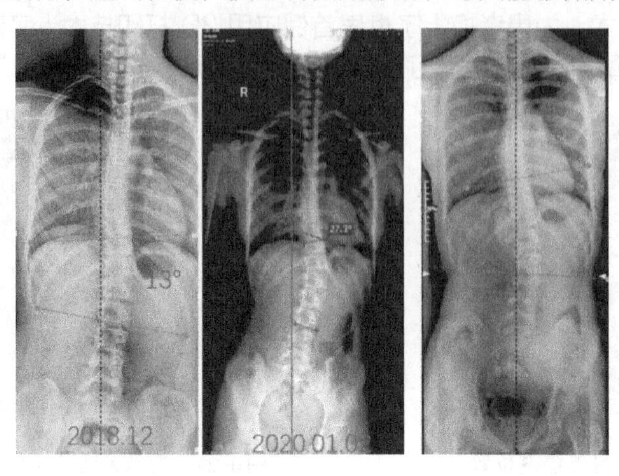

图 1-29　患者脊柱侧弯进展情况对比 X 片

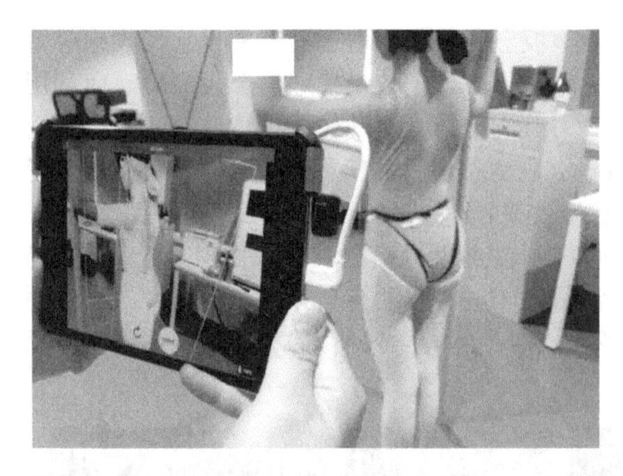

图 1-30　通过人体三维扫描仪采集患者体表三维数据

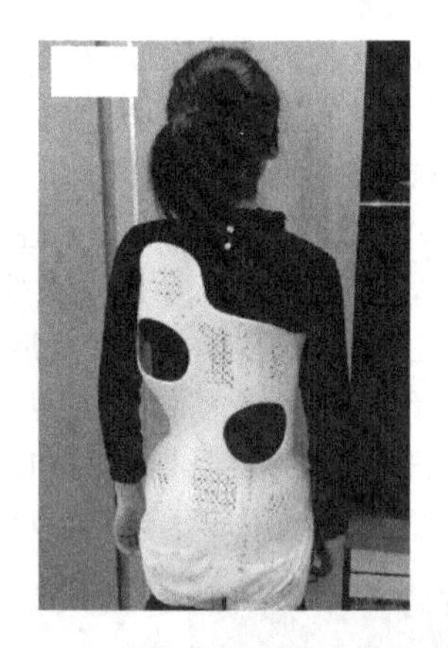

图 1-31　通过 3D 打印获得个性化脊柱侧弯矫形器

1.2.2　3D 打印在航空航天方面的应用

国内外一直在针对航空航天领域难加工金属大型复杂构件，研究和探索低成本、短周期、高性能的 3D 打印制造技术。如 Boeing、Lockheed Martin 、Northrop Grumman 等美国三大军用飞机制造商及美国 Los Alamos National Laboratory 等进行了 20 余年的持续研发；而在国内以北京航空航天大学王华明院士和西北工业大学黄卫东教授为代表的团队等也进行了数十年的持续研发，并取得了创新性的研究成果，如王华明院士团队在国际上首次突破飞机钛合金大型主承力构件激光成形工艺、装备和应用关键技术，解决了难以成形“大型构件”问题，研制生产出了我国飞机装备中迄今尺寸最大、结构最复杂的钛合金主承力整体构件，综合力学性能达到或超过锻件。

（1）3D 打印在航空航天领域的应用优势

3D 打印技术作为一项全新的制造技术，其在航空航天领域的应用优势突出，服务效益明显，总的来说主要体现在以下几个方面：

① 解决了装备轻量化的瓶颈问题　对于航空航天武器装备而言，减重是其永恒不变的研究主题，因为减重不仅可以增加飞行装备在飞行过程中的灵活度，而且可以增加载重量、节省燃油、降低飞行成本。目前航空航天及军工装备追求极端轻量化与可靠化的要求，使得大型复杂整体结构件和精密复杂结构件的制造尤其困难，成为先进航空航天及军工装备发展的瓶颈之一。如新型飞机、航天飞行器和发动机越来越多地采用整体制造的结构件，这使得单个结构件的尺寸和复杂性都在不断地增加，另外大幅增加钛合金、高温合金和超高强度钢等合金材料的用量，传统热加工和机械加工非常困难。而 3D 技术的应用可以优化复杂零部件的结构，在保证性能的前提下进行轻量化设计，从而起到减重的效果。而且通过优化零件结构，能使零件的应力呈现出最合理化的分布，减少疲劳裂纹产生的危险，从而增加使用寿命。同时还可以通过合理复杂的内流道结构实现温度的控制，使结构设计与材料使用达到最优结合。

② 提高了材料利用率，降低制造成本　在航空航天制造领域，许多零部件采用传统制造方法对材料的使用率很低，一般不会大于 10%，甚至仅为 2%～5%。材料的极大浪费也就意味着机械加工的程序复杂、生产周期长。针对那些难加工的零件，加工周期更是会大幅度增加，制造周期明显延长，从而造成制造成本的增加。而金属 3D 打印技术作为一种近净成形技术，材料利用率高，且制造成本不受零件内部复杂结构的影响。以 JSF 飞机升力风扇钛合金整体叶盘制造为例，采用传统“减材”制造技术的话，模锻毛坯重 1500kg，经传统铣削加工，最终做出的零件重 100kg，材料利用率仅有 6.67%，且其制造周期会很长，如图 1-32 所示，而如果采用 3D 打印技术的话，则可节省材料 80%。

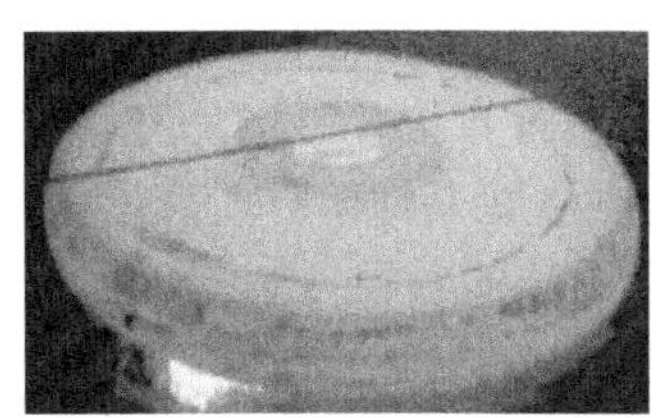

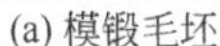

(a) 模锻毛坯　　(b) 传统铣削加工　　(c) 最终零件

图 1-32　JSF 飞机升力风扇钛合金整体叶盘制造

③ 缩短了新型航空航天装备的研发周期　由于 3D 打印技术最突出的优点是无需机械加工或任何模具，就能直接把研发人员设计开发的产品三维模型制造成实物零件，这将使高性能、大尺寸结构件的制造流程大为缩短。以国产大飞机 C919 主风挡整体窗框制造为例，如图 1-33 所示，北京航空航天大学王华明教授团队采用自主研发的金属 3D 打印工艺技术，从接到零件三维模型数据到成品零件交付装机，仅用 40 天时间，成本费 120 万，而如果国外订购的话，周期至少 2 年，模具费用则是 1300 万；同样是 C919 上的零件，中央翼缘条，长达 3m 多，如图 1-34 所示，如果采用传统制造方法，此零件需要超大吨位的压力机锻造，不但费时费力、浪费原材料，且当时国内还没有能够生产这种大型结构件的设备，而如果向国外采购此零件，从订货到装机使用周期长达 2 年多，将严重阻碍飞机的研发进度，且势必影响大飞机的国产化率。西北工业大学黄卫东教授团队，采用自主研发的金属 3D 打印装备和技术，仅用 1 个月左右的时间，即完成了该零件的研制，并通过商飞的性能测试，成功应用在国产大飞机 C919 首架验证机上。在 20 世纪八九十年代，运用传统制造手段，要研发新一代战斗机至少要花 10～20 年的时间，如歼-10 战斗机研发用了近 10 年时间。而运用 3D 打印技术后，我国在 3 年时间内就推出了舰载机歼-15，直接跨入第三代舰载战斗机方阵。不容置疑，

3D 打印技术正在制造空军发展的“中国速度”。

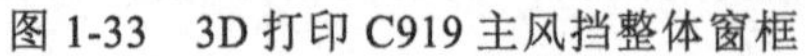

图 1-33　3D 打印 C919 主风挡整体窗框

图 1-34　3D 打印 C919 中央翼缘条

④ 提高了零件维修效率，降低维修保障成本　航空航天装备中损伤零部件的维修保障一直是个很大的问题。采用基于同步送粉的激光近净成形（Laser Engineered Net Shaping，LENS）3D 打印技术进行零件修复，则带来了全新的航空航天装备维修保障方式。以高性能整体涡轮叶盘零件为例，当盘上的某一叶片受损，则整个涡轮叶盘将面临报废，直接经济损失价值在百万之上。目前，基于 LENS 逐层打印的特点，将受损的叶片视作特殊的基材，在局部受损部位进行激光熔覆沉积成形，就可以恢复零件原貌，且性能满足使用要求，甚至是高于原基材的使用性能。而且，由于 3D 打印过程中的可控性，其修复带来的负面影响很有限。这对于国防部队来说，意味着不需要备件仓库，就可以现场提供有效的解决方案，大大提高了零件维修效率，降低了维修成本。

在未来，3D 打印技术有可能会被部署在战场前沿，实现直接在战场上打印零部件，省去中间的制造、配送、仓储等环节。目前，美国海军已启动“舰上打印”项目，开发零件打印、资格认证以及零件交付等一系列程序，评估可用于军事用途的各种 3D 打印技术与材料，以达到在海上舰艇中制造飞机零部件的目标。

在未来，3D 打印技术还有可能会被部署在空间站，实现在太空直接 3D 打印零部件。美国 NASA 于 2014 年 8 月，将可在真空环境中使用的 3D 打印机运送至国际空间站，宇航员不仅打印了测试件，还打印了功能结构件。中国也于 2020 年 5 月首次开展在轨 3D 打印试验，并在国际上首次实现连续碳纤维增强复合材料的太空 3D 打印，如图 1-35 所示。

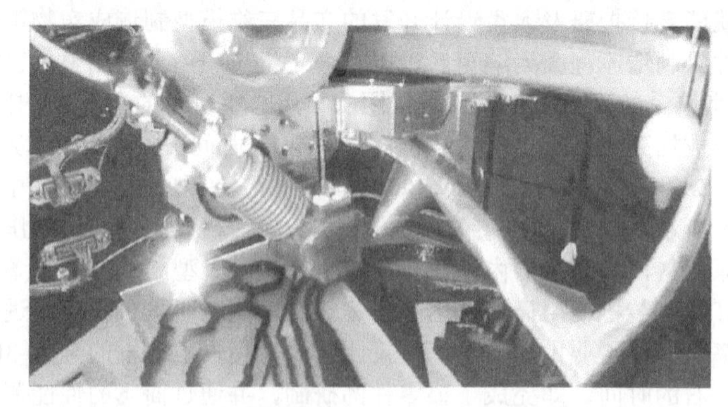

图 1-35　连续碳纤维增强复合材料的太空 3D 打印

（2）应用案例

下面列举 3 个国内航空航天领域 3D 打印应用案例。

3D 打印“天问一号”2.0 版 7500N 变推力发动机的对接法兰框

2021 年 5 月 15 日 7 时 18 分，“天问一号”着陆巡视器与环绕器实现分离，成功软着陆于火星表面，如图 1-36，随后，“祝融号”火星车成功传回了遥测信号。此次火星着陆巡视器 7500N 变推力发动机，正是落月用变推力发动机的 2.0 版。改进型的“天问一号”2.0 版 7500N 变推力发动机，与以往探月工程 7500N 发动机的性能和推力一样，但重量和体积只有以前发动机的三分之一，结构也更加优化、紧凑，两者对比如图 1-37。为此，发动机的对接法兰框，首次采用 3D 打印技术一次打印成形，避免大余量去除原实心棒材或锻件引起的变形，同时也起到了很好的减重效果。

图 1-36 “天问一号”着陆巡视器着陆情况

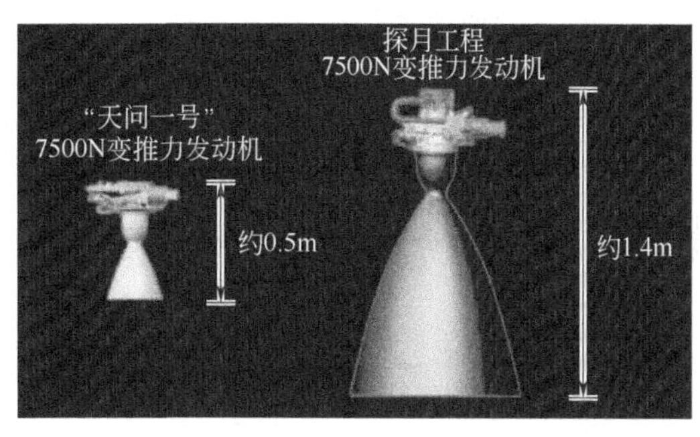

图 1-37 探月工程和“天问一号”7500N 变推力发动机对比

3D 打印新一代载人飞船试验船返回舱超大尺寸整体钛合金框架

2020 年 5 月 8 日 13 时 49 分，由中国航天科技集团空间技术研究院研制的我国新一代载人飞船试验船返回舱，在东风着陆场预定区域成功着陆。此次试验船飞行任务的圆满成功，标志着中国新一代载人飞船已具备雏形，也标志着舱体结构、材料、控制系统等领域一大批新技术取得了重要突破，其中重要的技术突破之一，是直径达 4m 的超大尺寸整体钛合金框架设计及 3D 成形，成功实现了减轻重量、缩短周期、降低成本等目标。新一代载人飞船试验船的成功返回，也标志着超大尺寸关键结构件整体 3D 打印技术通过大考，图 1-38 为新一代载人飞船试验船返回舱着陆情况及其通过 3D 打印获得的超大尺寸整体钛合金框架。

图 1-38 新一代载人飞船试验船返回舱着陆情况（左）及其 3D 打印超大尺寸整体钛合金框架（右）

案例 1-7

3D 打印嫦娥四号中继星“鹊桥”的斜动量轮支架

2018 年 5 月 21 日，嫦娥四号中继星“鹊桥”在西昌卫星发射中心成功发射，其工作轨道位于深空高轨，这将有助于人类进一步揭开月球背面的神秘面纱。在运载发射能力受限的情况下，嫦娥四号中继星“鹊桥”的重量指标异常严格。斜动量轮支架属于该卫星上较重的组件之一，为了实现减重，通过应用 Altair 公司的 Altair Inspire 对其进行拓扑优化，将设计思路由原来的“先设计产品结构再校核产品性能”转变为“先确定产品性能，再通过拓扑优化手段得出产品最终结构”，实现了轻量化设计。进一步采用铝合金 3D 打印，进行整体制造，实现轻量化制造，图 1-39 为中继星“鹊桥”的斜动量轮支架打印成品及在中继星上的装配情况。

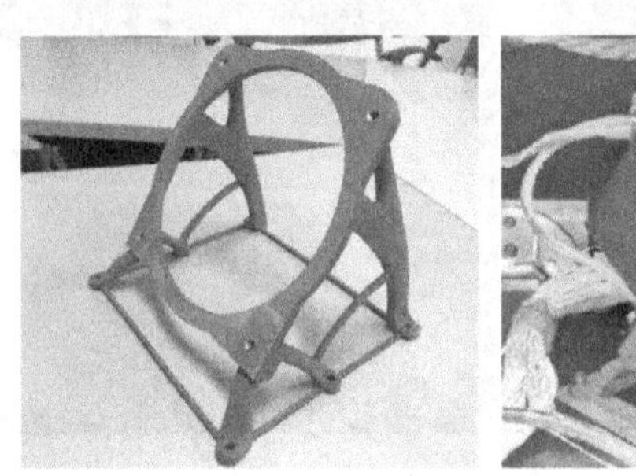
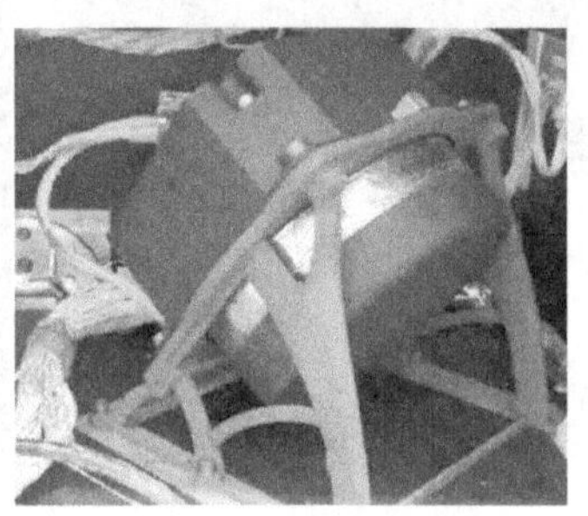

图 1-39 “鹊桥”中继星的斜动量轮支架打印成品（左）及在中继星上的装配（右）

1.2.3 3D 打印在工业生产方面的应用

早期，3D 打印技术在工业生产领域主要用于产品研发过程中的原型制造，用于验证外观设计、结构设计及装配测试等。如所研发的新产品在进行批量生产之前，需要进行产品评估，及时发现产品设计中存在的问题；如可模拟产品真实工作情况，进行装配、干涉检查、功能试验及可制造性、装配性检验等；再比如可用于模具制造，通过 3D 打印技术制作出真空铸造件和熔模铸造件的母模、注塑模等，再结合传统制造工艺，最终制造出用于产品批量生产的模具。而 3D 打印技术经过 30 多年的发展，目前在工业领域已大量应用于终端零件直接制造，包括直接打印一些模具，而且可以打印制作随形水路注塑模具，相比传统工艺的注塑模具具有更大的优势。

（1）产品研发验证

传统产品研发验证一般是 CNC 加工，而 CNC 加工的缺点是加工工序多，且无法完成镂空、空心、高精细、薄壁或异型结构等复杂产品的加工，即便有些能加工，成本也十分高昂，所以 CNC 一般比较适合做结构相对简单的厚重零件。而 3D 打印具有加工速度快、一次成形、加工成本不受产品复杂程度的影响等优势，目前已广泛应用于各行业产品研发过程中的设计验证、装配验证及小批量测试。产品研发验证常用的 3D 打印材料有光敏树脂、高分子尼龙材料等。光敏树脂材料加工零件表面较光滑，但强度较低，而高分子尼龙材料适合加工一些对强度和韧性有较高要求的产品。图 1-40 是一些 3D 打印产品研发验证案例的图片。

（2）模具制造

传统的机加工手段，一般塑胶模具只能采用直通型冷却水道，对于一些薄壁、深腔类的零部件用水冷却效果不佳，如图 1-41（a）所示。用金属 3D 打印技术，则可以直接打印制造含随形水路的模具产品，如图 1-41（b）所示，模具冷却无盲点。随形水路注塑模具具有以下明显优势：①可以有效提高冷却效率，减少冷却时间，提高注塑生产效率，普遍能提高 20%～40%不等；②有效提高冷却均匀性，减小产品翘曲、变形，尺寸更稳定，从而提高产品质量。

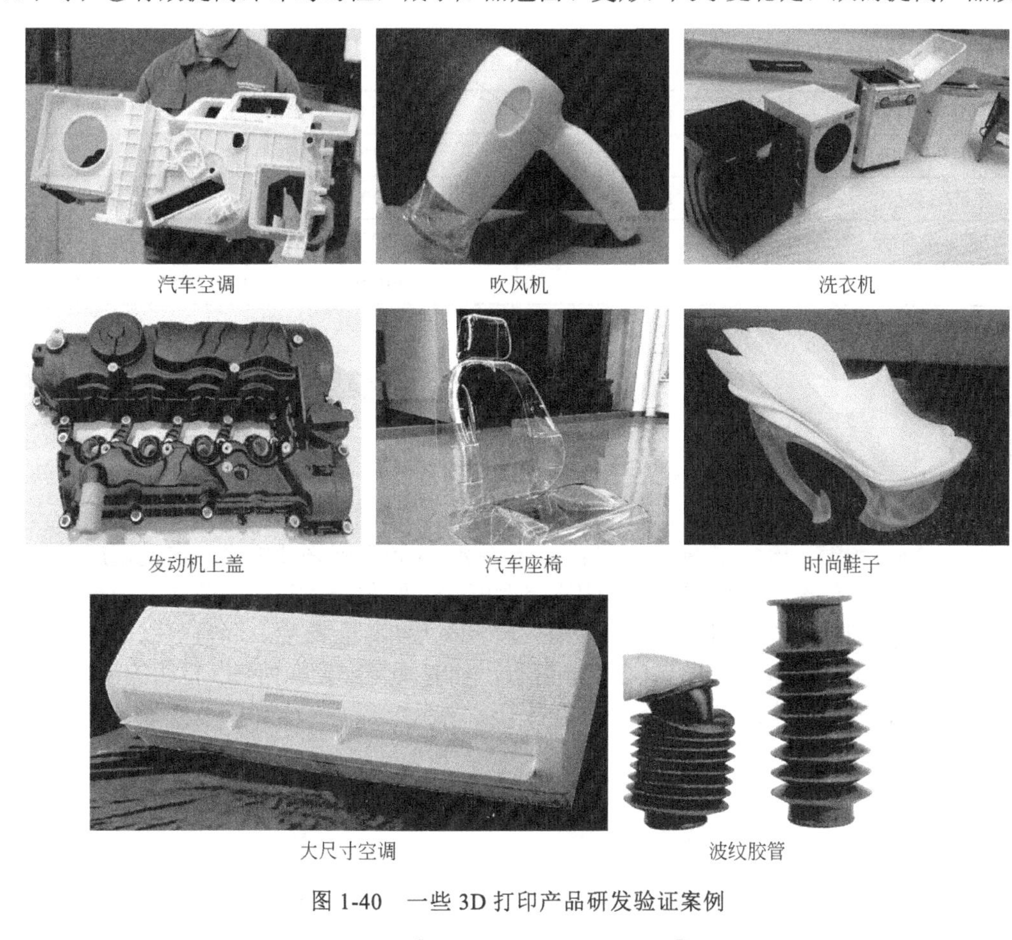

图 1-40　一些 3D 打印产品研发验证案例

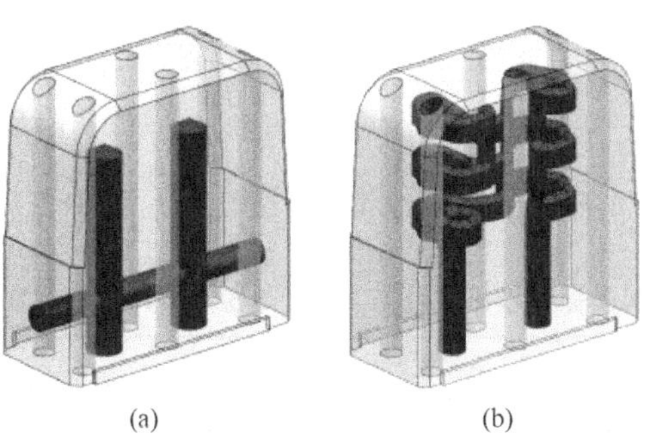

图 1-41　传统机加工的模具冷却水道（a）及 3D 打印的模具随形冷却水道（b）

案例 1-8　3D 打印随形冷却注塑模动模

某客户一款通用的面板体塑料件，采用金属 3D 打印制造随形冷却动模，模具每一模生产周期从 55s 降至 43s，产量从 1300 件/天提升至 1670 件/天，生产效率提升 28%。该零件原来每天的产值是 39000 元，采用 3D 打印之后产值提升至 50100 元，扣除注塑材料费、折旧费、动力费，每天利润增加 2100 元。一年一套这样的模具（生产 180 天）可以带来 2100×180=37.8 万元的额外利润，开 10 套，可以增加利润 378 万元，效益非常好，如表 1-1 所示。

表 1-1 采用金属 3D 打印制造随形冷却动模前后生产对比表

比较项目	传统	3D 打印	备注
生产周期/s	55	43	
产量/（件/天）	1300	1670	按每天生产 20h
产品单价/元	30	30	
产值/（元/天）	39000	50100	利润增加 2100 元/天

案例 1-9 3D 打印随形冷却空调风叶模具模芯

某客户空调分体机的风叶，如图 1-42（a）所示，其模具的中间模芯部分原来是一个铍铜模芯，如图 1-42（b）所示，铍铜材料导热快，冷却效果好，但铍铜不耐磨，寿命是钢件的 1/4，大概生产 3 万件就必须更换，这就增加了模具保养的工作量。后采用 3D 打印模具钢模芯，如图 1-42（c）所示，由于进行了合理的随形冷却水路的设计，可以生产 12 万件以上产品，而且可以提升注塑生产的效率。该模具总共有 66 套，经过一年时间全部更换为 3D 打印的模具钢模芯，总共节约成本超过 30 万元，如表 1-2 所示。

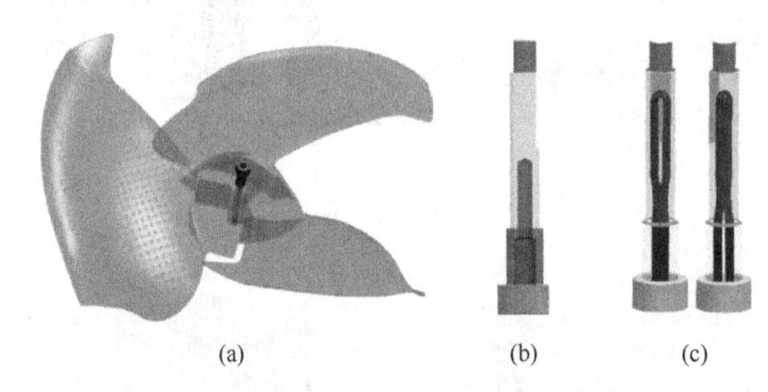

(a) (b) (c)

图 1-42 空调分体机的风叶（a）、传统的铍铜模芯（b）及 3D 打印的模具钢模芯（c）

表 1-2 模具铍铜模芯零件与 3D 打印模芯零件的使用成本对比表

类型	使用寿命	单价/元	风叶年产量/万件	更换次数/次	轴心成本/元	钳工成本/元	调试费用/元	累计成本/元
铍铜零件	3 万件	400	2200	768	768×400=307200	768×200=153600	768×150=115200	576000
3D 打印零件	12 万件	480	2200	192	192×480=92160	192×200=38400	192×150=28800	159360

（3）熔模铸造

熔模铸造又称精密铸造，由于熔模型模广泛采用蜡质材料来制造，故常又称为“失蜡铸造”，熔模铸造的蜡模常用 3D 打印制造。

案例 1-10 3D 打印某珠宝首饰的熔模铸造用蜡模

某珠宝首饰的熔模铸造生产过程，依次经历图 1-43 所示各部分：(a) 产品三维设计模型；(b) 蜡模 3D 打印机打印出蜡模；(c) 溶解蜡模支撑；(d) 获得蜡模成品；(e) 制作蜡模树；(f) 将蜡模树放入金属模具中；(g) 倒入石膏形成石膏模并抽真空；(h) 烤箱高温脱蜡获得石膏负模具；(i) 金属熔炼；(j) 金属浇铸石膏模并水溶石膏；(k) 盐酸洗涤半成品并烘干；(l) 肢解金属首饰树；(m) 打磨、抛光；(n) 最终获得首饰产品。

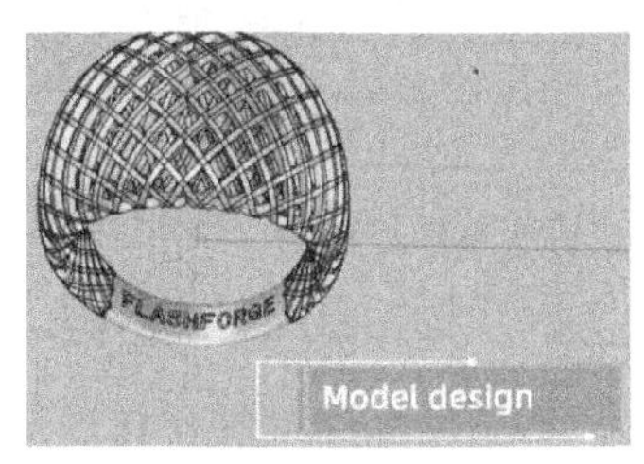

(a) 产品三维设计模型

(b) 蜡模3D打印机打印出蜡模(白色部分为支撑材料)

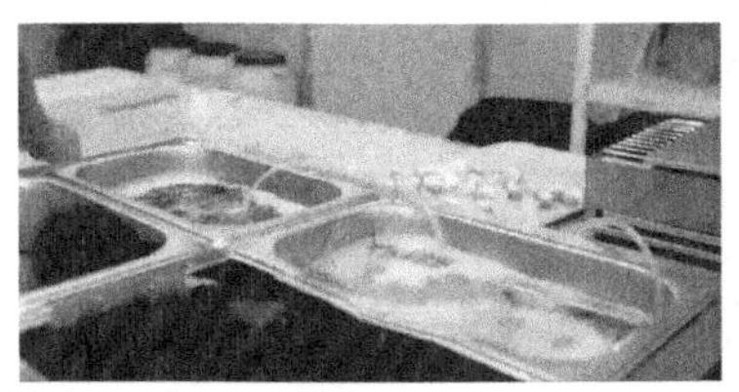
(c) 溶解蜡模支撑

(d) 获得蜡膜成品

(e) 制作蜡模树

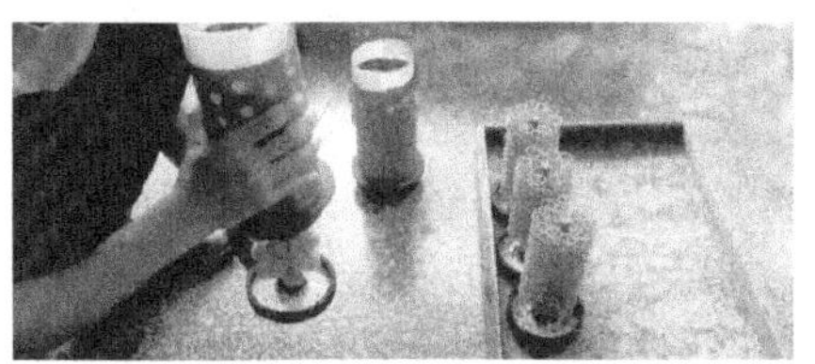
(f) 将蜡模树放入金属模具中

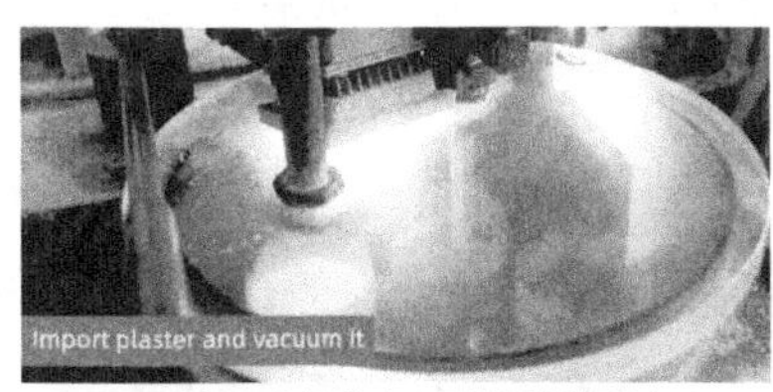

(g) 倒入石膏形成石膏模并抽真空

(h) 烤箱高温脱蜡获得石膏负模具

(i) 金属熔炼

(j) 金属浇铸石膏模并水溶石膏

图 1-43

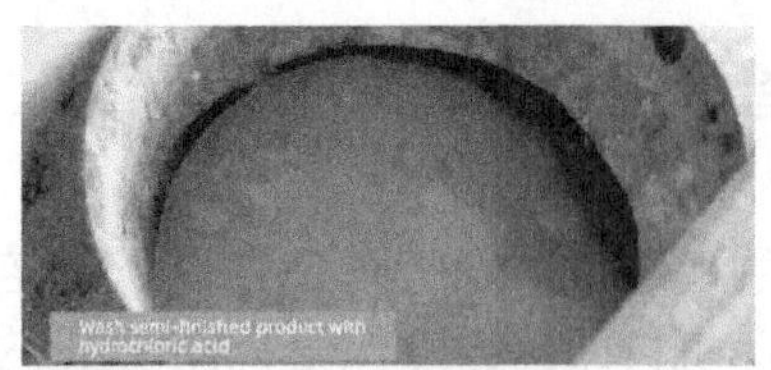

(k) 盐酸洗涤半成品并烘干

(l) 肢解金属首饰树

(m) 打磨、抛光

(n) 最终获得首饰产品

图 1-43 某珠宝首饰的熔模铸造生产过程

（4）砂型铸造

砂型铸造是采用铸造砂（常用铸造砂是硅质砂）和型砂黏结剂制作铸造用砂模，并靠重力作用向铸型型腔进行液态金属浇注，最终生产出金属铸件。传统砂型铸造中的型砂和型芯制作需要手工或半手工先制作木模，而通过 3D 打印技术则可以根据设计数据直接打印制造型砂和型芯，大幅提高了铸型的制造效率，缩短了制作周期，降低了制造成本，同时相较于传统砂型铸造，精度更高，还可以铸造薄壁结构及内部结构复杂的零件。

案例 1-11 3D 打印砂型铸造某薄壁离合器外壳的砂型

通过砂型铸造某薄壁离合器外壳产品，零件尺寸为 465mm×390mm×175mm，重 7.6kg，分上下两部分。德国 Voxeljet 公司选用高质量的 GS09 砂，通过 3D 打印，首先获得其壁厚极薄的铸造用的砂型，如图 1-44（a）所示，然后采用 G-AlSi8Cu3 合金铸造获得铸件，如图 1-44（b）、（c）所示。整个制造过程用时不到 5 天，且生产的离合器外壳与后面测试通过后批量生产的零件性能完全一致，从而为客户赢得了巨大的时间和成本优势。

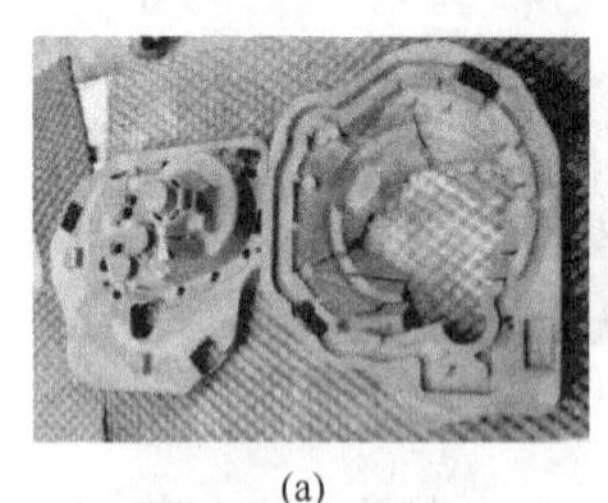

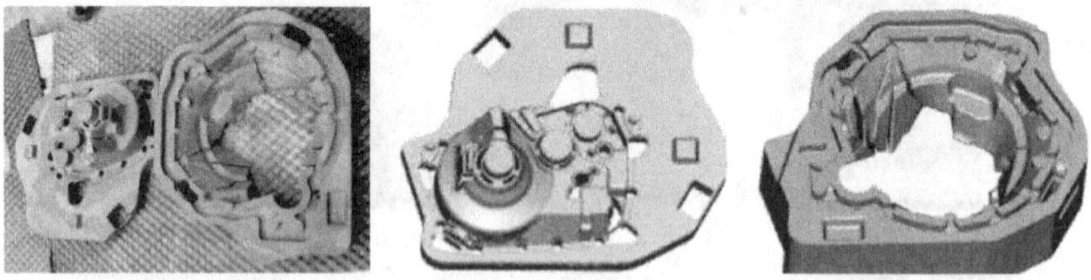

(a)

(b)

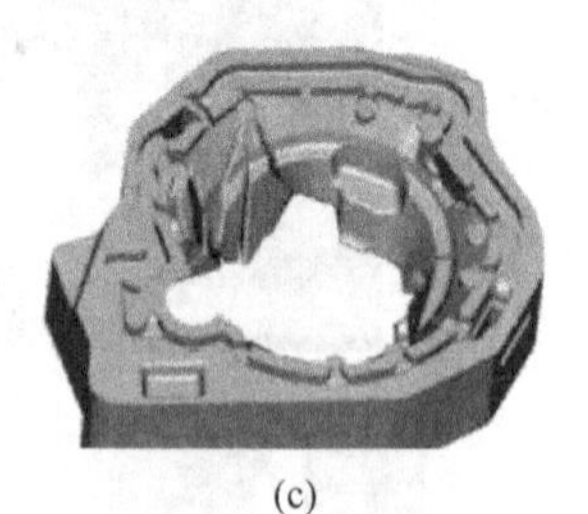

(c)

图 1-44 离合器外壳砂型和铸件

案例 1-12 3D 打印砂型铸造某赛车进气歧管砂型

进气歧管位于节气门与引擎进气门之间，之所以称为歧管，是因为空气进入节气门后，经过歧管缓冲，空气流道就在此分歧了。进气歧管必须将空气、燃油混合气或洁净空气尽可能均匀地分配到各个气缸，为此进气歧管内气体流道的长度应尽可能相等。为了减小气体流动阻力，提高进气能力，进气歧管的内壁应该光滑。赛车的进气歧管具有许多干涉部位，这对于砂型铸造和后期的机加工都提出了许多挑战。为了满足复杂性的精确要求，Voxeljet 公司将进气歧管模型拆分成 4 块，来进行砂型的 3D 打印，在随后的组装过程中，没有发生变形问题。进气歧管尺寸为 854mm×606mm×212mm，整个砂型重约 208kg，如图 1-45（a）所示，打印时间为 15h，铸造完成的铝合金进气歧管铸件重约 40.8kg，如图 1-45（b）所示。

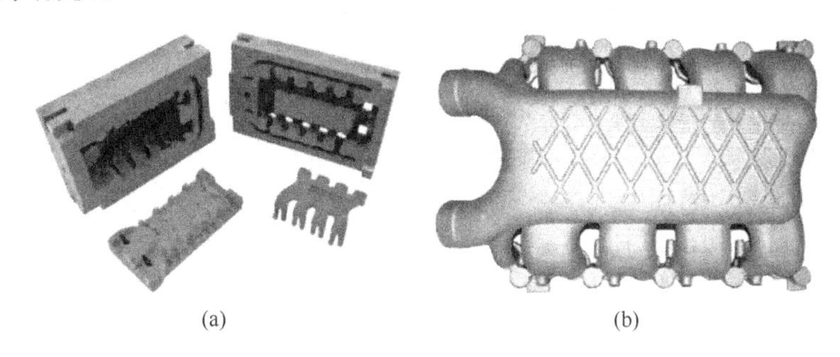

(a)　　(b)

图 1-45　赛车进气歧管砂型和铸件

（5）硅胶复模

硅胶复模是利用已加工出产品的原型件，在真空状态下制作出硅胶模具，并采用液态树脂等材料进行灌注，从而复制出与原型件相同的制件，其性能接近注塑产品，也能依据客户要求装饰颜色。材料灌注工艺有真空灌注或低压灌注，真空灌注主要用于生产中小型工件，如消费电子的外壳等，而低压灌注主要用于生产大型工件，如汽车保险杠等。传统硅胶复模原型件一般通过 CNC 加工制作，而 3D 打印硅胶复模原型件，一般采用光敏树脂材料通过 SLA 工艺快速打印制作。每个硅胶模具的使用寿命在 10～20 件产品，加工精度一般在 ±0.2mm/100mm，浇注样件厚度最小 0.5mm，最佳为 1.5～5mm，最大浇注工件在 2m 左右。其工艺流程如下：

① 制作原型：根据设计开发的产品三维数据，经过 3D 打印制作出原型。

② 制作硅胶模具：制造好原型后，制造模架，固定原型，留好“水口”和排气孔，“水口”就是入料口，亦称为“汤口”/“浇口”，水口大小、形状要根据材料的流动性和工件大小设计。将用真空机抽好真空的液体硅胶倒入模具内，将产品全部覆盖住，将模具放入烤箱内烘烤，以便硅胶模具加速固化成形，8h 后，将硅胶模切开成为两个哈弗模（Half），取出原型，硅胶模具制造完成。

③ 真空浇注：把硅胶模具合模后，放进真空灌注机中，先把模具中的空气抽空或形成低压环境，然后注入材料，注满之后在 60～70℃的恒温箱中进行 30～60min 的固化后，即可脱模，必要时在 70～80℃的恒温箱中进行 2～3h 的二次固化，等材料固化后取出模具，开模得到复模产品，往复循环，就能得到小批量的复模产品。

硅胶复模技术相较于注塑模具技术速度快、成本低、生产周期短，大大降低了产品的开发费用和研发周期，常用于汽车零部件研发、设计过程中，制作小批量塑胶件，用于性能测试、装车路试等试制过程，如空调壳体、保险杠、风道、包胶风门、进气歧管、中控台、仪表板等零部件的小批量快速制造，图 1-46 列举了两个通过 3D 打印原型制作的硅胶模具及复模件。

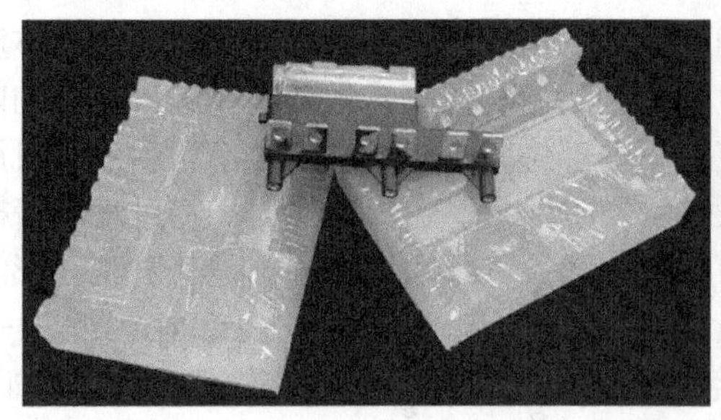

图 1-46　通过 3D 打印原型制作的硅胶模具及复模件

（6）终端产品（汽车轻量化领域）

3D 打印技术在航天、军工、医疗、汽车、家电、电子消费品等领域越来越趋向于终端零部件或产品的直接制造，尤其是在汽车制造领域，不断有研究人员或企业尝试从零部件到整车的 3D 打印直接制造。如福特汽车公司在全球 30 多家工厂中拥有 3D 打印解决方案，共运营近 100 台各种 3D 打印机，且数十年来一直在投资。除满足研发验证需求外，主要从事最终零件和工具的生产。除福特外，其他汽车公司巨头如奔驰、宝马、奥迪、大众、丰田、凯迪拉克、特斯拉、法拉利、兰博基尼、保时捷等，也都在自己汽车的研发制造中广泛应用 3D 打印技术。

轻量化是全球汽车工业发展的趋势，未来对汽车的轻量化追求将更加极致。汽车轻量化就是在保证汽车的强度和安全性能的前提下，大幅降低汽车的整备质量，从而提高汽车的动力性及续航里程，减少燃料消耗，降低排气污染，甚至提升汽车操作性及安全性。实践证明，金属 3D 打印汽车零部件比以往的零部件轻 40%～80%，这些轻量化零部件可以使二氧化碳排放量减少 16.97g /km。一些轻量化零部件的内部具有复杂的晶格结构，该结构使零部件重量得以减轻，但性能却得到提升。实现轻量化包括三个方面：材料的轻量化、设计的轻量化以及工艺的轻量化。譬如使用高强度钢、钛合金、铝合金等轻量化材料减轻零件重量；优化结构设计、集成化设计、拓扑设计等各个汽车零件设计开发环节；采用先进制造工艺，提升零件性能，获取更大减重空间。而随着 3D 打印技术发展，已经有越来越多的汽车零部件可以直接打印制造并被使用，3D 打印势必掀起新一轮的汽车制造业升级狂潮。

案例 1-13　3D 打印宝马 i8 敞篷跑车车顶支架及车窗导轨

宝马集团一直是汽车行业采用 3D 打印技术的先驱。宝马 i8 敞篷跑车采用 3D打印技术制造了金属敞篷车车顶支架，并作为批量生产件直接使用，如图 1-47（a）所示。该金属 3D 打印支架将敞篷车顶盖连接到弹簧铰链上，使车顶折叠展开，无需额外的降噪措施，如橡胶减振器或更强（更重）的弹簧和驱动装置。该部件需要提升，推动和拉动车顶的全部重量，需要复杂的几何结构，其设计必然复杂，无法通过铸造实现。而使用金属 3D 打印技术，最终设计生产了轻量化的镂空车顶支架，优化后的支架在支撑车顶盖的同时还成功地将位移保持在最低限度，以防止盖板在打开过程中坍塌，其结构优化设计过程如图 1-47（b）所示。该金属 3D 打印支架获得 2018 年 Altair Enlighten 奖（旨在表彰轻量技术的重大突破），在颁奖典礼上以其创新设计赢得了很多关注。

宝马 i8 敞篷跑车另一个作为终端产品直接使用的 3D 打印零部件是车窗导轨，如图 1-48 所示。借助尼龙 3D 打印，该导轨仅用了 5 天就成功研发并批量生产，能够在 24h 内生产出 100 个以上车窗导轨。该零部件安装于宝马 i8 跑车的车门内，可以让车窗顺畅运行。

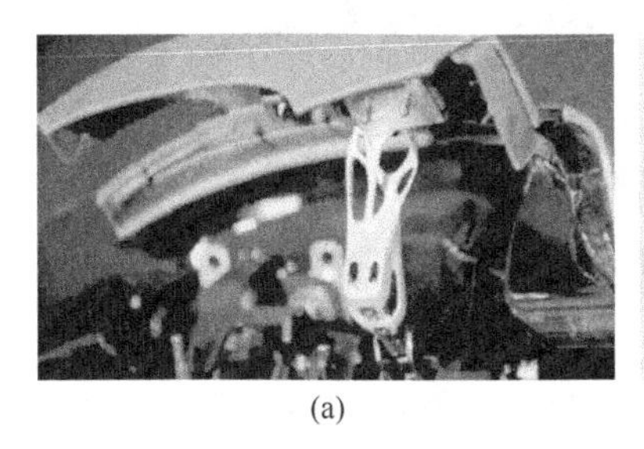
(a)

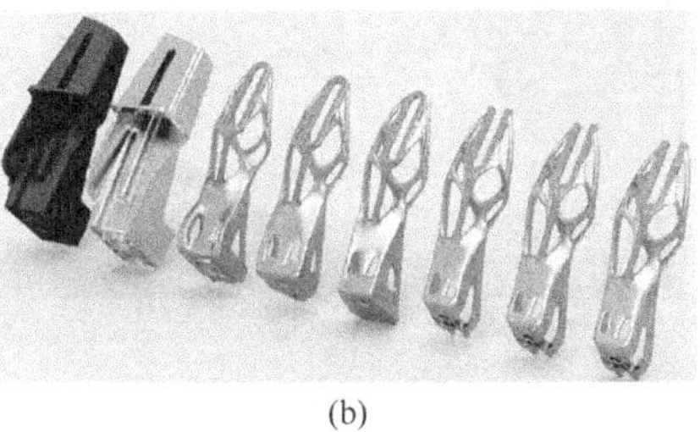
(b)

图 1-47　宝马 i8 敞篷跑车车顶支架的 3D 打印件（a）及其结构优化设计过程（b）

图 1-48　宝马 i8 敞篷跑车 3D 打印车窗导轨

宝马在有关生产领域的公开资料显示，2018 年宝马 i8 敞篷跑车的重量减轻了 44%。该公司已经通过 3D 打印的方式累计生产了 100 多万个零部件。仅 2018 年一年，宝马集团 3D 打印生产中心的产量超过 20 万件，同比提升 42%。

案例 1-14　3D 打印布加迪凯龙星跑车制动钳

布加迪凯龙星，可在 42s 内完成 0～400km/h 加速，如此强劲的性能似乎已经达到了物理极限，而布加迪的成功源于他们对系统的不断优化以及对新材料、新工艺的成功运用。其中，布加迪新款凯龙星的刹车是目前世界上最强大的，前后分别有八个和六个活塞卡钳制动。过去，布加迪凯龙星跑车的制动钳采用高强铝合金制成，重 4.9kg，而新款制动钳基于仿生学原理进行了整体结构优化，并采用航空级钛合金 3D 打印制造，重量只有 2.9kg，减轻 40%的重量，如图 1-49 所示。

新款制动钳的开发时间非常短，从提出第一个设想到第一个组件打印完成仅用了三个月。花费时间最多的是对新设计的强度、刚度进行模拟计算和优化，之后需要对打印工艺进行仿真，确保打印过程顺利完成。该制动钳长 41cm、宽 21cm、高 13.6cm，采用四激光熔化系统打印，45h 打印完成。打印完成之后，须将零件连同基板在退火炉中加热至 700℃，保温一定时间后随炉冷却，以消除残余应力保证尺寸稳定，该过程须 10h；线切割取下零件，去除支撑，对零件进行打磨，并通过物理和化学相结合的方式进行抛光等表面处理，提高疲劳强度，增加车辆后期使用中部件的长期耐用性；最后，在铣床上完成螺纹加工（连接活塞），该过程需要 11h 完成。

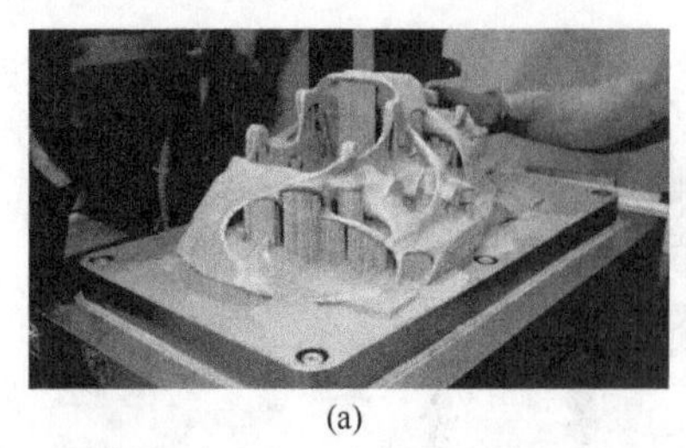

(a)

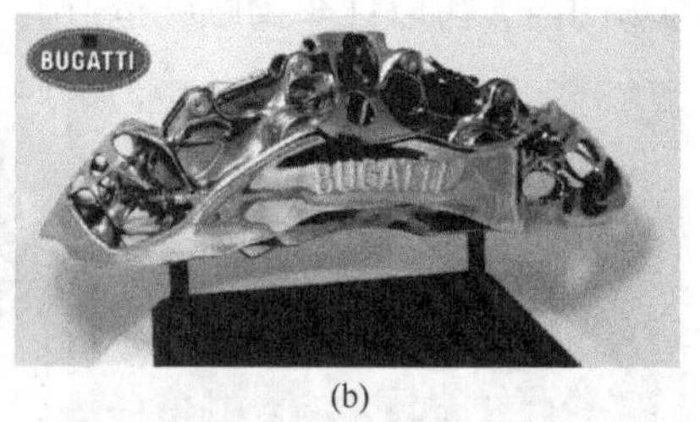

(b)

图 1-49 3D 打印布加迪凯龙星跑车的制动钳（a）及后处理后的产品（b）

1.2.4 3D 打印未来应用的限制和风险

3D 打印技术在推广使用过程中，既凸显了强大的应用优势，同时也面临着较多的限制和风险。只有在清醒认识的基础上，解决或规避这些限制或风险，3D 打印才能在未来充分发挥其优势，并不断扩大其应用范围和领域。

（1）限制

① 3D 打印成形能力的限制　大部分 3D 打印设备，现阶段其成形能力均表现出以下突出的问题：一是设备尺寸小，通常打印尺寸集中在 400mm×400mm×40mm 的范围，少有超过 1000mm 的；二是效率较低，零件打印时间长，成本较高；三是表面粗糙度、尺寸精度还不十分理想。如精密铸造表面粗糙度可优于 *Ra*3.2μm，甚至可以达到 *Ra*1.6μm 以下，而激光 3D 打印金属件目前最好水平为 *Ra*6.4μm 左右，一般在 *Ra*10μm 以上，电子束铺粉式 3D 打印表面在 *Ra*20～30μm；四是材料有限，每种 3D 打印工艺类型，均仅限于十分有限的一种或几种材料，无法满足一些领域的使用要求。表 1-3 给出的是目前国内外主要 SLM 设备厂家和设备参数。

表 1-3 国内外主要 SLM 设备厂家和设备参数

公司/学校	典型设备型号	激光器	功率/W	成形范围/mm	光斑直径/μm
EOS	M280	光纤	200/400	250×250×325	100～500
Renishaw	AM250	光纤	200/400	250×250×300	70～200
Concept	M2 cusing	光纤	200/400	250×250×280	50～200
SLMsolution	SLM 500HL	光纤	200/500	280×280×350	70～200
华南理工	Dmetal-240	半导体	200	240×240×250	70～150
华中科技	HRPM-1	YAG	150	250×250×400	约 150

② 3D 打印对人体健康的影响　通常，工人在操作金属 3D 打印机时，或者进行后处理时，需要接触金属的粉末，这些粉末都不到 100μm，能很容易地进入肺部，或者进入黏膜，造成呼吸道或者神经方面损伤。所以，一定要采取穿防护服、戴防毒面具等防护措施。同时，金属 3D 打印一般都需要惰性保护气体，比如氩气或氮气，防止加工过程中粉末氧化。由于存在惰性气体气氛，惰性气体如果由于某些原因发生泄漏，则可能产生严重后果。这两种气体都不能被人体所察觉，受害者会在没有防备的情况下吸入含有这两种气体的空气。在人体呼吸的空气中氧气含量为 21%，如果因惰性气体泄漏而使氧气含量低于 19.5%，人体就会因氧缺乏而受到伤害。这种情况特别容易发生在比较封闭的小操作间里，金属 3D 打印用户应

该意识到这种潜在的风险，并采取预防措施，防患于未然。

③ 3D 打印生产中的安全隐患　同样是在金属 3D 金加工车间，空气中会悬浮一些钛、铝、镁等金属粉末，达到一定浓度后，如果遇到火源，会燃烧从而产生爆炸。粉末的粒度越小，越容易燃烧。因此金属粉末的存储、加工、后处理，都要避免火源和静电。另外，存储中散落出来的粉末可能对外界环境造成一定危害。

2014 年，美国职业安全与健康管理局（Occupational Safety and Health Administration，OSHA）曾在其职业安全与健康标准中引述了这样一个安全生产的案例，某公司的金属 3D 打印工作场所没有配备合规的灭火设备，导致一名操作人员被火灼伤。虽然火灾是由该公司不规范操作设备而引起的，但这个事件仍然具有安全警示意义。

（2）风险

3D 打印技术推动科技进步、为人们带来方便的同时，也在诸多应用领域带来一定的风险，值得引起高度重视。比如，3D 打印枪支对人身安全、社会秩序可能带来风险，3D 打印药物对毒品管控、身体健康可能带来风险，3D 打印物品对商标权、著作权、知识产权等可能带来风险，甚至 3D 打印还可能对个人信息安全、财产安全、道德伦理带来一定的风险。

1.3　3D 打印的分类

目前，基于相同的“离散-累积”的增材制造思想，3D 打印技术在国内外先后出现了多种实现工艺，且仍旧在不断衍生、创新和发展。对于 3D 打印工艺的分类，国内外有多种意见，已有多种分类方法，例如：按照材料属性可简单分为金属成形工艺和非金属成形工艺；按照材料的性状又可分为粉末成形工艺、液态成形工艺、丝材成形工艺、薄材成形工艺等。这些分类方法均从不同的侧面反映了不同工艺的某种特点。下面介绍国际和国内标准对于 3D 打印工艺的分类，按照设备的运动行为进行 3D 打印工艺分类，按照成形的最小几何单元进行 3D 打印工艺分类。

1.3.1　标准中定义的分类

国际标准化组织以及中国国家标准分别在 ISO 17296-2：2015、GB/T 35021—2018 里，对 3D 打印工艺提出了相似的分类原则，主要从以下两个角度予以了分类。

（1）从工艺链角度分类

3D 打印工艺链的特点是基于零件三维 CAD 数据进行直接制造，不需要模具制造等中间过程，3D 打印工艺链可分为两类。

① 单步工艺　用单步操作完成零件或实物制造的 3D 打印工艺，可以同时得到产品预期的基本几何形状和基本性能。

② 多步工艺　用两步或两步以上操作完成零件或实物制造的 3D 打印工艺。通常第一步操作得到零件或实物的基本几何形状，通过后续操作使其达到预期的基本性能。

这里需要说明的是，依据最终应用需求的不同，以上两种工艺可能需要进行一道或多道后处理，使零件达到最终性能要求。这些后处理，通常不作为 3D 打印工艺链的一部分。

复合 3D 打印是在 3D 打印单步工艺过程中，同时或者分步结合一种或者多种增材制造、等材制造或减材制造手段，完成零件或实物制造的工艺。3D 打印同传统制造工艺，例如焊接、铸造、机械加工等组合形成新的复合 3D 打印制造工艺。

（2）从工艺原理角度分类

原材料、结合机制、激活源、后处理等方面，综合决定了实现 3D 打印不同的工艺原理，主要包括立体光固化工艺、材料喷射工艺、黏结剂喷射工艺、粉末床熔融工艺、材料挤出工艺、定向能量沉积工艺、薄材叠层工艺等 7 类，如表 1-4 所示。每个工艺的工艺原理，分别如图 1-50～图 1-56 所示。值得指出的是，国家标准《特种加工机床　术语　第 7 部分：增材制造机床》(GB/T 14896.7—2015)，对包括上述 7 类工艺在内的更多 3D 打印设备名称、参数、零部件、加工方法、术语进行了定义。而国家标准《增材制造 设计 要求、指南和建议》(GB/T 37698—2019)，则对如何利用设计因素、制造工艺的能力等，在包括上述 7 类工艺在内的更多 3D 打印制造系统中做出合理选择，同时给出了 3D 打印产品设计的要求、指南和建议。另外，截至 2022 年，我国已经针对塑料材料粉末床熔融工艺(GB/T 37463—2019)、金属材料粉末床熔融工艺 (GB/T 39252—2020)、塑料材料挤出成形工艺(GB/T 39328—2020)、金属材料定向能量沉积工艺(GB/T 39253—2020)四种 3D 打印工艺，分别制定了工艺规范的国家标准。

表 1-4　3D 打印不同工艺原理分类表

序号	名称	定义	原材料	结合机制	激活源	后处理
1	立体光固化	通过光致聚合作用选择性地固化液态光敏聚合物的 3D 打印工艺	液态或糊状光敏树脂，可加入填充物	通过化学反应交联固化黏结	能量光源照射（通常为紫外光）	滤干、去支撑、再固化等
2	材料喷射	将材料以微滴的形式按需喷射沉积的 3D 打印工艺	液态光敏树脂或熔融态的蜡，可加入填充物	通过化学反应交联固化黏结或熔融固化黏结	能量光源照射（通常为紫外光）或熔融材料固化黏结的热能	去支撑、再固化等
3	黏结剂喷射	选择性喷射沉积液态黏结剂黏结粉末材料的 3D 打印工艺	粉末、粉末混合物或特殊材料，以及液态黏结剂、交联剂	通过黏结剂黏结	与所发生的化学反应相关	去除余粉、浸渗强化处理或高温烧结强化处理
4	粉末床熔融	通过热能选择性地熔化/烧结粉末床区域粉末的 3D 打印工艺	各种不同粉末：热塑性聚合物、纯金属或合金、陶瓷等。根据具体成形工艺的不同，上述粉末材料在使用时可以添加填充物和黏结剂	通过熔融固化黏结	热能，特别是激光，电子束和(或）红外灯产生的热能	去除余粉、去支撑、喷丸、精加工、打磨、抛光等表面处理和热处理
5	材料挤出	将材料通过喷嘴或孔口挤出的 3D 打印工艺	线材或膏体，典型材料包括热塑性塑料丝材和陶瓷膏体材料	通过熔融固化(热塑性塑料丝材)或化学反应交联固化黏结（陶瓷膏体）	热，超声或化学反应	去支撑
6	定向能量沉积	利用聚焦热能将材料同步熔化沉积的 3D 打印工艺	粉材或丝材，典型材料是金属，为实现特定用途，可在基体材料中加入陶瓷颗粒	熔融固化黏结	激光，电子束、电弧或等离子束等	机加工、喷丸、激光重熔、打磨或抛光等表面处理，以及热处理等
7	薄材叠层	将薄层材料逐层黏结以形成实物的 3D 打印工艺	纸、金属箔、聚合物片材，或主要由金属或陶瓷粉末材料通过黏结剂黏结并压制而成的复合片材	通过黏结剂黏结，或者超声连接	与所发生的化学反应相关，或超声换能器	去除废料和/或烧结、渗透、热处理、打磨、机加工等表面处理

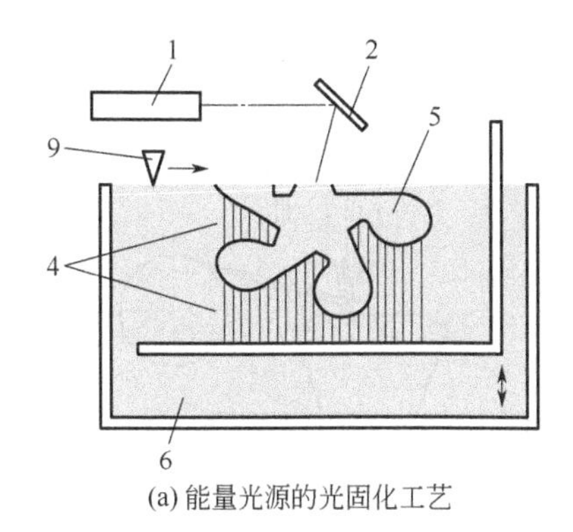

(a) 能量光源的光固化工艺

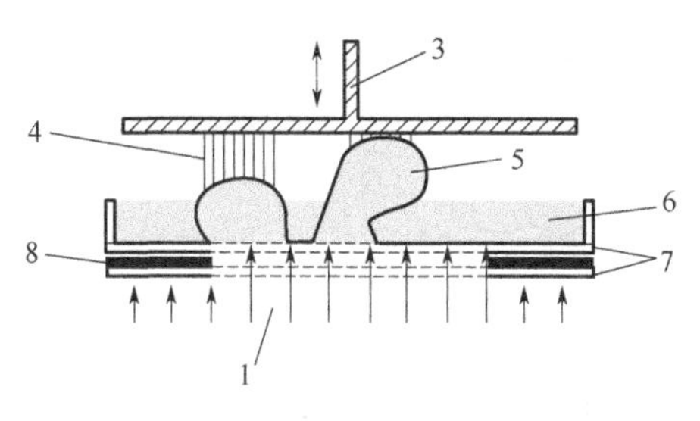

(b) 采用受控面光源的光固化工艺

图 1-50　立体光固化 3D 打印工艺原理

1—能量光源；2—扫描振镜；3—成形和升降平台；4—支撑结构；5—成形工件；

6—装有光敏树脂的液槽；7—透明板；8—遮光板；9—重新涂液和刮平装置

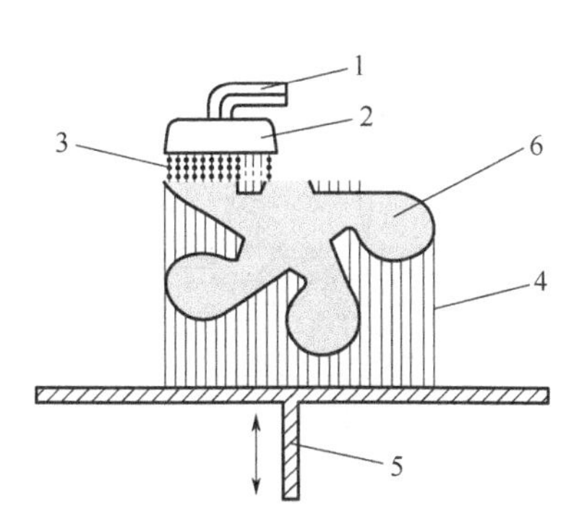

图 1-51　材料喷射 3D 打印工艺原理

1—成形材料和支撑材料的供料系统（为可选部件，根据具体的成形工艺定）；2—分配（喷射）装置（含辐射光或热源）；3—成形材料微滴；4—支撑结构；5—成形和升降平台；6—成形工件

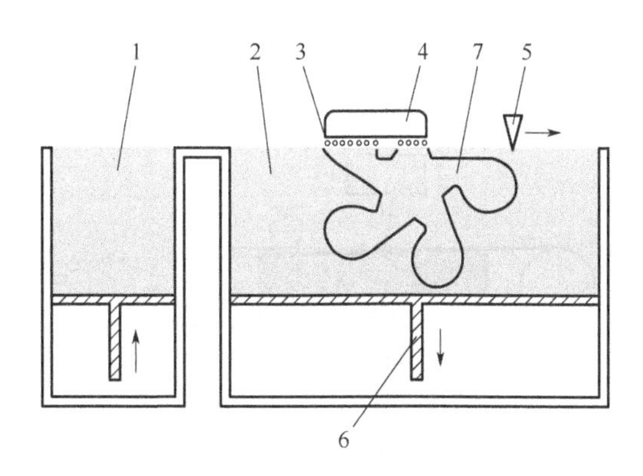

图 1-52　黏结剂喷射 3D 打印工艺原理

1—粉末供给系统；2—粉末床内的粉末材料；3—液态黏结剂；4—含有与黏结剂供给系统连接的接口的分配（喷射）装置；5—铺粉装置；6—成形和升降平台；7—成形件

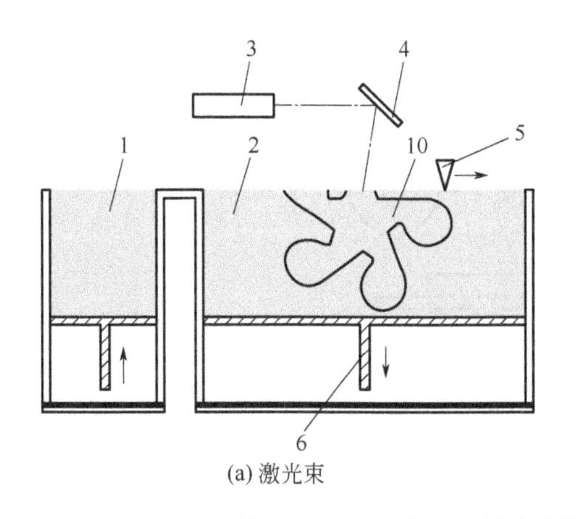

(a) 激光束

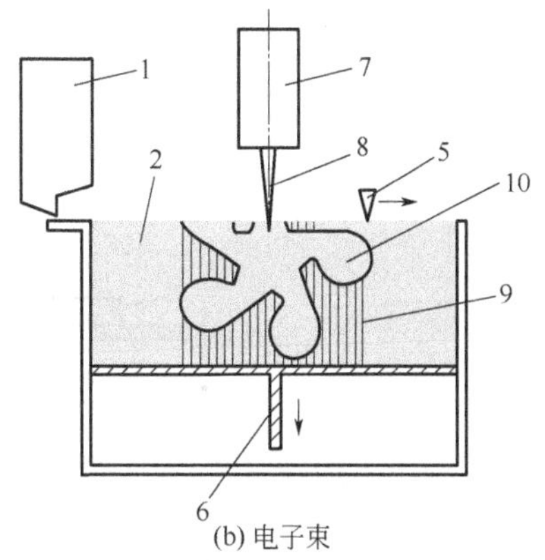

(b) 电子束

图 1-53　两种典型的粉末床熔融 3D 打印工艺原理

1—粉末供给系统（在有些情况下，为储粉容器）；2—粉末床内的材料；3—激光；4—扫描振镜；5—铺粉装置；6—成形和升降平台；7—电子枪；8—聚焦的电子束；9—支撑结构；10—成形工件

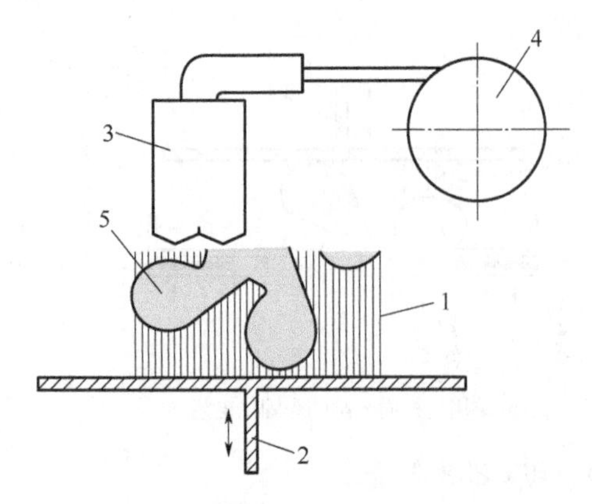

图 1-54 材料挤出 3D 打印工艺原理

1—支撑材料；2—成形和升降平台；3—加热喷嘴；4—供料装置；5—成形工件

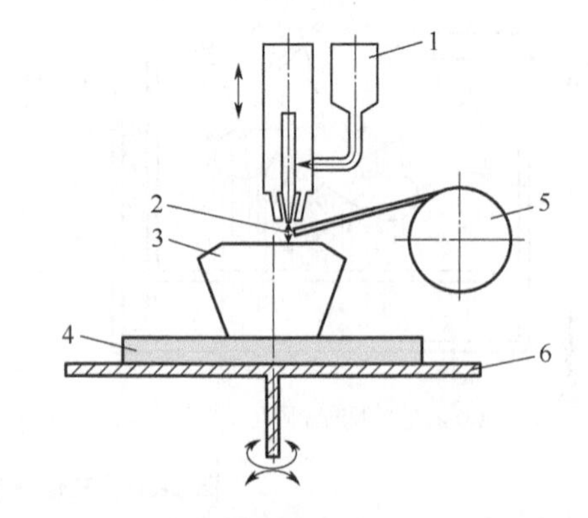

图 1-55 定向能量沉积 3D 打印工艺原理

1—送粉器；2—定向能量束（例如：激光、电子束、电弧或等离子束）；3—成形工件；4—基板；5—丝盘；6—成形工作台

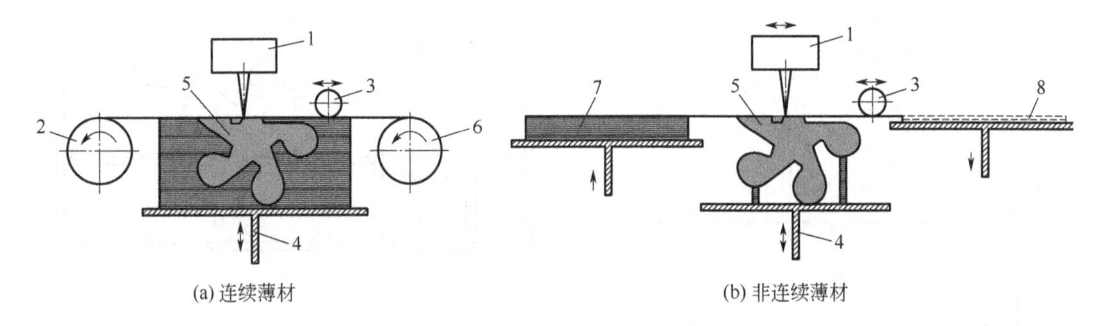

(a) 连续薄材　　(b) 非连续薄材

图 1-56 两种薄材叠层 3D 打印工艺原理示意图

1—切割激光；2—收料辊；3—压辊；4—成形和升降平台；5—成形工件；6—送料辊；7—原材料；8—废料

图 1-57、图 1-58 为两种复合 3D 打印工艺，其中图 1-57 是基于定向能量沉积工艺的复合 3D 打印工艺，图 1-58 为基于粉末床熔融的复合 3D 打印工艺。

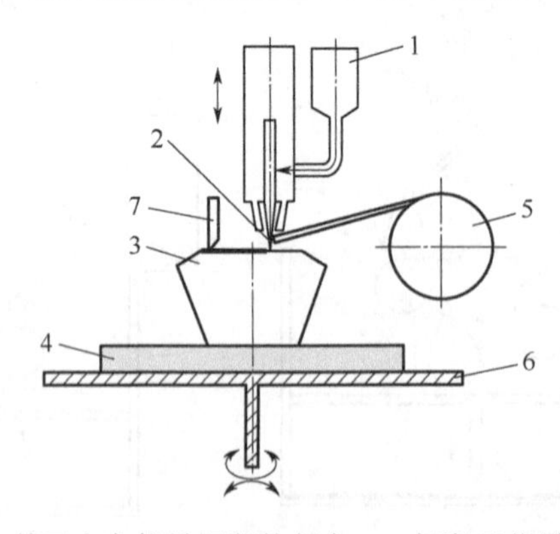

图 1-57 基于定向能量沉积的复合 3D 打印工艺原理示意图

1—送粉器；2—定向能量束（例如：激光、电子束、电弧或等离子束）；3—成形工件；4—基板；5—丝盘；6—成形工作台；7—刀具或轧辊

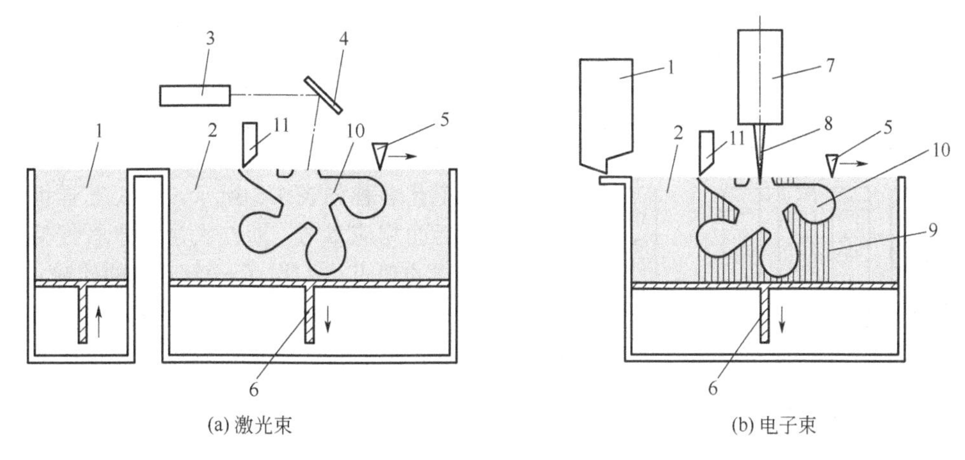

图 1-58 两种典型的基于粉末床熔融的复合 3D 打印工艺原理示意图

1—粉末供给系统（在有些情况下，为储粉容器）；2—粉末床内的材料；3—激光；4—扫描振镜；5—铺粉装置；6—成形和升降平台；7—电子枪；8—聚焦的电子束；9—支撑结构；10—成形工件；11—刀具

1.3.2 按照设备的运动行为分类

也有文献认为，从 3D 打印设备的运动行为和规律入手对 3D 打印工艺进行分类，能对 3D 打印数控系统的构建提供参考，实现同类设备的通用数控系统开发。3D 打印设备的运动行为是指 3D 打印设备完成“离散-累积”这一过程的具体手段。目前，按照设备的运动行为，3D 打印工艺可归结为三种，具体如图 1-59 所示。

（1）预置材料固化型工艺

预置材料固化型工艺，是指在单层成形时，首先将成形使用的材料（液体、粉末等）预置到成形区域。然后，成形头根据成形路径的引导，选择性地将特定位置的材料固化（烧结、熔化等）成为零件的一部分。这类工艺所用的材料往往能够在自身设备系统中实现回收再利用。相应设备的运动一般是三个步骤的循环：分配成形空间、材料预置、单层固化。SLA、SLS、选区激光熔化（Selective Laser Melting，SLM）、选区电子束熔化（Selective Electron Beam Melting，SEBM）等，均是该类型 3D 打印工艺形式的典型工艺。

（2）预置材料去除型工艺

预置材料去除型工艺是指在单层成形时，首先将成形使用的材料预置到成形区域，然后，成形头根据成形路径的引导，选择性地将特定位置的材料去除。这类工艺所用的材料往往无法靠自身设备系统实现回收再利用。相应设备的运动一般是三个步骤的循环：分配成形空间、材料预置、材料去除。LOM 工艺、光掩膜成形工艺是该类型 3D 打印工艺的典型工艺。

（3）同步送料固化型工艺

同步送料固化型工艺，是指在单层成形时，成形头根据成形路径的引导将材料直接送入特定的位置进行固化。这类工艺基本不会出现材料回收的问题，材料利用率理论达 100%。相应设备的运动一般是两个步骤的循环：分配成形空间、送料成形。FDM 以及激光熔覆（Laser Cladding，LC）、激光近净成形（Laser Engineered Net Shaping，LENS）、激光立体成形（LSF）等，均是该类型 3D 打印工艺的典型工艺。

1.3.3 按照成形的最小几何单元分类

本书紧扣 3D 打印“维度”的基本概念以及“累积”的基本原理，从累积成形的最小几

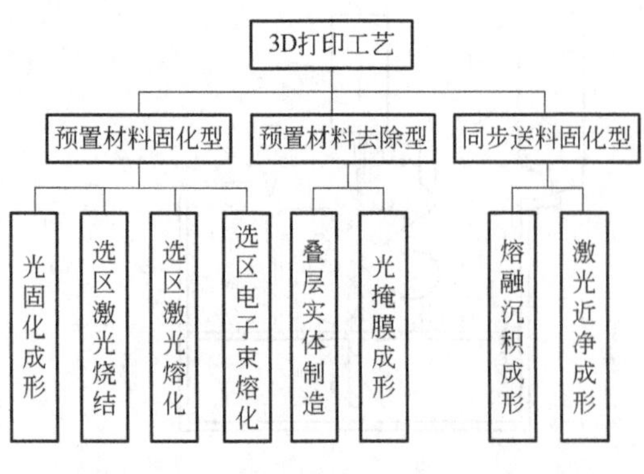

图 1-59 基于设备运动行为的 3D 打印工艺分类

何单元的角度出发，以全新的视角对 3D 打印工艺进行全面系统、清晰准确的分类，将 3D 打印工艺分为四类，分别为零维光斑点成形、零维粉末点成形、一维线成形以及二维面成形，具体的典型工艺名称如表 1-5 所示，各工艺详细介绍见本书后面相应章节。浙江大学贺永教授持有与本书相同的观点，并做了一个形象的比喻：3D 打印如同切土豆的逆过程，切土豆是将土豆加工成土豆片、土豆丝、土豆丁及土豆泥，而其逆过程是将土豆片、土豆丝、土豆丁及土豆泥反向组装成土豆的过程，土豆片、土豆丝、土豆丁（或土豆泥）反向组装土豆的方式，则分别对应了面、线、点的 3D 打印工艺形式。

表 1-5 3D 打印最小几何单元分类表

类别	典型工艺名称
零维光斑点成形	SLA、Polyjet、CLIP、TPP
零维粉末点成形	SLS、3DP、SLM、LSF（LC、LENS）
一维线成形	FDM、EBFF、DIW、NFDW
二维面成形	LOM、Solido

参考文献

[1] ISO．ISO/ASTM 52900：2015（E）Standard terminology foradditive manufacturing-general principles-terminology [S]．Switzerland ：ISO，2015.

[2] GB/T 35351—2017 增材制造术语 [S]．北京：中国标准出版社，2017.

[3] 卢秉恒．智能制造与 3D 打印推动“中国制造 2025”[J]．高科技与产业化，2018（11）：4.

[4] 卢秉恒：助力秦创原建设尽快见效成势（2021 年 10 月 11 日陕西日报 07 版）．https://esb.sxdaily.com.cn/pc/content/202110/11/content_767464.html.

[5] 史玉升，伍宏志，闫春泽，等．4D 打印——智能构件的增材制造技术 [J]．机械工程学报，2020，56（15）：25.

[6] Tibbits，Skylar．4D Printing：Multi-Material Shape Change [J]．Architectural Design，2014，84（1）：116-121.

[7] 王广春．增材制造技术及应用实例 [M]．北京：机械工业出版社，2014.

[8] Franois Willème．Photo-sculpture：U. S. Patent 43822 [P]．1864-8-9.

[9] BLanther J E．Manufacture of contour relief-map：U. S. Patent 473901 [P]．1892-5-3.

[10] Carlo Baese．Photographic process for the reproduction of plastic object：U. S. Patent 774549 [P]．1904-11-8.

[11] Bamunuarchige Victor Perera．Process of making relief maps：U. S. Patent 2189592 [P]．1940-2-6.

[12] Paul L．Dimatteo．Method of generating and constructing three-dimensional bodies：U. S. Patent 3932923 [P]．1976-1-20.

[13] Charles W．Hull．Apparatus for production of three-dimensional object by stereolithography：U. S. Patent 4575330 [P]．1984-8-8.

[14]“3D 打印之父”Chuck Hull 的问候：全球首款 3D 打印机捐赠．https://www.sohu.com/a/234723147_100013254.

[15] https://tmsearch.uspto.gov/bin/showfield?f=doc&state=4806:oz4pez.4.180.

[16] Carl R．Deckard．Method and apparatus for producing parts by selective sintering：U. S. Patent 4863538 [P]．1989-9-5.

[17] https://tmsearch.uspto.gov/bin/showfield?f=doc&state=4806:oz4pez.6.29.

[18] https://tmsearch.uspto.gov/bin/showfield?f=doc&state=4806:oz4pez.4.106.

[19] Michael Feygin. Apparatus and method for forming an integral object from laminations: U. S. Patent 4752352 [P]. 1988-6-21.

[20] https://tmsearch.uspto.gov/bin/showfield?f=doc&state=4806:oz4pez.8.1.

[21] Scott Crump. S. Apparatus and method for creating three-dimensional objects: U. S. Patent 5121329 [P]. 1992-6-9.

[22] https://tmsearch.uspto.gov/bin/showfield?f=doc&state=4806:oz4pez.10.105.

[23] https://tmsearch.uspto.gov/bin/showfield?f=doc&state=4809:epg3r9.7.2.

[24] https://tmsearch.uspto.gov/bin/showfield?f=doc&state=4806:oz4pez.9.112.

[25] Emanuel M. Sachs, John S. Haggerty, Michael J. Cima, Paul A. Williams. Three-dimension printing techniques: U. S. Patent 5204055 [P]. 1993-4-20.

[26] https://tmsearch.uspto.gov/bin/showfield?f=doc&state=4806:oz4pez.11.59.

[27] https://tmsearch.uspto.gov/bin/showfield?f=doc&state=4805:eyrjrh.8.8.

[28] Wilhelm Meiners, Konrad Wissenbach, Andres Gasser. Selective Laser sintering at melting temperature: U. S. Patent 6215093B1 [P]. 2001-4-10.

[29] David M. Keicher, James L. Bullen, Pierrette H. Gorman, James W. Love, Kevin J. Dullea, Mark E. Smith. Forming structures from CAD solid models: U. S. Patent 6391251B1 [P]. 2002-5-21.

[30] 卢秉恒. 增材制造技术——现状与未来 [J]. 中国机械工程, 2020, 31 (1): 5.

[31] 李红定. 一种 3D 打印机作业过程智能监测系统(南京梵科智能科技有限公司), CN110001065A. 2019.

[32] Bharti N. 3D Printing in Makerspaces: Health and Safety Concerns. Issues in Science & Technology Librarianship, 2017.

[33] 王馨怡. 3D 打印技术使用的治安风险防控研究 [D]. 北京: 中国人民公安大学, 2020.

[34] 徐刚. 移动设备使用与管理的安全风险及防范对策 [J]. 华南金融电脑. 2006, 14 (4): 91-93.

[35] 王懿华, 谢雯. 计算机信息化技术应用研究及风险防控 [J]. 煤炭技术. 2012, 31 (11): 182-184.

[36] 齐育军. 计算机信息化技术应用研究及风险防控 [J]. 电子技术与软件工程, 2016 (18): 1.

[37] 徐弢. 生物 3D 打印在神经科学领域的最新进展 [J]. 中华神经创伤外科电子杂志, 2018, 004 (002): 65-67.

[38] 胡晓华. 计算机信息化技术应用研究及风险防控 [J]. 信息与电脑. 2019, 31 (19): 27-28, 31.

[39] 刘永辉, 单忠德, 张海鸥, 等. GB/T 35021—2018 增材制造工艺分类及原材料 [S]. 北京: 中国标准出版社, 2017.

[40] 杨延华. 增材制造(3D 打印)分类及研究进展 [J]. 航空工程进展, 2019, 10 (3): 10.

[41] 范彦斌, 刘杰. 基于设备运动行为的 3D 打印工艺分类研究 [C]. 全国地方机械工程学会学术年会暨中国制造发展论坛. 2015.

第 2 章

数字技术

3D 打印技术是一项数字化驱动的智能制造技术。狭义地理解数字化，至少包括三维造型（包括反求工程）、模型网格化、模型切片，为 3D 打印的物理层积制造过程奠定基础。广义地理解数字化，包括从设计输入、打印过程、后处理到最终成品使用的整个流程中的数字链条或者数字主线（Digital Thread），真正实现全流程数字化制造，甚至可以借助数据驱动、物联网等技术，来完成诸如打印过程数字孪生、打印质量监测和预测、打印缺陷报警、设备预测性维护、工艺过程优化乃至产线调度、分布式制造等诸多功能。本章主要介绍狭义数字化下 3D 打印的三个关键数字处理步骤，分别是三维造型、模型网格化、模型切片，如图 1-1（a）～（c）所示，同时介绍一个重要的模型获取手段——反求工程。

值得指出的是，为了更好地推动数字化发展并对 3D 打印技术提供更好的支撑，中国先后制定了《增材制造 文件格式》（GB/T 35352—2017）、《增材制造 云服务平台模式规范》（GB/T 37461—2019）、《增材制造 数据处理通则》（GB/T 39331—2020）三项标准。

2.1 三维造型

目前，市面三维造型软件比较多，比较熟悉和常用的包括 NX（原名称为 UG）、Creo（原名称为 Pro/E）、3D Studio Max（简称 3D Max）、Rhino、Sketchup、SolidWorks、Cinema 4D（简称 C4D）等。本节首先简要介绍各类三维造型软件，然后以 NX 造型软件获得某型号玻璃瓶身模型为例，讲解三维造型的基本流程。

2.1.1 常用的三维造型软件

本小节对目前常用的各类三维造型软件做简要介绍，包括简单入门级三维造型软件、通用全功能型三维造型软件、行业性三维造型软件、三维雕刻软件、基于照片的三维造型软件、基于扫描（逆向设计）的三维造型软件、基于草图的三维造型软件等。

（1）简单入门级三维造型软件

下面几款简单入门级三维造型软件，适合没有设计基础的体验者，或用于中小学生教育、个人爱好者初级入门阶段等。

① Tinkercad　Tinkercad 是一款基于网页的三维造型工具，设计界面色彩鲜艳可爱，如搭积木般简单易用，适合青少年儿童使用并进行三维造型。国外一名叫 Emily 的 3D 打印爱好者，使用 Tinkercad 三维造型然后打印出酿酒屋，如图 2-1 所示。从图中可以看到，利用

Tinkercad 同样可以设计出漂亮的细节和优质的外观。

② 123D Design　123D Design 通过简单图形的堆砌和编辑生成复杂形状。这种“傻瓜式”的三维造型方式，即使不是一个 CAD 三维造型工程师，也能随心所欲地在 123D Design 里三维造型，如图 2-2 所示。

图 2-1　Tinkercad 三维造型

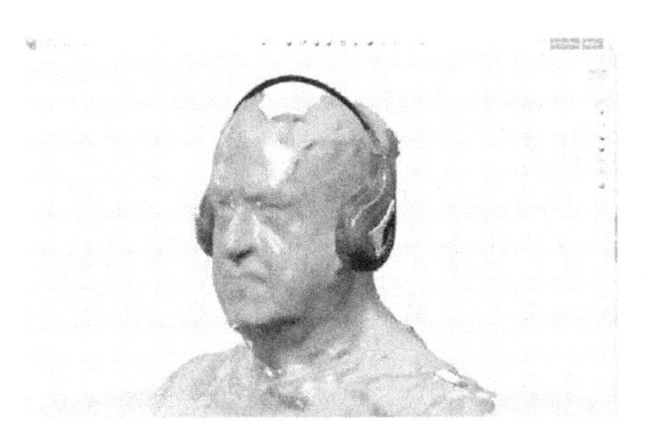

图 2-2　123D Design 三维造型

③ 123D Sculpt　123D Sculpt 是一款运行在 iPad 上的应用程序，它可以让每一个喜欢创作的人轻松创作出属于自己的雕塑模型，如图 2-3 所示。

④ 123D Creature　123D Creature 可根据用户的想象来创造各种生物模型。无论是现实生活中存在的，还是只存在于想象中的，都可以创造出来，如图 2-4 所示。

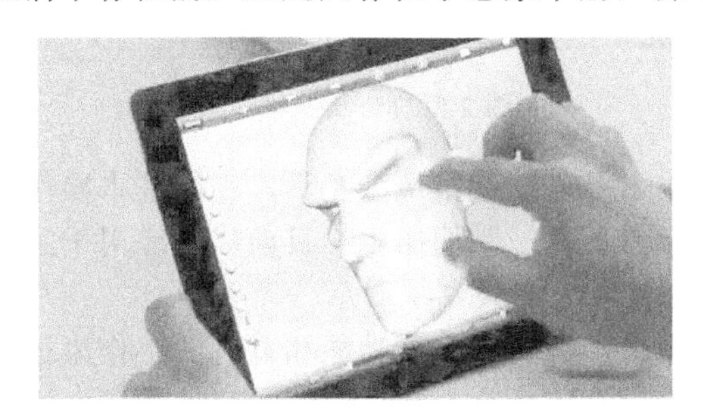

图 2-3　123D Sculpt 三维造型

图 2-4　123D Creature 三维造型

⑤ 123D Make　123D Make 将三维模型转换为二维图案，利用硬纸板、木料等材料再现模型，也可以理解为 2.3 节的切片软件。它可创作美术、家具、雕塑或其他简单的物体，如图 2-5 所示。

⑥ 123D Catch　123D Catch 利用云计算的强大能力，可将数码照片迅速转换为逼真的三维模型，由 Autodesk 公司开发。除 PC 外，现已推出手机 APP，手机也能当三维扫描仪，如图 2-6 所示。

图 2-5　123D Make 三维造型

图 2-6　123D Catch 三维造型

（2）通用全功能型三维造型软件

① 3DS Max　3D Studio Max，简称 3DS Max，是当今世界上销售量最大的三维造型、动画及渲染软件。可以说 3DS Max 是最容易上手的专业 3D 软件，其最早应用于计算机游戏中的动画制作，之后开始参与影视片的特效制作，例如《X 战警》《最后的武士》等，如图 2-7 所示。

② Maya　Maya 是世界顶级的三维动画软件，应用对象是专业的影视广告、角色动画、电影特技等。Maya 功能完善、工作灵活、易学易用、制作效率极高、渲染真实感极强，是电影级别的高端制作软件，如图 2-8 所示。Maya 售价高昂，声名显赫，是制作者梦寐以求的制作工具，掌握了 Maya，会极大地提高制作效率和品质，调节出仿真角色动画，渲染出电影一般的真实效果，向世界顶级动画师迈进。

图 2-7　3DS Max 三维造型

图 2-8　Maya 三维造型

③ Rhino　Rhinocero，简称 Rhino，又叫犀牛，是一款三维造型工具，它的基本操作和 AutoCAD 有相似之处，拥有 AutoCAD 基础的初学者更易于掌握犀牛。目前广泛应用于工业设计、建筑、家具、鞋模设计，擅长产品外观三维造型，如图 2-9 所示。

④ ZBrush　ZBrush 是一款数字雕刻和绘画软件，它以强大的功能和直观的工作流程著称。它界面简洁，操作流畅，以实用的思路开发出的功能组合，激发了艺术家的创作力，让艺术家无约束地自由创作。它的出现完全颠覆了过去传统三维设计工具的工作模式，解放了艺术家的双手和思维，告别过去那种依靠鼠标和参数来笨拙创作的模式，完全尊重设计师的创作灵感和传统工作习惯，如图 2-10 所示。

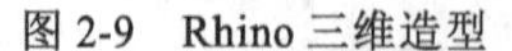

图 2-9　Rhino 三维造型

图 2-10　ZBrush 三维造型

⑤ Google Sketchup　Google Sketchup，经常被简称为 Sketchup 或 SU，是一套直接面向设计方案创作过程的设计工具，其创作过程不仅能够充分表达设计师的思想，而且完全满足与客户即时交流的需要，它使得设计师可以直接在电脑上进行十分直观的构思，是三维建筑

设计方案创作的优秀工具，如图 2-11 所示。Sketchup 是一款极受欢迎并且易于使用的 3D 设计软件，官方网站将它比喻作电子设计中的“铅笔”。它的主要卖点就是使用简便，人人都可以快速上手。并且用户可以将使用 Sketchup 创建的 3D 模型直接输出至 GoogleEarth 里，非常酷！

⑥ Poser　Poser 是 Metacreations 公司推出的一款三维动物、人体造型和三维人体动画制作软件。Poser 更能为三维人体造型增添发型、衣服、饰品等装饰，让人们的设计与创意轻松展现，如图 2-12 所示。

图 2-11　Sketchup 三维造型

图 2-12　Poser 三维造型

⑦ Blender　Blender 是一款开源的跨平台全能三维动画制作软件，提供从建模、动画、材质、渲染到音频处理、视频剪辑等一系列动画短片制作解决方案。Blender 为全世界的媒体工作者和艺术家而设计，可以被用来进行 3D 可视化，同时也可以创作广播和电影级品质的视频，另外内置的实时 3D 游戏引擎，让制作独立回放的 3D 互动内容成为可能，如图 2-13 所示。有了 Blender，喜欢 3D 绘图的玩家们不用花大钱，也可以制作出自己喜爱的 3D 模型。它不仅支持各种多边形建模，还能做出动画！

⑧ FormZ　FormZ 是一个备受赞赏、具有很多广泛而独特的 2D/3D 形状处理和雕塑功能的多用途实体和平面建模软件，如图 2-14 所示。对于需要经常处理有关 3D 空间和形状的专业人士（例如建筑师、景观建筑师、城市规划师、工程师、动画和插画师、工业和室内设计师）来说，FormZ 是一个有一定效率的设计工具。

图 2-13　Blender 三维造型

图 2-14　FormZ 三维造型

⑨ LightWave 3D　美国 NewTek 公司开发的 LightWave 3D 是一款高性价比的三维动画制作软件，它的功能非常强大，是业界为数不多的几款重量级三维动画软件之一，被广泛应用在电影、电视、游戏、网页、广告、印刷、动画等各领域。它的操作简便，易学易用，在

生物建模和角色动画方面功能异常强大；基于光线跟踪、光能传递等技术的渲染模块，令它的渲染品质几近完美，如图 2-15 所示。

⑩ C4D　C4D 全名 Cinema 4D，是德国 MAXON 推出的 3D 动画软件。Cinema 4D 是一款老牌三维软件，具有顶级的三维造型、动画和渲染的 3D 工具包，如图 2-16 所示。C4D 是一款容易学习、容易使用、非常高效，并且享有电影级视觉表达能力的 3D 制作软件，C4D 由于其出色的视觉表达能力已成为视觉设计师首选的三维软件。这个始于德国 1989 年的软件，至今已历时三十余年，现在功能越来越强大完善。C4D 是集万千宠爱于一身的设计界网红，C4D 技术现在流行于电商设计，在平面设计、UI 设计、工业设计、影视制作方面也被广泛运用，很多电影大片的人物建模也都是用 C4D 来完成的。

图 2-15　LightWave 3D 三维造型

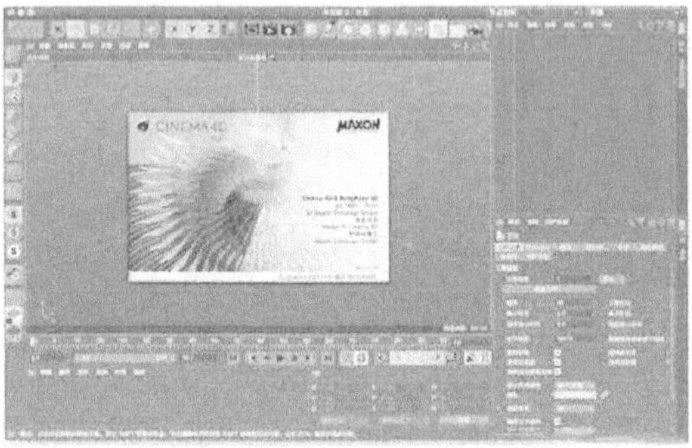

图 2-16　C4D 三维造型

（3）行业性三维造型软件

① AutoCAD　AutoCAD 是 Autodesk 公司的主导产品，用于二维绘图、详细绘制、设计文档和基本三维设计，现已成为国际上广为流行的绘图工具。AutoCAD 具有良好的用户界面，通过交互菜单或命令行便可以进行各种操作，如图 2-17 所示。它的多文档设计环境，让非计算机专业人员也能很快学会使用。

② CATIA　CATIA 属于法国达索（Dassault Systemes S.A）公司，是高端的 CAD/CAE/CAM 一体化软件。在 20 世纪 70 年代，CATIA 第一个用户就是世界著名的航空航天企业 Dassault Aviation。目前，CATIA 强大的功能已得到各行业的认可，其用户包括波音、宝马、奔驰等知名企业，如图 2-18 所示。

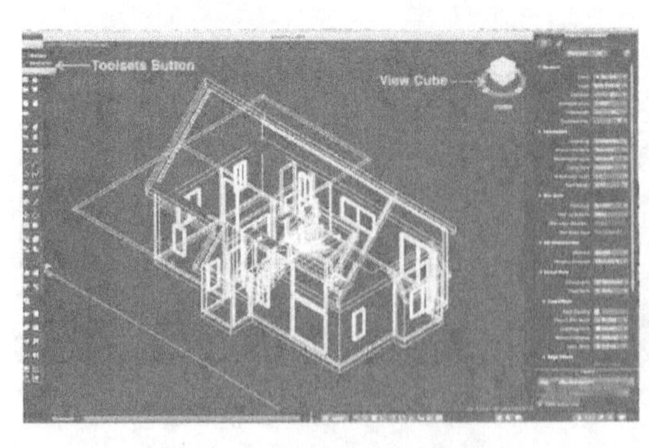

图 2-17　AutoCAD 三维造型

图 2-18　CATIA 三维造型

③ NX　NX（UnigraphicsNX）是 Siemens 公司出品的一款高端软件，它为用户的产品设计及加工过程提供了数字化造型和验证手段，如图 2-19 所示。NX 最早应用于美国麦道飞

机公司，目前已经成为模具行业三维设计的主流应用之一。

④ SolidWorks　SolidWorks 属于法国达索（Dassault Systemes S.A）公司，该公司专门负责研发与销售机械设计软件的视窗产品。SolidWorks 帮助设计师减少设计时间，增加精确性，提高设计的创新性，并将产品更快推向市场。SolidWorks 是世界上第一款基于 Windows 开发的三维 CAD 软件。该软件功能强大，组件繁多，使其成为领先的、主流的三维 CAD 解决方案，如图 2-20 所示。

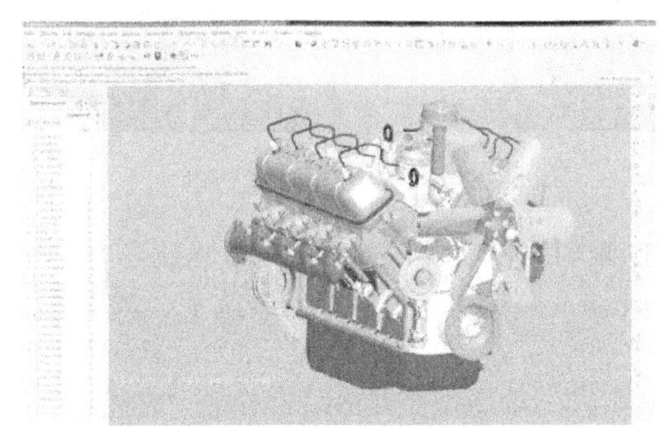

图 2-19　NX 三维造型

图 2-20　SolidWorks 三维造型

⑤ Creo　Creo（原名 Pro/Engineer，简称 Pro/E）是美国 PTC 公司研制的一套由设计至生产的机械自动化软件，广泛应用于汽车、航空航天、消费电子、模具、玩具、工业设计和机械制造等行业，如图 2-21 所示。

⑥ Cimatron　Cimatron 是以色列 Cimatron 公司（现已被美国 3D Systems 收购）开发的软件。该软件提供了灵活的用户界面，主要用于模具设计、模型加工，在国际模具制造业备受欢迎，如图 2-22 所示。

图 2-21　Creo 三维造型示意图

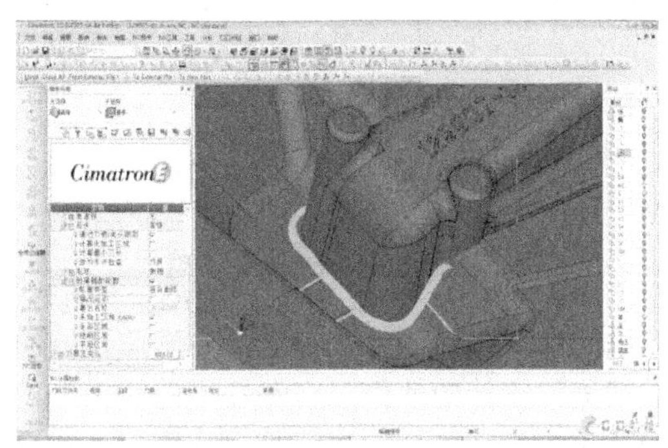

图 2-22　Cimatron 三维造型

Cimatron 公司团队基于 Cimatron 软件开发了金属 3D 打印软件 3DXpert。这是全球第一款覆盖了整个设计流程的金属 3D 打印软件，从设计直到最终打印成形，甚至是在后处理的 CNC 处理阶段，3DXpert 软件都能够发挥它的作用，如图 2-23 所示。

（4）三维雕刻软件

① ZBrush　前文介绍 ZBrush 为通用全功能型三维造型软件，的确 ZBrush 除了具有强大的三维造型功能，还具有雕刻功能。美国 Pixologic 公司开发的 ZBrush 软件是世界上第一个让艺术家感到无约束自由创作的 3D 设计工具。ZBrush 能够雕刻高达 10 亿边形的模型，所以说限制只取决于的艺术家自身的想象力，如图 2-24 所示。

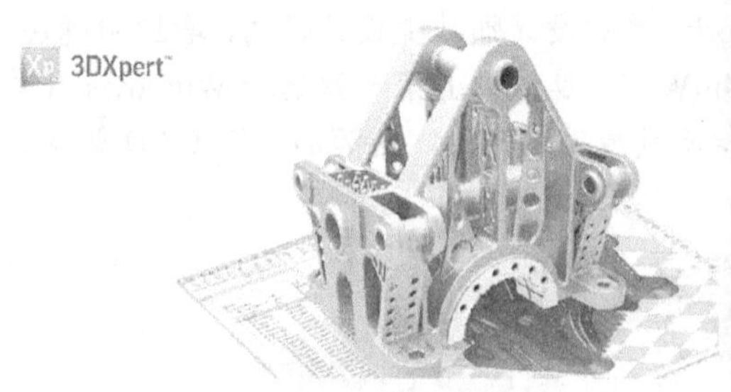

图 2-23 金属 3D 打印软件 3DXpert

图 2-24 ZBrush 三维造型

② MudBox　MudBox 是 Autodesk 公司的 3D 雕刻建模软件，它和 ZBrush 相比各有千秋。在某些人看来，MudBox 的功能甚至超过了 ZBrush，可谓 ZBrush 的超级杀手，如图 2-25 所示。

③ MeshMixer　Autodesk 公司开发出一款笔刷式三维造型工具 MeshMixer，它能让用户通过笔刷式的交互来融合现有的模型，并创建 3D 模型（类似于 Poisson 融合或 Laplacian 融合的技 术)，比如类似“牛头马面”的混合 3D 模型。值得注意的是，最新版本的 MeshMixer 还添加 3D 打印支撑优化新算法，如图 2-26 所示。

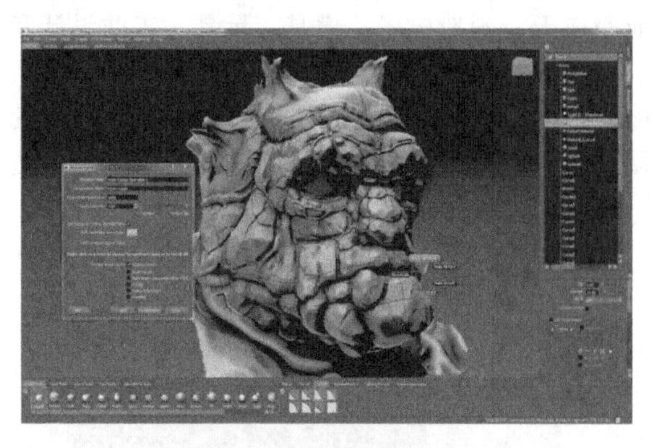

图 2-25 MudBox 三维造型

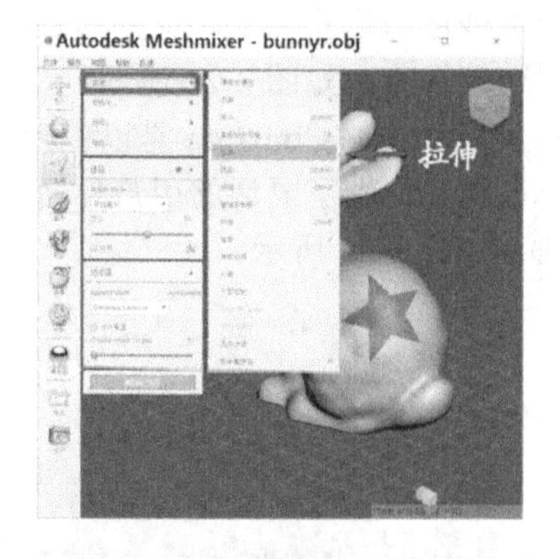

图 2-26 MeshMixer 三维造型

④ 3DCoat　3DCoat 是由乌克兰开发的数字雕塑软件，其官方的介绍为：3DCoat 是专为游戏美工设计的软件，它专注于游戏模型的细节设计，集三维模型实时纹理绘制和细节雕刻功能于一身，可以加速细节设计流程，在更短的时间内创造出更多的内容。只需导入一个低精度模型，3DCoat 便可为其自动创建 UV，一次性绘制法线贴图、置换贴图、颜色贴图、透明贴图、高光贴图，如图 2-27 所示。

⑤ Sculptris　Sculptris 是一款虚拟造型软件，其核心重点在于造型黏土的概念，如果用户想创建小雕像，那么这款软件十分适合使用，如图 2-28 所示。

⑥ Modo　Modo 是一款高级多边形细分曲面、建模、雕刻、3D 绘画、动画与渲染的综合性 3D 软件，由 Luxology、LLC 设计并维护。该软件具备许多高级技术，诸如 N-gons（允许存在边数为 4 以上的多边形），多层次的 3D 绘画工具，可以运行在苹果的 Mac OS X 与微软的 Microsoft Windows 操作平台，如图 2-29 所示。

（5）基于照片的三维造型软件

① 123D Catch　如前所述。

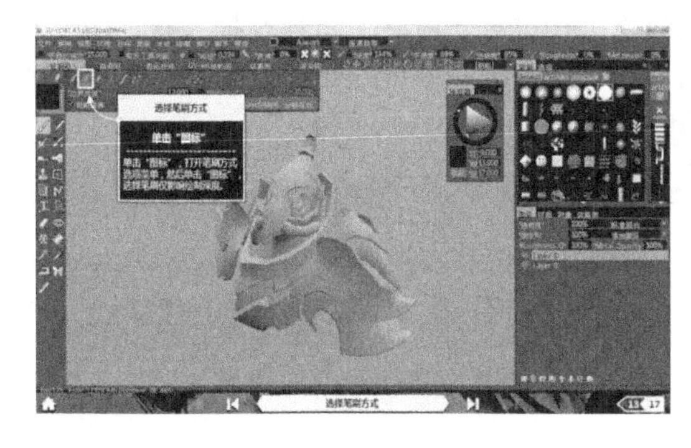
图 2-27　3DCoat 三维造型

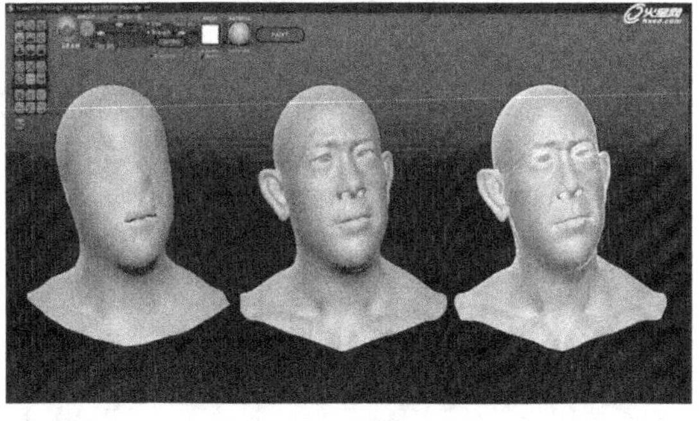
图 2-28　Sculptris 三维造型

② 3DSOM Pro　3DSOM Pro 是一款以高质量的照片来生成三维造型的软件，它可以通过一个真实物体的照片来进行三维造型，并且制作的模型可以在网络上以交互的方式呈现，如图 2-30 所示。

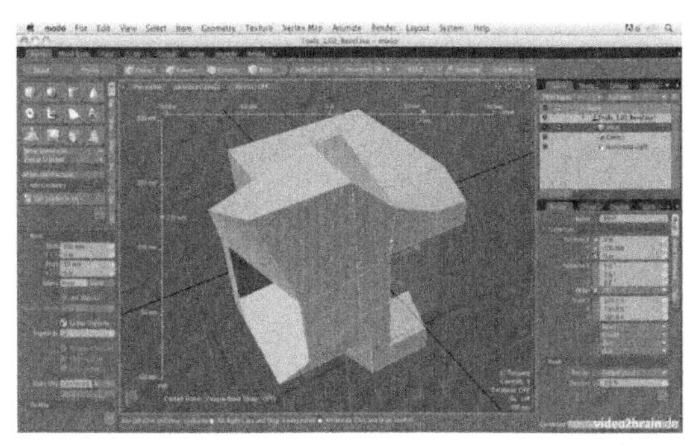
图 2-29　Modo 三维造型示意图

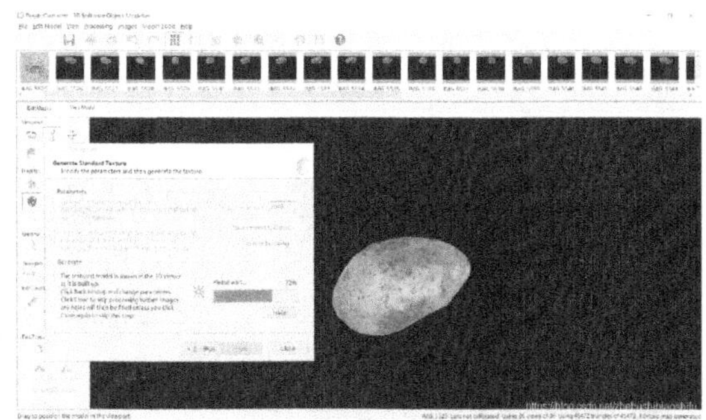
图 2-30　3DSOM Pro 三维造型

③ PhotoSynth　微软开发了一款产品 PhotoSynth，可将大量的照片做 3D 处理，但是它不是真正创建 3D 模型，而是根据照片之间的相机参数及空间对应关系，建构一个虚拟的 3D 场景，使得用户能够从不同角度和位置来查看该场景，而显示的场景图像是由给定的照片所合成的，如图 2-31 所示。

（6）基于扫描（逆向设计）的三维造型软件

① Geomagic　Geomagic（俗称“杰魔”）包括系列软件 Geomagic Studio、Geomagic Qualify 和 Geomagic Piano。其中 Geomagic Studio 是被广泛使用的逆向工程软件，具有下述所有特点：确保完美无缺的多边形和 NURBS 模型处理复杂形状或自由曲面形状时，生产效率比传统 CAD 软件提高数倍；可与主要的三维扫描设备和 CAD/CAM 软件进行集成；能够作为一个独立的应用程序运用于快速制造，或者作为 CAD 软件的补充，也是科研必备软件之一，如图 2-32 所示。

② Imageware　Imageware 由美国 EDS 公司出品，后被德国 Siemens PLM Software 所收购，现在并入旗下的 NX 产品线，是最著名的逆向工程软件。Imageware 因其强大的点云处理能力、曲面编辑能力和 A 级曲面的构建能力而被广泛应用于汽车、航空、航天、消费家电、模具、计算机零部件等设计与制造领域，如图 2-33 所示。

③ RapidForm　RapidForm 是韩国 INUS 公司出品的逆向工程软件，提供了新一代运算模式，可实时将点云数据运算出无接缝的多边形曲面，使它成为 3D 扫描数据的最佳化接口，是很多 3D 扫描仪的 OEM 软件，如图 2-34 所示。

④ ReconstructMe　ProFactor 公司开发的 ReconstructMe 是一个功能强大且易于使用的

三维重建软件，能够使用微软的 Kinect 或华硕的 Xtion 进行实时 3D 场景扫描（核心算法是 Kinect Fusion），几分钟就可以创建一张全彩 3D 场景。ReconstructMeQt 提供了一个实时三维重建利用 ReconstructMe SDK（开源）的图形用户界面，如图 2-35 所示。

图 2-31　PhotoSynth 三维造型

图 2-32　Geomagic 三维造型

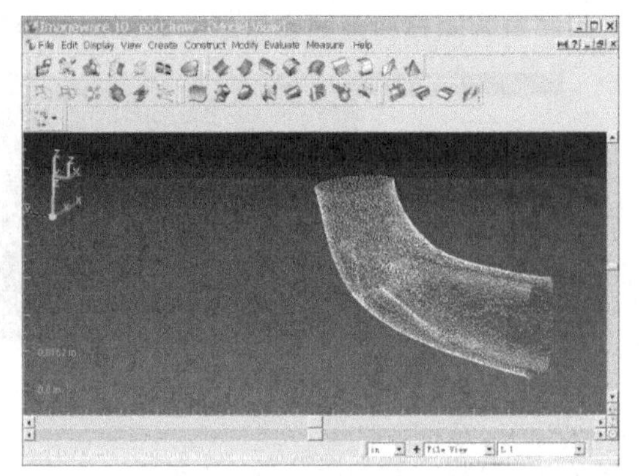

图 2-33　Imageware 三维造型

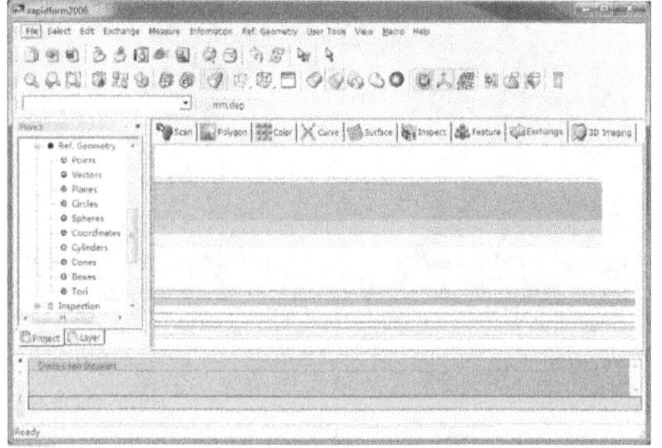

图 2-34　RapidForm 三维造型示意图

⑤ Artec Studio　Artec 公司出品的 Artec Eva、Artec Spider 等手持式结构光 3D 扫描仪，重量轻且易于使用，成为许多 3D 体验馆扫描物体的首选产品。同时，Artec 公司还开发了一款软件 Artec Studio，可以和微软的 Kinect 或华硕的 Xtion 以及其他厂商的体感周边外设配合使用，使其成为三维扫描仪。Kinect 通过 Artec Studio 可以完成模型扫描，然后进行后期处理、填补漏洞、清理数据、测量、导出数据等，如图 2-36 所示。

图 2-35　ReconstructMe 三维造型

图 2-36　Artec Studio 三维造型

⑥ PolyWorks　PolyWorks 是加拿大 InnovMetric 公司开发的点云处理软件，提供工程和制造业 3D 测量解决方案，包含点云扫描、尺寸分析与比较、CAD 和逆向工程等功能，如图 2-37 所示。

⑦ CopyCAD　CopyCAD 是由英国 DELCAM 公司出品的功能强大的逆向工程系统软件，它能允许从已存在的零件或实体模型中产生三维 CAD 模型。该软件为来自数字化数据的 CAD 曲面的产生提供了复杂的工具。CopyCAD 能够接收来自坐标测量机床的数据，同时跟踪机床和激光扫描器，如图 2-38 所示。

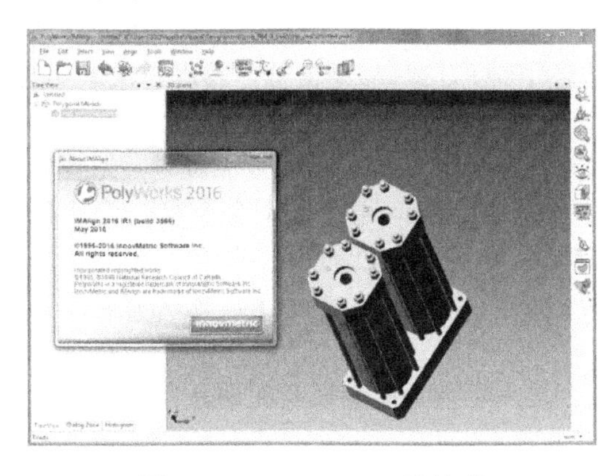

图 2-37　PolyWorks 三维造型

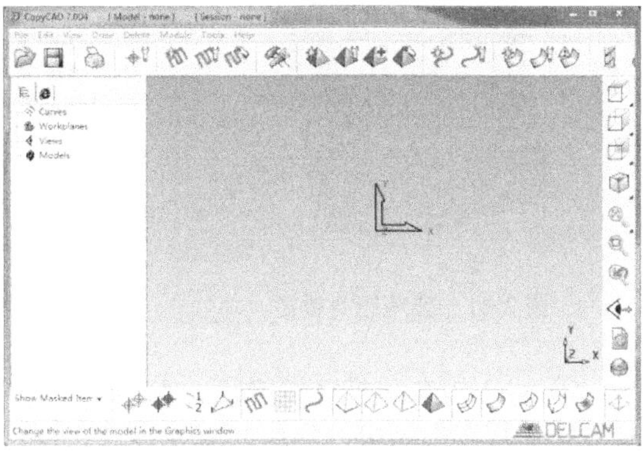

图 2-38　CopyCAD 三维造型

（7）基于草图的三维造型软件

① SketchUp　SketchUp 是一套面向普通用户的易于使用的三维造型软件。使用 SketchUp 创建 3D 模型，就像我们使用铅笔在图纸上作图一般，软件能自动识别你画的这些线条，加以自动捕捉。它的三维造型流程简单明了，就是画线成面，而后拉伸成体，这也是建筑或室内场景三维造型最常用的方法，如图 2-39 所示。

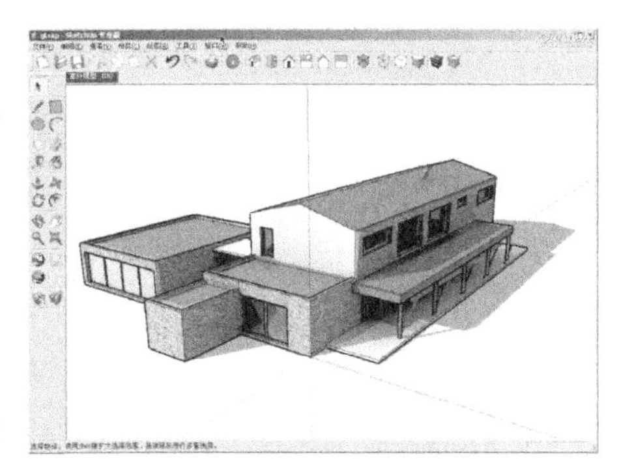

图 2-39　SketchUp 三维造型

② EasyToy　EasyToy 是一款基于草图的三维造型和 3D 绘画软件。用户界面非常友好，操作非常简单。通过组合几个简单的操作，就可以快速创建复杂的 3D 模型。与现有的 3D 系统相比，EasyToy 易于学习且易于使用。EasyToy 具有广泛的应用，包括玩具设计、图形、动画和教育等，如图 2-40 所示。

图 2-40　EasyToy 三维造型

2.1.2 NX三维造型实例

本小节通过一个实例，来介绍NX三维造型的基本过程及常见命令，若要进行更多、更复杂的造型操作，可以借阅有关NX实操案例的书籍。该实例作为入门引导，主要介绍草图、拉伸、抽壳、螺旋、扫掠、倒角、文字、布尔运算等基本命令，同时需要掌握鼠标的基本操作，如按住左键，点选；按住中键+移动鼠标，旋转；按住中键+右键+移动鼠标，移动；滚动中键，缩小放大。

图2-41 玻璃瓶身模型

使用NX进行三维造型设计，一般流程是：先整体后细节，以草图为基本元素，通过各个命令组合设计各种形式的三维造型，以实现自己的设计需求。下面将设计一个玻璃瓶身的模型，如图2-41所示，依次需要经历以下步骤：

① 进入NX建模环境界面，点击“草图”命令进入草图，绘制瓶身轮廓草图，并通过特征尺寸将其完全约束，如图2-42所示。

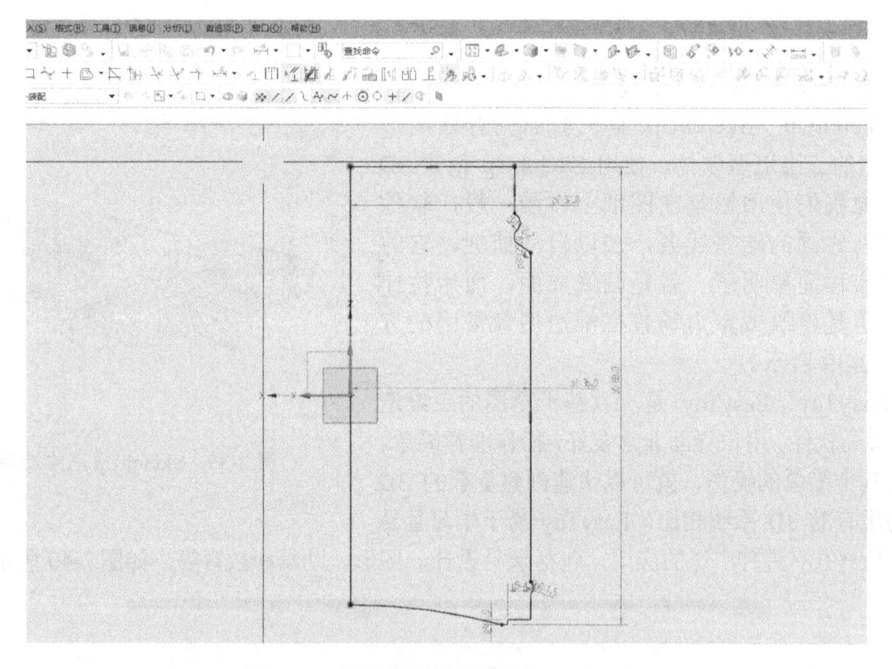

图2-42 玻璃瓶身轮廓草图及尺寸约束

② 点击“完成草图”，退出草图回到建模环境，点击“旋转”命令，选择绘制的草图作为旋转截面，*Z*轴为旋转轴，其余选项默认，如图2-43所示。

③ 点击“抽壳”命令，设定壁厚为3.5mm，然后选择要移除的面，确定完成抽壳，这样一个瓶身的大体轮廓就出来了，如图2-44所示。

④ 生成瓶口螺纹。首先根据瓶口尺寸确定螺纹小径为65.6mm，螺距4mm，圈数1.05；点击“螺旋”（“插入”→“曲线”→“螺旋”）命令绘制对应的螺旋线，位置为瓶口向下偏移2mm，如图2-45所示。

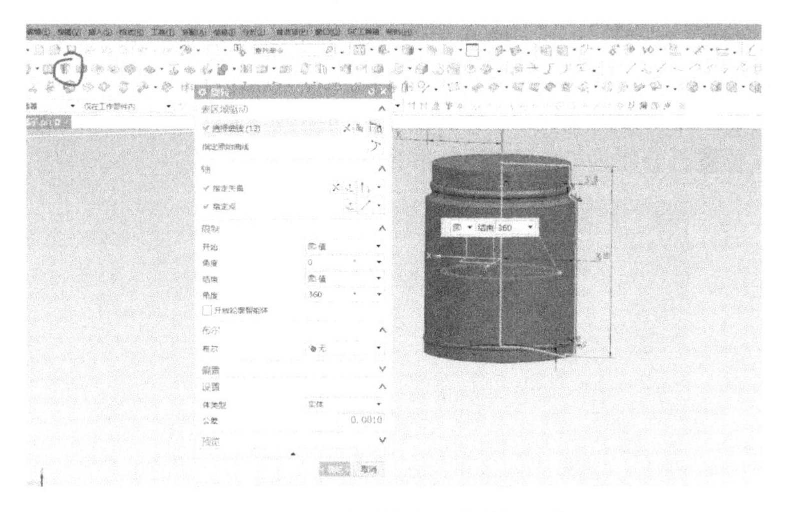

图 2-43　运用旋转命令并设置参数

图 2-44　运用抽壳命令并设置参数

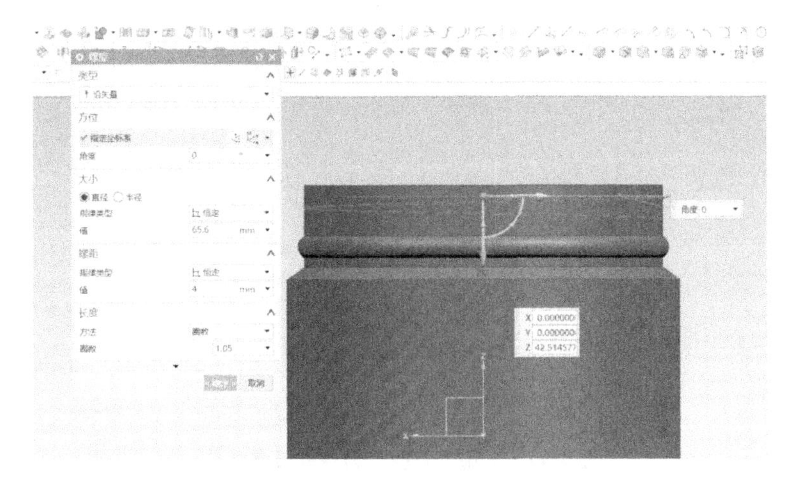

图 2-45　运用螺旋命令并设置参数

⑤ 绘制螺纹截面草图。这里一般要考虑与螺旋接合的瓶盖的螺纹参数（如果有瓶盖的话），与其参数保持一致，或者在绘制瓶盖螺纹的时候与瓶口的参数一致。这里选用牙高1.4mm、底齿宽 2.8mm、顶齿宽 1mm 的螺纹横截面参数，草图类型选择“基于路径”，位置为螺旋线端点（位置百分比为 0），如图 2-46 所示。

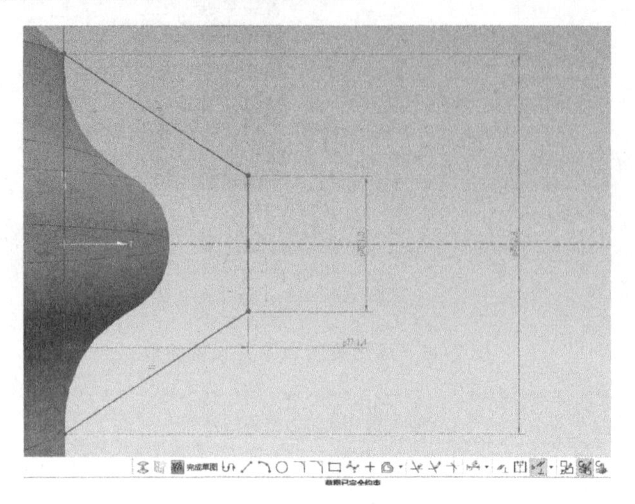

图 2-46　绘制螺纹截面草图

⑥ 退出草图，点击“扫掠”命令，以草图为截面，螺旋线为引导线，其余参数如图 2-47 所示。因为要在螺纹开始和结束部分体现“渐入渐出”的效果，因此要根据“面积规律”进行缩放，即通过控制开始和结束一段（本例选用前后各 8%的位置）的横截面面积控制其大小，这里要用到梯形面积公式［（上底+下底）×高÷2］，效果如图 2-47 所示。

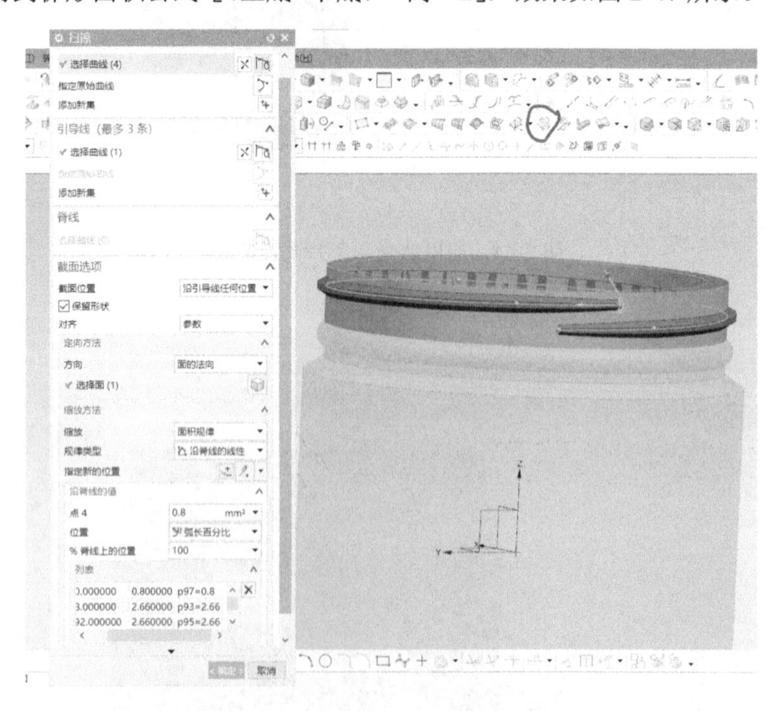

图 2-47　运用“扫掠”命令并设置参数

⑦ 最后就是进行细节修饰，“布尔运算”合并螺纹和瓶身，瓶口倒斜角，各个拐角处根据实际情况倒圆角，就可以完成本次瓶身的三维建模。

2.2 三维模型网格化

通过各三维造型软件设计获得三维模型，其数据文件格式显然是不统一的，通常需要进一步转存为统一的 STL 文件格式输出，才能经切片处理成机器语言，成为被 3D 打印机识读的控制指令。本节在介绍 STL 文件的基础上，主要介绍 STL 文件如何在 NX 里设置和生成，同时介绍 STL 文件所记录的信息和含义。

2.2.1 STL 文件介绍

STL 文件格式是由 3D Systems 公司于 1988 年制定的一个接口协议，是一种为快速原型技术（3D 打印）服务的三维图形文件格式，有时被称为“标准三角语言”或“标准曲面细分语言”，其名称为 3D Systems 同年推出的世界第一款快速成形设备——Stereolithography（光固化立体成形）的缩写。10.0 及更早的 NX 版本，其输出 STL 文件的参数对话框就是显示为快速成型（形）的，而 11.0 以来的新版本则显示为 STL 导出，如图 2-48 所示。

图 2-48　STL 输出参数对话框名称显示对比

STL 文件的基本思想就是将三维模型的表面进行三角形面片网格化，简而言之，STL 是将 CAD 模型近似为一组三角形，将样条（如样条曲线、p 线、弧线、挤出和扫掠）转换为三角形简单的复合体。STL 文件则由多个三角形面片的定义组成，每个三角形面片的定义包括三角形各个定点的三维坐标及三角形面片的法矢量。

2.2.2 STL 文件的设置和生成

以上述某瓶身的三维模型，在 NX 里进一步获得 STL 文件为例，讲解 STL 文件如何设置和生成。

点击 NX 软件的文件菜单，在下拉菜单里面点击“导出”，选择 STL 类型，弹出“STL 导出”参数对话框，对相应参数进行设置，如图 2-48 所示。

① 输出类型。在下拉菜单里面，有二进制和文本两个选择，二进制类型是 STL 文件在各个三维造型软件之间相互读取的格式，而文本格式则是供人读取和解析的格式，这里选择文本格式，以方便通过记事本打开。

② 设置两个公差。分别为三角公差和相邻公差，它们的公差值，新版本允许设置 0.0025～50 之间的数据，单位为 mm。其中三角公差，是控制所有三角形面片形状精度的，它决定着

所有三角形面片之间的形状一致性，而相邻公差则是决定连接精度的，它决定网格化之后模型的圆滑程度。

③ 选择自动法向生成，为每一个面片生成法向且指向模型的外表面。

④ 选择正常显示，窗口会显示原来的实物模型，选择三角形显示窗口会显示三角形面片网格化之后的模型。

至此，所有的参数设置好之后点击“确定”，选择存放路径同时进行命名，此时，就可以获得该 STL 文件，如图 2-49 所示。

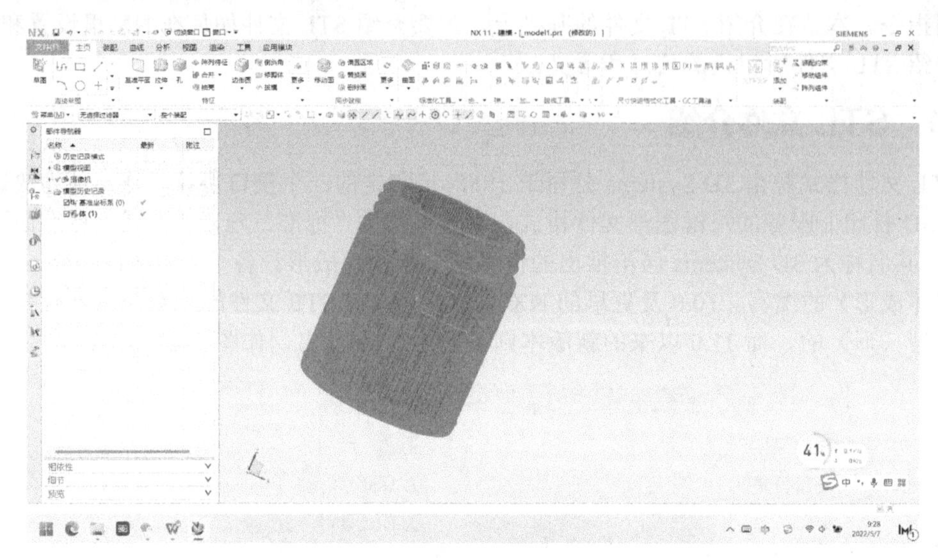

图 2-49　生成 STL 模型

为了理解上述两个公差值不同所带来的不同精度，设置 0.5 的公差值，此时，所生成的 STL 模型较上述设置公差值为 0.005 的 STL 模型，其表面三角形面片分布比较稀疏，显然精度比较低，如图 2-50 所示。

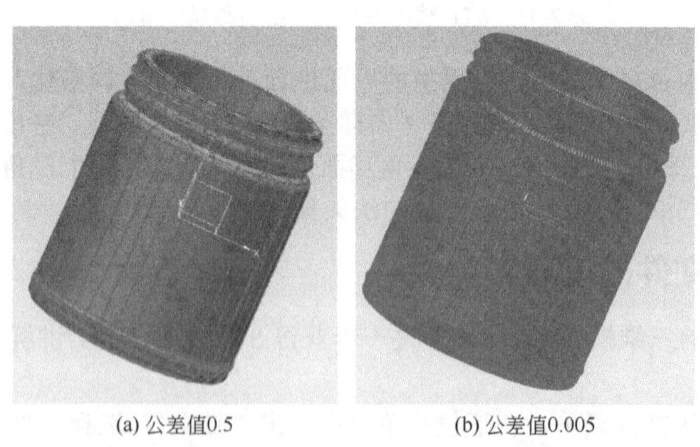

(a) 公差值0.5　　(b) 公差值0.005

图 2-50　不同公差值所生成的 STL 模型对比

虽然几乎每个三维造型软件都有不同的配置选项和导出 STL 的功能，但每种解决方案都有一些共同点，因此需要注意以下事项：

① 部分三维造型软件提供 ASCII 格式的 STL 输出，其与二进制编码之间存在很大差异，但基本上两者在功能上是相似的。需要注意的是，二进制格式的 STL 文件对大多数切片软件

处理成切片文件是足够的，因此，除非特别要求，否则二进制通常是首选，因为二进制格式的 STL 文件较小。

② STL 文件的定义不包括度量单位，导出模型时，注意本机 CAD 的单位以及打印机/切片软件的预期单位。大多数切片软件都有单位配置，但默认情况下大多数常见单位均为毫米（mm）。

③ 分辨率问题，这将是 CAD 软件包之间最多样化的属性，但一般来说，其目标是确保最小公差/偏差小于 3D 打印机能够生成的最精细特征。例如，如果 3D 打印机可以产生的最佳分辨率为 100μm，则 STL 的直径、角度、镶嵌部分等的公差应在 100μm 以内。

上面就是 STL 文件设置和生成的过程。

2.2.3 STL 文件的信息和含义

利用记事本将所生成的 STL 文件打开，如图 2-51 所示。

笔简1.txt - 记事本

文件(F) 编辑(E) 格式(O) 查看(V) 帮助(H)

```
solid
  facet normal +0.0000000E+00 +0.0000000E+00 -1.0000000E+00
    outer loop
      vertex   +0.0000000E+00 +0.0000000E+00 +0.0000000E+00
      vertex   +3.7851299E+01 -3.3584439E+00 +0.0000000E+00
      vertex   +3.7406360E+01 -6.6906035E+00 +0.0000000E+00
    endloop
  endfacet
  facet normal +0.0000000E+00 +0.0000000E+00 -1.0000000E-00
    outer loop
      vertex   +3.7406360E+01 -6.6906035E+00 -0.0000000E+00
      vertex   +3.6668666E+01 -9.9704001E+00 +0.0000000E+00
      vertex   +0.0000000E+00 +0.0000000E+00 +0.0000000E+00
    endloop
  endfacet
  facet normal +0.0000000E+00 +0.0000000E+00 -1.0000000E+00
    outer loop
      vertex   +3.6668666E+01 -9.9704001E+00 +0.0000000E+00
      vertex   +3.5643990E+01 -1.3172164E+01 -0.0000000E+00
      vertex   +0.0000000E+00 +0.0000000E+00 -0.0000000E+00
    endloop
  endfacet
  facet normal +0.0000000E+00 +0.0000000E+00 -1.0000000E-00
    outer loop
      vertex   +3.5643990E+01 -1.3172164E+01 +0.0000000E+00
      vertex   +3.4340352E+01 -1.6270839E+01 +0.0000000E+00
      vertex   +0.0000000E+00 +0.0000000E+00 +0.0000000E+00
    endloop
  endfacet
  facet normal +0.0000000E+00 +0.0000000E+00 -1.0000000E+00
    outer loop
      vertex   +3.4340352E+01 -1.6270839E+01 +0.0000000E+00
      vertex   +3.2767953E+01 -1.9242172E+01 -0.0000000E+00
```

第 1 行，第 1 列

图 2-51　通过记事本打开生成的 STL 文件

第一行记录为 solid，它的含义是该 STL 文件是为某实体模型而生成，当然，还可以为某面片生成 STL 文件，此时，将会记录为 facet。注意，通常不能为三维以外的点、线、面而生成 STL 文件，也就是 STL 文件必须是为三维实体模型生成表面网格化信息。

接下来，每 7 行将会记录一个三角形面片的信息：

第一行，facet normal，它的含义是面片法向，后面的数字为其三维坐标值；

第二行，outer loop，外部轮廓或者轨迹；

第三行至第五行，vertex 顶点，为三角形面片三个顶点，后面的数字为其三维坐标值；

第六行，endloop，结束该轮廓；

第七行，endfacet，结束该面片。

同样规律，后面每 7 行，将会记录其他不同的三角形面片。

另外，相邻的三角形面片是相互连接的，将实体表面组成封闭的表面，也就是说相邻的三角形面片之间会共用一个边和两个顶点。如图 2-52 所示，这里的第一个三角形面片有 *A*、*B*、*C* 三个顶点，而在第二个三角形面片里面有 *C* 和 *A* 两个顶点，显然是与第一个三角形面片所共用，当然，它会生成第四个新的顶点为 *D* 点，而在第三个三角形面片里面有 *D* 和 *A*

两个顶点，是与第二个三角形面片所共有，当然，它会生成第五个新的顶点，记录为 *E* 点，以此类推，直至整个实体表面被封闭。

上面就是 STL 文件里面所记录的信息与含义。

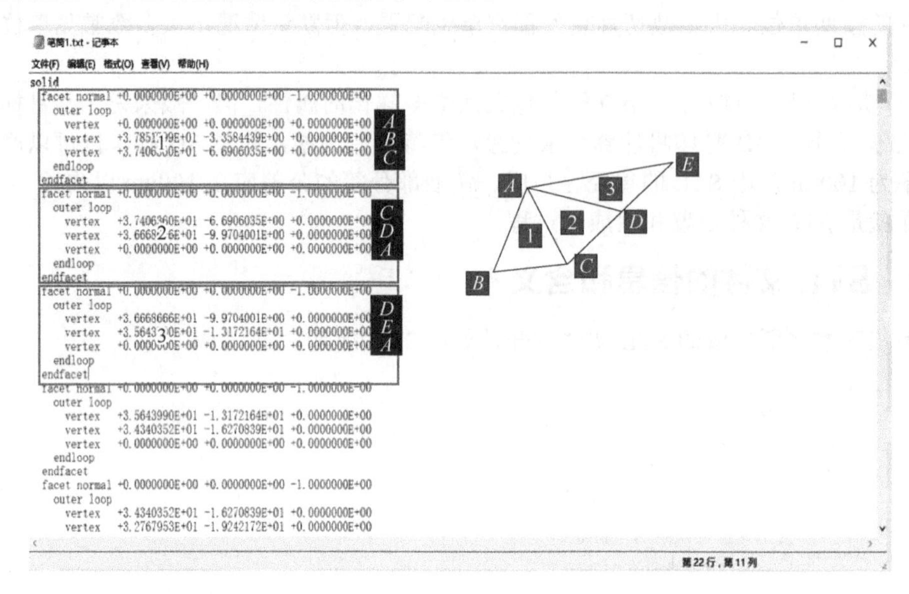

图 2-52　相邻三角形面片之间共用一个边、两个顶点示意图

2.3　三维模型切片

本节在介绍切片软件的基础上，主要介绍 Gcode 文件的信息和含义，并给出两款切片软件的应用案例。

切片的基本原理：上一节所获得的三维 STL 模型表面，均由有限个三角形面片近似代替，假设在 *XY* 平面有一个与 3D 模型相交的截面（该截面为虚拟概念），在不同的切片层高度上，会与三维 STL 模型表面三角形面片产生多个交点，如图 2-53 所示，将所有的交点相连，则形成了二维层面数据的雏形，如图 2-54 所示。

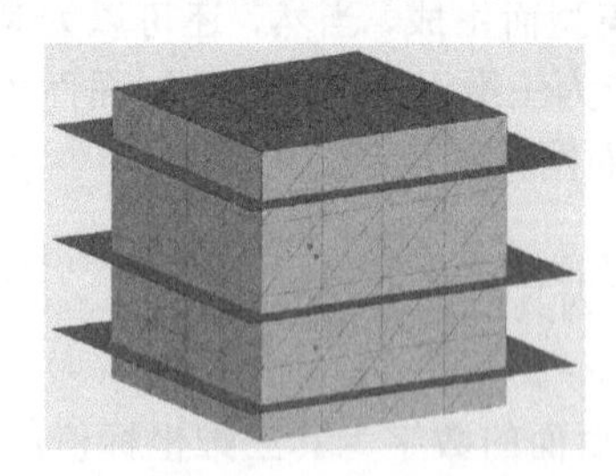
图 2-53　截面与三维 STL 模型表面相交示意图

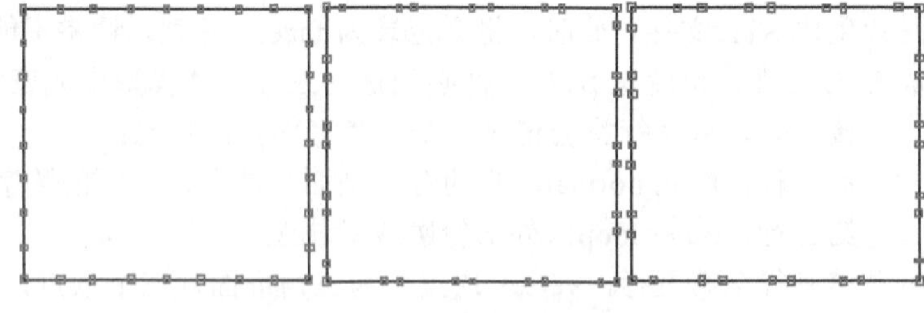
图 2-54　不同的切片层上的交点形成二维层面轮廓

2.3.1　切片软件介绍

切片软件是一种自动编程软件，主要功能是将快速成形（3D 打印）专用的 STL 格式三维模型生成可以驱动 3D 打印机工作的运动程序文件，常见的以 Gode 代码文件为主。切片软

件有通用型和专门型，下面介绍几款市面常用的切片软件。

(1) Cura

Cura为通用型切片软件，如图2-55所示，是荷兰Ultimaker公司的产品，刚开始主要与自己的产品配套使用，后来逐渐开源。Cura具有快速切片功能，具有跨平台、开源、使用简单等优点，能够自动进行模型准备、模型切片，是最经典、常用的切片软件，通用化程度、开放程度均比较高，且支持中文。

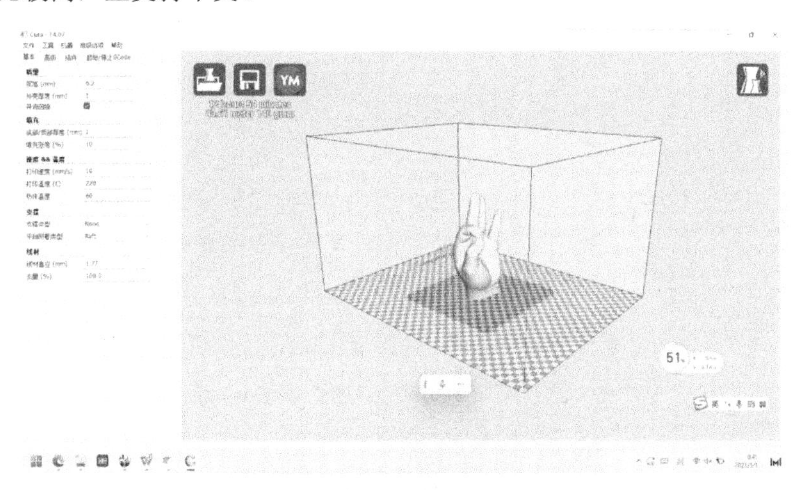

图2-55　Cura切片软件

(2) Simplify3D

简称S3D，如图2-56所示，是2013年成立于美国俄亥俄州的Simplify3D公司的付费、通用型切片软件，是FDM打印中的工业级软件，切片速度极快，功能强大，它可以让用户导入和处理几何形状、修补网格问题、进行自定义打印设置、对3D模型进行切片、生成G代码指令以及观看打印作业的动画预览，使用户能够在3D打印机上获得更高质量的结果，受到世界各地创新者、工程师和专业用户的青睐，被称为切片之王。该软件支持数百个3D打印机品牌，并可通过广泛的行业合作伙伴在全球范围内使用。它几乎和市面上所有3D打印机兼容，尤其是支持双色打印和多模型打印，它能在同一个打印床上打印多个模型，且每个模型都有一套独立的打印参数。

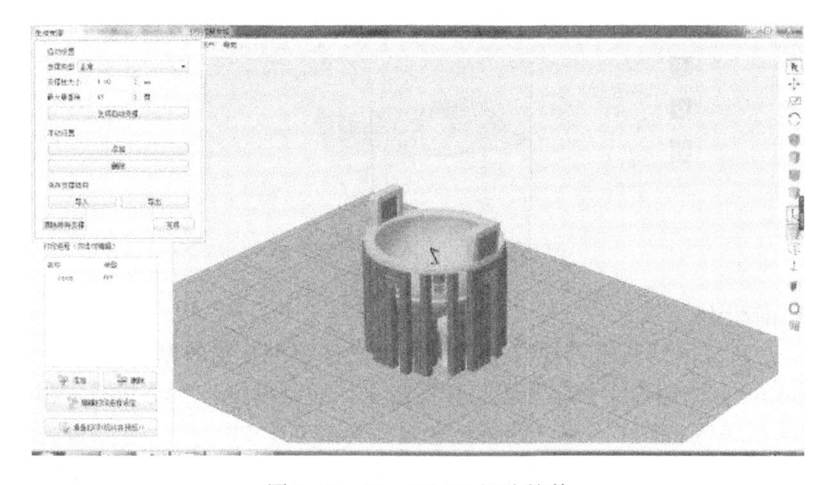

图2-56　Simplify3D切片软件

(3) Repetier Host

Repetier Host 如图 2-57 所示，是德国 Repetier 公司开发的一款通用型切片软件，使用便捷，易于设置，具有手动调试、模型切片等一系列功能。这款软件非常适合创客、发烧友使用，更方便、更廉价、更适合手动调整。很多自己组装 3D 打印的发烧友都在用这款软件，尤其是在没有显示屏的设备上，这款软件更为适合。

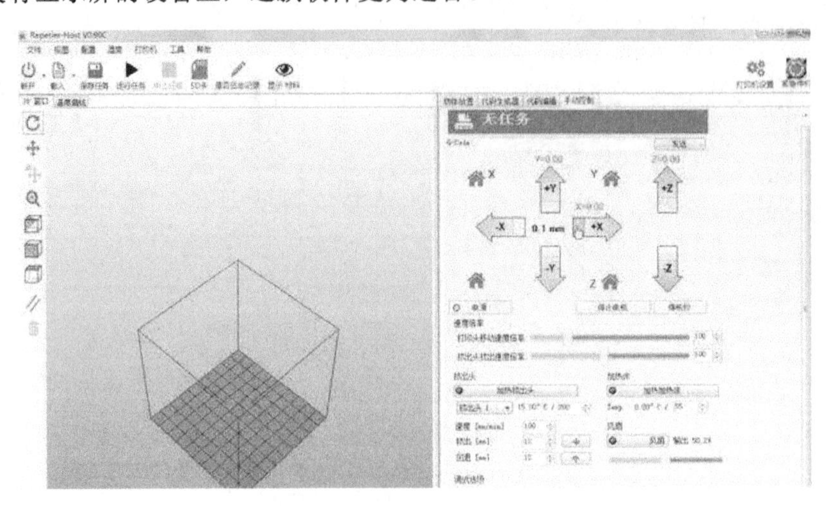

图 2-57 Repetier Host 切片软件

(4) Makerware

Makerware 是 MakerBot 公司为自己打印机开发的专用切片软件，如图 2-58 所示，适用于使用 MakerBot 主板的机型，其操作简单，功能完善。2014 年，MakerBot 被美国 3D 打印巨头 Stratasys 公司收购，产品也更加成熟。该软件一般只能生成 X3G 格式的切片文件，几乎只有 MakerBot 打印机支持此格式。

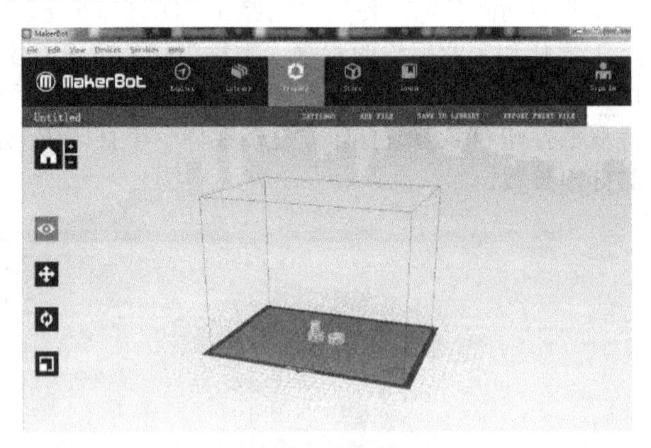

图 2-58 Makerware 切片软件

(5) FlashPrint

FlashPrint 是浙江闪铸三维科技有限公司为自己打印机开发的专用切片软件，如图 2-59 所示。FlashPrint 可以快速自动修复模型、按面放平、切割模型、手动添加和删减支撑、快速生成浮雕照片模型等等。浙江闪铸三维科技有限公司成立于 2011 年，注重硬件、软件同步协调开发，除了开发了 10 余款消费级和工业级 3D 打印机之外，还开发了自主版权的软件，包括 Happy3D、3DTADA 3D 两款建模软件，其中 3DTADA 3D 是专门为启蒙教育开发的建模软件。FlashPrint、FlashDLPrint、FlashDental、FlashAD 四款切片软件，分别应用于 FDM、光固化、牙齿、广告字壳等不同的 3D 打印领域。

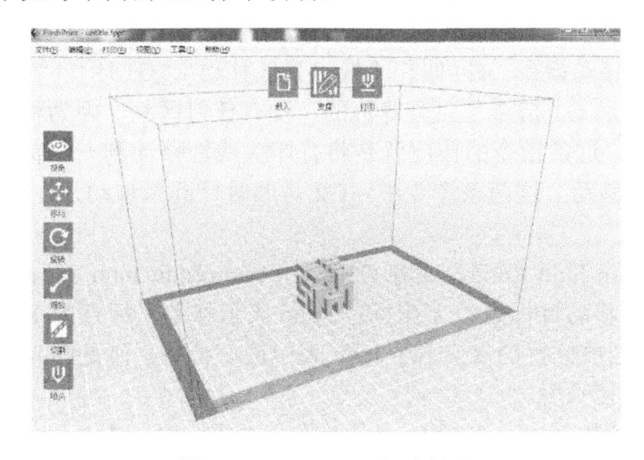

图 2-59　FlashPrint 切片软件

2.3.2　Gcode 文件信息和含义

切片软件处理 STL 模型后，获得 3D 打印机的驱动指令文件，目前有 OBJ、X3G、3MF、AMF、SLC、CLI 和 Gcode 等不同的文件格式，Gcode 是比较常见的文件格式之一，且可以通过记事本打开，如图 2-60 所示。

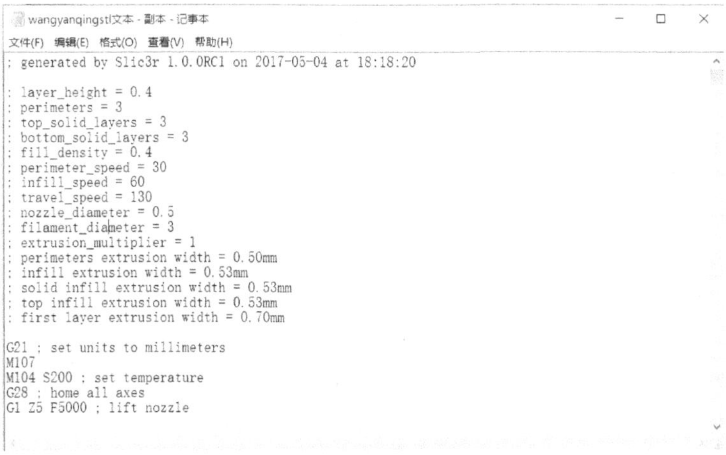

wangyanqingstl文本 - 副本 - 记事本

文件(F)　编辑(E)　格式(O)　查看(V)　帮助(H)

```
; generated by Slic3r 1.0.0RC1 on 2017-05-04 at 18:18:20

; layer_height = 0.4
; perimeters = 3
; top_solid_layers = 3
; bottom_solid_layers = 3
; fill_density = 0.4
; perimeter_speed = 30
; infill_speed = 60
; travel_speed = 130
; nozzle_diameter = 0.5
; filament_diameter = 3
; extrusion_multiplier = 1
; perimeters extrusion width = 0.50mm
; infill extrusion width = 0.53mm
; solid infill extrusion width = 0.53mm
; top infill extrusion width = 0.53mm
; first layer extrusion width = 0.70mm

G21 ; set units to millimeters
M107
M104 S200 ; set temperature
G28 ; home all axes
G1 Z5 F5000 ; lift nozzle
```

图 2-60　记事本打开 Gcode 文件

Gcode 文件中的每一行都是 3D 打印机固件所能理解的命令，而这些命令也被称为 Gcode 指令，是 3D 打印机和电脑之间最重要的命令交互语言。几乎所有 3D 打印机都使用 Gcode 作为对外联系的唯一信息交互语言，且其中指令的含义基本一致，可以理解为“普通话”，但有的 3D 打印机也会对部分 Gcode 指令含义进行自定义，变成每种 3D 打印机自己的“方言”，这就需要通过厂家 3D 打印机的产品说明书了解其各自的指令定义。通常，普通用户并不需要理解每个 Gcode 代表的含义，但若需要调试 3D 打印机，或者对于深入研究 3D 打印路径参数设置和控制软件程序开发者，则需要掌握一些常用的 Gcode 的指令含义。Gcode 常用的指令及含义如表 2-1 所示。

同时指出，3D 打印机所用的 Gcode 指令，与数控加工设备所用的数控指令，有较大部分是相同或者相似的，也基本都是续效指令。

（1）基础运动指令

① G0/G1，直线移动指令　G0 叫作“快速直线移动”，G1 叫作“直线移动”，部分产品的控制程序里面，G0 和 G1 指令是完全等价的，没有任何区别，因为移动是否快速，完全是靠速度参数 F 来决定。这条指令的作用就是将打印头线性移动到一个特定的位置。

② G2/G3，圆弧移动　这两条命令中，G2 是顺时针圆弧移动，G3 是逆时针圆弧移动。完整的语句如下：

G2 Xnnn Ynnn Innn Jnnn Rnnn，或者 G3 Xnnn Ynnn Innn Jnnn Rnnn。

其中，Xnnn 表示移动目标点的 X 坐标；Ynnn 表示移动目标点的 Y 坐标；Innn 表示圆心位置，值是圆心距离当前位置的 X 分量；Jnnn 表示圆心位置，值是圆心距离当前位置的 Y 分量；Rnnn 表示圆的半径长度。

在比较常用的切片软件中，包括 Cura，并不会生成这两条指令，这是因为所有 3D 模型中的圆弧，在 STL 文件中已经被转化为使用大量小线段拟合而成的曲线，最终的 Gcode 输出结果，也只会存在 G0/G1 指令，而不会存在 G2/G3 指令。

③ G4，暂停移动　这条命令让 3D 打印机在当前位置停止一段时间。可能的参数包括：Pnnn 表示停止移动的时间，以毫秒为单位。Snnn 也表示停止移动的时间，以秒为单位。因此，G4 P2000 命令与 G4 S2 命令是完全等价的。

④ G10/G11，回抽/反回抽　这两条命令使打印头执行一个回抽（G10）或者相反的动作（G11）。所谓回抽，就是让 E 轴步进电机反转一小段，而反回抽则让 E 轴步进电机正转一小段。实际上，目前的切片软件并不太依赖于 G10/G11 指令执行回抽动作，而是利用 G1 Ennn 命令直接命令打印头步进电机前进或倒退到某一个位置。因此，与 G2/G3 命令类似，G10/G11 命令仅是做了定义，实际没有使用。

⑤ G20/G21，设置距离单位　这两条命令非常简单，用于设置当前距离单位为英寸（G20）或者毫米（G21），没有参数，未设置时缺省值是毫米。

⑥ G28，归零　这条命令使 3D 打印机 X 轴、Y 轴、Z 轴以及打印头 E 轴归零。参数包括：X 表示使 X 轴归零，Y 表示使 Y 轴归零，Z 表示使 Z 轴归零，E 表示重置 E 轴的位置为 0，如果使用时没有任何参数，直接使用 G28，等价于 G28 XYZ 命令，这时并不会对 E 轴进行重置为 0 的操作。

⑦ T，设置当前打印头　对于拥有多个打印头的 3D 打印机来说，需要使用 T 命令选择当前工作的打印头。这条命令有一个无名参数，参数值直接跟在 T 后面，例如：T0 表示选择第一个打印头；T1 表示选择第二个打印头。

⑧ G29，Z 轴高度三点测试　这条命令测试打印平面上三个点的 Z 轴高度，并在串口上输出结果。参数包括：Snnn，S1 表示更新内存中的 Z 轴高度值（重置系统会丢失），S2 表示更新内存以及 EEPROM 中的 Z 轴高度值（重置系统不会丢失）。无参数时，G29 命令表示只从串口上输出结果，不更新内存或 EEPROM 中的 Z 轴高度值。

⑨ G32，热床自动调平　这条命令在 G29 命令的基础上，不仅测试打印平面上三个点的 Z 轴高度，而且还会根据测试的结果，对 3D 打印机的机械参数进行调整，实现热床自动调平。G32 命令使用的参数与 G29 命令是一致的：Snnn，S1 表示更新内存中的相关参数值（重置系统会丢失），S2 表示更新内存以及 EEPROM 中的相关参数值（重置系统不会丢失）。

⑩ G90/G91，设置坐标模式　这两条命令用于设置当前坐标模式为绝对坐标模式（G90）

或者相对坐标模式（G91），没有参数。

（2）坐标指令

① Xnnn，表示 X 轴的移动位置；

② Ynnn，表示 Y 轴的移动位置；

③ Znnn，表示 Z 轴的移动位置；

④ Ennn，表示 E 轴（打印头步进电机）的移动位置。

（3）辅助指令

① Fnnn，表示速度，单位是毫米每分钟。

② Snnn，表示是否检查限位开关，S0 不检查，S1 检查，缺省值是 S0。

③ M251，将当前 Z 轴位置保存为 Z 轴高度值，以使前面的 Z 轴高度手动/自动测量的结果起作用。通常，M251 命令应该与 G29 命令联合使用（自动测量 Z 轴高度）。这条命令没有相关的参数。

④ M20，列目录，显示 SD 卡所有目录内容，没有相关的参数。

⑤ M21，加载 SD 卡，尝试加载 SD 卡，也就是执行 Mount 动作，没有相关的参数。

⑥ M22，卸载 SD 卡，也就是执行 Unmount 动作，没有相关的参数。

⑦ M23，选择文件，选择一个 SD 卡上的文件。参数为 filename 表示被选择的文件名（包含目录名，以“/”分隔）；文件选择之后，可以执行打印、删除等动作。

⑧ M24，开始 SD 卡打印。打印当前选定的 SD 卡文件，逐行读入 Gcode 代码，并执行，没有相关参数。

⑨ M25，暂停 SD 卡打印，没有相关参数。

⑩ M84，设置步进电机自动关闭时间，当 3D 打印机一段时间没有接收到步进电机运动指令之后，3D 打印机（为了节能）会自动关闭步进电机。使用 M84 指令，可以设置自动关闭步进电机的时间。参数包括 Snnn，表示步进电机关闭的时间，以秒为单位。如果使用 M84 时没有指定 S 参数，则步进电机会立即关闭。M84 命令的缺省值是 360s。

⑪ M85，设置 3D 打印机自动关闭时间，当 3D 打印机一段时间没有接收到指令之后，3D 打印机（为了节能）会自动关闭步进电机以及打印头、热床等设备。使用 M85 指令，可以设置自动关闭 3D 打印机的时间。

⑫ M104，设置打印头目标温度，执行这条命令后，不需要等待达到这个温度，立即开始执行下一条 Gcode 语句。相关参数包括：Snnn 表示目标温度；Tnnn 表示对应的打印头；Fnnn 表示到达目标温度之后，是否触发蜂鸣器，F1 表示要触发；如果执行命令时没有带 T 参数，则针对当前挤出头设置目标温度。

⑬ M140，设置热床目标温度，执行这条命令后，不需要等待达到这个温度，立即开始执行下一条 Gcode 语句。相关参数包括：Snnn 表示目标温度；Fnnn 表示到达目标温度之后，是否触发蜂鸣器，F1 表示要触发。

⑭ M92，设置分辨率，设置 3D 打印机内存中 X、Y、Z、E 步进电机的分辨率。参数包括：Xnnn 表示 X 轴的分辨率；Ynnn 表示 Y 轴的分辨率；Znnn 表示 Z 轴的分辨率；Ennn 表示 E 轴（打印头步进电机）的分辨率。

⑮ M106/M107，打开/关闭风扇，这两条命令用于打开（M106）或关闭（M107）风扇。相关的参数包括：Snnn 表示打开风扇时风扇的转速，取值范围在 0～255 之间。

⑯ M355，设置照明灯开关，命令参数为 Snnn，表示照明灯的开关状态，S0 表示关闭照明灯，S1 表示打开照明灯，无参数时输出当前照明灯的状态。

表 2-1 Gcode 常用指令及含义

序号	名称	含义	序号	名称	含义
延时 G 命令			24	M20	List SD Card 读取 SD 卡
1	G0	Rapid move 快速移动	25	M21	Initialize SD Card 初始化 SD 卡
2	G1	Controlled move 可控移动	26	M22	Release SD Card 弹出 SD 卡
3	G28	Move to Origin 移动到原点	27	M23	Select SD File 选择 SD 卡的文件
4	G29-G32	Bed probing 加热床检查	28	M24	Start/Resume SD Print 开始 SD 卡的打印
5	G4	Dwell 停顿	29	M25	Pause SD Print 暂停 SD 卡打印
6	G10	打印头偏移	30	M26	Set SD Position 设置 SD 位置
7	G20	Set Units to Inches 使用英寸作为单位	31	M27	Report SD Print Status 报告 SD 打印状态
8	G21	Set Units to Millimeters 使用毫米作为单位	32	M28	Begin Write to SD Card 开始写入 SD 卡
9	G90	Set to Absolute Positioning 设置成绝对定位	33	M29	Stop Writing to SD Card 停止写入 SD 卡
10	G91	Set to Relative Positioning 设置成相对定位	34	M30	Delete a File on the SD Card 删除 SD 卡上的文件
11	G92	Set Position 设置位置	35	M40	Eject 弹出
即时 M 和 T 命令			36	M41	Loop 环
12	M0	Stop 停止	37	M42	Stop/On Material Exhausted / Switch I/O Pin 材料耗尽时停止/开关 I/O 引脚
13	M1	Sleep 睡眠	38	M43	Stand by On Material Exhausted 待命材料耗尽
14	M3	Spindle On, Clockwise（CNC Specific）主轴打开，顺时针（CNC 专用）	39	M80	ATX Power On 打开 ATX 电源
15	M4	Spindle On, Counter-Clockwise（CNC Specific）主轴打开，逆时针（CNC 专用）	40	M81	ATX Power Off 关闭 ATX 电源
16	M5	Spindle Off（CNC Specific）主轴关闭（CNC 专用）	41	M82	Set Extruder to Absolute Positioning 设置挤出机使用绝对坐标模式
17	M7	Mist Coolant On（CNC Specific）水雾冷却液打开（CNC 专用）	42	M83	Set Extruder to Relative Positioning 设置挤出机为相对坐标模式
18	M8	Flood Coolant On（CNC Specific）泛光冷却液打开（CNC 专用）	43	M84	Stop Idle Hold 停止怠速保持
19	M9	Coolant Off 冷却系统关闭（CNC Specific）（CNC 专用）	44	M92	Set Axis_Steps_Per_Unit 设置每个单元的轴步数
20	M10	Vacuum On（CNC Specific）真空开启（CNC 专用）	45	M98	Get Axis_Hysteresis_mm 轴滞后参数
21	M11	Vacuum Off（CNC Specific）真空关闭（CNC 专用）	46	M99	Set Axis_Hysteresis_mm 设置轴滞后参数
22	M17	Enable/Power All Stepper Motors 启动所有步进电机	47	M101	Forward Rotation Extruder 1 正转挤出机 1 Disable Extruder Retraction 撤销挤出回缩
23	M18	Disable All Stepper Motors 关闭所有步进电机	48	M102	Reversing Rotation Extruder 1 反转挤出机 1

续表

序号	名称	含义	序号	名称	含义
49	M103	Switch All Extruders 关闭所有挤出机	75	M190	Wait for Bed Temperature to Reach Target Temp 等底床温达到目标温度
50	M104	Set Extruder Head Temperature 设置挤出机（热头）温度	76	M200	Set Filament Diameter / Get Endstop Status 设置熔丝直径/获取终止状态
51	M105	Get Temperature 获取温度	77	M201	Set the Maximum Print Acceleration 设置最大打印加速度
52	M106	Fan On 打开风扇	78	M202	Set the Maximum Moving Acceleration 设置最大移动加速度
53	M107	Fan Off 关闭风扇	79	M203	Set the Maximum Motor Speed 设置电机最大速度
54	M108	Set Extruder Speed 设置挤出机速度	80	M204	Set Default Acceleration 设置默认加速度
55	M109	Set Extruder Temperature and Wait 设置挤出机温度，并等待	81	M205	Advanced Setting 高级设置
56	M110	Set the Current Line Code 设置当前的行码	82	M206	Set Homing Deviation 设置归位偏差
57	M111	Set Debug Level 设置除错等级	83	M207	Calibrate the Z-axis by Measuring the Maximum Range of Z Motion 通过测量 *Z* 的最大活动范围来校准 *Z* 轴
58	M112	Emergency Stop 紧急停止	84	M208	Set the Limit of XYZ Axis Travel 设置 *XYZ* 轴行程的限制
59	M113	Set Extruder Password 设置挤出机的密码	85	M209	Allow Automatic Retraction 允许自动回丝
60	M114	Get Current Location 获取当前位置	86	M220	Set Speed Factor Override Percentage 设置速度系数超控百分比
61	M115	Get Firmware Information 获取固件信息	87	M221	Set Extrude Factor Override Percentage 设置挤出系数超控百分比
62	M118	Negotiate Features 协商功能	88	M226	Gcode Initiated PauseGcode 启动暂停
63	M116	Wait 等待	89	M227	Enable Automatic Reverse and Prime 启用自动倒车和启动
64	M119	Get Endstop Status 获取终止状态	90	M228	Disable Automatic Reverse and Prime 终止自动倒车和启动
65	M120	Push 推	91	M230	Disable / Enable Wait for Temperature Change 禁用/启用等待温度变化
66	M126	Open Valve 打开阀门	92	M240	Start Conveyor Belt Motor / Echo Off 启动传送带电机/关闭回显
67	M127	Close Valve 关闭阀门	93	M241	Stop Conveyor Belt Motor / Echo On 停止传送带电机/打开回显
68	M128	Extruder Pressure PWM 挤出机压力脉宽调制	94	M300	Play Prompt Tone 播放提示音
69	M129	Extruder pressure off 挤出机压力关闭	95	M420	Set RGB Colors as PWM 将 RGB 颜色设置为脉宽调制
70	M140	Bed Temperature（Fast）底床温度（快）	96	M500	Saving the Modified Data on EEPROM 保存修改，数据将保存在 EEPROM 上
71	M141	Chamber Temperature（Fast）工作仓温度（快）	97	M501	Read Settings from EEPROM 从 EEPROM 读取设置
72	M142	Holding Pressure 保持压力	98	M502	Reset to Factory Mode 重置为出厂模式
73	M143	Set the Maximum Hot Extruder Head Temperature 设置最大热头温度	99	M503	Get Settings 获取设置
74	M160	Number of Mixed Materials 混合材料数量	100	T	选择工具

2.3.3 切片软件应用案例

(1) Cura 操作过程案例

① 打开 Cura 软件，将模型导入，可以从“文件”→“打开模型”载入，或从 Cura 软件显示窗口载入，或直接将模型拖入到软件的显示窗口载入，如图 2-61 所示。

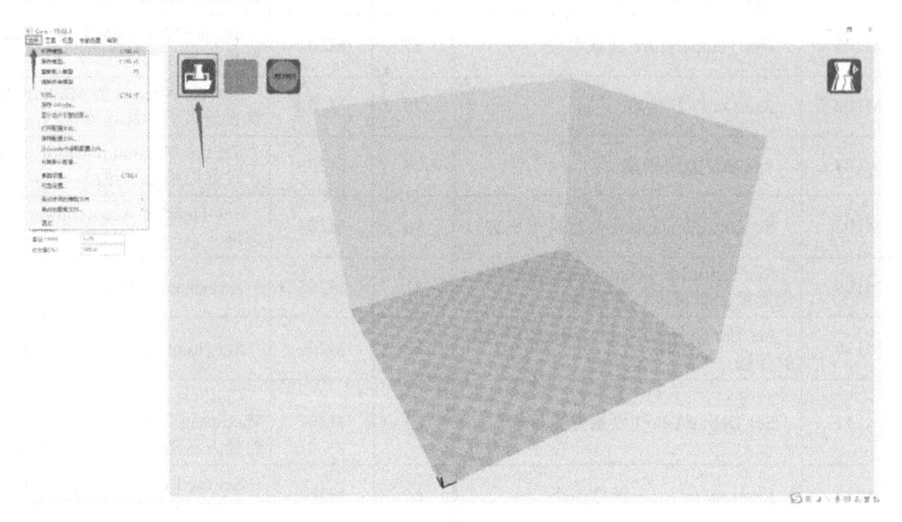

图 2-61 Cura 载入文件方法

② 模型载入后，软件显示窗口的左上角就会出现一个切片进度条，如图 2-62 所示，该切片进度条完成后，可以直观地看到此模型需要打印的时间、所用耗材长度、重量等参考值，如图 2-63 所示。

图 2-62 切片进度条

图 2-63 模型打印信息

③ 根据打印机设置打印参数。

a．基本设置如图 2-64 所示。

层高：每层的厚度。这是最影响打印质量的设置，普通质量可设置为 0.2mm，高质量设为 0.1mm。

壁厚：水平方向上的边缘厚度。通常需要结合喷嘴直径设置成相应的倍数，这个设置决定了边缘的走线次数和厚度。

回退：又称为回抽，当在非打印区域移动喷头时，适当的回退，能避免多余的丝挤出和拉丝，在高级设置面板中有更多的相关设置。

底层/顶层厚度：这个参数控制底层和顶层的厚度，通过上面设置的层高和这个参数，计算需打印出的实心层的数量，这个参数值应是层高的倍数，且这个参数接近前述壁厚值的话，可以让模型强度更均匀。

基本
高级
插件
开始/结束代码
质量
层高 (mm)
0.1
壁厚 (mm)
0.8
开启回退
填充
底层/顶层厚度(mm)
1.2
填充密度 (%)
20
速度/温度
打印速度(mm/s)
40
喷头温度(C)
200
热床温度(C)
50
支撑
支撑类型
全部支撑
平台附着类型
底层边线
打印材料
直径 (mm)
1.75
挤出量(%)
100.0

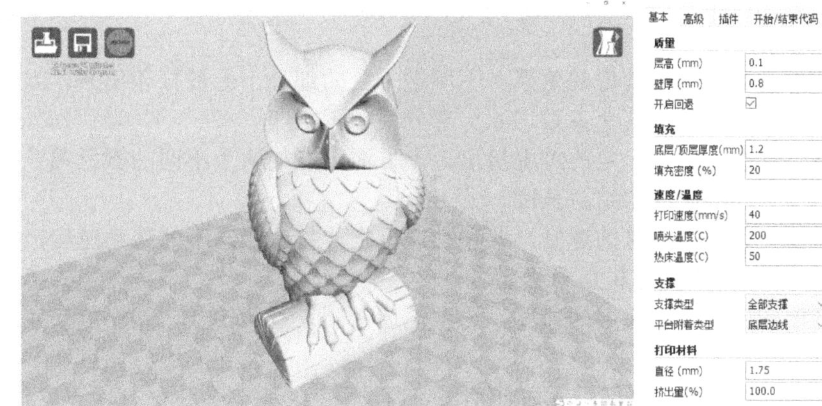

图 2-64　打印参数基本设置

填充密度：打印实心物体需设置为 100%，空心物体设置为 0%，通常使用 20%填充率。这个参数不会影响物体的外观，它一般用来调整物体的强度。

打印速度：打印速度越慢，越可以获得更好的打印质量，建议打印速度设为 80mm/s 以下。打印速度的设置要参考很多因素，可以根据实际情况调试修改。

喷头温度：打印时的喷头温度，PLA 通常设置为 195～210℃，ABS 通常设置为 240～260℃。

热床温度：设置为 0 时表示打印底板不预热，通常打印 PLA 热床温度为 50℃，打印 ABS 热床温度为 70℃。

支撑类型：根据模型的实际情况来判断是否需要支撑，“无”表示不加支撑，“局部支撑”表示某些悬空的地方加支撑，“全部支撑”表示所有悬空的地方都加支撑。

平台附着类型：首层打印时是否添加辅助来确保模型黏合工作台的牢固性，“无”表示不需要添加，“底层边线”表示首层打印的时候在模型的外边缘打印线圈，“底层网络”表示首层打印网络线再继续打印模型。

直径：耗材的直径应尽量精确，如果不能确定这个数值，那么可能需要一些调整，更低的数值会有更多的料挤出，而更高的数值会有更少的料挤出。

挤出量：正常情况下是默认 100%。如果发现实际打印当中出丝不足，可以适当增加这个值来增加挤出量，提高打印质量。

b．高级设置如图 2-65 所示。

喷嘴孔径：喷嘴孔径是相当重要的，它会被用于计算走线宽度、外壁走线次数和厚度。

回退速度：丝材回退的速度，设定较高的速度能达到较好的效果，但是过高的速度可能会导致丝的磨损。

回退长度：丝材回退的长度，设置为 0 时，不会回退；通常设置为 4.5mm 效果比较好。

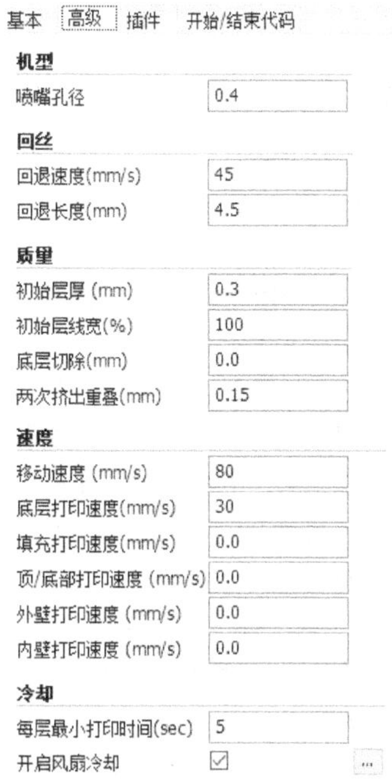

基本
高级
插件
开始/结束代码
机型
喷嘴孔径
0.4
回丝
回退速度(mm/s)
45
回退长度(mm)
4.5
质量
初始层厚 (mm)
0.3
初始层线宽(%)
100
底层切除(mm)
0.0
两次挤出重叠(mm)
0.15
速度
移动速度 (mm/s)
80
底层打印速度(mm/s)
30
填充打印速度(mm/s)
0.0
顶/底部打印速度 (mm/s)
0.0
外壁打印速度 (mm/s)
0.0
内壁打印速度 (mm/s)
0.0
冷却
每层最小打印时间(sec)
5
开启风扇冷却

图 2-65　打印参数高级设置

初始层厚：打印第一层的层厚，稍厚的底层可以让模型和工作台黏结得更好，设置为 0，表示和其他层层厚一致。

初始层线宽：第一层打印额外的线宽将使得模型更好地黏合在工作台，可以提高打印的成功率。

底层切除：达到下沉模型的效果，下沉进平台的部分不会被打印出来。当模型底部不平整或者太大时，可以使用这个参数切除一部分模型再打印。

两次挤出重叠：添加一定的重叠挤出，一方面，能使两个不同的颜色融合得更好；另一方面，可以增强熔丝之间的结合强度。

移动速度：移动喷头时的速度，此移动速度指非打印状态下的移动速度，建议不要超过 150mm/s，否则可能造成电机信号丢步。

底层打印速度：打印底层的速度，这个值通常会设置得较低，这样能使底层和平台黏附得更好。

填充打印速度：打印内部填充时的速度，当设置为 0 时，会使用打印速度作为填充速度；高速打印填充能节省很多打印时间，但是可能会对打印质量造成一定消极影响。

顶/底部打印速度：顶/底面的打印速度，当设置为 0 时，会使用打印速度作为顶/底部打印速度；可以用比打印更慢的速度来打印上下表面，以确保模型的打印效果更好。

外壳打印速度：打印外壳时的速度，当设置为 0 时，会使用打印速度作为外壳打印速度；使用较低的外壳打印速度可以提高模型打印质量，但是如果外壳和内部的打印速度相差较大，可能会对打印质量有一些消极影响。

内壁打印速度：打印内壁时的速度，当设置为 0 时，会使用打印速度作为内壁打印速度（使用较高的内壁打印速度可以减少模型的打印时间，需要设置好外壳打印速度、打印速度、填充打印速度之间的关系）。

每层最小打印时间：打印每层至少要耗费的时间，在打印下一层前留一定时间让当前层冷却，如果当前层会被很快打印完，那么打印机会适当降低速度，以保证有这个设定时间。

开启风扇冷却：在打印期间开启风扇冷却，在快速打印时开启风扇冷却是很有必要的。

④ 代码保存。设置好合适的打印参数后，将生成的打印文件进行保存，此时可以得到切片后的 Gcode 格式文件。

（2）Simplify3D 操作过程案例

① 打开 Simplify3D 切片软件，将模型导入，方式如上述 Cura。

② 模型载入后，软件显示窗口的左边上方为文件信息，下方依次为打印进程设置、编辑打印进程设定、切片并预览，如图 2-66 所示。

③ 点击“编辑打印进程设定”，根据打印机设置打印参数，如图 2-67 所示。

此页面的上方为打印工序的名称、耗材种类、打印质量设置及填充率，下面是其他更加具体的设置。

a. 挤出机喷嘴参数设置如图 2-68 所示。

挤出机喷嘴编号：挤出机喷嘴的编号，若打印机有两个喷嘴，则可以分别设置挤出机（喷嘴）的编号。

喷嘴直径：喷嘴直径相当重要，它会被用于计算走线宽度、外壁走线次数和厚度。

挤出倍率：正常情况下默认 1。如果发现实际打印当中出丝不足，可以适当增加这个值来增加挤出提高打印质量。

挤出线宽：定义一个固定的挤出宽度，在不同的打印层保持不变。

回抽距离：回抽耗材的长度，直径为 3.0mm 的耗材，一般使用 4.5 效果最佳；直径为 1.75mm

的耗材，一般使用 2 效果最佳，0 表示无回抽动作。

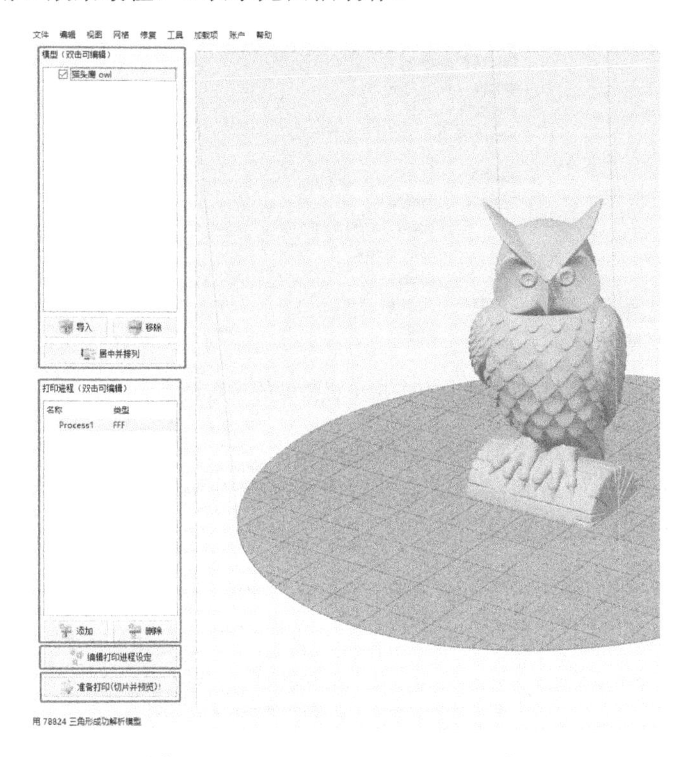

图 2-66　Simplify3D 切片软件显示窗口

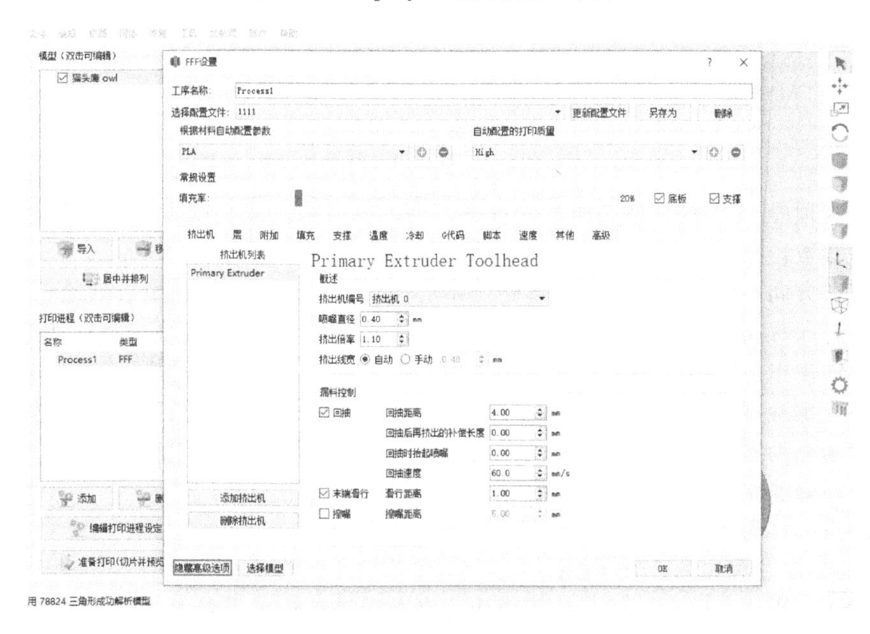

图 2-67　打印参数设置窗口

补偿长度：在初始回抽距离的基础上增加额外的挤压距离，允许为负值。

回抽时抬起喷嘴：空程回抽时，喷嘴抬起的高度。

回抽速度：回抽的速度，直径为 3.0mm 的耗材，一般使用 30；直径为 1.75mm 的耗材，一般使用 20，过快的回抽速度会导致回抽打滑或耗材断裂。

挤出机
层
附加
填充
支撑
温度
冷却
G代码
脚本
速度
其他
高级
挤出机列表
Primary Extruder
添加挤出机
删除挤出机
Primary Extruder Toolhead
概述
挤出机编号 挤出机 0
喷嘴直径 0.40 mm
挤出倍率 1.10
挤出线宽 自动 手动 0.48 mm
漏料控制
回抽
回抽距离 4.00 mm
回抽后再挤出的补偿长度 0.00 mm
回抽时抬起喷嘴 0.00 mm
回抽速度 60.0 mm/s
末端滑行
滑行距离 1.00 mm
擦嘴
擦嘴距离 5.00 mm

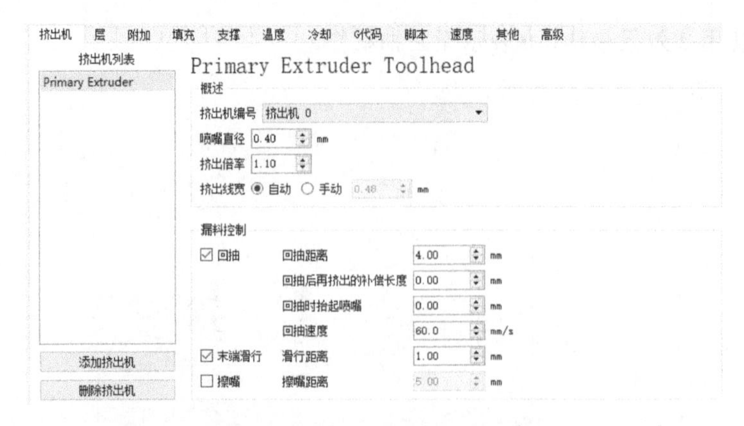

图 2-68　有关挤出机喷嘴的参数设置

滑行距离：喷嘴在回程结束前停止挤出的距离。

擦嘴距离：擦拭运动的总距离，这是针对比较高端设备所具备的功能而设置的参数。

b．层参数设置如图 2-69 所示。

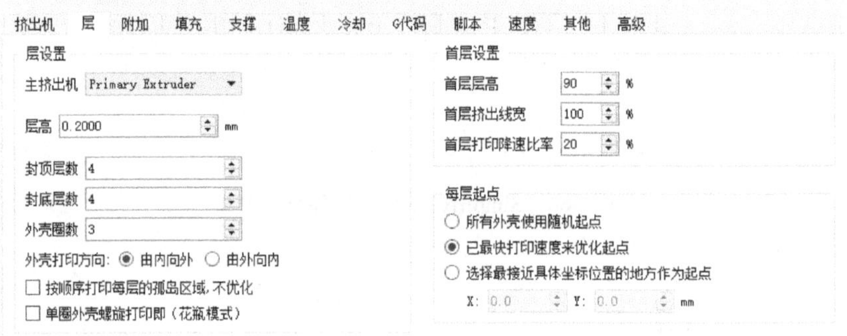

挤出机
层
附加
填充
支撑
温度
冷却
G代码
脚本
速度
其他
高级
层设置
主挤出机 Primary Extruder
层高 0.2000 mm
封顶层数 4
封底层数 4
外壳圈数 3
外壳打印方向: 由内向外 由外向内
按顺序打印每层的孤岛区域，不优化
单圈外壳螺旋打印即（花瓶模式）
首层设置
首层层高 90 %
首层挤出线宽 100 %
首层打印降速比率 20 %
每层起点
所有外壳使用随机起点
已最快打印速度来优化起点
选择最接近具体坐标位置的地方作为起点
X: 0.0 Y: 0.0 mm

图 2-69　有关层的参数设置

层高、封顶/封底层数、外壳圈数、首层层高、首层挤出线宽等参数参照上述 Cura 切片软件的相关参数设置。

外壳打印方向：此选项设置了喷嘴是由中心向外移动还是由外向中心移动。

按顺序打印每层的孤岛区域：此项通常被禁用，以优化层间的行程时间，以实现更快的打印和最小的渗出。可能需要为具有多个岛的小零件启用，以防止过热。

单圈外壳螺旋打印：打印只有单层壁厚的模型，启用后，模型的顶面将不再打印，并自动设置内部填充为零模型，内壁将自动光滑，一般用于打印杯子、花瓶等模型。

首层打印降速比率：较慢的首层速度有助于提高热床附着力。

每层起点：打印每层时喷嘴的起点，以自己需求为主。

c．附加参数设置如图 2-70 所示。

使用裙边：裙边即底层边线，使用裙边可有助于提高热床附着力。

使用底座：底座即模型与热床间打印的隔层。模型与底座相连，底座与热床相连，此设置适用于底部面积较小的模型。使用底座可提高打印成功率。

d．填充参数设置如图 2-71 所示。

填充挤出机：一般打印机只有一个喷嘴，若有两个喷嘴的打印机，则可选择不同喷嘴打印外壳与填充的不同耗材。

挤出机 层 附加 填充 支撑 温度 冷却 G代码 脚本 速度 其他 高级
使用裙边
打裙边的挤出机 Primary Extruder
裙边层数 2
裙边分离距离 0.00 mm
裙边圈数 2
使用底座
打印的挤出机 Primary Extruder
底座顶层 2
底座底层 1
底座外扩距离 5.00 mm
与模型底面间距 0.14 mm
底座填充率 80 %
底座速度 20 %
使用换料立柱
打立柱的挤出机 All Extruders
立柱宽度 12.00 mm
立柱方位 North-West
速度比率 100 %
使用防渗料护罩
打印的挤出机 All Extruders
与模型的偏离距离 2.00 mm
护罩壳数 1
侧壁形状 瀑布
侧壁角度改变量 30 度
速度比率 100 %

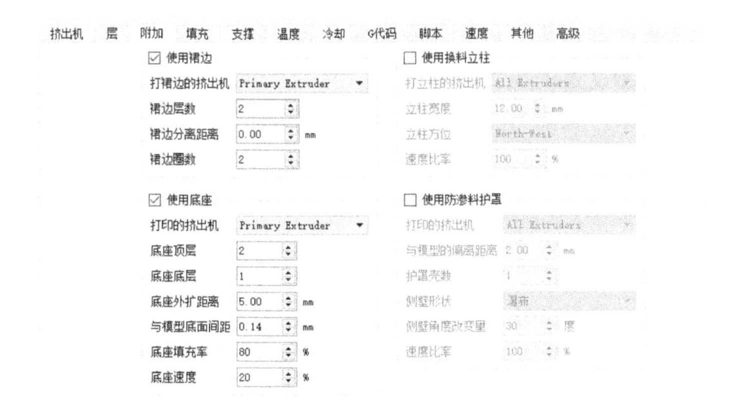

图 2-70 有关附加的参数设置

挤出机 层 附加 填充 支撑 温度 冷却 G代码 脚本 速度 其他 高级
General
填充挤出机 Primary Extruder
内部填充图案 Full Honeycomb
外部填充图案 Rectilinear
填充率 20 %
外壳与填充的重叠率 20 %
填充挤出线宽 100 %
最小填充长度 5.00 mm
每几层打印一次填充 1 层
每几层打印一次实体隔膜 20 层
填充的走线角度
0 度
添加
删除
0
120
-120
每层都打印上面所有的填充走线角度
外部填充角度偏移
0 度
添加
删除
45
-45

图 2-71 有关填充的参数设置

内部填充图案：填充在外壳内的几何形状，一般为蜂巢六边形或正方形。

外壳与填充的重叠率：内部填充与外壳的结合度，一般为 10%～20%，过高会影响模型表面光洁度。

最小填充长度：总长度小于此值的段将不会被打印（有助于节省时间）。

e．支撑参数设置如图 2-72 所示。

挤出机 层 附加 填充 支撑 温度 冷却 G代码 脚本 速度 其他 高级
生成支撑
生成支撑
选择打印支撑的喷嘴 Primary Extruder
支撑填充率 18 %
额外支撑距离 0.00 mm
支撑层 0
每打印几层打印一次支撑 1 层
支撑顶面密度
Dense Support Extruder Primary Extruder
密集支撑层数 3
填充率 80 %
自动生成支撑
只在没有设置手动支撑时生效
支撑类型 Normal
支撑柱大小 2.00 mm
最大悬垂角度阈值 45 度
分离部分
水平偏移部分 0.30 mm
上垂直分离层 1
下垂直分离层 1
支撑填充角度
0 度
添加
删除
45

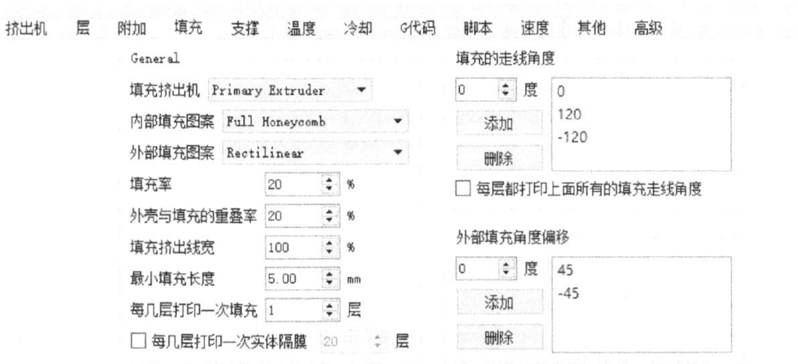

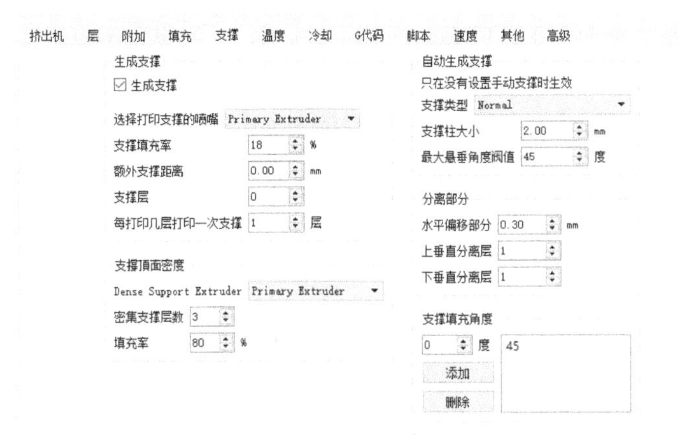

图 2-72 有关支撑的参数设置

支撑填充率：调整支撑材料带之间的间距，一般为 15%～20%。

额外支撑距离：此设置可将支撑扩展到部件之外。

支撑层：在模型底部设置的支撑层的数量，用以帮助与底板黏合。

密集支撑层数：在零件表面与正常支撑之间的界面上插入的密集支撑层数。

填充率：密集支撑的填充率，一般为80%。

自动支撑类型：“局部支撑”表示某些悬空的地方加支撑，“正常”表示所有悬空的地方都加支撑。

支撑柱大小：支撑材料柱的大小。

最大悬垂角度阈值：悬垂角小于此值的部分将会自动加支撑。

f. 温度参数设置如图2-73所示，该部分各参数参照Cura切片软件的相关参数设置。

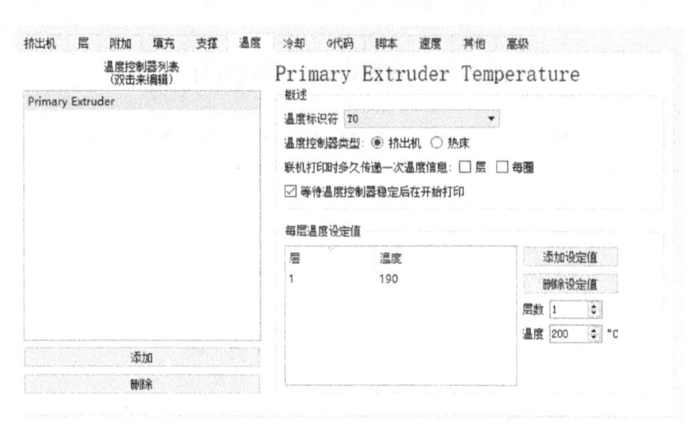

图2-73　有关温度的参数设置

g. 冷却参数设置如图2-74所示，此处主要为风扇转速设置，一般为90～100r/min。

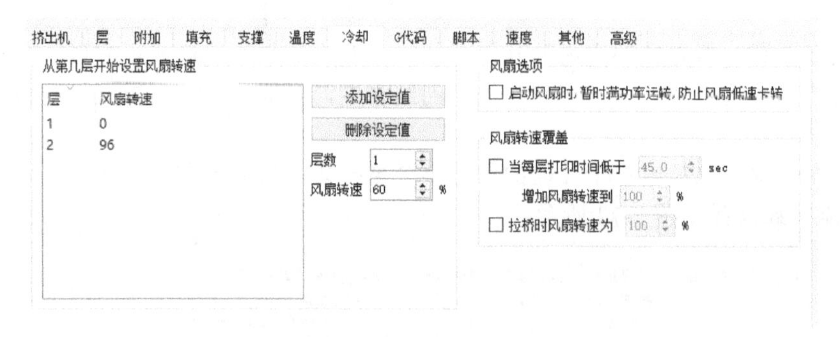

图2-74　有关冷却的参数设置

h. 速度参数设置如图2-75所示，该部分各参数参照Cura切片软件的相关参数设置。

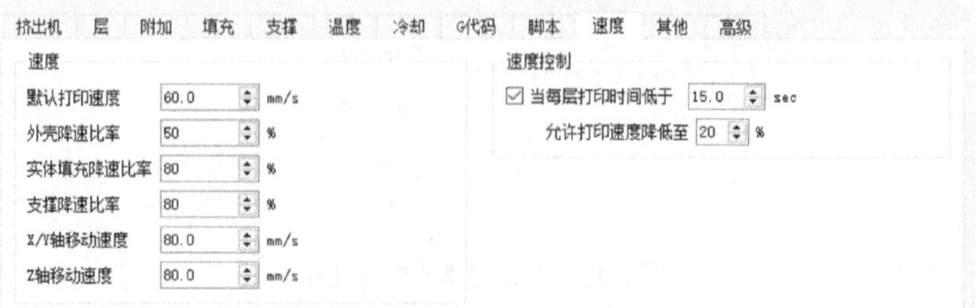

图2-75　有关速度的参数设置

④ 打印机参数设置完成，点击“切片并预览”，同时，左上角显示了打印此模型需要的时间、耗材长度、耗材重量等信息，如图 2-76 所示；预览完成确保无错误后保存，此时就可以得到切片后的 Gcode 格式文件。

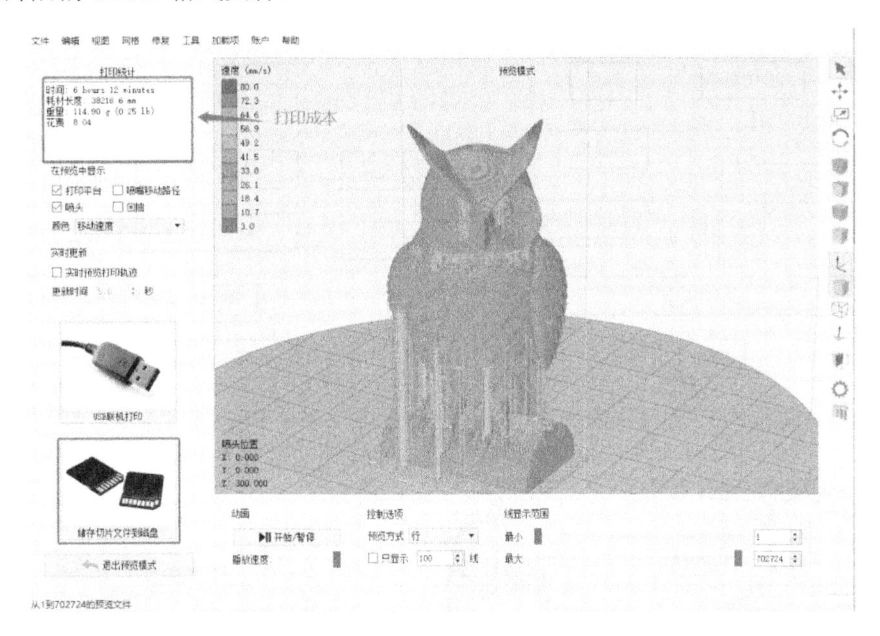

图 2-76　模型预览

2.4　反求工程

反求工程（Reverse Engineering），也称逆向工程、反向工程，应用越来越广泛，且已经成为越来越重要的模型获取途径。本节主要介绍反求工程的基本概念、应用领域、反求设备以及典型的反求软件和应用案例等。

2.4.1　基本概念

反求技术包括影像反求、软件反求及实物反求等三方面，目前更多人研究的是实物反求技术，它研究的是实物 CAD 模型的重建和最终产品的制造。其中模型重建过程，是指用一定的测量手段对实物或模型进行测量，根据测量数据，通过三维几何建模方法将实物或模型数据，转化成设计、概念模型，并在此基础上对产品进行分析、修改及优化等，与其对应的是正向工程或顺向工程，如图 2-77 所示。产品制造过程根据批量和规模要求，可以通过传统的数控加工手段、模具制造手段等进行大批量生产，也可以通过 3D 打印进行个性化或小批量的生成，如图 2-78 所示。

2.4.2　应用领域

（1）产品复制

在没有设计图纸或者设计图纸不完整以及没有 CAD 模型的情况下，在对零件原型进行测量的基础上形成零件的设计图纸或 CAD 模型，并以此为依据利用 3D 打印技术复制出一个相同的零件原型，或进一步采取相应批量化手段复制产品，如图 2-79 所示。

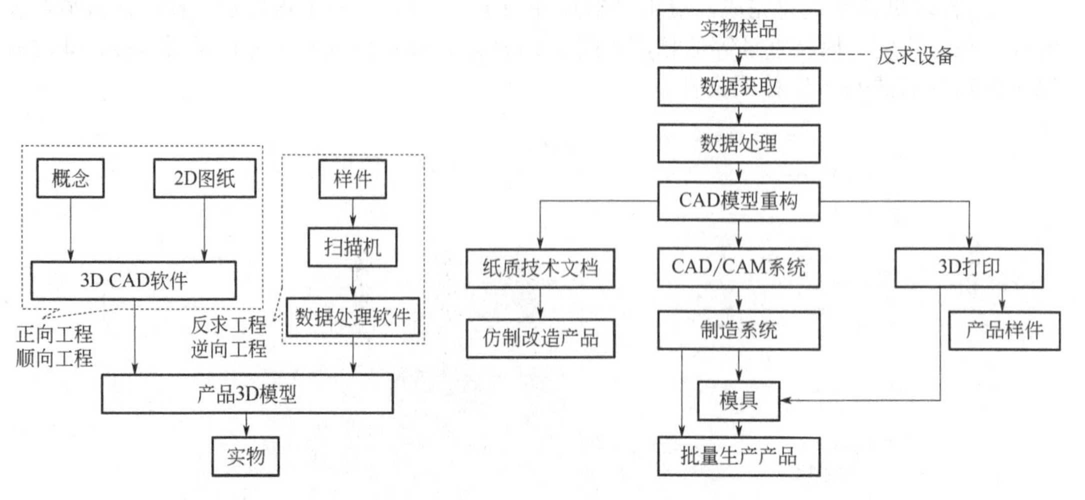

图 2-77　实物获取的正向、逆向途径图

图 2-78　不同实物批量获取的途径

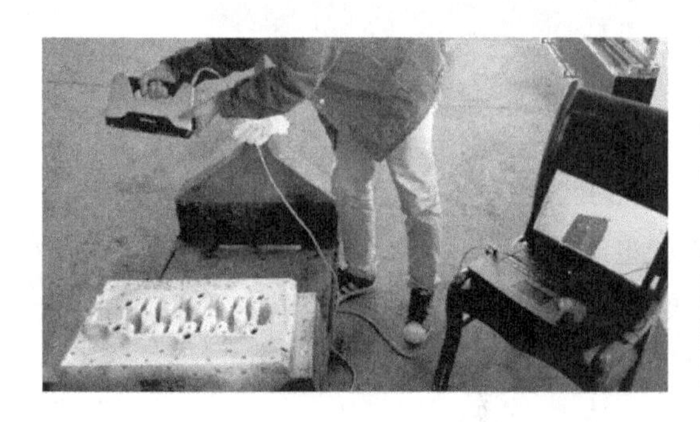

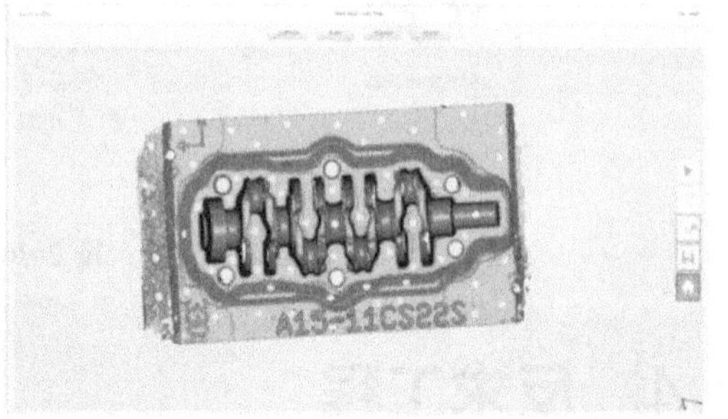

图 2-79　某曲轴模具实物的数据反求过程

需要指出，此时运用反求工程，需要有知识产权的法律意识，一方面不能对他人持有的知识产权进行恶意复制，造成侵权；另一方面，也可以借用反求工程，对疑似侵权的产品，进行证据寻求，起到保护知识产权所有者权益的作用。

（2）产品研发

有一部分产品零件具有复杂的自由曲面外形，如在航空航天领域，机翼机身外形、发动机叶片等，以及高铁机头等，如图 2-80 所示。为了满足产品零部件对空气动力学、流体力学的要求，首先要求在初始设计模型的基础上，获得油泥模型样件，然后对样件进行包括空气动力学性能在内的各种性能测试（如风洞实验等），并在局部反复修改，直到满足各方面性能的要求。在汽车领域，针对汽车外形设计，一般不会停留在计算机屏幕上缩小比例的视图，而广泛采用真实比例的木制或泥塑模型来评估设计的美学效果，并会在局部反复修改，直到最佳的美学设计结果，满足最佳的视觉冲击效果。总之，最终经反复实验、修改完善的物理模型，需要借助反求工程，重新获得 CAD 模型数据，成为设计这类零件及其模具的制造依据。以该类产品为代表的新产品研发，显然需要反求工程。

（3）个性化产品制造

工业品领域，高端定制类的个性化产品，极具私人化，如完全吻合自身脚掌、自身手感和自身耳蜗的鞋子、高尔夫球杆和耳机等，以及医疗领域牙齿修补、皮肤修复、支护器具等，如图 2-81 所示，均是完全个性化的产品，且完全没有任何设计资料和数据。这类产品，通常均需要借助反求工程获得数字模型，然后借助3D打印等手段，予以个性化产品制造。

图2-80　具有复杂自由曲面外形的典型产品

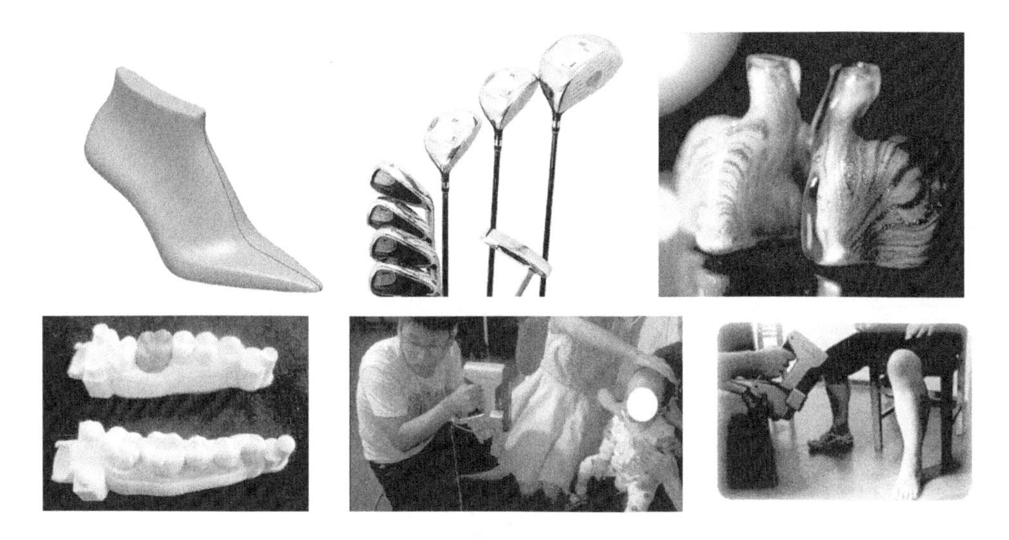

图2-81　完全个性化典型产品

（4）产品检验、检测

反求工程广泛应用于尺寸精度要求较高的模具、产品关键零件等的检验、检测，以确保产品加工、制造的精度满足要求。

某大型模具厂制造一个汽车覆盖件的大型冲压模具，客户要求在验收模具的时候，能够提供一份全尺寸的三维检测报告，精度要求0.1mm。模具制造完成后，如图2-82（a）所示，依次完成三维扫描，获得反求模型数据，如图2-82（b）所示；模型重构比对，如图2-82（c）所示；最终进行标注评估，给出该模具制造的三维检测报告，如图 2-82（d）所示。总之，利用反求技术，快速、精确、全面地分析出大型模具在尺寸、形状上的各种偏差，有利于模具生产商有针对性地修整，并将合格的模具产品和合格的三维全尺寸报告交付于模具采购者，从而赢得客户的信任。

叶片是风力发电机收集风能的关键部件，其外形尺寸精度影响了整个机组的安全运行。叶片成形质量的好坏又取决于模具质量的好坏，高精度的模具设计与制造技术是叶片气动外形的重要保证，对产品的生产效率、最终质量和性能起着决定性作用。同样的道理，借助反求工程，对叶片模具依次经过三维扫描、模型重构比对和标注评估后，如图2-83所示，最终对叶片模具的加工精度是否达到设计要求给出评价。

(a) 模具实物

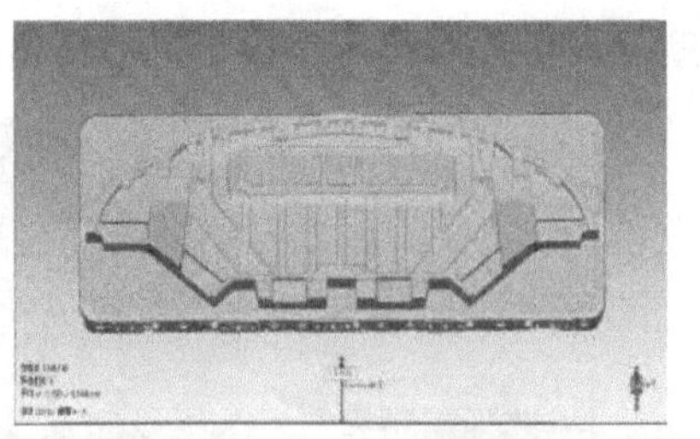

(b) 三维扫描获得反求模型数据

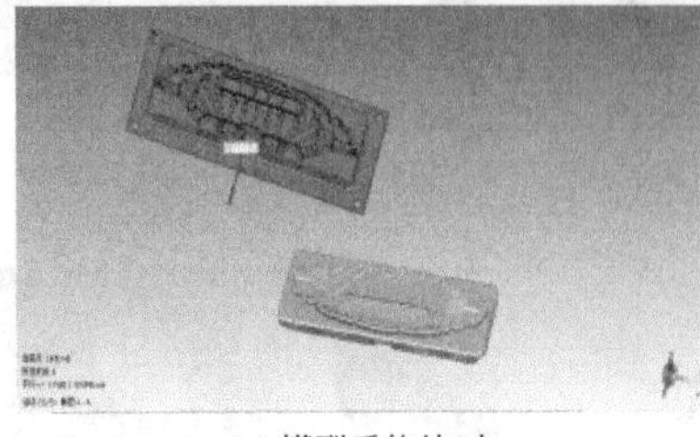

(c) 模型重构比对

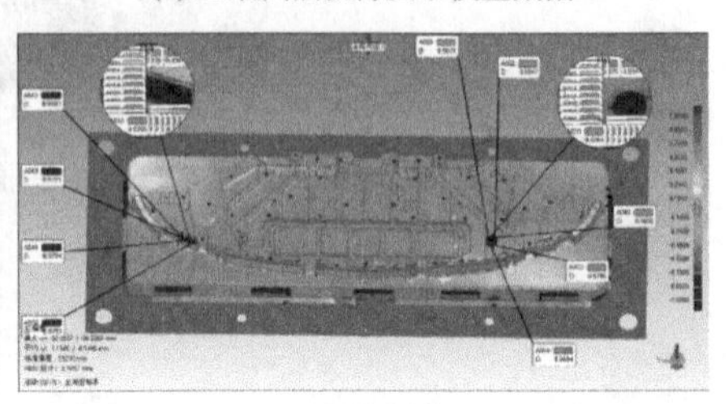

(d) 标注评估

图 2-82　某汽车覆盖件冲压模具的制造及反求检测过程

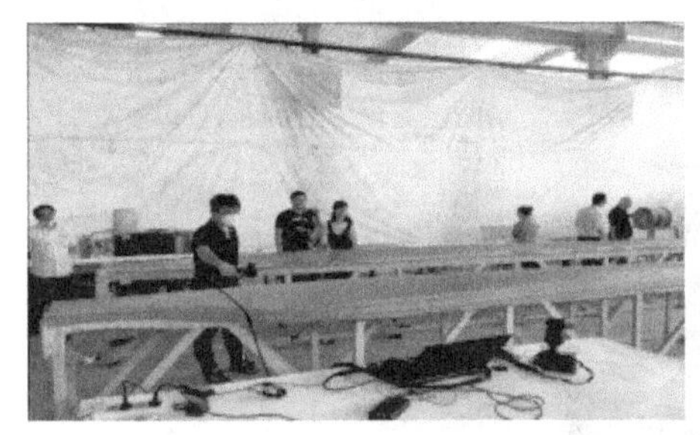

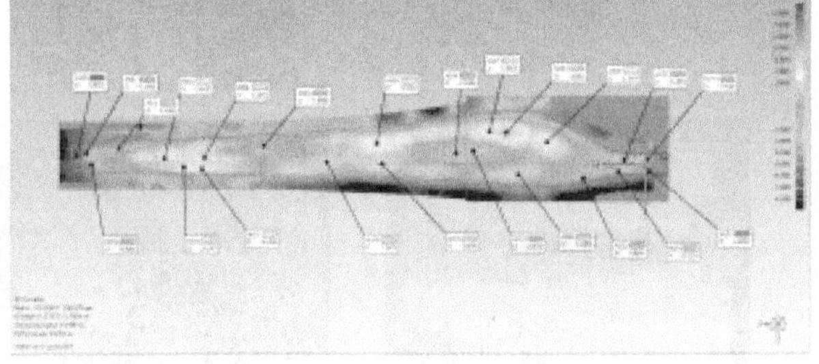

图 2-83　叶片模具依次经过三维扫描、模型重构比对和标注评估

同样的道理，将反求工程运用于某汽车曲轴产品的制造精度评估和管控，如图 2-84 所示。

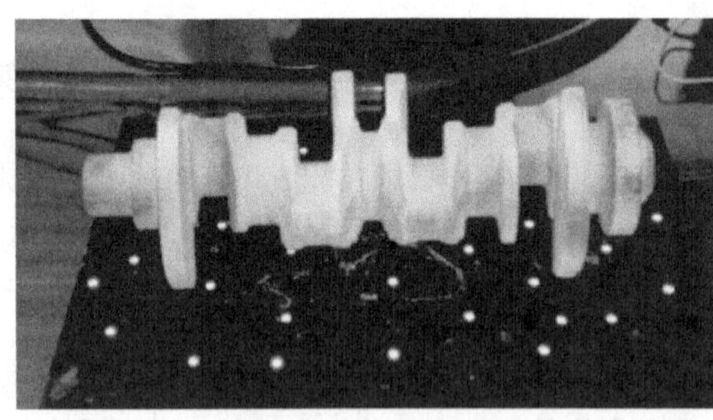

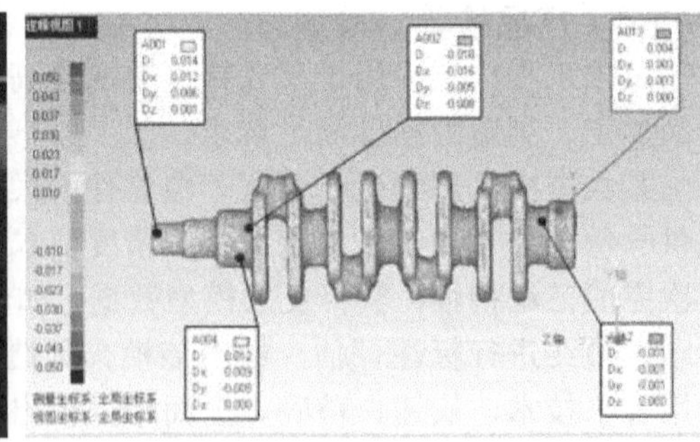

图 2-84　某汽车曲轴依次经过三维扫描、模型重构比对和标注评估

（5）文物、艺术品的修复、展示

修复破损的文物、艺术品或缺乏供应的损坏零件等，此时不需要对整个原形进行复制，而是借助反求工程技术抽取零件原形的设计思想，指导新的设计，这是由实物逆向推理出设计思想的一种渐进过程。借助反求工程，将宋代河南窑口绞胎工艺的透花瓷进行修复，如图 2-85 所示。

“Scan the World”通过反求技术，获取世界知名艺术品的 3D 数据模型，供给全世界的

3D 打印爱好者免费下载打印，拉近世界人民与艺术品的距离，把博物馆带在身边，保护艺术，传播文化，如图 2-86 所示。

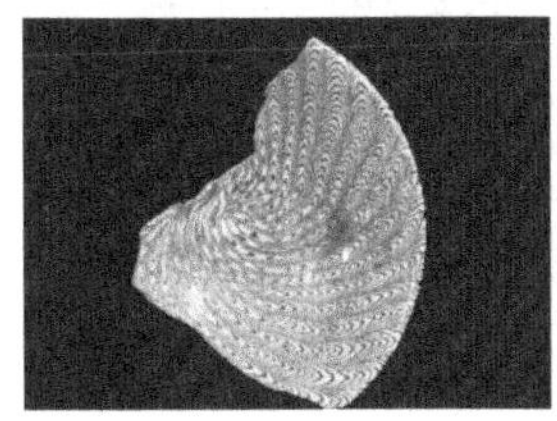

图 2-85　借助反求工程修复绞胎工艺透花瓷的过程

图 2-86 “Scan the World”通过反求技术获取世界知名艺术品的 3D 数据模型

佛像泥塑匠是一批特殊的文化传承群体，一个老练的泥塑匠需要至少 10 年的磨炼才能出师。反求技术的应用，不但能够让手工艺师傅的手艺得以传承，并且还能改变传统的加工方式，提高艺术品的创造效率，如图 2-87 所示。

图 2-87　通过反求技术进行泥塑创作

2.4.3　反求设备

根据测量探头是否和零件表面接触，反求设备基本分为两大类，分别为接触式和非接触式。根据测头的不同，接触式又可分为触发式和连续式；非接触式按其原理不同，又可分为光学式和非光学式，其中，光学式包括激光三角形法、结构光法、激光测距法、激光干涉法、图像分析法等，非光学式主要包括 CT 测量法、MRI 测量法、超声波测量法，如图 2-88 所示。非光学反求测量方法通常成本较高，应用上有局限性，目前在反求工程的数据获取仅用于医疗等特定领域。

（1）接触式反求设备

接触式反求设备最为典型的就是三坐标测量机，它是 20 世纪 60 年代发展起来的一种三维尺寸精密测量仪器，以精密机械为基础，综合应用了电子、计算机、光学和数控等先进技术，主要用于对三维工件的尺寸、形状和相对位置进行高精度的测量，还可以用于划线、定中心孔、光刻集成线路等。常见的机械结构形式有龙门式、桥式、水平臂式三种，分别如图2-89示。三坐标测量机最早是由英国 Ferranti 公司于 20 世纪 50 年代研制的。德国 Zeiss 公司于 1973 年推出了 UMM500 三坐标测量机。目前，国际上较有影响的三坐标测量机制造厂商主要有意大利 DEA 公司、美国 Brown-Sharpe 公司、英国 ZK 公司以及德国 Zeiss 公司。海克斯康测量技术（青岛）有限公司是瑞典高科技制造业集团海克斯康（Hexagon）集团计量产业的核心成员和九大测量机制造基地之一，已成为国内有影响力的数控三坐标测量机专业制造厂商。

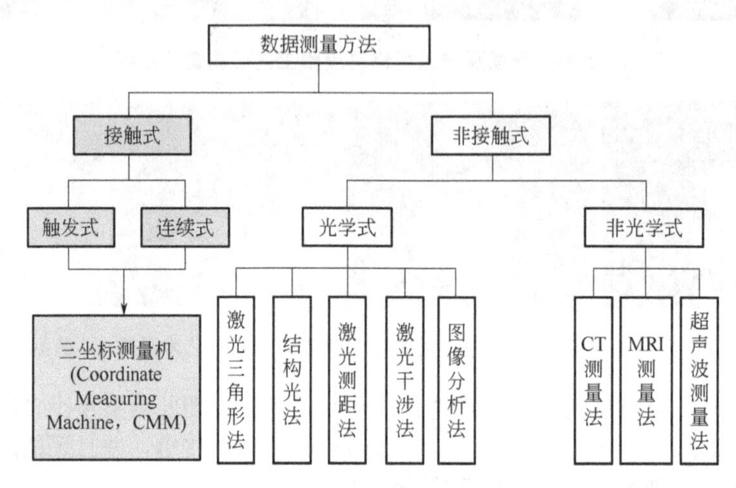

图 2-89　反求设备的分类

(a) 龙门式三坐标测量机

(b) 桥式三坐标测量机

(c) 水平臂式三坐标测量机

图 2-89　常见接触式反求设备的机械结构形式

三坐标测量机可达到很高的测量精度，一般可以达到微米级，测头体积小、通用性较强，适于无复杂内部型腔、只有少量特殊曲面的空间箱体类工件的测量。三坐标测量机有一定的局限性，如不能测量到细节之处，不能测易碎和易变形的零件，测量速度慢，测头半径需要补偿及数据量较小，手工测量方式存在人为误差，不能测量复杂曲面，大尺寸测量精度较低等等。

（2）非接触式反求设备

非接触式技术中较成熟且应用最广泛的是光学测量法。其中，基于三角形法的激光扫描和基于相位光栅投影的结构光法被认为是目前最成熟的反求方法。

① 激光三角形法　激光三角形法以激光作为光源，根据光学三角形测量原理，将光源（可分为光点、单光条、多光条等）投射到被测物体表面，并采用光电敏感元件在另一位置接收激光的反射能量，根据光点或光条在物体上成像的偏移，通过被测物体基平面、像点、像距等之间的关系计算物体的深度信息。这种测量方法如果采用线光源，可以达到很高的测量速度，此方法已经成熟。其缺点是对被测表面的粗糙度、漫反射率和倾角过于敏感，限制了

测头的使用范围。

② 结构光法　基于投影光栅的结构光投影测量法被认为是目前三维形状测量中最好的方法，它的原理是将具有一定模式的光源，如栅状光条投射到物体表面，然后用两个镜头获取不同角度的图像，通过图像处理的方法得到整幅图像上像素的三维坐标。此法的主要优点是对实物的测量范围大、速度快、成本低。缺点是精度低，在陡峭处会发生相位突变，影响精度，适于测量表面起伏不大的平坦物体。目前，分区测量技术的进步使光栅投影范围不断增大，结构光法测量设备成为现在反求测量系统领域中使用最广泛且最成熟的系统。

（3）反求方法对比

主要反求测量方法的比较如表 2-2 所示。总的来说，在实测时，需要根据测量对象的特点及设计工作的要求，选择合适的反求方法及设备。如果只测量尺寸和位置要素，宜采用接触开关式测量；若对产品的轮廓及尺寸有较高的精度要求，宜采用接触扫描式测量；在对易变形、精度要求不高、测量数据多的产品进行测量时，可采用非接触式测量方法。

表 2-2　主要反求测量方法的比较

项目	接触式	非接触式			
		光学式		非光学式	
	三坐标测量法	激光三角形法	结构光法	断层扫描法	工业 CT 和核磁共振法
精度	最高 0.5μm	高＞1μm	较低＞10μm	较低 0.02mm	低＞1mm
速度	慢	快	快	慢	较慢
被测材质	不适于软质	软硬皆可	软硬皆可	软硬皆可	有要求
破坏性	测头微损	无损	无损	破坏被测件	无损
成本	高	较高	低	较高	最高
表面特性及形状要求	不能过于光滑	对表面粗糙度、漫反射率敏感，不能过于光滑	对表面色泽、粗糙度敏感，不能过陡	无	无
最适合情况	无复杂内部型面、硬质、特殊尺寸多及精度要求高的箱体工件	表面形状复杂、精度要求不特别高的未知曲面		适于测复杂的内部几何形状	

2.4.4 反求工程软件

目前比较常用的反求工程软件包括 Imageware、Geomagic Studio、CopyCAD、RapidForm、Mimics 五款。

Imageware 由美国 EDS 公司出品，是最著名的逆向工程软件，正被广泛应用于汽车、航空、航天、消费家电、模具、计算机零部件等设计与制造领域。该软件拥有广大的用户群，国外有 BMW、Boeing、GM、Chrysler、Ford、raytheon、Toyota 等国际公司，国内则有上海大众、上海交大、上海 DELPHI、成都飞机制造公司等企业。

Geomagic Studio 由美国 Raindrop（雨滴）公司出品，可轻易地从扫描所得的点云数据创建出完美的多边形模型和网格，并可自动转换为 NURBS 曲面。该软件主要包括 Qualify、Shape、Wrap、Decimate、Capture 五个模块。

CopyCAD 是由英国 DELCAM 公司出品的功能强大的逆向工程系统软件，它能允许从已存在的零件或实体模型中产生三维 CAD 模型。该软件为来自数字化数据的 CAD 曲面的产生提供了复杂的工具。该软件能够接收来自坐标测量机床的数据，同时跟踪机床和激光扫描器。CopyCAD 具有简单的用户界面，允许用户在尽可能短的时间内进行生产，并且能够快速掌握其功能。使用 CopyCAD 的用户将能够快速编辑数字化数据，产生具有高质量的复杂曲面。该软件系统可以完全控制曲面边界的选取，然后根据设定的公差自动产生光滑的多块曲面，同时 CopyCAD 还能够确保连接曲面之间正切的连续性。

RapidForm 是韩国 INUS 公司出品的逆向工程软件之一，RapidForm 提供了新一代运算模式，可实时将点云数据运算出无接缝的多边形曲面，使它成为 3D Scan 后处理的最佳接口。

Mimics，为 Materialise's Interactive Medical Image Control System 的缩写，是 Materialise 公司的交互式医学影像控制系统，它是模块化结构的软件，可以根据用户的不用需求有不同的搭配。Mimics 是一套高度整合而且易用的 3D 图像生成及编辑处理软件，它能输入各种扫描的数据（CT、MRI），建立 3D 模型进行编辑，然后输出通用的 CAD（计算机辅助设计）、FEA（有限元分析）、RP（快速成形）格式，可以在 PC 机上进行大规模数据的转换处理。

2.4.5 反求工程应用案例

借助 Geomagic 软件反求获得节能灯三维模型

某节能灯产品，经威布三维 ReeyeeX5 激光三维扫描仪反求获取点云数据后，进一步通过 Geomagic 软件处理点云数据，最终获得三维模型。值得说明的是，通过反求获取三维模型，需要对产品比较理解，包括它的使用场景、功能等，因为反求过程所获得点云相较于原零件来说是变形的，在逆向建模的过程中需要主观去修正它，而不是和点云一模一样。

① 点云数据导入，点击“领域组”选项卡中的“自动分割”，对点云进行曲率分割，敏感值为 17，点击“确定”，如图 2-90 所示。

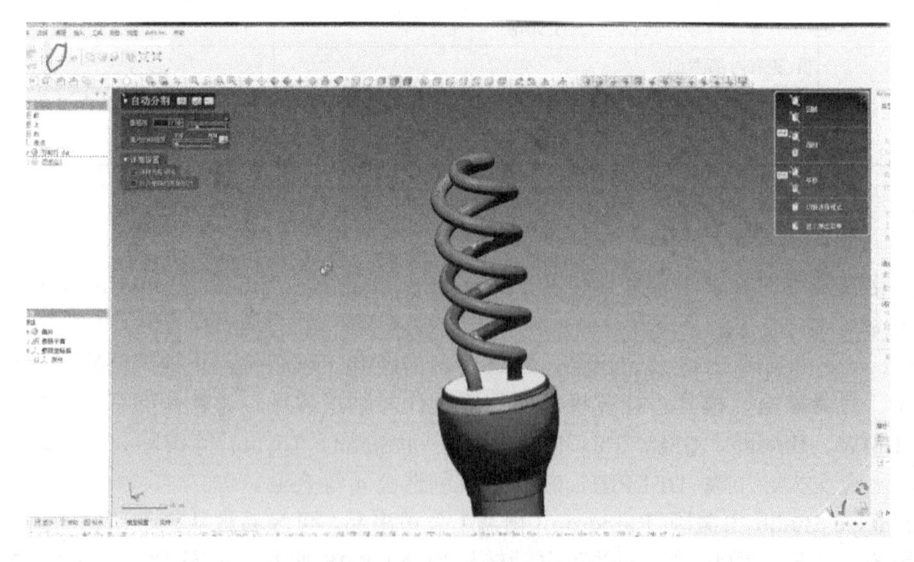

图 2-90　在 Geomagic 中导入点云数据

② 因为灯座部分为中心对称，所以要提取回转中心。选择“追加参照线”，方法为“定义”选取其中最为明显的回转面，点击“确定”，如图 2-91 所示。

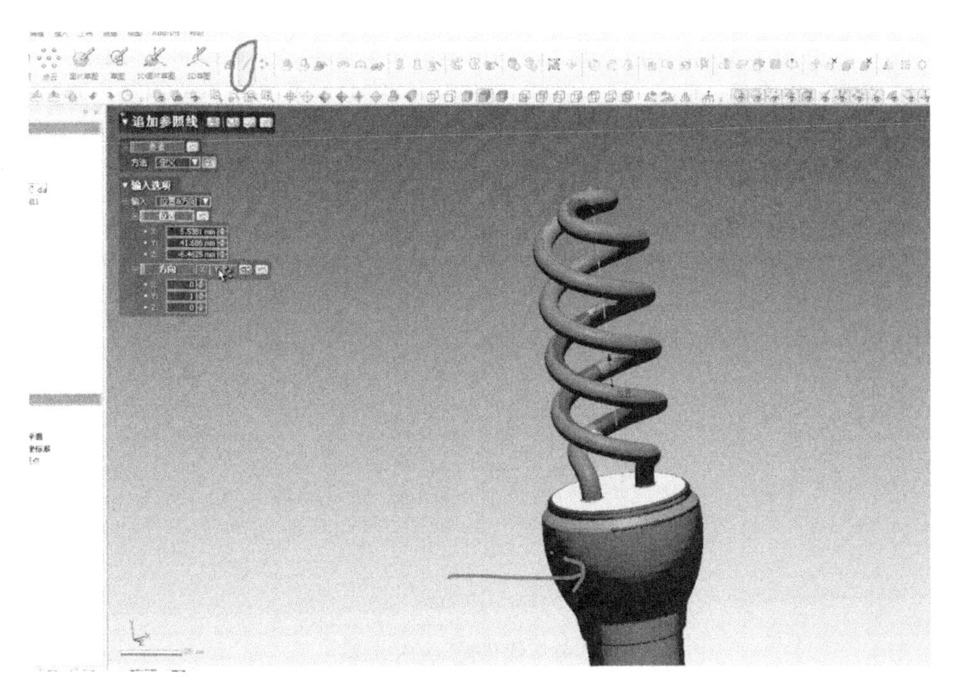

图 2-91　提取回转中心

③ 提取灯管中心轮廓线。通过“追加多段线”命令，方法选择“管”，圈选灯管部分，点击“确定”，如图 2-92 所示。

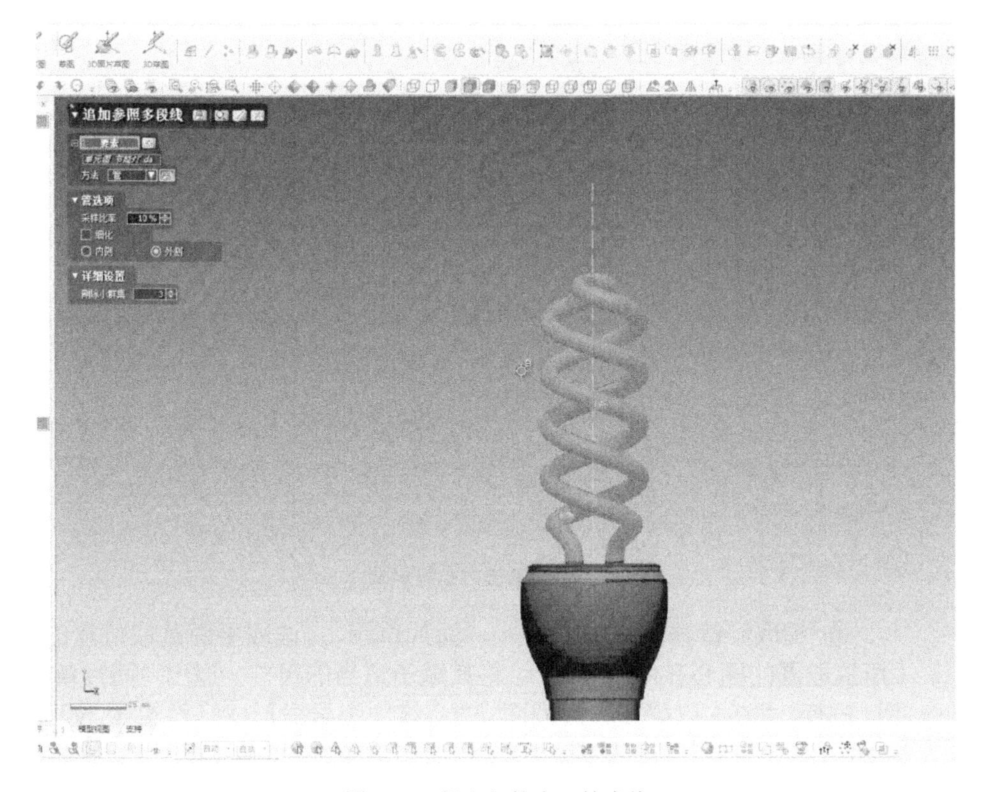

图 2-92　提取灯管中心轮廓线

④ 优化提取的中心线。因为提取的中心线断开，因此需要连接。进入“3D草图”选项卡，通过“变换要素”将提取的中心线变换为当前草图，然后通过“匹配”+“合并”将断开的多段线之间两两相切接合并成一根连续的中心线，选中心线同时右击鼠标，选择“平滑”进行优化，如图 2-93 所示。

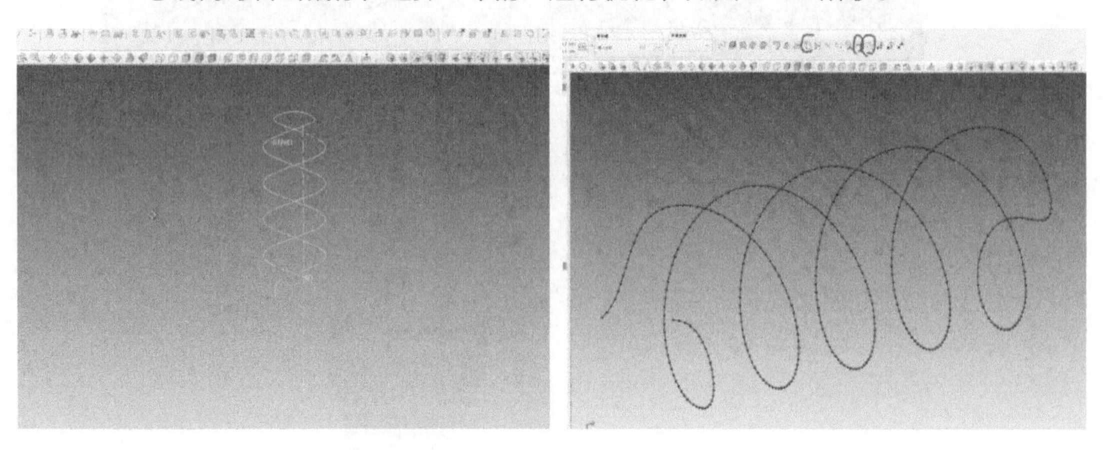

图 2-93　优化提取的中心线

⑤ 延长中心线尾端。我们提取的中心线有点短，无法与灯座部分重合，因此需要用“延长”命令延长至灯座内部，方便后续布尔求和，如图 2-94 所示。

图 2-94　延长中心线尾端

⑥ 提取灯管界面草图。进入“面片草图”，选取平面截取灯管的截面线（所提取圆的圆心在中心线上），将其赋予适当的尺寸，退出“面片草图”，使用“扫描”命令。以截面圆为截面，中心线为引导线形成灯管实体，如图 2-95 所示。

⑦ 制作灯座部分。使用“回转精灵”命令，选取自动分割的灯座部分的领域组，以参照线为回转轴形成灯座实体，如图 2-96 所示。

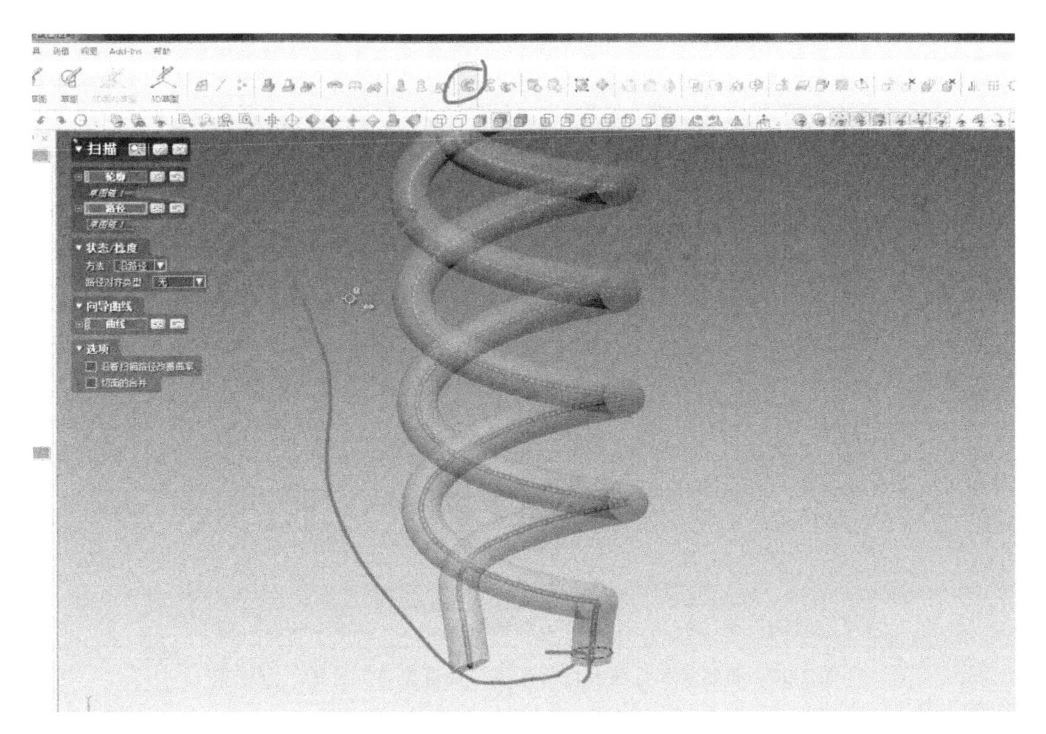

图 2-95　提取灯管界面草图

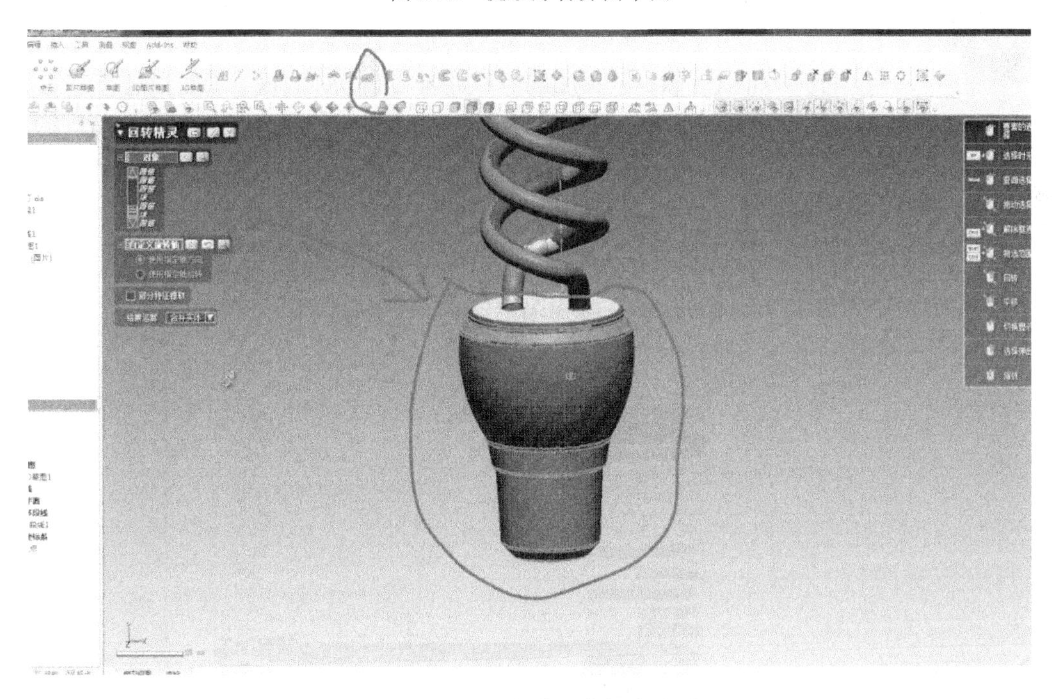

图 2-96　制作灯座部分

⑧ 进一步布尔求和灯座和灯管，最终形成节能灯整体零件的三维模型，如图 2-97 所示。

图 2-97　布尔求和灯座和灯管形成节能灯整体零件的三维模型

借助 Mimics 软件反求获得手掌骨头三维模型

① 打开 Mimics 软件，并加载 CT 影像 DICOM 数据。需要先准备好 CT 影像数据，格式为 DICOM，然后点击“New project”命令；找到已准备好的 CT 影像 DICOM 数据位置，选取 DICOM 文件，然后点击“Next”进行下一步，如图 2-98 所示。

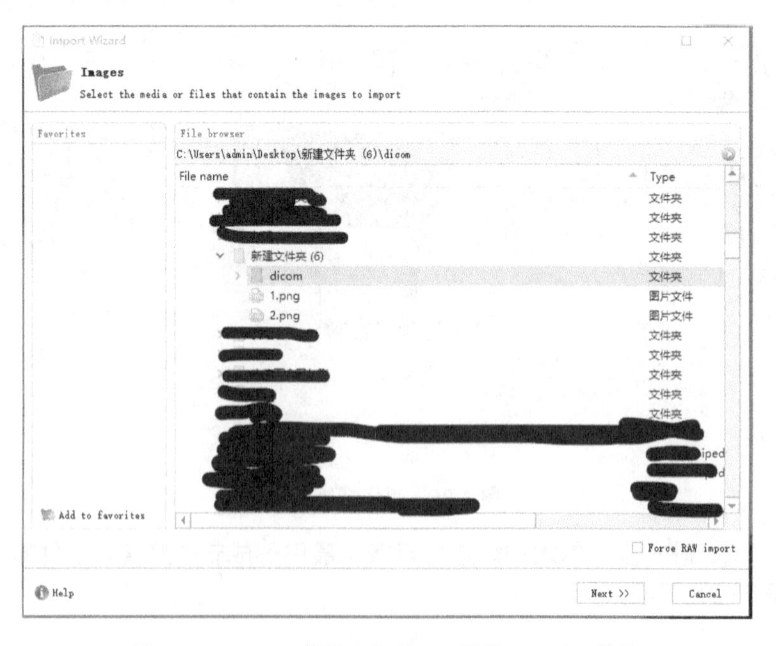

图 2-98　Mimics 软件中加载 CT 影像 DICOM 数据

② 选择合适的 CT 断层序列，直接点击“open”加载 CT 断层序列，如图 2-99 所示，显示 CT 断层序列的三视图，为“横断面、矢状位、冠状位”，如图 2-100 所示。

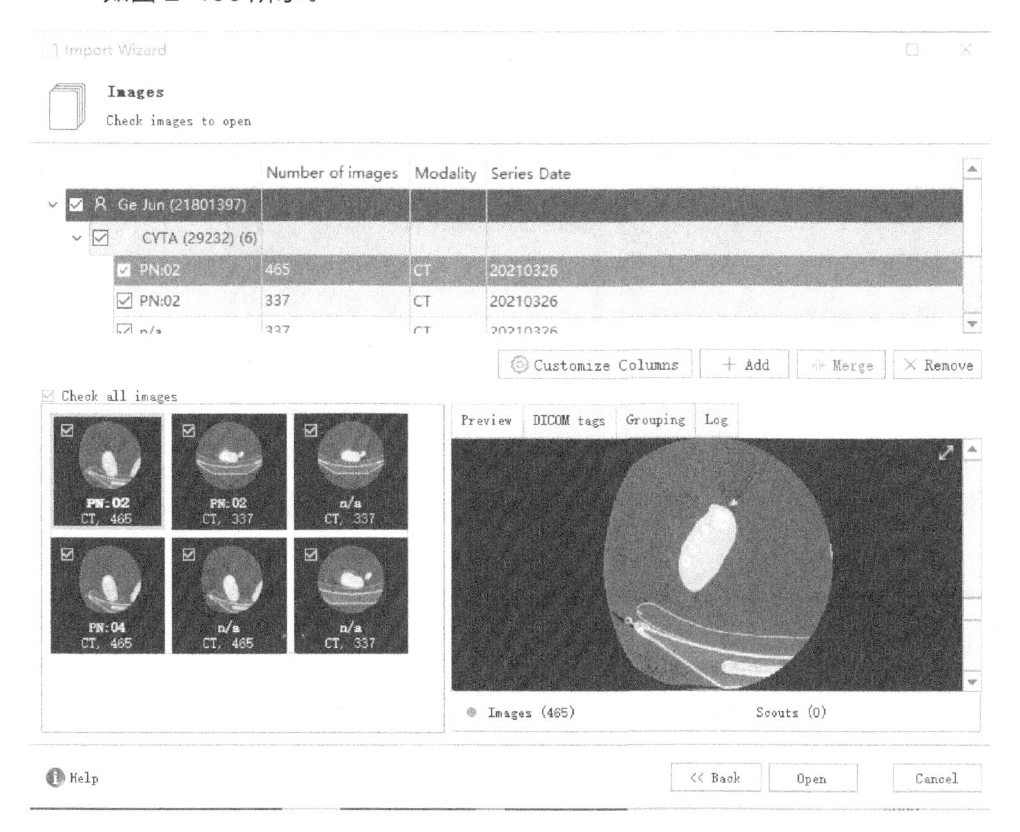

图 2-99　选择并加载 CT 断层序列

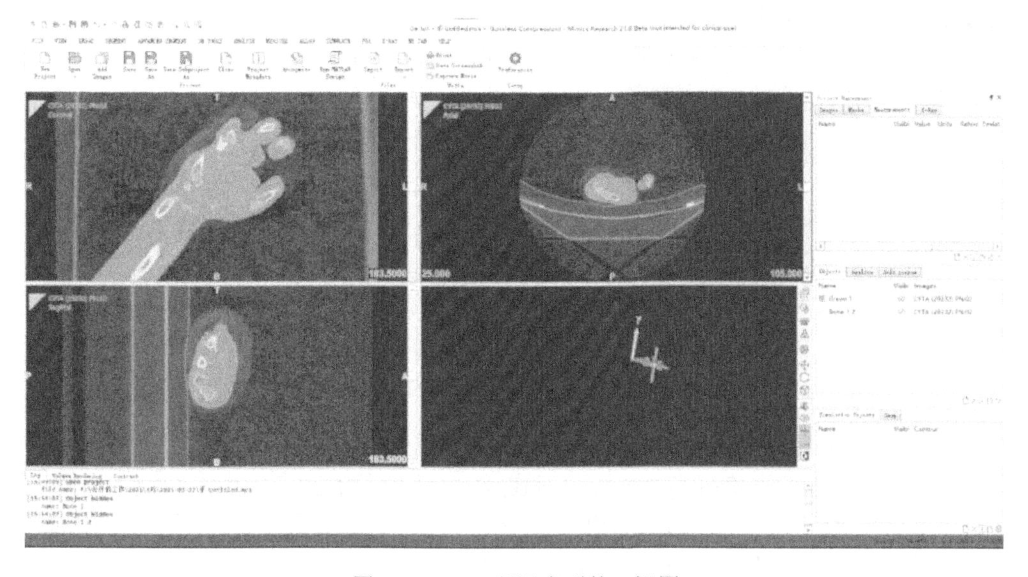

图 2-100　CT 断层序列的三视图

③ 阈值划分。在“SEGMENT”菜单命令中，点击“New Mask”新建一

个阈值划分，在阈值划分的小命令窗口上的“Predefined thresholds sets”这一行中选择 Bone（CT），阈值会自动划分到骨头这一区域，点击“OK”骨头的阈值就划分好了，如图 2-101 所示；在“Project Management”这个窗口里的“Masks”里就会新建一个阈值，如图 2-102 所示。

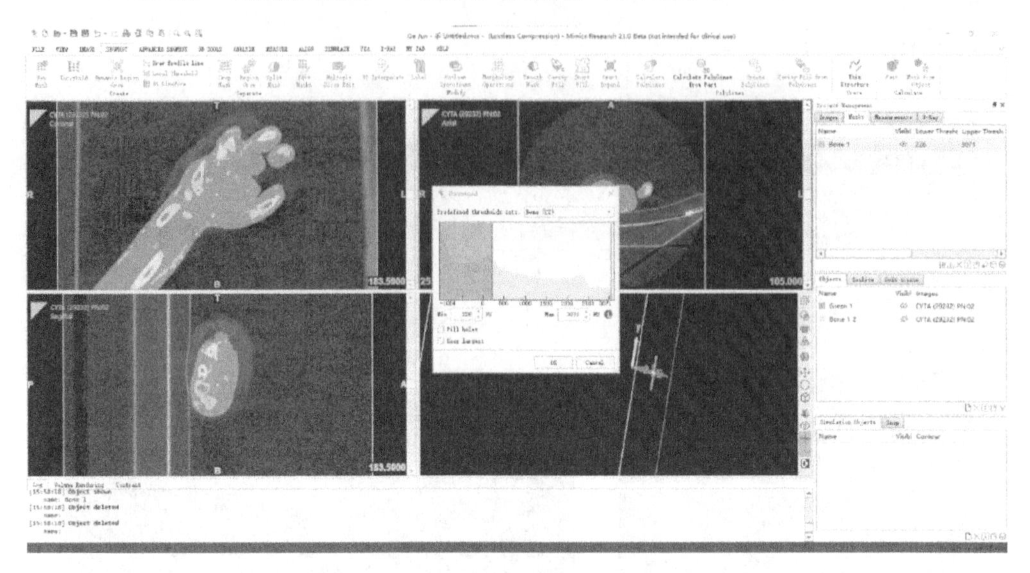

图 2-101　选择阈值

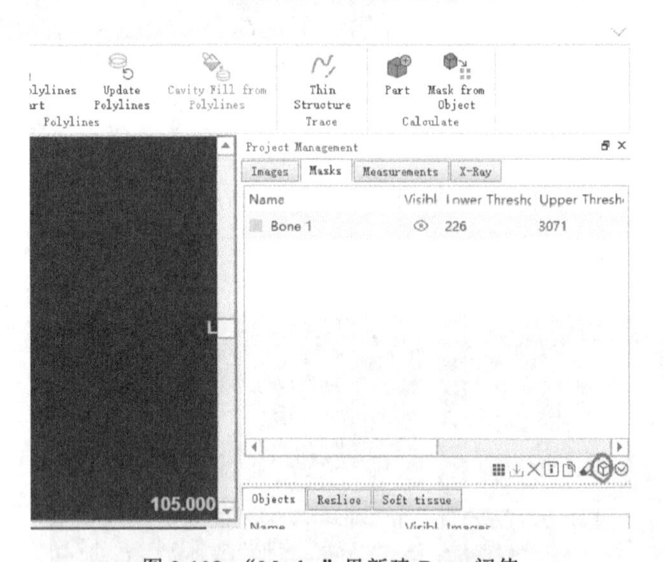

图 2-102　“Masks”里新建 Bone 阈值

④ 重建计算。点击“重建模块”，进一步选择“Optimal”，然后点击“Calculate”等待计算机计算，如图 2-103 所示。

⑤ 生成三维模型并导出。在图 2-104 所示的空白处点击右键，选择 STL+ 这个命令，准备把这个三维模型导出。在图 2-105 所示 Start 下方 Part 窗口里，选择刚才重建的骨头的三维模型，再点击“Add”，添加到下方 Object to convert 里面，然后在 Output Directory 设定需要保存的位置，最终就获得了由 CT 数据提取骨头的三维模型，且被保存为 STL 数据格式，如图 2-106 所示。

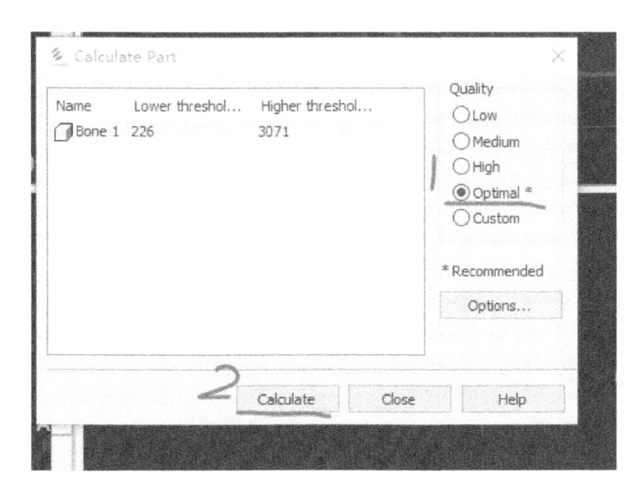

图 2-103　重建计算

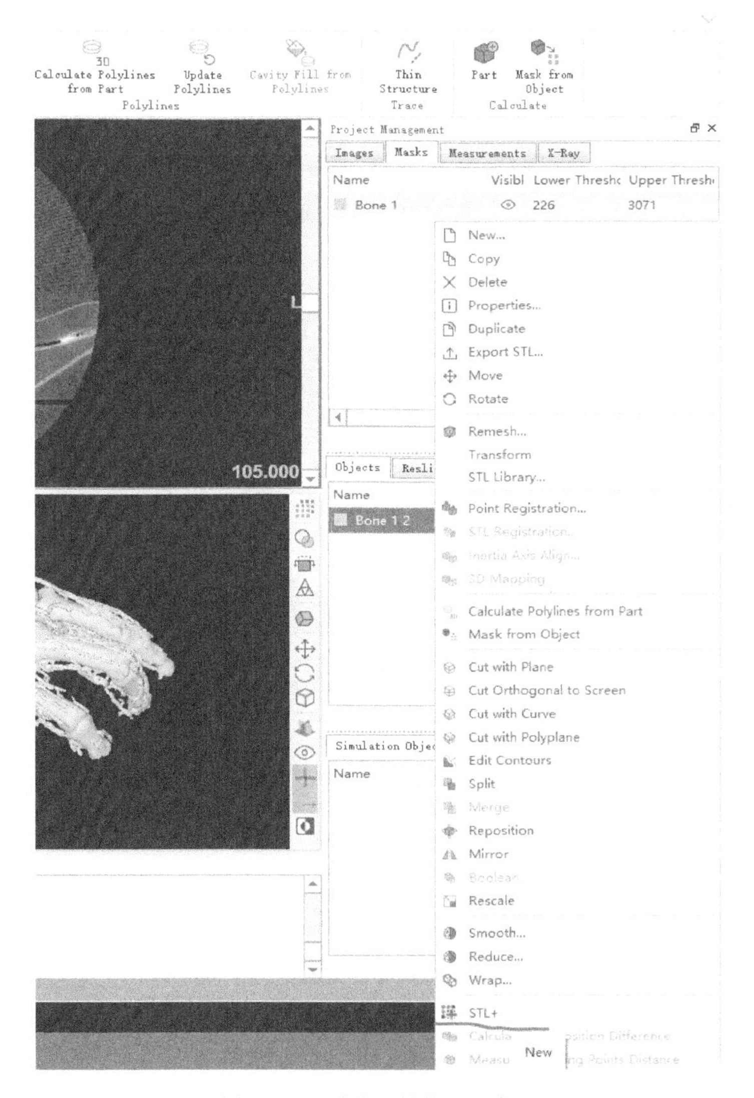

图 2-104　重建计算的显示窗口

图 2-105　STL+窗口

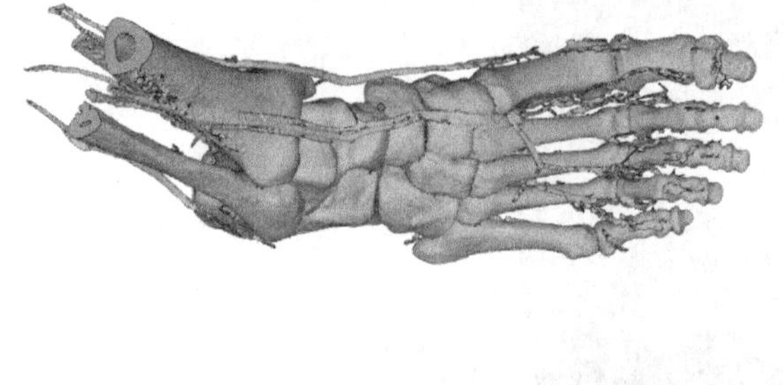

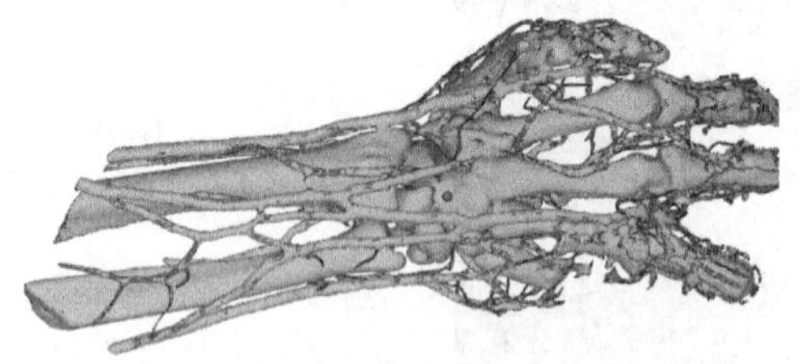

图 2-106　所获手掌骨头的三维模型

参考文献

[1] https://zhuanlan.zhihu.com/p/352162959.

[2] 苏靖，陈韶娟，马建伟．逆向工程技术的发展现状［J］．中国设备工程，2008（2）：19-21.

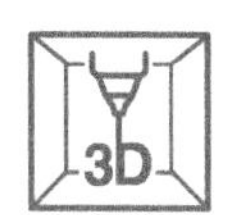

第3章 激光技术

3D 打印技术本身是一项多学科、多专业交叉的集成技术，包括材料、机械、电子、控制、激光等等，其中激光技术在 3D 打印的起源与发展过程中，起到了至关重要的作用。激光技术被认为是 20 世纪量子物理学、无线电技术、核能技术、半导体技术、电子计算机技术之外的又一重大科学技术成就。激光理论的发展、激光器的研制以及激光技术的应用，也进一步推动了 3D 打印技术的发展和应用。

3.1 激光原理

“激光”一词是英文 laser 的意译，laser 是 light Amplification by Stimulated Emission of Radiation 的缩写，意思是“受激辐射放大的光”。在我国 LASER 曾被翻译成“镭射”“莱塞”“光激射器”“光受激辐射放大器”等。1964 年，钱学森院士提议取名为“激光”，既反映了“受激辐射”的科学内涵，又表明它是一种很强烈的新光源，得到我国科学界的一致认同并沿用至今。

3.1.1 激光产生原理

（1）受激辐射

受激吸收、自发辐射和受激辐射是光与物质的三个作用过程，如图3-1，激光就是产生于受激辐射的作用过程中。

由量子理论知识可知：一个能级对应电子的一个能量状态，而电子能量是由主量子数 n（n=1,2,⋯）决定的。但是实际描写原子中电子运动状态，除能量外，还有轨道角动量 L 和自旋角动量 s，它们都是量子化的，由相应的量子数来描述。对于轨道角动量 L，波尔曾给出了量子化公式 $Ln=nh$，但这个公式并不严格，是在把电子运动看作轨道运动基础上得到的。

严格的能量量子化以及角动量量子化都应该由量子力学理论来推导。电子从高能态向低能态跃迁时只能发生在 l（角动量量子数）相差 ±1 的两个状态之间，这就是一种选择规则。如果选择规则不满足，则跃迁的概率很小，甚至接近零。在原子中可能存在这样一些能级，一旦电子被激发到这种能级上时，由于不满足跃迁的选择规则，它在这种能级上的寿命就会很长，不易发生自发跃迁到低能级上，这种能级称为亚稳态能级。但是，在外加光的诱发和刺激下可以使其迅速跃迁到低能级，并放出光子，这种过程是被“激”出来的，故称受激辐射，如图 3-1（c）所示。受激辐射的概念是由爱因斯坦于 1917 年在推导普朗克的黑体辐射公式时首先提出来的，他从理论上预言了原子发生受激辐射的可能性。

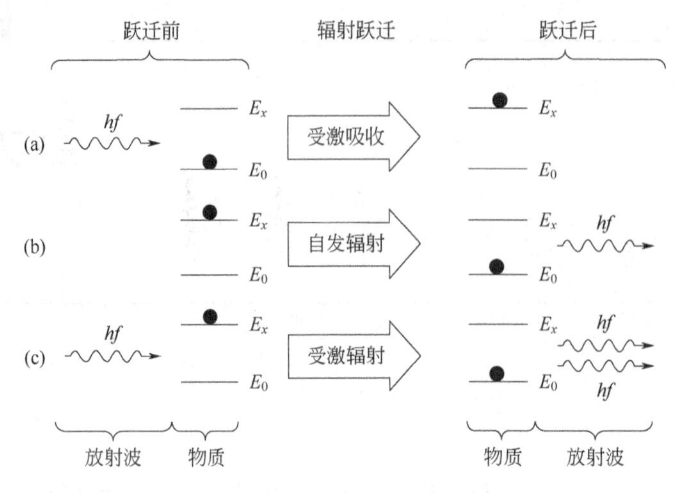

图 3-1　光和物质的相互作用规律

受激辐射的过程大致如下：原子开始处于高能级 E_x，当一个外来光子所带的能量正好为某一对能级之差 E_x-E_0，则这个原子可以在此外来光子的诱发下从高能级 E_x 向低能级 E_0 跃迁。这种受激辐射的光子有显著的特点，就是原子可发出与诱发光子完全相同的光子，不仅频率（能量）相同，而且发射方向、偏振方向以及光波的相位都完全一样。于是，入射一个光子，就会出射两个完全相同的光子，这意味着原来光信号被放大。这种在受激过程中产生并被放大的光，就是激光。

（2）粒子数反转

诱发光子不仅能引起受激辐射，而且还能引起受激吸收，所以只有当处在高能级的原子数目大于处在低能级的原子数目时，受激辐射跃迁才能超过受激吸收，从而占据优势。由此可见，为使光源发射激光而不是普通的光，关键是发光原子处在高能级 E_2 的数目比低能级 E_1 的多，这种情况称为粒子数反转。但在热平衡条件下，原子几乎都处于最低能级（基态），这种情况下光穿过工作物质时，光的能量只会减弱不会加强。要想使受激辐射占优势，必须使处在高能级 E_x 的粒子数大于处在低能级 E_0 的粒子数。因此，如何从技术上实现粒子数反转则是产生激光的必要条件。

要实现粒子数反转，首先要有外界激励能源。理论上给予任何物质一定的输入能源（如光、热、电等），都可以使低能级上的粒子跃迁到高能级上，破坏热平衡的粒子数正常分布，达到粒子数反转。一般可以用气体放电的办法来利用具有动能的电子去激发激光材料，称为电激励；也可用脉冲光源来照射光学谐振腔内的介质原子，称为光激励；还有热激励、化学激励等。各种激发方式被形象化地称为泵浦或抽运。为了使激光持续输出，必须不断地“泵浦”以补充高能级的粒子向下跃迁的消耗量。

另外，要实现粒子数反转还要有合适的工作物质。对于绝大多数物质，在激发态的高能级粒子寿命很短（一般为 10^{-11}～10^{-8}s），很快就会跃迁到基态。因此，还要找到这样一种物质，它具有寿命很长的激发态，这种寿命很长的激发态，叫亚稳态。亚稳态的时间可达到 10^{-3}～10^{-2}s，甚至 1s，这就为激光的产生提供了足够的时间。这样的物质，就是激光的工作物质。

总的来说，实现粒子数反转所必需的两个条件：一是外界激励能源，二是合适的工作物质。

3.1.2 激光器的基本结构和工作原理

激光器的基本结构如图 3-2 所示，由以下几部分组成。

（1）激光工作物质

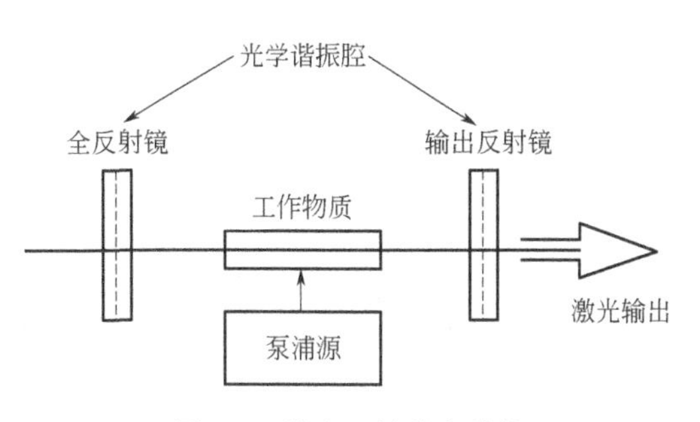

图 3-2 激光器的基本结构

激光的产生必须选择合适的工作物质，可以是气体、液体、固体或半导体。在这种物质中可以实现粒子数反转，以制造获得激光的必要条件。显然亚稳态能级的存在，对实现粒子数反转是非常有利的。现有工作物质近千种，可产生的激光波长包括从紫外到远红外，非常广泛。

作为激光器的核心，工作物质由激活粒子（多为金属）和基质两部分组成，激活粒子的能级结构决定了激光的光谱特性和荧光寿命等激光特性，基质主要决定了工作物质的理化性质。根据激活粒子的能级结构形式，激光器可分为三能级系统（例如红宝石激光器）与四能级系统（例如 Nd：YAG 激光器）。工作物质的形状目前常用的主要有四种：圆柱形（目前使用最多）、平板形、圆盘形及管状。

（2）外界激励能源

为了使工作物质中出现粒子数反转，必须用一定的方式去激励原子体系，使处于高能级的粒子数增加。为了不断得到激光输出，必须不断地“泵浦”以维持处于高能级的粒子数比低能级多，所以也将外界激励能源称为泵浦源。泵浦源能够提供能量使工作物质中高、低能级间的粒子数反转，目前主要采用光泵浦。

泵浦源需要满足两个基本条件：一是有很高的发光效率，二是辐射光的光谱特性与工作物质的吸收光谱特性相匹配。常用的泵浦源主要有惰性气体放电灯、太阳能及二极管激光器。其中惰性气体放电灯是当前最常用的，太阳能泵浦常用于小功率器件，尤其是航天工作中的小激光器可用太阳能作为永久能源，二极管泵浦是目前固体激光器的发展方向，它集合众多优点于一身，已成为当前发展最快的激光器之一。二极管泵浦的方式可以分为两类：横向泵浦（同轴入射的端面泵浦）和纵向泵浦（垂直入射的侧面泵浦）。二极管泵浦的固体激光器有很多优点：寿命长、频率稳定性好、热光畸变小等，其中最突出的优点是泵浦效率高，因为它的泵浦光波长与工作物质吸收谱严格匹配。

（3）聚光腔

聚光腔的作用有两个：一是将泵浦源与工作物质有效耦合；二是决定激光工作物质上泵浦光密度的分布，从而影响输出光束的均匀性、发散度和光学畸变。工作物质和泵浦源都安装在聚光腔内，因此聚光腔的优劣直接影响泵浦的效率及工作性能。目前小型固体激光器最常采用的是椭圆柱聚光腔。

（4）光学谐振腔

所谓光学谐振腔，实际是在激光器两端，面对面装上两块反射率很高的反射镜。一端为全反射镜，一端为部分反射镜，光被大部分反射、少量透射出去，从而获得激光。被反射回到工作物质的光，继续诱发新的受激辐射，光被放大。因此，光在谐振腔中来回振荡，造成联锁反应，雪崩似地获得放大，产生强烈的激光，从部分反射镜一端输出。光学谐振腔除了提供光学正反馈维持激光持续振荡以形成受激发射，还对振荡光束的方向和频率进行限制，以保证输出激光的高单色性和高定向性。最简单常用的固体激光器的光学谐振腔是由相向放置的两平面镜（或球面镜）构成。

(5)冷却与滤光系统

冷却与滤光系统是激光器必不可少的辅助装置。激光器工作时会产生比较严重的热效应，所以通常都要采取冷却措施。冷却系统主要是对激光工作物质、泵浦源和聚光腔进行冷却，以保证激光器的正常使用及保护器材。冷却方法有液体冷却、气体冷却和传导冷却，目前使用最广泛的是液体冷却方法。另外，要获得高单色性的激光束，需要对输出的激光束进行滤光。滤光系统能够将大部分的泵浦光和其他一些干扰光过滤掉，从而使得输出的激光为单色性好的激光束。

下面以红宝石激光器为例来说明激光器的工作原理。工作物质是一根红宝石棒。红宝石是掺入少许3价铬离子的三氧化二铝晶体，实际是掺入质量比约为0.05%的氧化铬。由于铬离子吸收白光中的绿光和蓝光，所以宝石呈粉红色。1960年，梅曼发明的激光器所用的红宝石是一根直径0.8cm、长约8cm的圆棒。两端面是一对平行平面镜，一端镀上全反射膜，一端有10%的透射率，可让激光透出。

红宝石激光器中，用高压氙灯作“泵浦”，利用氙灯所发出的强光激发铬离子到达激发态E_3，被抽运到E_3上的电子很快（约10^{-8}s）通过无辐射跃迁到E_2。E_2是亚稳态能级，E_2到E_1的自发辐射概率很小，寿命长达10^{-3}s，即允许粒子停留较长时间。于是，粒子就在E_2上积聚起来，实现E_2和E_1两能级上的粒子数反转。从E_2到E_1受激发射的激光是波长为694.3nm的红色激光。由脉冲氙灯得到的是脉冲激光，每一个光脉冲的持续时间不到1ms，每个光脉冲能量在10J以上，每个脉冲激光的功率可超过10kW的数量级。上述铬离子从激发到发出激光的过程涉及三条能级，故称为三能级系统。由于在三能级系统中，低能级E_1是基态，通常情况下积聚大量原子，所以要达到粒子数反转，要有相当强的激励才行。

3.1.3 激光器的分类

对激光器有不同的分类方法，通常从工作物质、激励方式、输出方式、输出波长范围等几个方面来进行分类。其中按工作物质的不同来分类，可以分为固体激光器、气体激光器、液体激光器和半导体激光器。另外，根据激光输出方式的不同又可分为连续激光器和脉冲激光器。

(1)固体激光器

固体激光器的工作物质有红宝石、钕玻璃、钇铝石榴石（YAG）等，是在作为基质的材料的晶体或玻璃中均匀地掺入少量离子。产生激光发射作用的是掺入的离子，称为激活离子。可作为激活离子的有过渡族金属离子［如铬离子（Cr^{3+}）］、稀土金属离子［如钕离子（Nd^{3+}）、锕系离子等］。

固体激光器通常以光为激励源，常用的脉冲激励源有充氙闪光灯，连续激励源有氪弧灯、碘钨灯、钾铷灯等。在小型长寿命激光器中，可用半导体发光二极管或太阳光作激励源。一些新的固体激光器也有采用激光激励的。固体激光器具有器件体积小、坚固、使用方便、输出功率大等特点。固体激光器一般连续功率可达100W以上，脉冲峰值功率可达10^9W。但由于工作介质的制备较复杂，所以价格较贵。

(2)气体激光器

气体激光器的工作物质是气体或金属蒸气，通常盛放于放电管内产生激活离子。气体激光器主要激励方式有电激励、气动激励、光激励和化学激励等，其中电激励方式最常用。在适当放电条件下，利用电子碰撞激发和能量转移激发等，气体粒子有选择性地被激发到某高能级上，从而形成与某低能级间的粒子数反转，产生受激发射跃迁。气体激光器可分为原子气体激光器、离子气体激光器、分子气体激光器和准分子激光器。分子气体激光器常以CO_2

为气体工作介质，且输出红外波长激光居多，因红外波长激光的热效应高，故多用于激光刀，在医疗、机械加工方面得到广泛应用，还用于测距和通信。准分子激光器的发光都在紫外波段，多用于微细加工、光刻及医学。气体激光器具有结构简单、造价低、操作方便、光束质量好以及能长时间较稳定连续工作的特点，是目前品种最多、应用最广泛的激光器。

（3）液体激光器

液体激光器也称染料激光器，采用有机染料作为工作物质，将有机染料溶于溶剂（乙醇、丙酮、水等）中使用，也有以蒸汽状态工作的。常用的有机染料包括咕吨类染料、香豆素类染料、花菁类染料等，利用不同染料可获得不同波长激光（在可见光范围）。液体激光器多采用光泵浦，主要有激光泵浦和闪光灯泵浦两种形式。液体激光器波长覆盖范围为紫外到红外波段（321nm～1.168μm），通过倍频技术还可以将波长范围扩展至真空紫外波段。液体激光器的优点是输出波长连续可调且覆盖面宽，主要应用于科学研究、医学等领域，如激光光谱、光化学、同位素分离、光生物学等方面。

（4）半导体激光器

半导体激光器又称激光二极管，是用半导体材料作为工作物质的激光器。由于物质结构上的差异，不同种类半导体材料工作物质产生激光的具体过程比较特殊。常用工作物质有砷化镓（GaAs）、硫化镉（CdS）、磷化铟（InP）、硫化锌（ZnS）等。激励方式有电注入、电子束激励和光泵浦三种。半导体激光器可分为同质结、单异质结、双异质结等几种。同质结激光器和单异质结激光器在室温时多为脉冲器件，而双异质结激光器室温时可实现连续工作。半导体激光器体积小、寿命长，可采用简单的注入电流的方式来泵浦，其工作电压和电流与集成电路兼容，因而可与之单片集成，并且还可以用高达 50～100GHz 的频率直接进行电流调制以获得高速调制的激光输出。由于这些优点，半导体激光器在激光通信、光存储、光陀螺、激光打印、测距以及雷达等方面得到了广泛的应用。

（5）光纤激光器

光纤激光器是固体激光器的一种，工作物质为掺稀土元素光纤。光纤激光器的泵浦源由一个或多个大功率激光二极管阵列构成，其发出的泵浦光经特殊的泵浦结构耦合进入工作物质——掺稀土元素光纤，泵浦波长上的光子被掺杂光纤介质吸收，形成粒子数反转，受激发射的光波经谐振腔镜的反馈和振荡形成激光输出。光纤激光器耦合效率高，易形成高功率密度，散热效果好，无需庞大的制冷系统，具有转换效率高、阈值低、光束质量好和窄线宽等优点。并且，光纤激光器的谐振腔内无光学镜片，具有免调节、免维护、高稳定性的优点，超长的工作寿命和免维护时间可在 10 万小时以上。因此，光纤激光器在切割、打标、焊接等工业应用中，正在逐渐取代其他激光器。

3.2 激光特性

普通光源发出的光向各个方向辐射并随着传播距离的增加而衰减，主要原因是这些光源发出的光是组成光源的大量分子或原子在自发辐射过程中“各自为政”辐射光子。而激光是入射光子经受激辐射过程被放大。由于激光产生的机理与普通光源的发光机理不同，所以激光具有和普通光源不相同的特性，通常将激光的特性概括为四个方面：方向性、单色性、相干性和高强度。

3.2.1 激光的方向性

激光是受激辐射发光，每个光子与入射光保持相同频率、相位和偏振态等光学特征，且有光学谐振腔的控制，使得输出的激光束完全沿谐振腔的轴线方向传播，发散角很小，接近于平行光。激光的高方向性主要是由受激发射机理和光学谐振腔对振荡光束方向的限制作用所决定的。精确的数据表明，由地球发射激光到月球，在经过月、地长达38万公里的距离之后，激光束仅有不到1000m的光斑，良好的方向性使激光在测距、通信、定位方面得到了广泛的应用。激光的高方向性使激光能有效地传递较长的距离，能聚焦到极高的功率密度，这两点也是激光加工的重要条件。

3.2.2 激光的单色性

光的颜色取决于光的波长，通常把亮度为最大亮度一半的两个波长间的宽度定义为这条光谱线的宽度，光谱线宽度越小，光的单色性越好。可见光部分的颜色有七种，每种颜色的光谱线宽度为40～50nm，激光的单色性远远好于普通光源，例如：氦-氖激光器输出的红色激光谱线宽度只有10^{-8}nm，其单色性远远好于氪灯。对于一些特殊的激光器，其单色性还要好得多。由于激光的单色性极高，几乎完全消除了聚焦透镜的色散效应（即折射率随波长而变化），使光束能精确聚焦到焦点上，得到很高的功率密度。由于激光的单色性好，为精密仪器测量和激励某些化学反应等科学实验提供了极为有利的手段。

3.2.3 激光的相干性

相干性主要描述光波各个部分的相位关系，相干性有两方面的含义，一是时间相干性，二是空间相干性。对于激光器，通常把光波场的空间分布分解为沿传播方向（腔轴方向）的分布$E(z)$和在垂直于传播方向的横截面上的分布$E(x, y)$。因而光腔模式可以分解为纵模和横模。它们分别代表光腔模式的纵向光场分布和横向光场分布。

（1）时间相干性

激光的时间相干性是沿光束传播方向上各点的相位关系。在实际工作中，经常采用相干时间来描述激光的时间相干性。光谱线的频宽越窄，即单色性越高，相干时间越长。单模稳频气体激光器的单色性最好，一般可达10^{6}～10^{13}Hz；固体激光器的单色性较差，主要是因为工作物质的增益曲线很宽，很难保证单纵模工作；半导体激光器的单色性最差。激光器的单模工作（选模技术）和稳频对于提高相干性十分重要。一个稳频的单横模激光器发出的激光接近于理想的单色平面光波，即完全相干性。

（2）空间相干性

激光的空间相干性是垂直于光束传播方向的平面上各点之间的相位关系，指的是在多大的尺度范围内光束发出的光在空间某处会合时能形成干涉现象，空间相干性与光源大小有关。一个理想的平面光波是完全空间相干光，同时它的发散角为零。但在实际中，由于受到衍射效应的限制，激光所能达到的最小光束发射角不能小于激光通过输出孔径时的衍射极限角。为了提高激光器的空间相干性，首先应限制激光器工作在单横模状态；其次，要合理地选择光腔的类型以及增加腔长来提高光束的方向性。另外，工作物质的不均匀性、光腔的加工和调整误差等因素也会导致光束的方向性变差。

3.2.4 激光的高强度

因为激光束的方向性好，它发射的能量被限制在很小的光束立体角内，且能量被压缩在很窄的谱线宽度内，这使激光的光谱亮度比普通光源提高很多。在脉冲激光器中，由于能量发射又被压缩在很短的时间间隔内，因而可以进一步提高光谱亮度。目前，提高输出功率和效率是激光器发展的一个重要方向，气体激光器（如CO_2）能产生最大的连续功率，固体激光器能产生最高的脉冲功率，特别是采用光腔调制技术和激光放大器后，可使激光振荡时间压缩到极小的数值（10^{-9}s 量级），并将输出能量放大，从而获得极高的脉冲功率。采用锁模技术和脉宽压缩技术，可将激光脉宽进一步压缩到 10^{-15}s。并且最重要的是激光功率（能量）可集中在单一（或少数）模式中，因而具有极高的光子简并度。激光束经透镜聚焦后，能在焦点附近产生几千乃至上万摄氏度的温度，因而能加工所有的材料。比如：常用的大功率 CO_2 激光切割机，工业应用中广泛采用 127～190mm 的焦距，焦点光斑直径在 0.1～0.4mm，其能量密度可达 10W/cm^2。

3.3 激光应用

激光作为一门新颖的科学技术，其发展很快，迄今为止已渗透到几乎所有的自然科学领域，应用范围非常广泛。激光的应用，可以分为两大类，一类是激光致热作用，包括激光熔覆、激光切割、激光焊接、激光冲击、激光制导等，另一类是激光非热作用，包括激光诱导物质分离、化学反应、化学键切断、激光化学动力学探测等化学应用，还有激光测距、激光通信、激光致冷等。在 3D 打印领域，激光切割、激光冲击等激光致热作用，以及激光光固化的非热作用，均有应用。

3.3.1 激光切割

（1）激光切割基本原理

激光切割的基本原理为：激光束聚焦成很小的光点，其最小直径可小于 0.1mm，使焦点处达到超过 10^4W/mm^2 的功率密度。这时光束输入（由光能转换）的热量远远超过被材料反射、传导或扩散部分，材料很快加热至汽化温度，蒸发形成孔洞。随着光束与材料相对线性移动，孔洞连续形成宽度很窄（如 0.1mm 左右）的切缝。切边热影响很小，基本没有工件变形。切割过程中还添加与被切材料相适合的辅助气体。钢切割时可以用氧作为辅助气体与熔融金属产生放热化学反应氧化材料，同时帮助吹走割缝内的熔渣。切割聚丙烯一类塑料使用压缩空气、棉、纸等易燃材料切割使用惰性气体。进入喷嘴的辅助气体还能冷却聚焦透镜，防止烟尘进入透镜座内污染镜片并导致镜片过热。图 3-3 所示为激光切割的原理示意图。

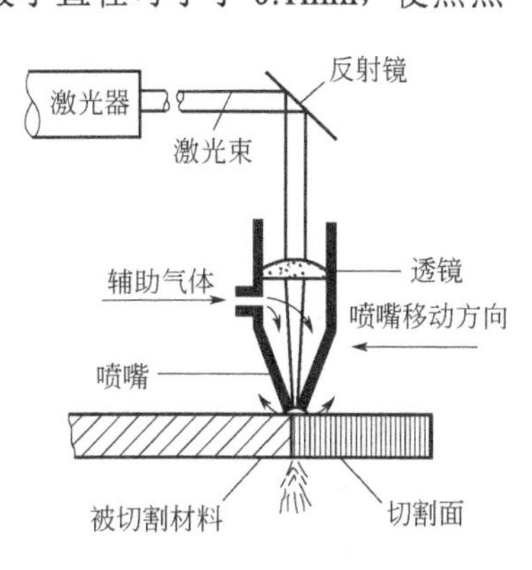

图 3-3　激光切割的原理示意图

（2）激光切割常用设备

激光切割设备常用的有 CO_2 激光切割机、光纤激光切割机。

① CO_2 激光切割机　CO_2 激光切割是激光切割的主要方式，相比电加工、火焰切割、等离子切割等设备，CO_2 激光切割机有以下优点：

a．切割质量好。切口宽度窄（一般为 0.1～0.5mm）、精度高（一般孔中心距误差 0.1～0.4mm，轮廓尺寸误差 0.1～0.5mm）、切口表面粗糙度好（一般 Ra 为 12.5～25μm），切缝一般不需要再加工即可焊接。

b．切割速度快。例如采用 2kW 激光功率，8mm 厚的碳钢切割速度为 1.6m/min，2mm 厚的不锈钢切割速度为 3.5m/min，热影响区小，变形极小。

c．清洁、安全、无污染。激光切割是以不接触的形式进行加工，切边没有机械应力，不产生剪切毛刺和切屑，即使切割石棉、玻璃纤维等材料，也很少出现尘埃。另外激光切割过程中加工系统还设置了必要的辅助气体吹除装置，以便将切缝处产生的熔渣排除，从而大大改善操作人员的工作环境。

CO_2激光切割技术广泛应用于金属和非金属材料的加工，可大大减少加工时间，降低加工成本，提高工件质量。在工业制造中许多金属材料，不管具有什么样的硬度，都可以进行无变形切割。当然，对高反射率材料，如金、银、铜和铝合金，它们也是好的传热导体，因此激光切割很困难，甚至不能切割。

② 光纤激光切割机　光纤激光器是国际上新发展的一种新型光纤激光器，光纤激光切割机同体积庞大的气体激光器和固体激光器相比具有明显的优势，已逐渐发展成为高精度激光加工、激光雷达系统、空间技术、激光医学等领域中的重要候选者。

光纤激光切割机既可做平面切割，也可做斜角切割加工，且边缘整齐、平滑，适用于金属板等高精度的切割加工，同时加上机械臂可以进行三维切割代替原本进口的五轴激光切割机床。光纤激光切割机比起CO_2激光切割机有以下优势。

a．卓越的光束质量：聚焦光斑更小，切割线条更精细，工作效率更高，加工质量更好。

b．极高的切割速度：是同等功率CO_2激光切割机的2倍。

c．极高的稳定性：采用世界顶级的进口光纤激光器，性能稳定，关键部件使用寿命可达10万小时。

d．极高的电光转换效率：光纤激光切割机光电转换效率达30%左右，是CO_2激光切割机的3倍，节能环保。

e．极低的使用成本：整机耗电量仅为同类CO_2激光切割机的20%～30%。

f．极低的维护成本：无激光器工作气体；光纤传输，无需反射镜片；可节约大量维护成本。

g．产品操作维护方便：光纤传输，无需调整光路。

h．超强的柔性导光效果：体积小巧，结构紧凑，易于满足柔性加工要求。

当然与CO_2激光切割机相比，光纤的切割范围相对狭窄。因为波长的原因，其只能切金属材料，而非金属不容易被其吸收，从而影响其切割范围。

（3）激光切割用途

激光切割是激光加工行业中最重要的一项应用技术，它占整个激光加工业的70%以上。激光切割与其他切割方法相比，最大区别是它具有高速、高精度及高适应性的特点。同时还具有切割缝细、热影响区小、切割面质量好、切割时无噪声、容易实现自动化控制等优点。激光切割板材时，不需要模具，可以替代一些需要采用复杂大型模具的冲切加工方法，能大大缩短生产周期和降低成本。因此，激光切割已广泛地应用于汽车、工程机械、航空、化工、轻工、电器与电子、石油和冶金等工业部门中。各种金属如钛合金、镍合金、铬合金、不锈钢、氧化铍、铜合金等，非金属材料如硬度高、脆性大的氮化硅、陶瓷、石英等无机非金属材料等，以及布料、纸张、塑料板、橡胶等有机非金属材料等，均可以实现激光切割成形。从技术经济角度，不宜制造模具的金属，特别是轮廓形状复杂、批量不大、厚度<12mm的低碳钢板、厚度<6mm的不锈钢，采用激光切割进行直接加工可以节省制造模具的成本与周期。已采用的典型产品有：自动电梯结构件、升降电梯面板、机床及粮食机械外罩、各种电气柜、开关柜、纺织机械零件、工程机械结构件、大电机硅钢片等。

在汽车制造领域，小汽车顶窗等空间曲线的激光切割技术都已经获得广泛应用。德国大众汽车公司用功率为500W的激光器切割形状复杂的车身薄板及各种曲面件。在航空航天领域，发动机火焰筒、钛合金薄壁机匣、飞机框架、钛合金蒙皮、机翼长桁、尾翼壁板、直升机主旋翼、航天飞机陶瓷隔热瓦等都应用了激光切割。

激光切割还可以用于装饰、广告、服务行业用的不锈钢（一般厚度3mm）或非金属材料（一般厚度20mm）的图案、标记、字体等的制作，如艺术照相册的图案，公司、单位、宾馆、商场的标记，车站、码头、公共场所的中英文字体等。

虽然激光切割机在某些方面还存在不足，如无法切割较厚的钢板、切割设备价格偏高等，但随着激光系统质量不断提高和激光加工设备价格的逐渐降低，激光切割的应用范围将更加广泛。

3.3.2 激光冲击

激光冲击加工是利用强激光脉冲诱导的等离子冲击波的冲击力学效应实现材料成形和性能强化的新型加工方法，其冲击过程示意图如图3-4（a）所示，通过更换不同的垫块和模具，可以分别实现靶材的性能强化、表面压平和材料成形。在激光冲击过程中，具有高功率密度（GW/cm^{2}级）与短脉冲（5～30ns）特点的激光束首先穿过约束层（水或K9玻璃）照射在金属靶材表面的吸收层（黑漆或铝箔）上；然后，吸收层吸收激光能量并瞬间气化形成高温、高压等离子体，随后，等离子体继续吸收激光能量并急剧升温膨胀。由于受限于放置在烧蚀层顶部的约束层，等离子体发生爆炸并产生高强度冲击波作用于金属表面。

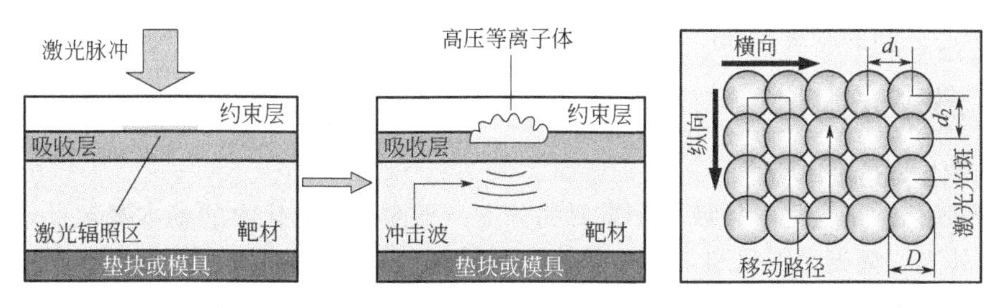

(a) 激光冲击加工原理示意图　(b) 光斑移动路径与搭接效果

图3-4　激光冲击过程及光斑搭接效果示意图

当冲击波的压力超过靶材的动态屈服强度时，靶材将根据垫块和模具的类型产生相应的塑性变形和残余应力，对其机械性能也具有一定的改善作用。其中，吸收层被用作吸收激光能量、增大峰值压力以及保护靶材表面的完整性；约束层对等离子体具有约束作用，能够有效地提高冲击波的峰值压力和作用时间。现有的研究表明材料的性能强化效果来源于靶材表面的塑性变形，而影响塑性变形大小的关键参数为金属材料的动态屈服强度和冲击波的峰值压力。因此，在材料一致时，可以通过改变冲击波峰值压力$P(t)$控制靶材塑性变形形变量，进而控制靶材的变形和性能强化，且该参数的估算公式可通过等离子体运动的宏观方程进行推导：

$$I(t)=P(t)\frac{\mathrm{d}L(t)}{\mathrm{d}t}+\frac{3}{2a}\times\frac{\mathrm{d}}{\mathrm{d}t}\left[P(t)L(t)\right] \tag{3-1}$$

$$V(t)=\frac{\mathrm{d}L(t)}{\mathrm{d}t}=\frac{2}{Z}P(t) \tag{3-2}$$

$$\frac{2}{Z}=\frac{1}{Z_1}+\frac{1}{Z_2} \tag{3-3}$$

式中，$I(t)$为激光功率密度；$L(t)$为约束层与靶材之间的等离子体厚度；$V(t)$为等离子体膨胀速度；Z为约束层（Z_1）与靶材（Z_2）的总声阻抗，g/（cm^2·s）；a为转化为等离子体内能的系数，通常a=0.1。

由上式可推导出冲击波峰值压力 $P_{\max}$ 的估算公式如下：

$$P_{\max}=0.01\sqrt{\frac{a}{2a+3}}Z^{\frac{1}{2}}I_0^{\frac{1}{2}} \tag{3-4}$$

$$I_0=4E/\pi\tau D^2 \tag{3-5}$$

式中，I_0 为激光功率密度，GW/cm^2，其计算式（3-5）为简化后的公式；E 为单激光脉冲能量，J；τ 为脉冲宽度，ns；D 为辐照在吸收层表面的激光光斑直径，cm，如图 3-4（b）所示。

此外，激光冲击加工过程中的搭接率、靶材温度和冲击次数对于靶材加工后的表面形貌、残余内应力、表层微观组织、内部缺陷和宏观力学性能等均有一定的影响。通常，研究者们通过激光扫描器控制激光光斑移动或通过高精度移动平台控制样品移动来实现样品表面的光斑搭接，其移动路径及搭接效果如图 3-4（b）所示，搭接率可按照式（3-6）进行计算。

$$\begin{cases} R_{\mathrm{T}}=(D-d_1)/D\times 100\% \\ R_{\mathrm{L}}=(D-d_2)/D\times 100\% \end{cases} \tag{3-6}$$

式中，R_{T}、R_{L} 分别为靶材表面横向和纵向的搭接率；d_1、d_2 分别为横向和纵向两个相邻激光光斑中心之间的距离，cm。

3.3.3 激光光固化

（1）光化学的基本概念

激光光固化，是光化学领域一个重要的分支，下面几个光化学的基本概念十分重要。

① 紫外光　激光光固化通常使用紫外光，紫外光是波长为 40～400nm 的光，又可分为真空紫外（＜200nm）、中紫外（200～300nm）和近紫外（300～400nm）。在一般光化学研究和光固化应用中有实际意义的是中紫外区和近紫外区的紫外光，根据波长又可划分为 UVA（315～400nm）、UVB（280～315nm）和 UVC（200～280nm）三个波段。一般的光固化体系中应用较多的是 UVA 和 UVB，集成电路制作的光刻技术中则用到 UVC 段甚至更短波长的紫外光。

② 比尔朗伯（Beer Lambert）的光衰减定律　光固化涂料等涂层厚度较大的应用中，常常要考虑深层固化的问题，这是由于光穿过吸光物质时其强度会发生衰减，光衰减的程度可以用比尔朗伯（Beer Lambert）定律描述：

$$I=I_0\times 10^{-\varepsilon cl}$$

$$\lg\frac{I_0}{I}=\varepsilon cl$$

式中，I_0 为入射光的光强；I 为透射光的光强；ε 为摩尔消光系数，与被透过物中吸光物质的性质和入射光的波长有关；c 为该吸光物质的浓度；l 为光程长。上式中吸光物质浓度越大，透射光的光强越小，光衰减越严重，因此在实际应用中，过高的光引发剂浓度不利于深层固化。

③ 光的吸收能量　光的吸收本质是光的能量转移到吸光物质，使吸光物质分子由低能量状态转化到高能量状态，例如从基态到激发态。吸收的能量与光的波长有如下关系：

$$\Delta E=h\upsilon=hc/\lambda$$

式中，ΔE 为分子激发态和基态的能级差，J；h 为普朗克（Planck）常数，其值为 6.62×10^{-34}J·s；υ 为光的频率，s^{-1}；c 为光速，其值为 3×10^8m/s=3×10^{17}nm/s；λ 为光的波长，

nm。可见，波长越短则能量越高。紫外光波长比可见光短，因此，其能量较高，会对生物细胞产生破坏作用，所以应尽量避免紫外光对皮肤的辐照。远紫外光能量更高，可用来杀菌消毒，通常用的杀菌灯就是主波长为200～300nm的紫外灯。

④ 生色团　虽然光的吸收是一个分子整体的性质，但在有机分子中常常可将某一原子或原子集团看作是光吸收的一个单元，称为生色团（或发色团）。典型的有机生色团有C═C、C═O和芳香基团等。表3-1列出了一些重要的有机生色团的最大吸收波长、消光系数和激发类型。可以利用物质的吸光特性估计或判断分子含有怎样的生色团，反过来，也可以通过在分子中引入特定的生色团，从而改变物质的吸光特性。

表3-1　一些重要的有机生色团的最大吸收波长λ_{max}、消光系数ε_{max}和激发类型

生色团	λ_{max}/nm	ε_{max}	激发类型
C	180	1000	σ，σ*
C—C—C—C	220	10000	σ，σ*
苯	260	200	π，π*
萘	380	10000	π，π*
C—O	280	20	n，π*
N—N	350	120	n，π*
N—O	660	200	n，π*
C—C—C—O	350	30	n，π*
C—C—C—O	220	20000	π，π*

在光引发剂的分子设计中，常常通过改变生色团的结构而实现其作用波长的改变。

⑤ 量子产率　在一个特定波长的光化学反应中，每吸收一个量子所产生的反应物的分子数，称为量子产率（或量子效率）Φ:

$$\Phi=\text{所产生的反应物的分子数/吸收的量子数}$$

量子产率的测定对于了解光化学反应的过程和机理非常重要，例如，$\Phi>1$表示存在着链式反应。另外，对于光引发剂的引发效率，量子产率也是一个重要的衡量指标。

⑥ 激发态和电子跃迁　分子可因受热而获得进行化学反应所必需的活化能，而光化学反应的活化能是由分子吸收光能而获得的，两种反应所依据的基本化学理论没有根本区别，但两者在发生反应时分子的电子排布是完全不同的。热化学反应时分子处于基态，而光化学反应时分子处于激发态。分子吸收光能后处于较低能级轨道的电子可以向较高能级的轨道跃迁，从而生成激发态分子。这种跃迁必须服从一定的规则，服从这些规则的跃迁是“允许跃迁”，否则是“禁阻跃迁”，图3-5用箭头示出了4种可能的跃迁。必须指出的是，所谓“禁阻跃迁”实际上并不是完全不能发生，只是其发生的概率很小，表现为其消光系数ε值很小，例如n→π跃迁是一种“禁阻跃迁”，其ε为10～100L/（mol·cm）。

⑦ 失活　激发态分子具有较高的能量，它们相对于基态而言是不稳定的，可以通过各种途径失去能量而回到基态，这称为失活。如果在失活过程中分子未发生变化，即回到基态的分子是原来的分子，则此过程称为光物理过程；如果分子在激发态发生了化学反应，此时回到基态的分子已不是原来的分子，则此过程为光化学（反应）过程。

⑧ 电子跃迁时的自旋情况　激发单线态和激发三线态电子具有自旋，两个电子的自旋方向可以相同（即自旋平行），也可以相反（即自旋反平行），分别对应于三线态和单线态。

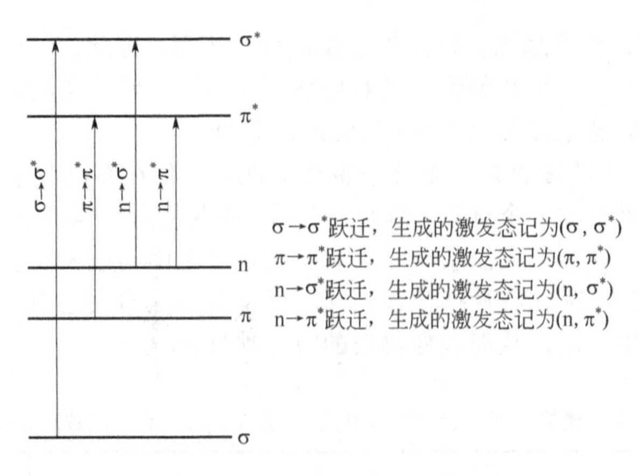

图 3-5　4 种可能的电子跃迁

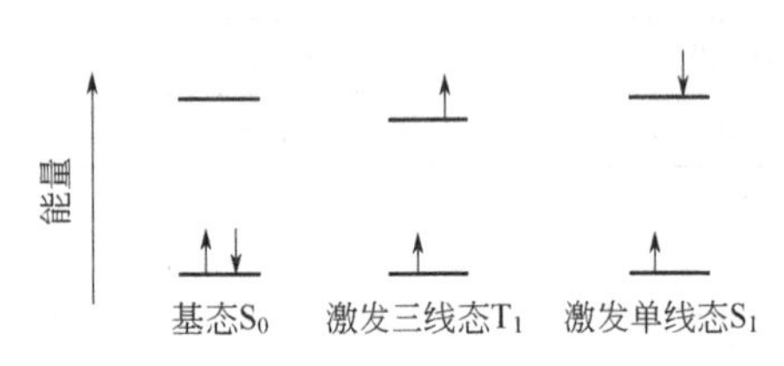

图 3-6　电子跃迁时的自旋情况

通常以 T 表示三线态，以 S 表示单线态。几乎所有的分子在基态时电子都是配对成自旋反平行的，即处于单线态，一般以 S_0 表示。然而激发态分子是由原来配对的 2 个电子之一跃迁到较高的能级形成的，这 2 个电子的自旋可能是平行的，也可能是反平行的，相应地称为激发三线态（T_1）和激发单线态（S_1）。三线态的能级通常低于单线态的能级，但分子吸收光能而产生的电子激发态多为单线态，这是因为分子激发时若其多重度保持不变，则此跃迁的概率最大。图 3-6 表示电子跃迁时的自旋情况。σ

（2）光固化反应

通常所讲的光固化过程是指液态光敏树脂经光照后变成固态的过程，所涉及的光固化反应大多数是光引发的链式聚合反应。更广义的光固化还包括可溶性固态树脂光照后变成不溶性的固态的过程，典型的例子是负性光刻胶，其所经历的反应是光交联反应，例如聚乙烯醇肉桂酸酯的二聚环化反应。需要指出的是，单体连接为聚合物链的过程中，会出现材料的致密化以及树脂的收缩，进而在生成的树脂内形成应力，导致产生了应变和裂纹。

光固化涂料、光固化 3D 打印，通常是从液体树脂变成固态干膜，因而其所经历的光化学过程基本上是链式聚合反应，通过聚合使体系的分子量增加，并形成交联网络，从而变成固态干膜。光引发聚合反应主要包括光引发自由基聚合反应、光引发阳离子聚合反应，其中光引发自由基聚合反应占大多数。

① 光引发自由基聚合反应　自由基聚合反应通常包括引发、链增长、链转移和链终止过程。光引发自由基聚合与传统的热引发自由基聚合的差别在于引发的机理不同，后者是利用热引发剂受热分解得到具有引发活性的自由基，而前者则是利用光引发剂的光解反应得到活性自由基。

光引发剂（PI）在光照下接受光能从基态变为激发态（PI*），进而分解成自由基，自由基与单体（M）的碳碳双键结合，并在此基础上进行链式增长，使碳碳双键发生聚合，其中伴随着增长链上的自由基的转移和终止。自由基光固化体系是光敏树脂中应用最广泛的体系，优点是固化速度快，原料价格相对低廉。但该体系存在收缩大、氧阻聚等问题，尤其是后者，常常是配方设计中必须克服的问题。

② 氧阻聚　空气中氧分子的阻聚作用体现在两方面。其一，处于基态的三线态氧可以作为猝灭剂，将激发三线态的光引发剂猝灭，氧分子被激发至活泼的单线态，光引发剂从激

发态回到基态，阻碍活性自由基的产生。幸而大多数裂解型（第Ⅰ型）光引发剂的激发三线态寿命较短，在激发态引发剂与分子氧作用前，引发剂就已经分解掉，氧分子与光引发剂发生双分子猝灭作用的概率相对较低，经常可以忽略。其二，基态的氧分子处于三线态，本质上是双自由基，因此对光引发过程中产生的活性自由基有较强的加成活性，形成对乙烯基单体无加成活性的过氧自由基，此过程速率较快，可与活性自由基对单体的加成反应相竞争，对聚合过程的阻碍作用最显著。

为克服氧阻聚，在实际生产中可采用以下物理及化学方法。

a．物理方法。

• 浮蜡法。在体系中适当加入石蜡，当涂膜展开时，因石蜡与有机树脂体系的不相容性，石蜡成一层很薄的薄膜覆盖在涂层表面，起到阻隔外界氧分子向涂层扩散的作用。

• 覆膜法。当体系涂展完成后，在其上紧贴覆盖一层表面惰性的塑料薄膜起隔氧作用，如聚乙烯薄膜，经 UV 光辐照固化后，揭去薄膜。当然，这样得到的固化涂层光泽度和光泽均匀性将受影响，更主要的是，生产效率大大降低。

• 强光辐照法。采用强光辐照，光引发剂将同时大量分解，瞬间产生大量活性自由基，活性自由基可对单体加成，也可与氧分子反应，从两反应所占比例来讲，是否用强光辐照，似乎前一反应都不占优势，但引发聚合的绝对速率增加了，而且一旦聚合发生，涂层黏度将迅速增加，外界氧分子向高黏度体系的扩散将大大受阻，这就有利于自由基聚合的快速进行。在实际光固化工艺中使用的辐照光源动辄上千瓦，而且常常几支光管并排安装使用，相邻两支光管在重叠辐照区域上的光强具有可加和性。改善光源质量、增加辐照光强度已成为克服氧阻聚的常规手段之一。

• 两次辐照法。先用短波长（例如 254nm）光源辐照涂层，因短波长光在有机涂层中穿透力差，故光能都在涂层的浅表层被吸收殆尽，相对而言，单位体积内吸收的光能较高，有利于抗氧聚合。这时，聚合固化只发生在涂层浅表层，浅表层固化膜一旦形成，就是底层涂层良好的阻氧膜，接着再用常规中压汞灯辐照，其中较长波长的光线可以穿透整个涂层，例如 313nm、366nm 等，引发完成聚合固化。这种辐照方法还可获得一些特别的表面效果。

b．化学方法。

• 添加氧清除剂，如叔胺、硫醇、膦类化合物等。这些化合物作为活泼的氢供体可与过氧自由基迅速反应，将活性自由基再生，同时过氧自由基夺氢生成烷基过氧化氢，并可进一步分解为烷氧自由基与羟基自由基。夺氢反应再生出来的活泼胺烷基自由基引发聚合，烷基过氧化氢分解释放的烷氧基自由基对乙烯基单体也有一定引发活性，但它的进一步夺氢反应似乎更占主导地位。添加叔胺已成为自由基光固化配方中克服氧阻聚的重要手段。但含有胺的体系固化产物容易产生黄变，而且体系的储存稳定性较差，这是使用胺类作为抗氧阻聚方法的一大缺点。

• 采用Ⅰ型光引发剂和Ⅱ型光引发剂配合的光引发剂体系。例如 Ciba 公司的光引发剂 Irgacure500 即是含有等摩尔的 Irgacure184 和二苯甲酮的混合光引发剂，它在空气中有较好的使用效果。这是由于二苯甲酮的激发三线态能有效地促进氢过氧化物（ROOH）的分解，产生的烷氧自由基（R•O•）和羟基自由基（•OH）都具有引发作用，而Ⅰ型光引发剂光解产生的自由基与氧的反应消耗了氧，使氧对二苯甲酮激发三线态的猝灭作用受到抑制，可见两者有协同作用。

③ 光引发阳离子聚合反应　光引发阳离子聚合一般是利用阳离子光引发剂在光照下产生的质子酸，催化环氧基的开环聚合或富电子碳碳双键（如乙烯基醚）的阳离子聚合。这类阳离子光引发剂主要有硫盐、碘盐，其光解结果产生酸性很强的 HPF6，可令环氧基团发生开环聚合。阳离子光固化体系的单体或低聚物还可以是乙烯基醚类，在强酸催化下进行乙烯

基醚双键的阳离子加成聚合。但阳离子光固化涂料的实际应用中主要还是使用环氧化合物作为单体和低聚物的居多。

阳离子光固化体系的最大优点是没有氧阻聚的问题，另外因为固化收缩较小而黏附力较强，尤其适合用作光固化胶黏剂。缺点是固化速度比自由基体系慢，且原料价格较贵，这是阳离子体系的推广应用远不如自由基体系的主要原因。

④ 激光光固化局部固化方式　激光光固化可以采用两种方式实现局部固化：

a．向量法或扫描法，通过紫外激光束的扫描，采用一定的扫描方法在树脂的表面“写”出所要求的轮廓，分别如图 3-7（a）、（b）所示。

b．掩膜法，采用强烈的紫外光源透过比例缩小的膜实现物理层的生成，如图 3-7（c）所示。

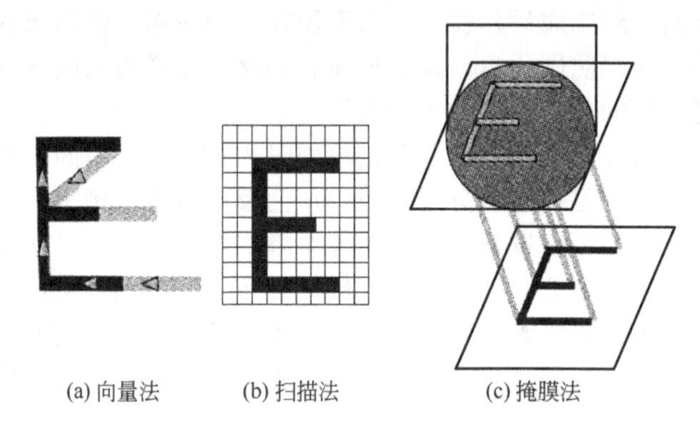

(a) 向量法　(b) 扫描法　(c) 掩膜法

图 3-7　激光光固化局部固化方式

参考文献

[1] 曹凤国．激光加工［M］．北京：化学工业出版社，2015．

[2] 左铁钏．21 世纪的先进制造：激光技术与工程［M］．北京：科学出版社，2007．

[3] 郝敬宾，王延庆．面向增材制造的逆向工程技术［M］．北京：国防工业出版社，2021．

[4] 陈家壁．激光原理及应用［M］．北京：电子工业出版社，2004．

[5] 张剑峰．激光快速成形制造技术的应用研究进展［J］．航空制造技术，2002（7）：34-37．

[6] 李相银，姚敏玉，李卓，崔骥．激光原理技术及应用［M］．哈尔滨：哈尔滨工业大学出版社，2004．

[7] 关振中．激光加工工艺手册［M］．北京：中国计量出版社，2005．

[8] Maillard B，et al．Rate constants for the reactions of free radicals with oxygen in solution［J］．Journal of the American Chemical Society, 1983．

[9] Lewis F D，Lauterbach R T，Heine H G，et al．Photochemical．alpha．cleavage of benzoin derivatives．Polar transition states for free-radical formation［J］．Journal of the American Chemical Society，1975，97（6）：1519-1525．

[10] Decker C，Jenkins A D．Kinetic approach of O2 inhibition in ultraviolet-and laser-induced polymerizations［J］．Macromolecules，1985，18（6）：1241-1244．

[11] Hult A，Ranby B．Photocuring in air using a surface active photoinitiator．1984．

[12] Ali Mohammad Z．High speed photopolymerizable element with initiator in a topcoat：U．S．Patent 4988607［P］．1991-1-29．

[13] Hageman H J，Jansen L．Photoinitiators and photoinitiation，9 Photoinitiators for radical polymerization which counter oxygen-inhibition［J］．Die Makromolekulare Chemie，1988，189（12）

[14] 刘东华，冯树强．激光快速造型技术及其应用［J］．广西工学院学报，2002，11（2）：26．

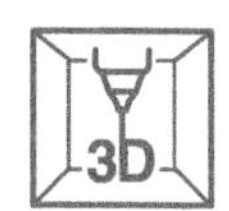

第4章 零维光斑点成形工艺

1983年，美国人 Charles Hull 在 UVP（Ultraviolet Products）公司担任副总裁，这家公司是利用紫外光来硬化家具和纸制品表面的涂层。Charles Hull 每天在公司里拨弄着各种各样的紫外光灯，看着那些原本是液态的树脂一碰到紫外光就凝固的过程。某一天他突然意识到，如果能够让紫外光一层一层地扫在光敏聚合物的表面上，使其一层一层地变成固体，将这成百上千的薄层叠加在一起，他就能够制造任何可以想象的三维物体了。借助光固化成形原理、利用光固化树脂而实现 3D 打印的工艺——立体光刻装置（Stereolithography Apparatus，SLA），就此诞生，1986年3月11日 Charles Hull 获得 SLA 的发明专利授权。

所谓光固化，是指聚合物单体、低聚体或聚合体基质在光诱导下的固化过程。所谓光固化树脂又称光敏树脂，是一种受光线照射后，能在较短的时间内迅速发生物理和化学变化，进而交联固化的低聚物。需要指出的是，紫外光的能量能够与更多光敏树脂材料的活化能相匹配，因此完成光固化的光源以紫外光居多，但是最近也出现了蓝光光源的光敏树脂材料。

在 SLA 工艺的打印成形过程中，3D 成形的最小几何单元为聚焦的零维光斑点。继 SLA 之后，同样借助光固化成形原理、利用光固化树脂，又陆续出现了来自以色列的 Polyjet 工艺，来自美国的连续液面成形（Continuous Liquid Interphase Production，CLIP）工艺，以及来自德国的双光子聚合（Two-Photon Polymerization，TPP）工艺。虽然这些工艺与 SLA 比较，均在机械结构、成形效率、储存和供给材料等方面有较大区别，但是它们均遵循“逐层累积”的增材制造原理，且最小的成形几何单元均可以定义为聚焦的零维光斑点，因此本书将上述四个 3D 打印工艺划分为一类，定义为零维光斑点成形工艺。

4.1 立体光刻装置工艺

4.1.1 简述

立体光刻装置 SLA，是研究最早、技术最成熟、并率先实现商业化的 3D 打印工艺。世界上第一台 3D 打印机当时被命名为“SLA-1”，后来又被称为“SLA-250”，给出了其最大加工尺寸为 250mm 的性能参数。由于当时还没有“3D 打印”的概念和说法，所以 SLA 因其功能特点而被描述为“快速成形”。发明它的起因是为了缩短创建产品原型所需要的漫长时间，当时使用模具成形工艺大约要花 6～8 周，而这样一台机器能够在短短数小时之内打印出零部件，这在当时是制造业中的一项重大突破。截至目前，SLA 以工业级机型居多，如图 4-1 所示，近几年也出现了桌面级机型，如图 4-2 所示。

图 4-1　Wiiboox 工业级 SLA 型 3D 打印机

图 4-2　桌面级 SLA 型 3D 打印机

图 4-3、图 4-4 展示了通过 SLA 打印获得的一些模型。首先看材质，因为采用光敏树脂原材料，因此获得模型，仅限塑料材质，当然可以是透明的，也可以是非透明的；其次看造型，对于图 4-3 所示的镂空复杂结构，目前任何传统加工手段都无法完成，而对于 SLA，则可以轻而易举地一次性整体打印；另外，因为 SLA 完成的是由液态到固态的相变过程，类似于结晶过程，因此其表面质量和精度较高。

图 4-3　SLA 工艺打印的模型零件（一）

图 4-4　SLA 工艺打印的模型零件（二）

4.1.2　工艺过程及特点

（1）工艺过程

图 4-5 给出了 SLA 工艺过程，具体如下：

① 数据准备。获得零件三维模型并进行二维切片处理。

② 材料准备。光敏树脂盛放于液态树脂槽内；液态树脂槽内装有工作台。

③ 二维移动。激光器生成紫外激光束，经光学系统到达扫描器；扫描器接受指令文件控制而使激光束进行 *X*、*Y* 二维移动；激光束照射作用于料槽最上面的一层液态光敏树脂材料，并使光斑内（光斑直径通常在 50～200μm）的树脂瞬间固化，而未照射部分保持液态。

④ *Z* 向移动。工作台下降一层（通常在 20～50μm），液态树脂浸没一层，并在刮板作用下保持平整，水平传感器监控液面水平位置不变。

⑤ 层间结合。激光束在新的一层 *X*、*Y* 指令下移动，固化新一层光敏树脂的同时，层间内树脂同样发生光照而固化，并使层间黏结在一起。

⑥ 重复上述过程，零件逐渐浸没于树脂槽内并最终成形。

需要注意的是，有些悬空部位，为了提高在液体中的稳定性及打印精度，通常需要设置支撑。根据每个零件外形的特点，常见的支撑类型包括腹板、斜支撑、直支撑等，如图 4-6 所示。

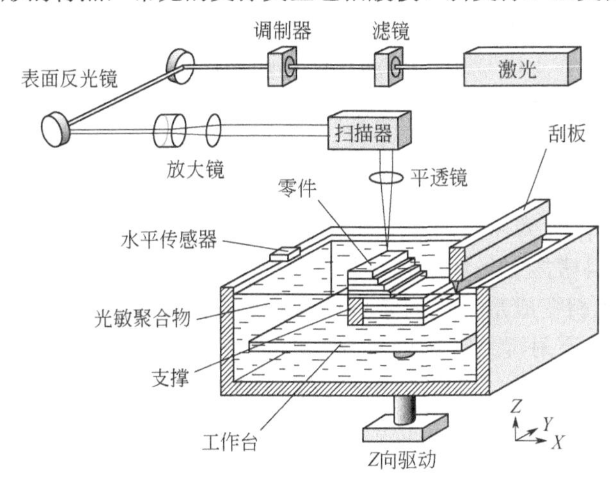

图 4-5　SLA 工艺过程示意图

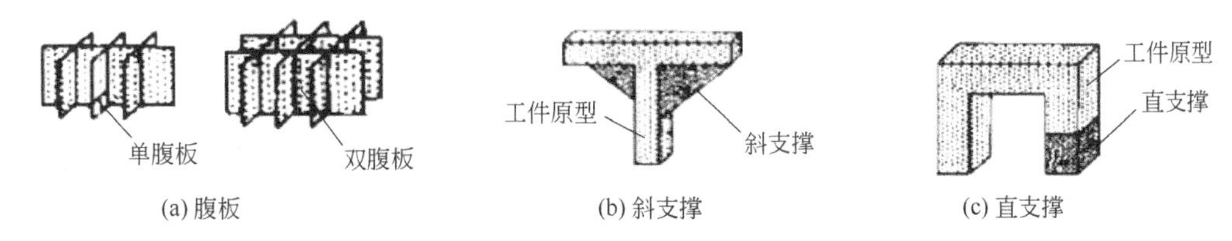

图 4-6　SLA 3D 打印过程常用支撑类型

支撑主要起四个作用：

① 基础支撑。在托板和零件之间建立一个缓冲，使零件 3D 打印完成后容易从托板上取下。基础支撑另外一个重要的作用是提供一个工艺基准面，即使托板的平面度较差或不水平，3D 打印一定高度的基础支撑后，基础支撑顶部所在的平面即与树脂表面平行，再以此为基准制作零件。一般基础支撑高度设置 5mm，即零件的最低处与网板接触高度 5mm。

② 对截面的悬空部分提供依托。

③ 对悬臂结构起约束作用，防止或减轻翘曲变形。

④ 对零件支承和加固，防止 3D 打印过程中零件因重心失稳引起移位和倒塌。

零件经过 SLA 打印完成后，还需进一步进行后处理，通常有三个过程：

① 滤干清洗。因为零件是被完全浸没于液态树脂槽内的，因此，需要将零件在树脂槽上方静置，将表面残留的液态树脂流回树脂槽内，这样，也更加节约打印材料，然后，还有必要利用酒精、丙酮等溶剂，对零件进行进一步清洗。

② 去掉支撑。支撑是辅助打印的，在零件打印完成后，将支撑去除并保留完整的零件。

③ 再固化。考虑零件在打印过程中，光敏树脂接受有限的辐照时间，并不会完全、100% 固化，因此，有必要对其进行进一步固化，通常放置于紫外干燥箱内即可，当然，这个过程，还可以将表面残留的树脂和溶剂、清洗剂等烘干掉。

（2）工艺特点

SLA 工艺具有两个比较明显的优点：

首先，可以获得精度较高、表面质量较好的最终零件。这是因为零维光斑点成形时，聚焦光斑直径的尺寸可以足够小而保证打印精度，同时，打印过程中，实现了液态到固态、类似于结晶的相变过程，因此，表面质量比较好。

其次，SLA 打印过程中，不需要加热，仅是利用激光产生的紫外光束诱导光固化化学反应，这一点对于某些不能耐热的塑料、光学零件、电子零件来说十分有用，且能耗较低。

然而，SLA 也具有一定的局限性和缺点，分别是：

① 效率低，这是由零维光斑点成形原理所决定的；

② 料储困难，通常使用的光敏树脂材料需要做密封处理，以防止使用环境中光线的影响，甚至整台设备需要设立暗室进行使用；

③ 料储大不经济，因为，SLA 打印过程中，零件逐层下沉，需要完全浸没于液态树脂内，盛放液态树脂的料槽需要足够大且要装有足够多的树脂；

④ 材料经光固化相变成形后，通常有较大的翘曲、变形，且性脆易断裂，性能远不如工业塑料，不耐高温、不耐湿气、不耐腐蚀等；

⑤ 材料挥发刺鼻，同样，这也是光敏树脂材料的本性，因为通常光敏树脂材料分子链较小，甚至是单体结构，很容易挥发；

⑥ 需要支撑结构；

⑦ 需要激光成本高，目前通常产生紫外激光的激光管寿命仅为 2000h 左右，价格昂贵，当然，相信随着激光器制造技术发展，该成本会逐渐下降。

4.1.3 应用实例

目前，在工业领域里，产品研发测试阶段，手板是验证产品可行性的第一步，是找出设计产品的缺陷、不足、弊端最直接且有效的方式，从而对缺陷进行针对性的改善。综合设备成形尺寸、价格、材料成本等因素，SLA 是在手板行业中应用最多的 3D 打印工艺。

图 4-7 为国内某公司为某手钻产品外壳，通过 SLA 进行 3D 打印手板的具体实例。其打印过程依次经历如下步骤：

① 设计产品模型，或通过 RE 反求获得产品模型数据，并导入 Magics 软件进行模型局部修复，确定打印方向，并添加支撑，如图 4-7（a）所示；

② 通过 SLA 进行 3D 打印，完成后，经滤板过滤后，将模型从工作台上取下，如图 4-7（b）所示；

③ 模型进一步通过清洗［如图 4-7（c）所示］、去支撑、抛光打磨［如图 4-7（d）所示］、再固化等后处理过程，最终获得完整的某手钻产品外壳，如图 4-7（e）所示，并进行实际装配验证手感等效果，如图 4-7（f）所示。

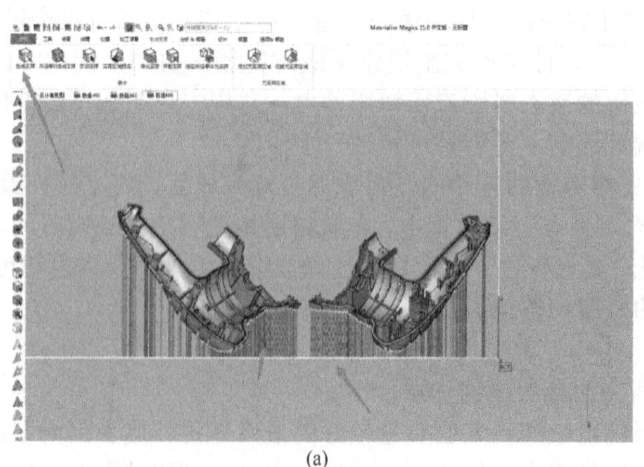

(a)

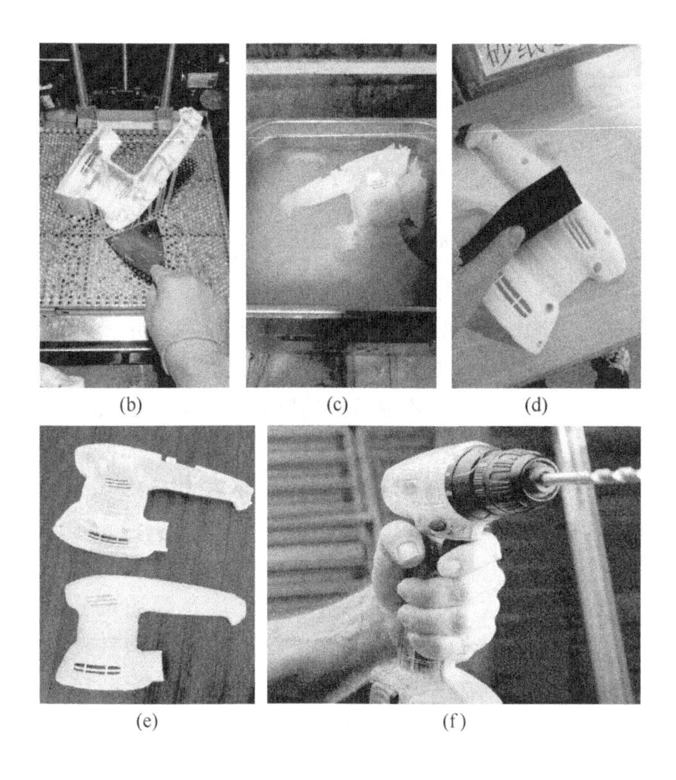

图 4-7　SLA 3D 打印某手钻产品外壳手板实例

图4-8为2022年冬奥会吉祥物冰墩墩的设计和打印过程，依次经历电脑三维设计[如图 4-8（a)]、SLA 打印［如图 4-8（b)]、后期着色［如图 4-8（c)]，然后获得最终模型如图 4-8（d)。

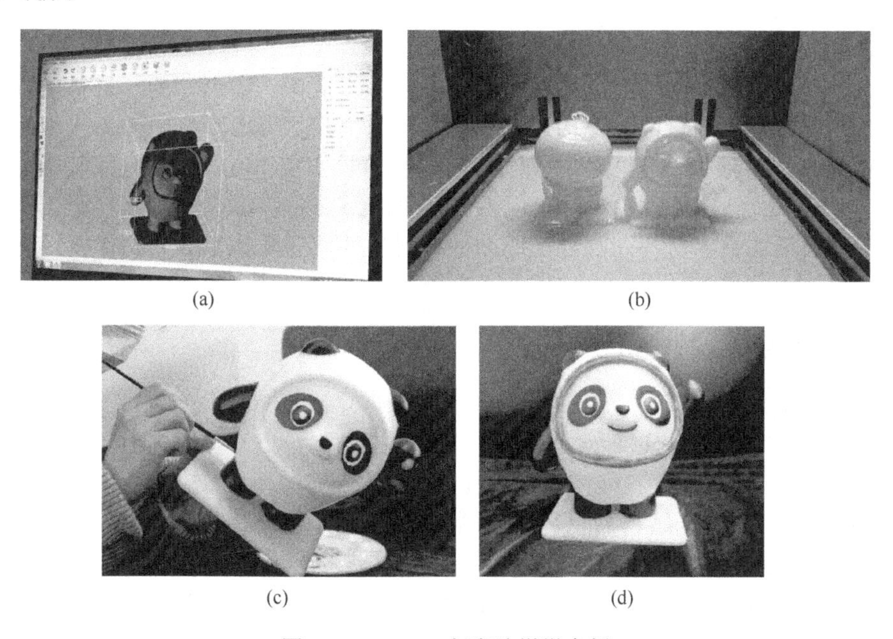

图 4-8　SLA 3D 打印冰墩墩实例

4.2 多喷工艺

4.2.1 简述

如前节所述，SLA 工艺具有效率低、料储困难、料储大不经济的弊端。1999 年 5 月 3 日，来自以色列中央区城市——瑞荷渥特的 Hanan Gothait，通过 PCT 申请一项名称为“Apparatus and method for three dimensional model printing ”的美国专利，并于 2001 年 7 月 10 日获得授权。专利信息显示该工艺即 Polyjet，中文翻译为多喷工艺，其专利摘要示意图如图 4-9 所示。

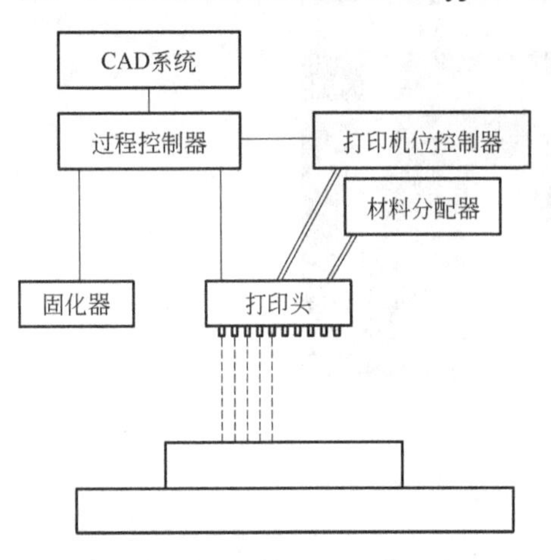

图 4-9 Polyjet 工艺专利摘要示意图

其摘要关键信息，如“a printing head having a plurality of nozzles”，显然该工艺含有多个喷嘴的打印头，打印效率将获得大幅提高；“ selectively dispensing interface material in layers and curing means”，在每层上选定的区域内，分配界面材料，并提供固化方式。显然，多喷工艺，也要通过分层累积，也是使用容易固化的光敏树脂材料，而且，它是将光敏树脂材料利用墨盒存储，并通过分配器精确供给打印头，而不是采取整装的料槽存储。综上，这将大幅降低料储的成本，避免了料储大不经济、不方便的问题。同时，因为材料墨盒储存相对更加封闭，因此也在一定程度上避免了刺鼻挥发性气体的溢出。

该专利的专利权人为以色列 Objet 公司，2012 年，Objet 公司与美国的 Stratasys 公司宣布合并，新的公司继续以 Stratasys 名称运营，主要有 FDM 和 Polyjet 两大类型的机型，成为 3D 打印行业领军企业之一。

多喷工艺是当前流行的 3D 打印技术之一，可以实现单一颜色、单一材料的打印，也可以实现彩色和多材料相结合，制作接近真实产品的原型，更可用来打印产品模型，验证产品设计。最新的 Stratasys J850 全彩多材料 3D 打印机可以实现 14μm 层厚的打印，可同时混合 7 种材料，实现 50 万种颜色、不同纹理、不同透明度和不同软硬度的 3D 打印，实现更逼真的色彩并创造自己的数字材料，混合出不同的材料特性。多喷技术成为制作接近实物原型的理想之选。

4.2.2 工艺过程及特点

(1) 工艺过程

图 4-10 给出了多喷工艺过程示意图。

① 数据准备。获得零件三维模型并进行二维切片处理。

② 材料准备。液态光敏树脂材料经供料系统，精确供给喷头，喷头为阵列喷孔结构，如图 4-11 所示，喷头同时带有紫外激光束。

③ 二维移动。喷头接受指令文件控制而进行 *X*、*Y* 二维移动，在需要的位置通过阵列喷孔分别喷射成形光敏树脂材料与支撑光敏树脂材料，同时紫外激光束照射光敏树脂，使光斑内的光敏树脂实现瞬间、实时固化。

④ *Z* 向移动。工作台连同已成形模型在 *Z* 向下降一层特定的高度，即分层厚度，喷头接

受新的一层指令文件控制而进行 X、Y 二维移动。

⑤ 层间结合。成形光敏树脂材料与支撑光敏树脂材料被喷嘴喷射在已成形模型上，被紫外激光束照射固化的同时，层间材料固化、黏结在一起。

⑥ 重复上述过程，经过逐层打印，最终的模型随着工作台的逐层下降而逐层累积，最终成形。

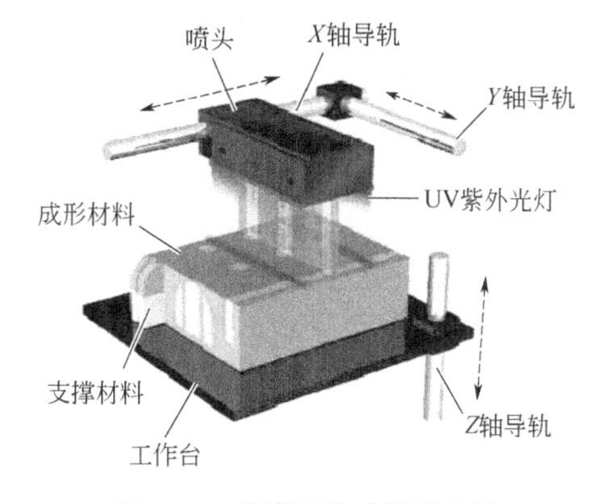

图 4-10 多喷工艺过程示意图

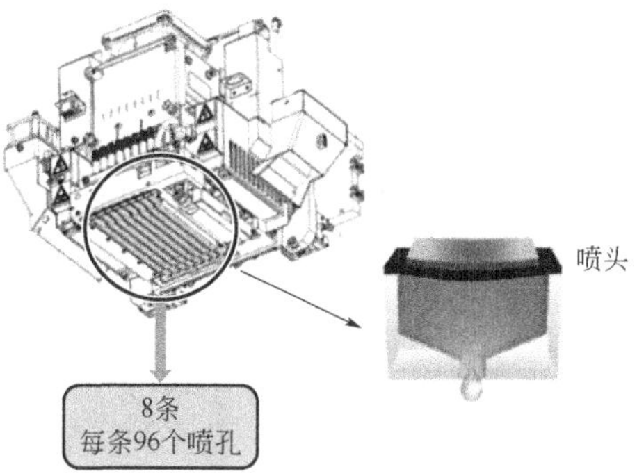

图 4-11 多喷工艺喷头结构

同 SLA 一样的道理，有些悬空部位，为了提高打印的稳定性而提高打印精度，通常需要设置支撑。经过多喷工艺打印完成后，通常需要与 SLA 工艺相似的后处理过程：

① 去掉支撑。支撑是辅助打印的，不是最终零件所需要的，因此，需要去除掉。通常选用水溶性支撑材料，因为它十分容易被去除。

② 再固化。通常放置于紫外干燥箱内即可，再固化过程，通常还可以起到热处理作用，去除模型内应力。

（2）工艺特点

多喷工艺具有以下比较明显的优点：

① 打印效率大幅提升，因为阵列喷孔的喷头结构实现了多点喷射。

② 可以实现彩色、多材料打印，甚至可以通过阵列喷孔的数字化精确控制，实现数字材料、数字调色的设计和打印。

③ 料储方便、经济，因为采用密封墨盒进行料储，较 SLA 料储方便、经济，挥发异味得以控制和改善，可以在办公环境下使用。

④ 精度、表面质量较好，目前最高可达 16μm 的分辨率，可以制备平滑和非常精细的零件和模型。

同样，多喷工艺也具有一定的局限性和缺点，分别是：

① 材料方面，仅限光敏树脂材料，经光固化相变成形后，通常有较大的翘曲、变形，且性脆易断裂，性能远不如工业塑料，不耐高温、不耐湿气、不耐腐蚀等；且有一定的挥发刺鼻现象；目前光敏树脂材料成本也相对较高。

② 工艺方面，需要支撑结构，增加了耗材和后处理工序，增加了成本；另外，需要使用激光，成本高。

需要指出的是，随着材料与激光技术的发展，上述两个局限也会逐渐得以改善。

（3）讨论

① 彩色原理　多喷工艺实现彩色打印，通常采用色光减色法，所喷射的光敏树脂材料颜色包括 C（Cyan，青色）、M（Magenta，品红）、Y（Yellow，黄色）和 K（Black，黑色）。

任意两种或两种以上的彩色墨水按照相应的比例混合，可以得到多种不同的混合色；在混色过程中，彩色墨量越多，颜色越暗。

国内珠海赛纳打印科技股份有限公司是较早开展彩色多喷 3D 打印工艺的公司，并在颜色配置和管理方面，自主研发白墨填充专利技术（White Jet Process，WJP），满足了全彩色打印功能对墨滴厚度、精度、平整度和色彩的要求。

白墨填充专利技术：首先，在彩色数据墨量分配过程中，采用色彩管理流程对颜色进行控制，并通过 ICC（International Color Consortium）特性文件将颜色从 RGB 数据转换成 CMYK 数据，在成形材料部分彩色墨量不足的地方，填充白墨（White，白色）或透明墨（Transparent，透明色）；其次，白墨填充技术采用特定算法对总墨量进行控制，在 6 种材料（CMYKWT）中，每次选择 3 种材料进行喷射，既保证了每层打印高度的一致性，又减少了材料的浪费；最后，在色彩呈现上，通过多组材料通路经喷头喷射，并在同一空间体素点进行材料混合，从而创造出新的材料及色彩属性，同时完成三维实体模型的累积与成形，如图 4-12 所示。

图 4-12　WJP 色彩呈现示意

② 喷射机构　多喷工艺采用阵列喷孔实现多材料喷射累积成形，显然，阵列喷孔直径越小，实现打印的精度越高，阵列喷孔间距越小，实现打印的分辨率越高。珠海赛纳打印科技股份有限公司的白墨填充技术所用喷头一共由 4 路喷孔组成，每 1 路 320 个喷孔，每 1 个喷孔按照从上到下 1 路、3 路、2 路、4 路的顺序交替排列，且分辨率可达到 150dpi，如图 4-13 所示。

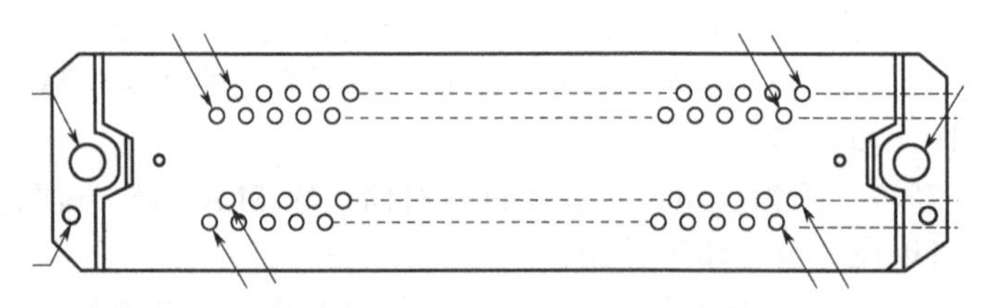

图 4-13　WJP 技术喷孔结构示意图

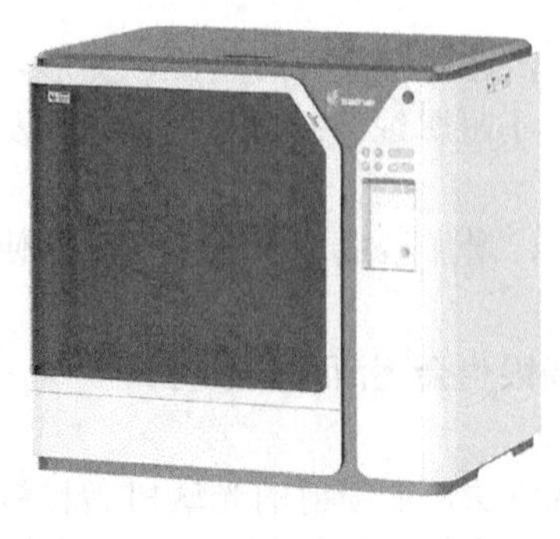

图 4-14　Sailner D450 设备

③ 旋转结构　珠海赛纳打印科技股份有限公司创造性地将每层 X、Y 二维移动，变为旋转运动，充分利用了工作台的打印面积，大幅提升了打印效率，从而提升了打印机的打印能力。图 4-14 为珠海赛纳打印科技股份有限公司自主研发的 Sailner D450 设备。

④ 喷蜡打印　美国 3D Systems 公司推出一款 ProJet MJP 2500 IC 打印机，专门使用蜡基光敏树脂材料，服务于首饰、珠宝行业的消失模铸造。图 4-15 为 ProJet MJP 2500 IC 打印机，图 4-16 为该设备打印的一些珠宝模型。该机型所用蜡材，常温下为固态，经加热熔融后，被挤出、沉积至工作

台，在常温环境下，又瞬间固化。显然，该机型即便不再使用光敏树脂材料，但是其基本原理仍旧是多喷工艺的技术背景。

图 4-15　ProJet MJP 2500 IC 打印机

图 4-16　ProJet MJP 2500 IC 打印机打印的珠宝模型

⑤ 纳米颗粒喷射工艺　纳米颗粒喷射工艺（Nano Particle Jetting，NPJ）是以色列 XJet 公司于 2016 年首次公开并取得专利的喷射 3D 技术。其工作原理同样与传统的 2D 喷墨打印机的工作原理相似，简单来说就是纳米级的研磨金属粉末或陶瓷粉末被包裹在一层液体中，当悬浮纳米颗粒（Suspended Nanoparticles，SNPs）被沉积到 3D 打印机的打印平台上时，外面的这层液体会因为打印平台的热量而蒸发，仅留下纳米颗粒，而纳米颗粒也在高温下开始黏合。其所使用的主要材料目前只限于 316L 不锈钢金属材料和氧化锆、氧化铝两种陶瓷基材料。目前，纳米颗粒喷射工艺的 3D 打印机和 SNPs 材料本身都非常昂贵，所以基本上是工业级需求才会使用这项技术。另外，材料的选择有限，零件性能各方面还需要提升。纳米颗粒喷射工艺示意图如图 4-17 所示，纳米颗粒喷射工艺所获得的零件如图 4-18 所示。

图 4-17　纳米颗粒喷射工艺示意图

图 4-18　纳米颗粒喷射工艺所获得的零件

4.2.3　应用领域及实例

（1）产品模型应用领域

对于产品的外观设计，多喷工艺的全彩打印技术可以使产品设计师和开发人员在一次操作中创建具有全彩色元素、标签和真实纹理的逼真原型和模型，从而能够在进行全面生产之前获得最为真实的反馈，可极大地缩短产品设计周期，如图 4-19～图 4-21 所示。

（2）医学模型应用领域

多喷工艺的全彩色材料可作为医师培训和术前准备的逼真解剖模型，从而降低手术成本并改善患者疗效，如图 4-22～图 4-24 所示。

图 4-19　多喷工艺打印的产品模型（一）

图 4-20　多喷工艺打印的产品模型（二）

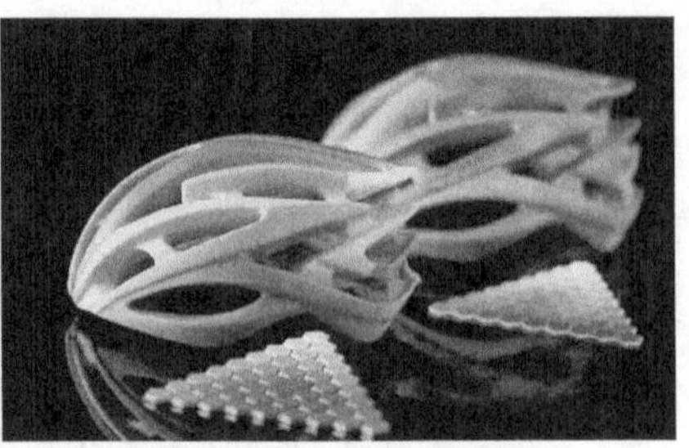

图 4-21　多喷工艺打印的产品模型（三）

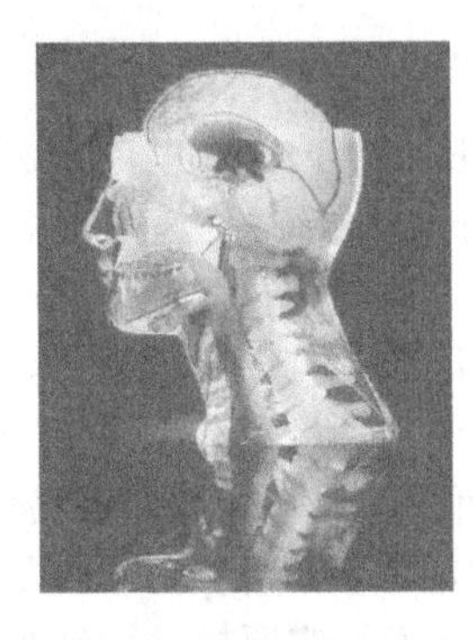

图 4-22　多喷工艺打印的医学模型（一）

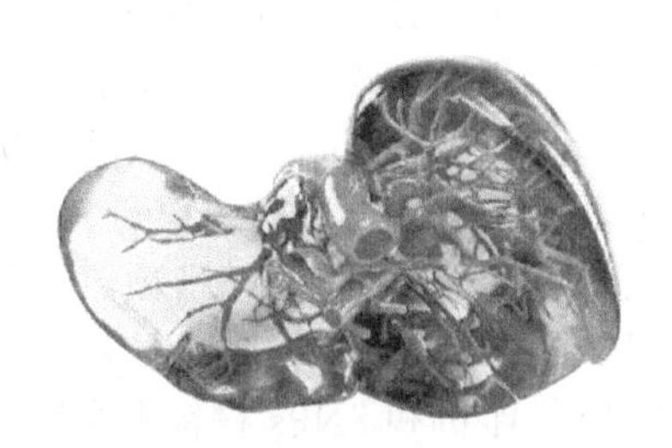

图 4-23　多喷工艺打印的医学模型（二）

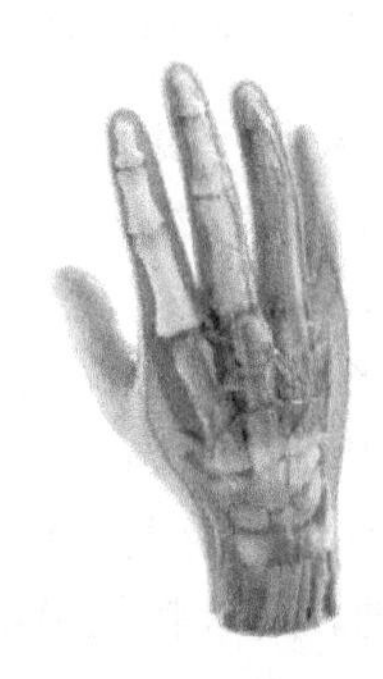

图 4-24　多喷工艺打印的医学模型（三）

（3）模具制造与生产应用领域

多喷工艺的类工程塑料光敏树脂制成的注塑模具生产速度更快、成本更低，并且支持成本低廉的小批量生产，如图 4-25 所示。

案例 4-1

以色列 Objet 公司未与美国 Stratasys 公司合并之前，曾推出 Eden 500V 机型，其制作的某手机外壳如图 4-26 所示。

图 4-25　多喷工艺打印的模具模型

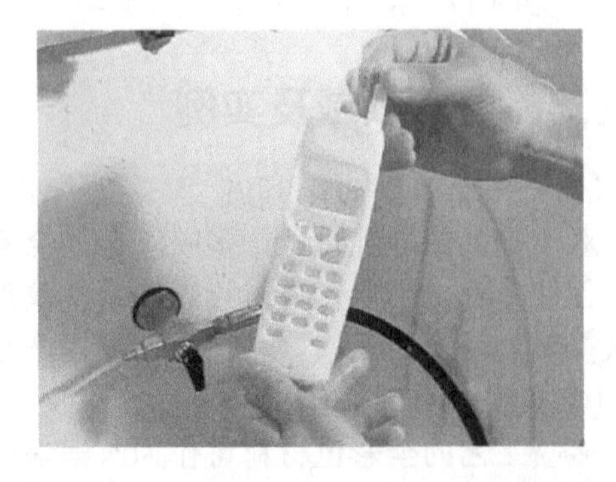

图 4-26　Objet Eden 500V 机型打印的模型

案例 4-2

美国 3D Systems 公司也有该项技术的产品，Projet 3000 是其中一款，图 4-27 为其制作的某模型。

案例 4-3

赛纳 WJP 全彩色多材料 3D 打印系统应用包括工业、文创、医疗教育等多个领域。在医疗领域中，彩色打印模型应用于复杂病例的术前诊断、手术方案设计、手术预演等，从而缩短手术时间，降低手术风险，同时也能使医生方便地与患者进行术前充分沟通。图 4-28 为赛纳 WJP 全彩色多材料 3D 打印系统打印的医学模型。

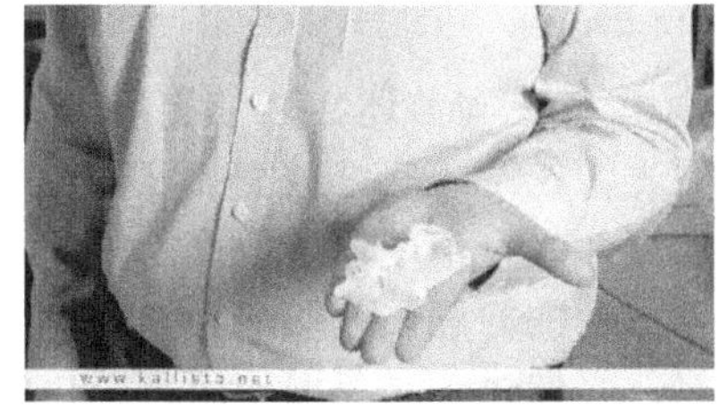

图 4-27　Projet 3000 机型打印的模型

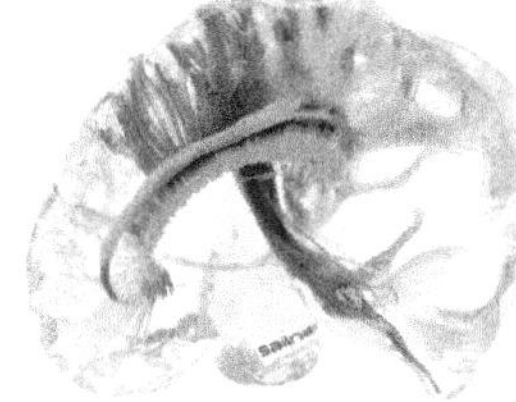

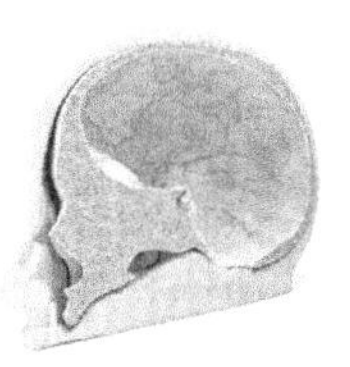

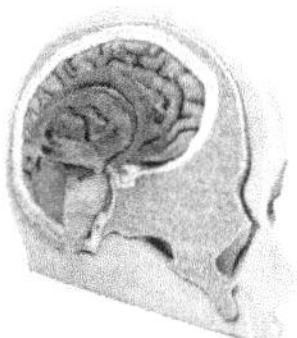

图 4-28　赛纳 WJP 全彩色多材料 3D 打印系统打印的医学模型

在后处理工艺中，WJP 全彩色多材料 3D 打印系统也配套了很多辅助设备来减少人工成本，如高压射流式清洗机（图 4-29）、超声波清洗机（图 4-30）、台式打磨抛光机（图 4-31）等。模型表面不易去除的支撑材料（碱溶、水溶）可用高压射流式清洗机去除；精细的碱溶支撑在超声波清洗机中采用碱液超声去除；台式打磨抛光机可以用电磨、锉刀或砂轮磨掉一些较粗的制造纹理。

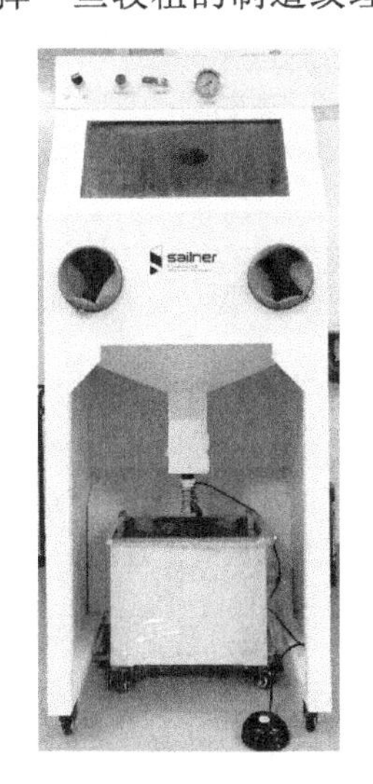

图 4-29　高压射流式清洗机

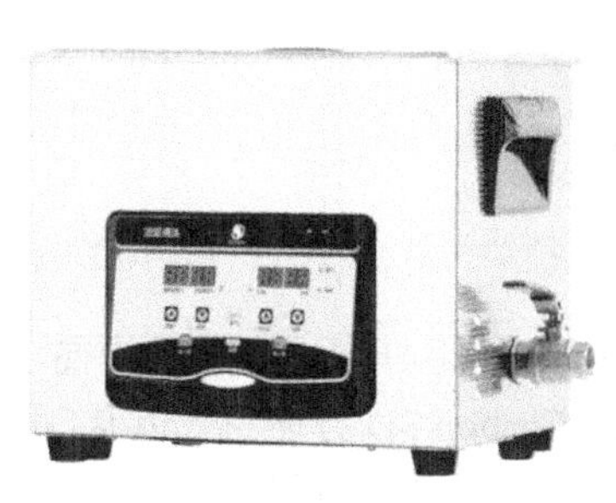

图 4-30　超声波清洗机

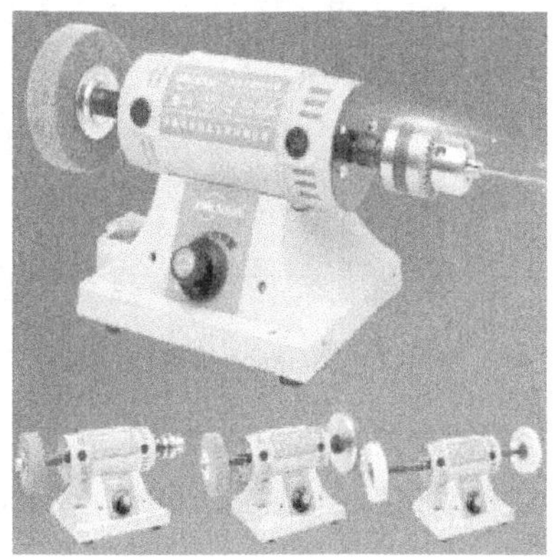

图 4-31　台式打磨抛光机

4.3 连续液面成形工艺

4.3.1 简述

2014 年 12 月 12 日，来自美国的 Joseph M. DeSimone、Alex Ermoshkin、Nikita Ermoshkin、Edward T. Samulski 共同申请一项名称为“Continuous Liquid Interphase Production”的美国专利，并于 2015 年 12 月 8 日获得授权。四人基于新的创新，于 2018 年 6 月 8 日继续以上述专利名称申请新的专利，且在 2021 年 10 月 12 日获得新的专利授权。上述两项专利即为连续液面成形工艺（Continuous Liquid Interphase Production，CLIP）工艺，两项专利的专利权人为 Carbon 3D 公司。2015 年 3 月 20 日，Carbon 3D 公司的 CLIP 登上了权威学术杂志 Science 的封面，如图 4-32 所示。Joseph M. DeSimone 也在 2015 年登上 TED 讲台向世人宣讲 CLIP，至此该技术轰动一时，Joseph M. DeSimone 获得当年美国科技创新奖。Carbon 3D 公司成立于 2013 年，致力于 CLIP 技术的商业化，当时获得了 2.55 亿元风投。

上述两个专利摘要的示意图如图 4-33 所示。可以看到，CLIP 工艺与前述 SLA 工艺、Polyjet 工艺，采用了完全不一样的机械结构，其工作台在上、辐射光源在下，三维模型被工作台从树脂料仓内逐层往上拉出。显然该机械结构模型的高度成形尺寸完全不受料仓深度的限制，可以一定程度上降低料储的成本，避免了料储大不经济、不方便的问题。读取专利摘要的关键信息，“filling the build region with a polymerizable liquid”，显然该工艺仍旧使用光固化的液态树脂材料；“continuously maintaining a dead zone”“continuously maintaining a gradient of polymerization zone”，在料仓底板与三维模型之间，辐射光源依次经历上述两个区域，而且两个区域持续不断地形成，其中的“dead zone”保证模型不与料仓底板黏结，“a gradient of polymerization zone”保证模型被不断通过树脂固化而成形。显然，CLIP 工艺虽然也遵循 3D 打印“分层累积、逐层打印”的基本原理，但 CLIP 工艺所形成的聚合成形区，是呈现梯度变化、梯度聚合的，不像其他 3D 打印工艺那样具有明显的分层与层间界面。

图 4-32 Science 的封面报道 CLIP 技术

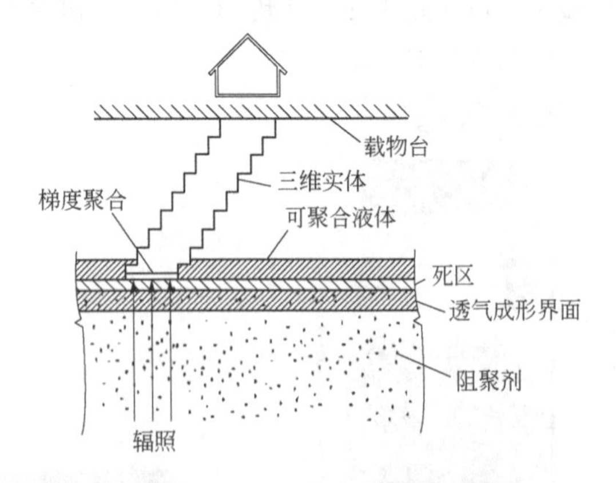

图 4-33 CLIP 工艺专利摘要示意图

较目前其他 3D 打印工艺，CLIP 工艺将打印速度足足提高了 25～100 倍，甚至 DeSimone 教授满怀信心地说：“虽然，今天的 Carbon 3D 打印机比其他工艺在打印速度上提高了近 100 倍，但该技术可以发展得更好，在未来我们可以做到比传统 3D 打印快一千倍。”有媒体称其为 3D 打印领域内革命性突破技术，表 4-1 为 Carbon 3D 公司网站官宣的 CLIP 设备及相关参数。

表 4-1 Carbon 3D 公司的 CLIP 设备及相关参数

项目	M1	M2	M3	M3 Max	L1
成形尺寸	141mm×79mm×326mm	189mm×118mm×326mm	189mm×118mm×326mm	307mm×163mm×326mm	400mm×250mm×460mm
XYZ 精度	75μm；25.50μm 或 100μm	75μm；25.50μm 或 100μm	75μm；25.50μm 或 100μm	75μm；25.50μm 或 100μm	160μm;25.50μm 或 100μm
一般精度	±70μm+1μm 每毫米	±70μm+1μm 每毫米	±65μm+1μm 每毫米		±70μm+1μm 每毫米
产品重复精度	±40μm	±40μm	±37μm		±40μm

4.3.2 工艺过程及特点

（1）工艺过程

图 4-34 给出了 CLIP 工艺过程示意。

① 数据准备。获得零件三维模型并进行二维切片处理；进一步获得每个二维层片的动态掩膜曝光信息，用于激光辐射光源的曝光控制；CLIP 工艺控制激光辐射光源每个二维层面同时曝光，实现整面曝光、整面成形。

② 材料准备。液态光敏树脂材料存放于料仓内；料仓底部为一个可以阻止液态光敏树脂材料渗出，却可以允许氧气渗入、激光辐射透过的特殊底板，其中氧气渗入后，会在料仓底板与液态光敏树脂材料之间形成一个氧气层，因为氧气可以阻止液态光敏树脂材料聚合成形（不交联固化），因此，在料仓底板上方形成一个氧气阻聚层，被称为聚合成形的“死区”，该区域通常约有 30μm 的厚度。

③ 激光辐射整个二维层面聚合成形。激光器产生的紫外激光，自料仓下面辐照，透过特殊底板和氧气阻聚层，聚焦在聚合成形层，同时激光束的辐照接受二维层片曝光信息的控制，使辐照范围内的整个二维层片相应位置的紫外光敏树脂获得曝光而聚合成形。

④ *Z* 向移动。控制上述辐照曝光的时间与工作台提升的速度，工作台被提升一定高度后，在料仓特殊底板上，会持续生成新的氧气阻聚层和聚合成形层，激光器产生的紫外激光也会接受下一个二维层面曝光信息的控制，而持续对新的聚合成形层产生整面曝光成形。

⑤ 层间结合。上述 *Z* 向移动过程中，对新的聚合成形层产生曝光成形的同时，会使层间光敏树脂材料固化、黏结在一起。

⑥ 重复上述过程，最终获得相应的三维模型。

三维模型经过 CLIP 打印完成后，通常也需进行后处理，包括滤干清洗、去除支撑、再固化等。

（2）工艺特点

CLIP 工艺具有以下比较明显的优点：

① 打印效率大幅提升，因为 CLIP 工艺控制激光辐射光源每个二维层面同时曝光。

② 料储方便、经济，因为采用较 SLA 相反的倒装机械结构，模型采取 Bottom Up（提拉式）的分层形式，树脂存储的料仓无须考虑与模型同样的高度。

③ 精度、表面质量、力学性能较好，因为 CLIP 工艺所形成的每层聚合成形区，没有明显的分层与层间界面。其他 3D 打印需要把 3D 模型切成很多层，类似于叠加幻灯片，这就决定了粗糙度无法消除，而 CLIP 工艺在底部投影的二维层面曝光信息可以做到连续变化，相

当于叠加幻灯片进化成了叠加视频，光固化的过程变成了可调谐的光化学过程，理论上可以无限细腻，如图 4-35 所示。而也正是由于上述区别于其他 3D 打印工艺的分层制造，CLIP 工艺获得的三维模型更接近于注塑模型，力学性能较好。

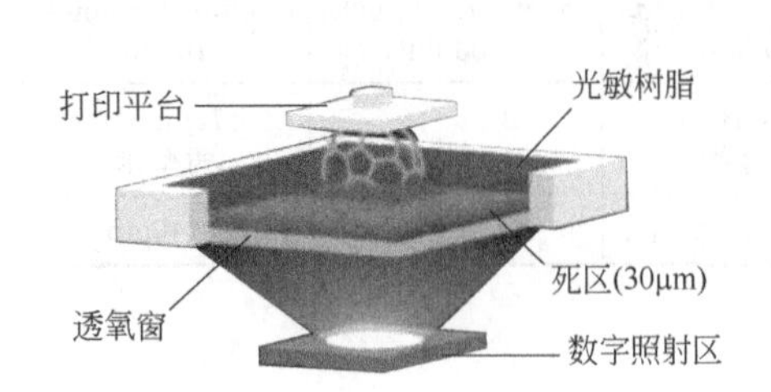

图 4-34 CLIP 工艺过程示意图

图 4-35 CLIP 工艺与 3D 打印工艺层间精度对比图

④ 材料广泛，应用领域广泛。按照 Carbon 3D 公司自己官宣，CLIP 打印支持广泛的聚合物材料，从硬度较大的塑料，到柔性弹性体和橡胶，都可以进行打印，甚至其他打印技术不适用的很多聚合物也能够被打印。因此，可以广泛应用于打印运动鞋、汽车垫圈等，打印微电子系统、传感器和实验芯片等领域。

同样，CLIP 也具有一定的局限性和缺点，分别是：

① 在材料、工艺方面，存在如同 Polyjet 工艺一样的局限。

② 采用 Bottom Up 的机械结构，虽然料储大、不经济问题较 SLA 有一定程度解决，但仍存在料储困难的问题，需要避免使用环境中光线对光敏树脂材料的影响，同时，不可避免会有挥发异味。

③ 应有拓展受限，因为通常氧气阻聚层仅有数微米之厚，当光敏树脂黏度较大或者因为添加陶瓷等成分而黏度变大后，模型聚合成形层与氧气阻聚层之间的分离将会变得困难，或者容易使模型破坏。上述问题，也较容易出现在打印相对大面积的实体模型结构中，因此，CLIP 工艺通常更适合打印镂空结构。总之，基于光敏树脂的材料拓展以及模型机械结构的拓展，对 CLIP 工艺而言，变得相对困难。

④ 成形尺寸受限，这是因为目前 CLIP 工艺生成二维层面曝光信息，是基于数字微镜装置（Digital Micro-mirror Device，DMD）技术而生成掩膜图像显示信息，虽然 DMD 具有较高的分辨率，但是其物理分辨率相对固定，在制造大尺寸模型时，容易出现图像失真问题，因此，目前 CLIP 最大成形台面尺寸受限。

⑤ 二维层面内各处的曝光能量不均匀，这是因为二维层面上各个曝光点到对应 DMD 微镜的距离不同，故投影的掩膜图像上各处的曝光能量并非均匀的，而是由中心向四周逐渐递减，这就使得模型聚合成形层不同位置的光敏树脂固化程度存在一定差异，从而引起固化层内应力，甚至容易出现开裂、翘曲、变形等严重的缺陷。

4.3.3 相关原理

(1) Top Down/Bottom Up 分层方式

Charles W. Hull 在其 1986 年获得的有关 SLA 的美国专利中，对于光敏树脂材料 3D 打印，其实现分层的方式有两种，并给出图示，分别为图 4-36 和图 4-37。目前，在 3D 打印界，这两种分层方式分别被称为 Top Down 和 Bottom Up，中文分别称为下沉式和提拉式。同时上述专利还指出，为了实现图 4-37 所示的 Bottom Up 分层方式，底部辐照需要透过窗口 1 和非混溶层 2，聚焦于液体光敏树脂 3 与非混溶层 2 的界面处，而对液体光敏树脂 3 产生辐照固化成形，显然此时形成的每个辐照固化成形层，比图 4-36 所示的 Top Down 分层方式中的每个辐照固化成形层更薄，精度更高。上述专利中也给出了可以通过底部辐照的窗口 1 选择石英等材料，非混溶层 2 可以选择乙二醇、重水等材料。然而，该专利为 CLIP 工艺专利提出氧阻聚层方案提供了发展创新的空间。CLIP 工艺巧妙地利用某种特殊的硅酮材料作为底部辐照的窗口，该材料可以使氧气透过却能阻止光敏树脂分子渗出，从而形成氧聚层，即所谓的“dead zone”，这保证了 CLIP 工艺的连续提拉成形，而不会与底部黏结。

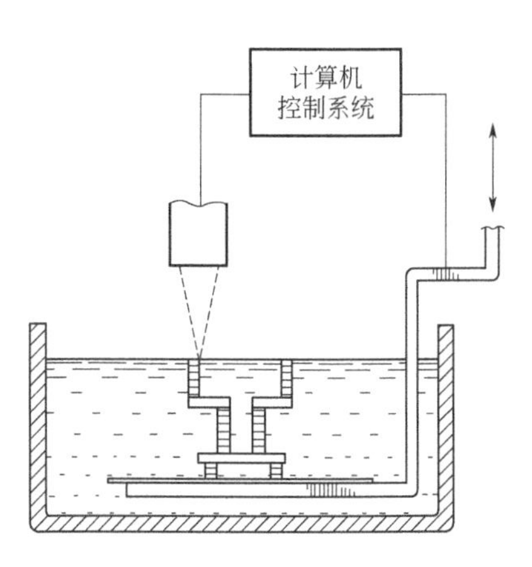

图 4-36　Top Down 分层方式

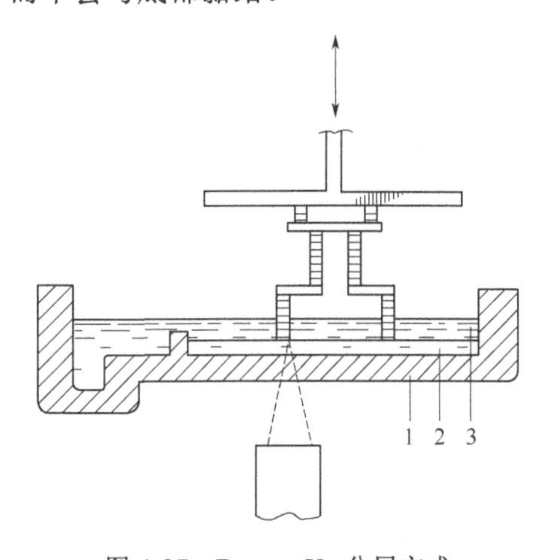

图 4-37　Bottom Up 分层方式

1—窗口；2—非混溶层；3—液体光敏树脂

（2）二维层面动态掩膜曝光信息处理技术

利用动态掩膜曝光技术来制造实体的方法最早由 Takagi 等于 1993 年提出，他们使用的是成本较高、制作工艺复杂的石英掩膜，且分辨率远远达不到实际要求。Bertsch 等在 1997 年提出利用 LCD 液晶显示屏生成动态掩膜，并实现了毫米级器件的打印，所得制件的表面精度优于一般的 SLA 设备，但由于液晶分子与紫外光之间的相互作用，该方法仍存在图像对比度低、打印件精度低、设备使用寿命短等缺点。目前，动态掩膜曝光技术的核心元件是 Texas Instruments 公司于 1987 年研发出的 DMD 芯片，该元件由上百万个微镜构成的阵列组成，其中每个微镜对应成形面上的一个像素点，利用反射光束定向技术控制掩膜图像的显示输出，从而实现高精度的面曝光。

① DMD。DMD 最早是由美国得州仪器（Texas Instruments）的一名科学家 Hornbeck Larry Joseph 发明，最开始，主要是为了开发印刷技术的成像机制，先以模拟技术开发微型机械控制，后来改用数字式的控制技术，正式命名为数字微镜装置（Digital Micro-mirror Devices），并开始分成印刷技术与数字成像两个方向来研发。到了 1991 年，得州仪器决定将数字成像的开发独立成一个事业部，并于 1996 年开发出第一个数字图像产品，1997 年正式终止印刷技术的研发，全力进行数字图像的研发。DMD 是一种电子输入、光学输出的微机电系统（Micro-electrical-mechanical System，MEMS），可被简单描述为一个半导体开关，它由 50 万～200 万个小型铝制微反射镜组成，每个微反射镜被称为一个像素，微反射镜间隙为 1μm，变换速率为 1000 次/s。微镜片的数量与投影画面的分辨率相符，800×600、1024×768、1280×720 和 1920×1080（HDTV）是一些常见的分辨率尺寸。通过控制微反射镜绕固定（轭）

的旋转和时域响应（决定光线的反射角度和停滞时间）来决定成像图形和其特性。它是一种新型、全数字化的平面显示器件，应用 MEMS 的工艺将微反射镜阵列和 CMOS SRAM 集成在同一块芯片上。DMD 原芯片上的微反射镜尺寸 16μm，翻转角度为 10°，现在的 DMD 微反射镜尺寸为 14μm，翻转 12°，支持 4K 分辨率的芯片也已经成形，芯片大小约 1.38in（1in=3.33cm）。

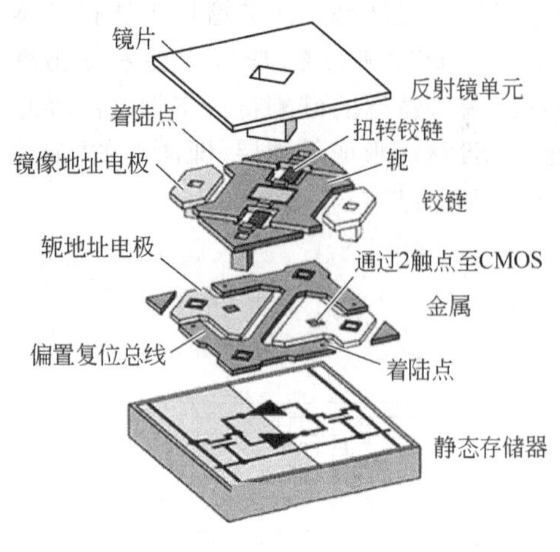

图 4-38　DMD 的结构

DMD 结构如图 4-38 所示。其主要结构分为四层：

第一层是微反射镜单元，处于悬浮状态，形状为正方形，由铝合金制成，在偏转时较为轻便。可反复使用 1 兆次。寿命试验表明，按照通常的使用方式可以使用 10 万小时。

第二层是连接微反射镜单元的扭臂梁——铰链，以及微镜的寻址电极。

第三层为金属层，包括扭臂梁的寻址电极、偏置/复位电极以及微反射镜单元的着陆平台（限制镜面偏转±12° 或±10°）。

第四层为静态存储器（RAM），其采用大规模集成电路标准 CMOS 工艺。

DMD 的工作方式。每一个微反射镜单元都是一个独立的个体，并且可以翻转不同的角度（正或者负），因此通过微反射镜单元所反射的光线可以呈现不同的角度，具体表现为其对应的数字图像像素的亮暗程度。

DMD 工作时，在微反射镜上加负偏置电压，其中一个寻址电极上加+5V（数字 1），另一个寻址电极接地（数字 0），这样使微反射镜与微反射镜寻址电极、扭臂梁与扭臂梁的寻址电极之间就形成一个静电场，从而产生一个静电力矩，使微反射镜单元绕扭臂梁旋转，直到接触到“着陆平台”为止。由于“着陆平台”的限制，镜面的偏转角度保持固定值（±12° 或±10°），并且在 DMD 整体上能够表现出很好的一致性。在扭矩的作用下，微反射镜单元将一直锁定于该位置上，直至复位信号出现为止。微反射镜单元的上半部分与下半部分处于平行的关系，且不稳定，一旦加上偏置电压，微反射镜单元和扭臂梁会以很快的速度（微秒级）偏离平衡位置。

每一个微反射镜单元有三个稳态：+12° 或+10°（开）、0°（无信号）、-12° 或-10°（关）。当给微反射镜一个信号“1”，其偏转+12°或+10°，光源发送的光束被反射的光刚好沿光轴方向通过投影透镜成像在屏上，形成一个亮的像素。当反射镜偏离平衡位置-12°或-10°时（信号“0”），光源发送的光束被反射的光束将不能通过投影透镜，并被光吸收器吸收，因此呈现一个暗的像素。控制信号二进制的“1”“0”状态，分别对应微镜的“开”“关”两个状态。当给定的图形数据控制信号序列被写入 CMOS 电路时，通过 DMD 对入射光进行调制，图形就可以显示于像面上，如图 4-39 所示。

② DLP 技术。DLP 是“Digital Light Processing”的缩写，即数字光处理，要先把模型的影像信号经过数字处理，然后再把光投影出来。目前 DLP 就是借助 DMD 来完成数字光学处理过程，从而实现可视数字信息显示，如图 4-40 所示。DLP 技术是 CLIP 获得二维层面动态掩膜曝光信息，进而实现面曝光、面成形的关键。

1991 年，30 万像素的液晶投影机已经被推出了；1996 年，液晶投影已经迅速发展到 VGA 甚至 SVGA 数据投影和家庭影院投影的阶段了，但是因为技术瓶颈，亮度与对比度都很难突破。在这样的背景下，DLP 投影技术走上历史的舞台顺理成章，且目前 DLP 在投影仪和背投电视中的显像被广泛应用，近几年其应用领域还在持续扩展，在光纤通信网络的路由器、衰减器和滤波器、数字相机、高频天线阵列、新一代外层空间望远镜、快速原型制造系统、物体三维轮廓测量仪、全息照相、数字图像处理联合变换相关器、光学神经网络、光刻、显微系统中的数字可变光阑、空间成像光谱、共焦距显微技术、全息数据存储、结构照明、立体显示等领域都得到了成功的应用。

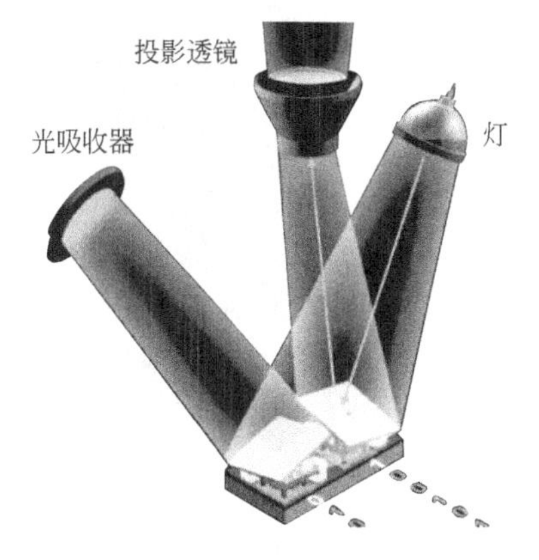

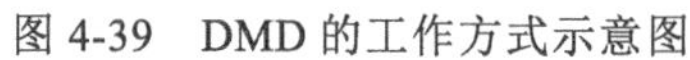
图 4-39　DMD 的工作方式示意图

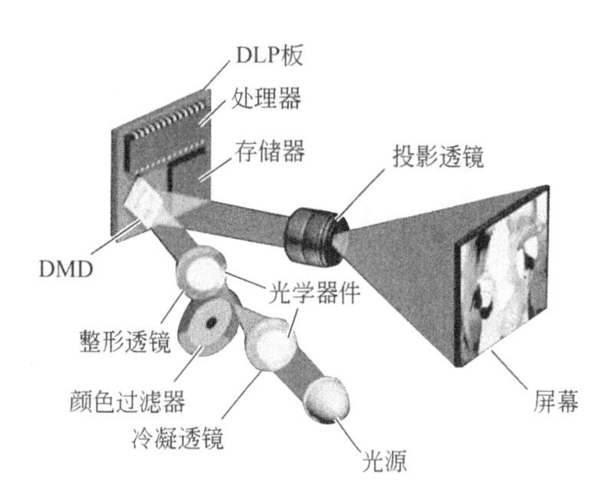

图 4-40　DLP 的工作示意图

值得提及的是，目前市面有名称为 DLP 的 3D 打印机，国内外均有，比如德国的 EnvisionTEC 的 Xtreme 8K 设备，如图 4-41 所示，以及国内的北京十维科技的 Autocera-R 设备，如图 4-42 所示。

图 4-41　德国的 EnvisionTEC 的 Xtreme 8K 设备

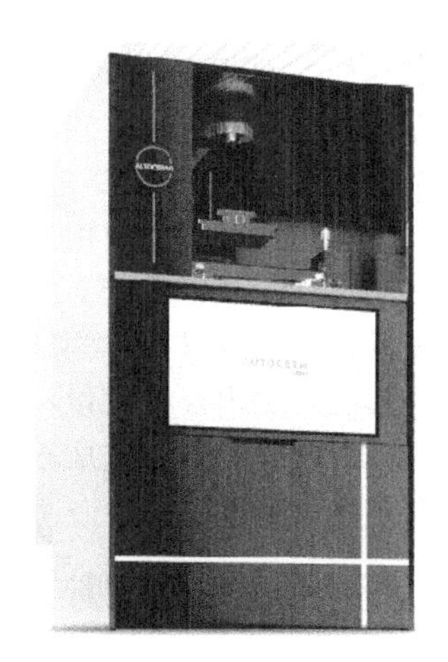
图 4-42　北京十维科技的 Autocera-R 设备

DLP 工艺与 CLIP 工艺均采用较 SLA 相反的倒装机械结构和 Bottom Up 的分层方式，均采用光敏树脂材料，也均因为整面曝光、整面成形而相较 SLA 效率大幅提升。二者的区别在于，DLP 仍旧采用一般 3D 打印的分层方式，具有明显的分层，因此，DLP 的打印效率没有 CLIP 高。这里需要说明的是，二者实现整面曝光的辐照技术，均是以 DMD 为关键器件的数字光处理技术，也就是美国 Texas Instruments 公司的投影、显像技术，也就是早在 20 世纪 90 年代已经广泛应用于投影仪、电视机、显示屏等产品上的 DLP 技术。

基于整面曝光、整面成形的思想，市面还有名称为 LCD 的 3D 打印机。利用液晶屏 LCD

成像原理，在计算机及显示屏电路的驱动下，由计算机程序提供图像信号，在液晶屏幕上出现选择性的透明区域，紫外光透过透明区域，照射树脂槽内的光敏树脂耗材进行曝光固化。该类型 3D 打印机，较 DLP 打印机和 CLIP 打印机成本低，更多为桌面机。图 4-43～图 4-45 分别为南京威布三维科技有限公司 Light、深圳市创想三维科技股份有限公司的 Halot Lite、深圳市极光尔沃科技股份有限公司 G6 等不同型号的 LCD 打印机。

图 4-43　南京威布三维科技有限公司的 Light 设备

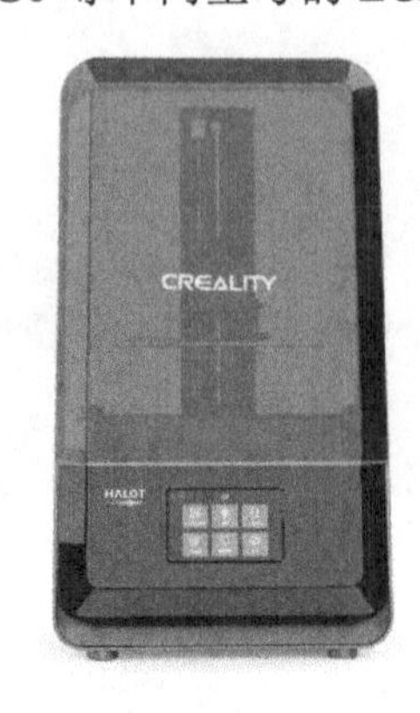

图 4-44　深圳市创想三维科技股份有限公司的 Halot Lite

图 4-45　深圳市极光尔沃科技股份有限公司 G6 设备

（3）讨论

① DLP（Digital Light Processing），即数字光处理，首先是一项基于 DMD 器件实现投影和显像的数字光处理技术，发明于 20 世纪 80 年代，应用于 90 年代，进入 21 世纪以来，更加成熟且更加广泛地应用于各个领域，是 CLIP 工艺实现整面曝光、整面成形的关键技术。目前市面上被称为 DLP 工艺的 3D 打印技术，显然其获取二维层面动态掩膜曝光信息，进而实现整面曝光、整面成形的方式，同样是利用 DLP 技术。需要指出的是，DLP 曾经被美国 Texas Instruments 于 1995 年 9 月 25 日注册为商标，被描述为数字成像系统，包括单独控制的微镜，以创建在打印机中使用的数字图像包，至今有效。

② 本节介绍的 CLIP 工艺，连同 DLP 工艺、LCD 工艺，均实现了整面曝光、整面成形，从这个角度讲，它们可以被称为是第 7 章面成形一类的 3D 打印工艺。但是，要注意到，在它们整面成形的区域内，有可以再细分的像素点，且决定着成形的精度，从这个角度讲，它们仍旧是可以被归类于本章点成形的。另外，它们同样采用光固化原理、使用光敏树脂材料，拥有与本章更多的相同点。

4.3.4　应用领域及实例

① 汽车产品应用领域。包括使用耐热/耐寒、阻燃、坚固的环氧树脂材料制造的驻车制动器支架、接头、气帽等，使用强韧适中的硬质聚氨酯材料制造的通风口、紧固件、外部装饰件等，使用高弹性、抗撕裂、有弹性的聚氨酯材料制造的汽车座椅、头枕、饰面材质等，如图 4-46。

② 消费产品领域。包括使用触感柔软、生物相容、抗撕裂的硅树脂材料制造的腕带、耳塞等，使用强韧适中的硬质聚氨酯材料制造的夹子、硬性耳塞、踏板等，使用高弹性、抗撕裂、有弹性的聚氨酯材料制造的中底、鞍座、头盔衬里等，如图 4-47。

③ 牙科医学模型应用领域。图 4-48 为 Carbon 3D 公司使用专用牙科材料利用 CLIP 工艺打印的牙科医学产品。

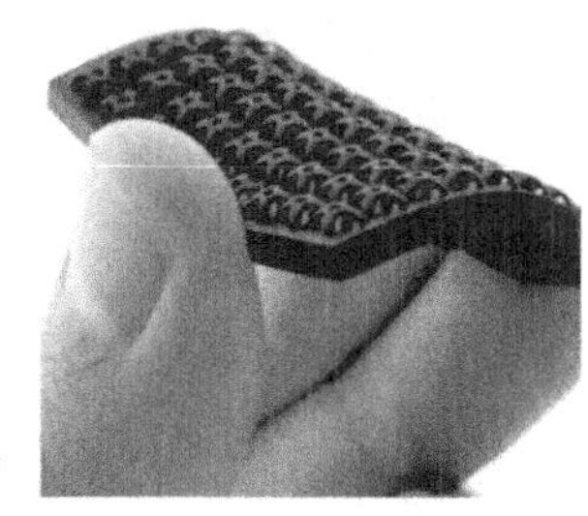

图 4-46　CLIP 工艺打印的汽车零件

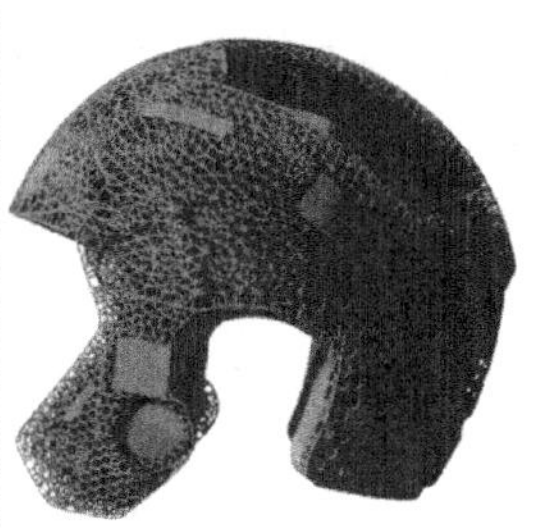

图 4-47　CLIP 工艺打印的消费领域产品

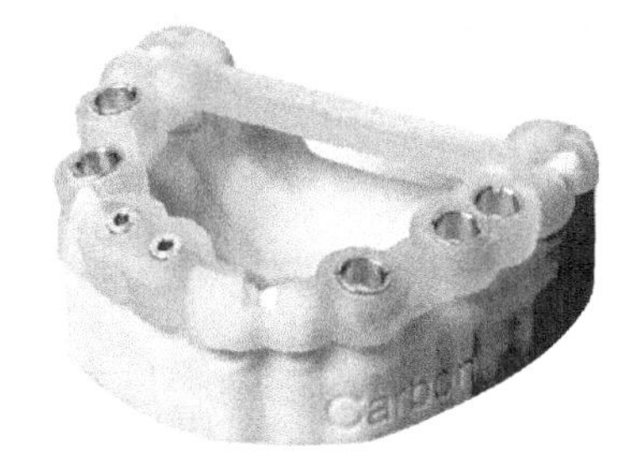

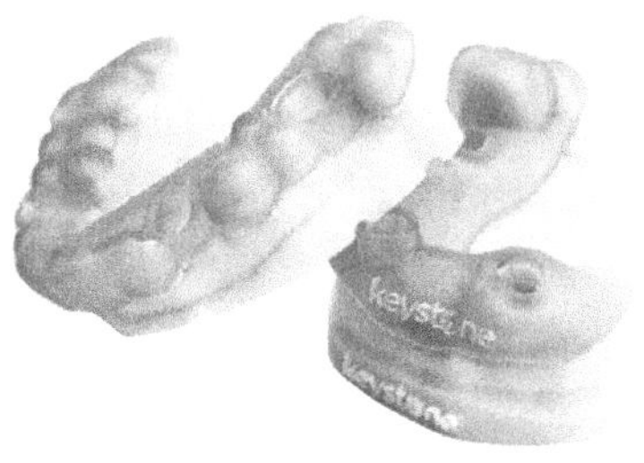
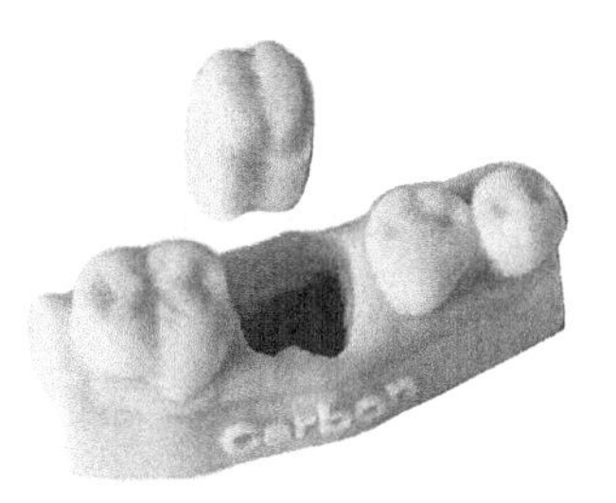

图 4-48　CLIP 工艺打印的牙科医学模型

④ 工业产品领域。图 4-49 为 Carbon 3D 公司使用环氧树脂、聚氨酯、硅树脂等材料利用 CLIP 工艺打印的工业产品。

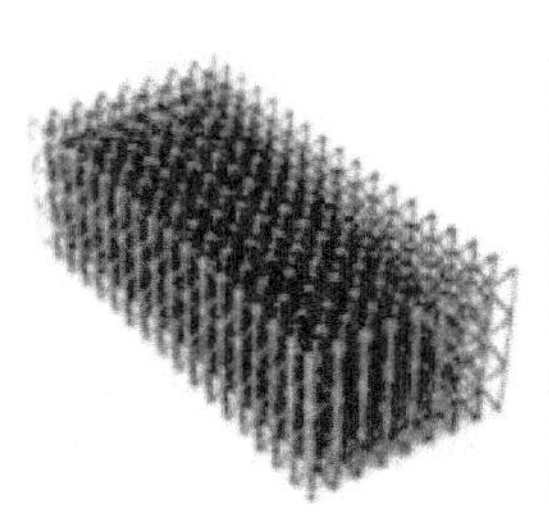

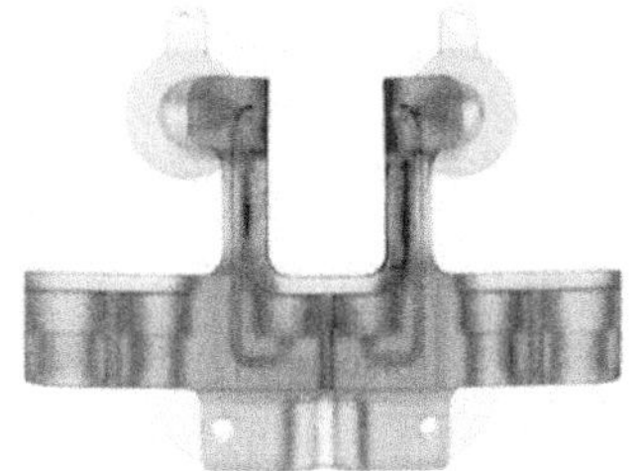

图 4-49　CLIP 工艺打印的工业产品模型

4.4　双光子聚合工艺

前述 SLA、Polyjet、CLIP 以及 LCD 工艺，均是利用紫外激光辐照光敏树脂材料产生单光子聚合的过程，其加工分辨率受经典光学衍射极限的限制，所达到的最高制备精度仅能在几十微米至几百微米以上。随着人们对于微纳世界、微纳结构的研究不断深入，通过 3D 打印获得纳米至亚微米尺度的微观三维结构已经实现。基于双光子吸收（Two-Photon Absorption，TPA）理论的双光子聚合（Two-Photon Polymerization，TPP）工艺，就是突破经典光学衍射极限，辐照光敏树脂材料产生微观三维结构的 3D 打印工艺。TPP 技术面世二十几年以来，在加工精度、样品分辨率以及制造速度等方面都已经得到了长足的发展，在微纳光子学器件、微机电系统、微纳米电机、力学超材料、超疏水表面、光子引线、光子晶体、微流道以及细胞研究等诸多前沿领域，充分展示了 TPP 的应用前景。

4.4.1 简述

早在 1937 年德国女物理学家 Göppert-Mayer 就提出了双光子吸收理论，但直到 20 世纪 60 年代该理论才由实验所证实。由于当时激光尚未面世且缺少双光子吸收截面大的材料，双光子技术应用到双光子聚合的研究受到了极大的限制。

双光子吸收是指在强光激发下，介质分子同时吸收两个光子，从基态跃迁到 2 倍光子能量的激发态的过程，如图 4-50 所示。分子发生单光子吸收时，吸收一个波长为 λ_1 的光子就可以从基态 S_0 到激发态 S_2；而发生双光子吸收时，分子同时吸收两个波长相同的光子才能到达激发态 S_2。双光子吸收与单光子吸收的主要区别有三点：第一，单光子吸收的强度与入射光强成正比（线性吸收），而双光子吸收的强度与入射光强的平方成正比（非线性吸收），如图 4-51 所示；第二，单光子吸收的辐照光源一般波长较短（通常为紫外区），而双光子辐照光源波长较长（通常为近红外区），长波长使得入射光的损耗较小，在介质中的穿透性好；第三，单光子吸收的吸收截面大，对光密度要求小，即使弱光也可发生吸收，在光线经过的地方都会发生聚合，是整体或面上的聚合，而双光子吸收截面小，一般在焦点处才能同时吸收两个光子并引发聚合反应。

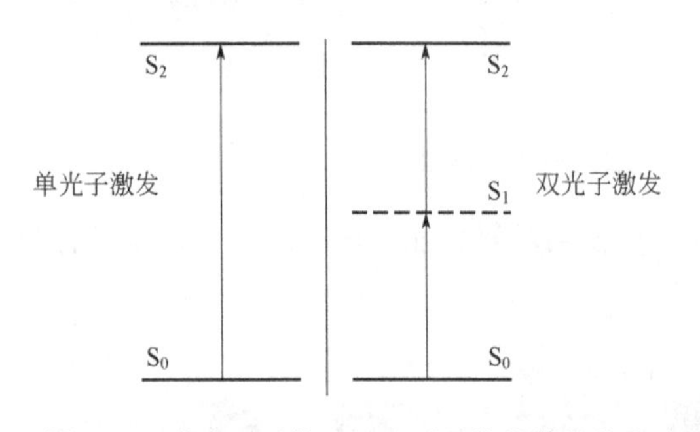

图 4-50　单光子吸收、双光子吸收的激发状态

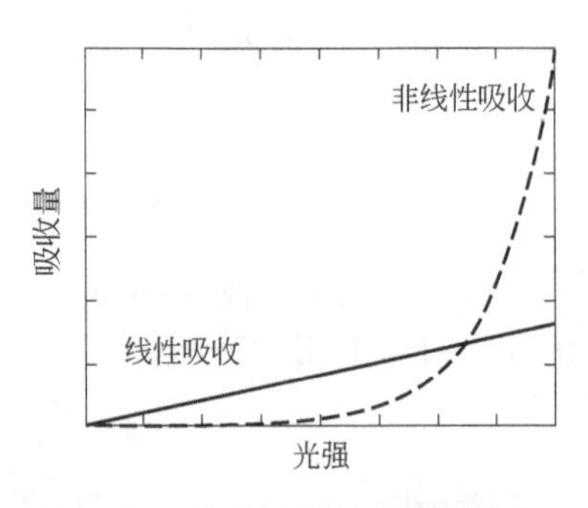

图 4-51　线性吸收与非线性吸收

进入 20 世纪 90 年代后，随着超快激光技术的飞速发展以及具有较大双光子吸收截面的有机分子被逐渐合成，双光子聚合终于实现。飞秒超快激光的超快脉冲特性使其能在单脉冲极短的时域内获得超强的光场，并且仅作用于焦点核心很小的三维空域内，此时能量与具有较大双光子吸收截面光敏物质的相互作用，正是双光子或多光子吸收等非线性光学的物理过程，在极短的时域与极小的空域内发生光敏固化，获得微纳精度的三维结构，且完全克服了单光子效应所限制的制备分辨率问题。

1992 年，克莱姆森大学（Clemson University）的 William R. Harrell 和康奈尔大学（Cornell University）的 Watt W. Webb 在国际上首次将 TPP 引入了微纳加工领域，引起诸多学者广泛关注。而 2001 年，日本大阪大学（Osaka University）的 Kawata 以及孙洪波在 Nature 期刊上发表通过 TPP 制备纳米牛（图 4-52）、纳米弹簧（图 4-53）的研究成果。纳米牛 10μm

长，7μm 高，加工精度达到了 150nm，接近光衍射极限。纳米弹簧的分辨率达到了 120nm，超越了衍射极限。2002 年，W. Zhou，在 Science 期刊上发表通过 TPP 制备纳米微流体器件（图 4-54）。上面两项发表在国际顶级期刊的成果，引起了极大的轰动，为 TPP 的发展起到了较大的推动作用。

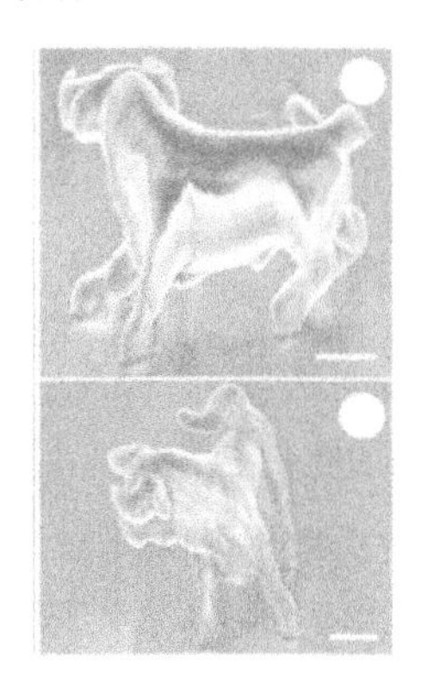

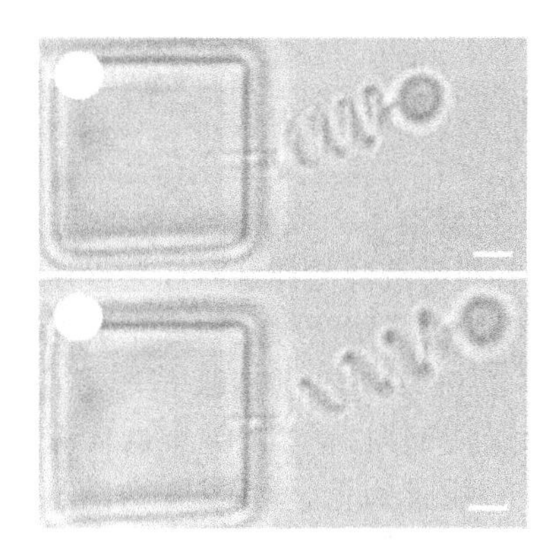

图 4-52　通过 TPP 制备的纳米牛

图 4-53　通过 TPP 制备的纳米弹簧

德国卡尔斯鲁厄理工学院（Karlsruhe Institute of Technology）的纳米技术研究所（Institute of Nanotechnology，INT），在国际上同样比较早开展了 TPP 的研究。Nanoscribe 公司就是依托 INT、并受德国卡尔蔡司集团赞助于 2007 年成立，致力于 TPP 技术的研发与商业化，相继推出了 Photonic Professional GT2（Galvo Technology 第二代）、Quantum X 2GL®（Two-photon Grayscale Lithography）等设备。Nanoscribe 公司目前拥有两个很关键的专利技术，一个是克服球差的浸入式加工方法，另一个是自动找界面的加工方法，这是制备更高质量样品的关键方法。2017 年 11 月 8 日，Nanoscribe 在中国上海设立了子公司。

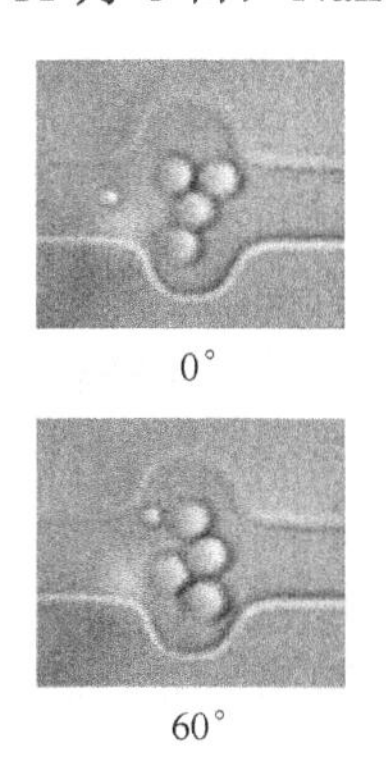

图 4-54　通过 TPP 制备的微流体器件

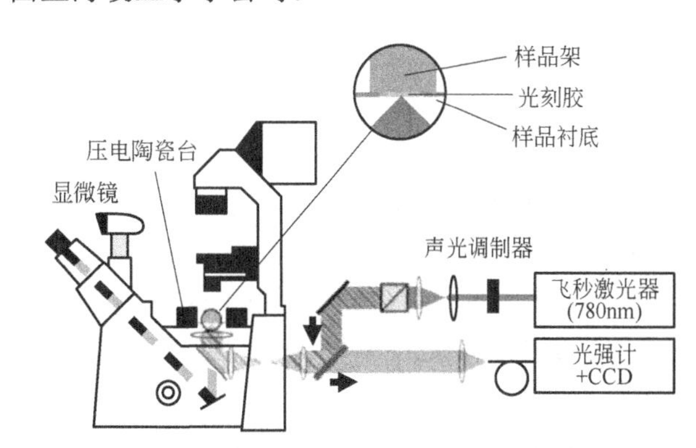

图 4-55　TPP 工艺基本设备结构

4.4.2　工艺过程及特点

（1）工艺过程

图 4-55 给出了 TPP 工艺基本的设备结构组成，图 4-56 则给出 TPP 基本工艺过程示意图。TPP 工艺具体过程如下：

① 数据准备。获得零件 STL 格式三维模型，通过 TPP 打印系统自带的软件，继续对 STL 文件进行数据处理，包括：分层，并在各层内定义扫描轨迹；获得机器可执行的代码信息，如曝光点的坐标、各点的曝光强度以及扫描速度等；加工参数的优化。

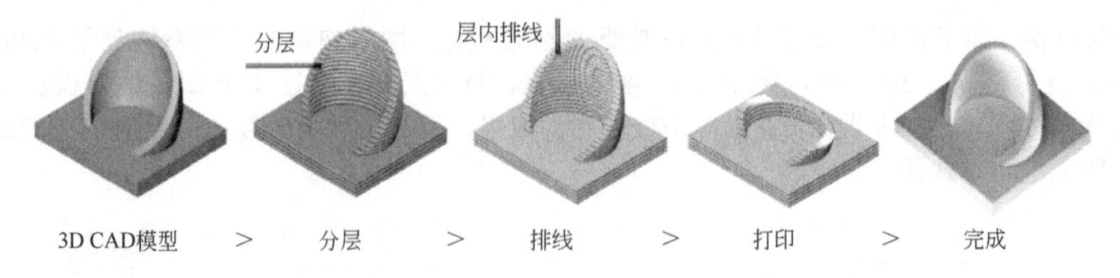

图 4-56　TPP 基本工艺过程示意图

② 材料准备。双光子吸收的专用液态光敏树脂液滴（通常一滴）滴放于样品衬底上，然后载有树脂液滴的样品衬底置于压电陶瓷台上，且树脂液滴在下，样品衬底在上，树脂液滴通过吸附力吸附于样品衬底下表面。

③ 二维移动。飞秒激光器发出的脉冲激光束经聚焦照射于双光子吸收的专用液态光敏树脂液滴内，并确保焦点体素（voxel）内激光脉冲功率达到树脂材料发生聚合反应所需的能量阈值，使液态光敏树脂发生聚合而固化成形。脉冲激光束的焦点通过振镜装置，按照数据处理所获得扫描轨迹进行二维移动，经逐点扫描、固化，获得当前层的二维结构。

④ *Z* 向移动。*Z* 轴驱动装置带动压电陶瓷台及其样品衬底，在 *Z* 向移动一个特定的高度，即分层厚度，脉冲激光束的焦点通过振镜装置，按照新的一层扫描轨迹指令进行二维移动，经逐点扫描、固化，获得新一层的二维结构。

⑤ 层间结合。上述 *Z* 向移动而获得的分层厚度，不大于体素的高度，这样就在当前层固化的同时，保证了层间材料固化、黏结在一起。

⑥ 重复上述过程，直至获得最终三维微纳模型扫描完成。

三维微纳模型经过 TPP 工艺打印完成后，还需进一步进行后处理，通常有两个过程：

① 去除余料。将三维微纳模型从树脂液滴内取出，置入清洗液中以去除未固化的多余液态树脂。对于极为精细的、具有各种尺寸效应的微纳结构，通常需要施加超声波或者加热等辅助手段，使未固化的多余液态树脂被充分去除，以避免多余液态树脂产生的负面影响。

② 观察结构。通常需要借助显微镜或扫描电镜，观察所打印的微纳模型是否为原始设计结构并满足预期。

TPP 工艺过程还需要指出以下两点：

① TPP 工艺过程中，已聚合的三维模型结构在树脂液滴内很容易受布朗热运动的影响而漂移，从而导致整个加工的失败。所以需要精确地找到树脂液滴和样品衬底的界面，并从界面处开始逐层扫描、固化成形。为了使三维模型结构与衬底的连接牢固，避免打印过程中发生脱落，通常可以对样品衬底预先采用硅烷化处理或者等离子体清洗，这样能够有效地增强两者的连接。Nanoscribe 公司开发了具有自主知识产权的界面自动寻求技术，通过两种方式实现界面确定，一是荧光法，二是光栅法。

② 考虑微纳三维结构的尺寸限制，TPP 一般不设置支撑结构，因此，对于悬浮、悬空结构的三维模型，其数据处理阶段各层内扫描轨迹的定义极为重要，需要合理设置扫描的顺序并反复优化，确保每个部位都有足够的连接或者支撑。

（2）工艺特点

TPP 工艺具有以下比较明显的优点：

① 精度高。TPP 工艺可以实现超光学分辨率的打印精度，从而为三维微纳米器件的各项

性能研究提供了一个可选的加工手段。

② 材料开放。TPP 工艺与其他紫外光固化工艺原理比较类似，可供使用的光敏树脂材料较为丰富，而且用户可以比较方便地调配适合自己的材料。

同样，TPP 也具有一定的局限性和缺点，分别是：

① 材料方面，TPP 工艺获得光敏树脂材料微纳结构器件，而一些具体的应用如人工微电机、超构表面等等往往需要金属或者介电材料等功能材料。此类材料无法由 TPP 工艺直接进行打印，而是需要通过后续的单原子层沉积（Atomic Layer Deposition，ALD）、化学气象沉积（Chemical Vapor Evaporation，CVD）或者电镀等方式进行转化，这在增加了工艺难度的同时，对三维微纳米结构的质量也有一定程度的降低。

② 工艺方面，首先，TPP 工艺打印效率十分低；其次，TPP 工艺虽然原理简单，但是其对于飞秒激光器、振镜等光学器件，以及纳米位移台等机械装置，数据处理的各种监控和优化、空间环境、操作人员经验等，具有极高的要求，实现超高精度加工以及工艺的可重复性十分困难。

（3）讨论

① 三维运动　TPP 工艺主要有两种方式实现三维运动。

第一种方式：飞秒激光束光斑焦点固定，而样品衬底及树脂液滴通过压电陶瓷台的驱动进行 X、Y、Z 的三维运动。这种方式，因为飞秒激光束光斑焦点不动，不会产生暗角效应、焦平面不平整等各种光学效应的影响，从而比较容易达到质量较高且均匀一致的三维微纳结构。但是因为压电陶瓷台本身重量较大而带来移动惯性，为了保证打印精度，不得不对加工速度进行牺牲。此种加工方式一般的线加工速度为 100μm/s 左右。

第二种方式：即为上述工艺过程所述，飞秒激光束光斑焦点在振镜控制下进行 X、Y 的两维运动，样品衬底及树脂液滴通过压电陶瓷台的驱动进行 Z 向运动。因为振镜重量轻，几乎不需要考虑到运动惯性的影响，从而可以实现较高的加工速度。此种加工方式一般的线加工速度可以达到 100mm/s 以上。而且随着近年来材料以及光学技术的飞速发展，振镜扫描加工方式的质量也可以与上述加工方式相媲美。

② 双光子灰度光刻技术（Two-photon Grayscale Lithography，2GL®）　为了提高加工的速度以满足企业界的需求，Nanoscribe 公司开发了具有自主知识产权的双光子灰度光刻技术。将体素（voxel）大小的高速调制与双光子聚合技术相结合可以极大地提高加工效率。使用高速可调功率激光，调制扫描平面内体素（voxel），以这种方式，可以在一次横向扫描中生成高度不大于 4μm 的平面微光学器件，而其他双光子聚合技术则需要通过逐层加工的方式来构建。对于更高的结构，也可以有效地减少切片数量，从而节省打印时间，同时保持更高的表面质量。图 4-57 所示为某衍射光学元件微透镜阵列采用两种不同 TPP 工艺打印的对比。

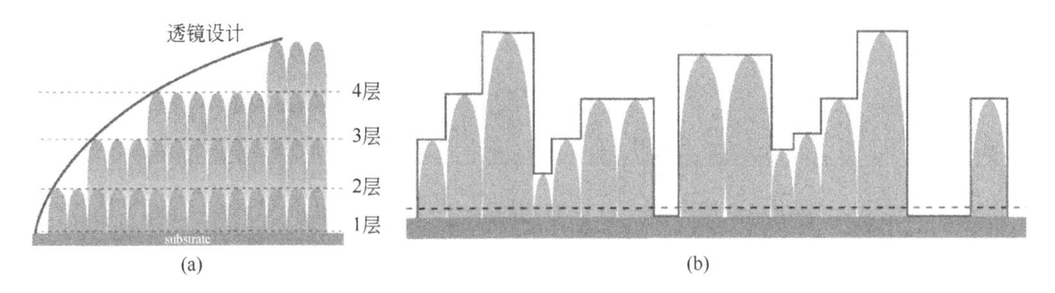

图 4-57　微透镜阵列采用普通 TPP（a）和 2GL®技术 TPP（b）打印对比

③ DiLL 加工模式　传统上的 TPP 工艺中，激光束依次透过浸润油和透明样品衬底，射入样品衬底另一侧的树脂中。此工艺会导致三维微纳结构的加工质量因球面像差而降低，另外打印结构的最大高度受物镜工作距离的限制。Nanoscribe 公司开发了具有自主知识产权的浸入式激光光刻法（Dip-in Laser Lithography，DiLL）加工模式，克服了以上的限制。在 DiLL 加工模式下，树脂同时用作浸润介质和聚合成形材料，从而在根本上避免了球差对三维微纳结构质量的影响，并且消除了物镜工作距离对三维微纳结构高度的限制，如图 4-58 所示。另外，非透明的电子器件如 CMOS 芯片，也可以被用作样品衬底，从而在其预结构化的表面制备三维微纳米器件。

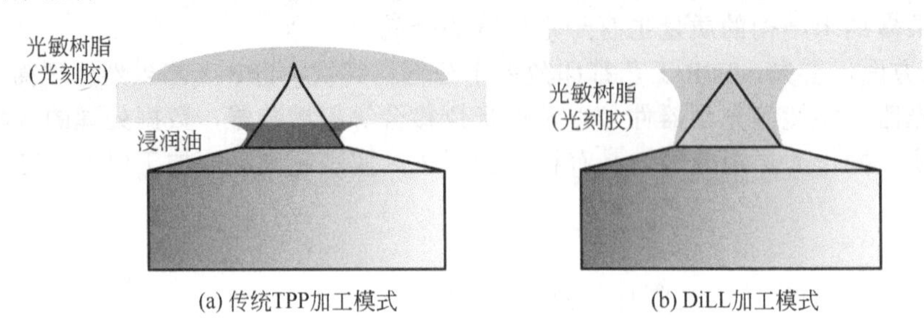

图 4-58　DiLL 加工模式与普通加工模式对比

4.4.3　应用实例

（1）TPP 制备 MEMS 芯片上形变器件

TPP 工艺能够加工超高复杂度的三维微纳结构，但是这种微纳结构的功能化往往以其可控形变作为重要的手段。通过与微机电系统（MEMS）驱动器的集成，复杂的微纳结构有了一个方便的机械驱动手段来实现变形，甚至于实现机械运动。

图 4-59 所示为通过 TPP 的 3D 打印工艺，将一个负泊松比的“蝴蝶结”微结构直接打印在 MEMS 工艺所制造的静电梳状驱动器和雪佛龙热驱动器上。通过向 MEMS 梳状驱动器施加电压，可以很容易地驱动上述 TPP 工艺加工出的“蝴蝶结”微结构，使其发生变形。这为不同材料和制造条件下产生的微结构的力学行为研究，或为细胞支架以及其他超高灵敏度的微纳实验平台研究，均提供了一个有效的手段。

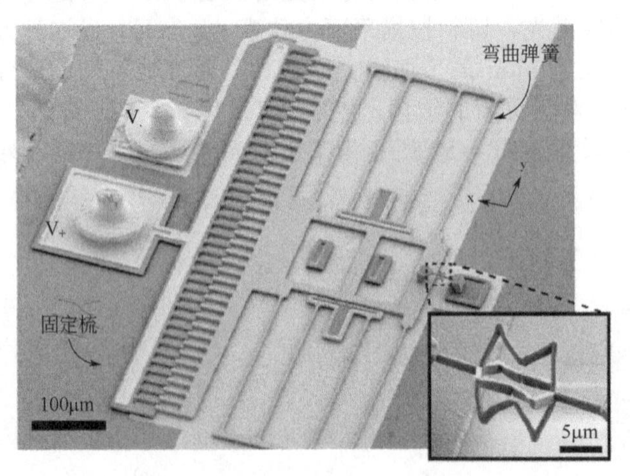

图 4-59　TPP 工艺打印负泊松比“蝴蝶结”微结构

（2）TPP 制造非球面微透镜

非球面透镜是高光学性能和纠正宽角度和大领域成像时产生畸变所需要的重要部件。宏观尺度下的非球面透镜的制造已经非常复杂，而制造微观尺度的非球面透镜则几乎无法实现。图 4-60 所示为利用 TPP 工艺在光纤的一个端面上，3D 打印了一个微型非球面透镜系统，该带有微型非球面透镜系统的光纤尺寸很小，可以塞到注射器针头里面。利用该镜头捕获的图像可以在 1.7m 长的光纤的另一端重现出来，从而实现了前所未有的精确内窥镜的功能。它的应用包括窥镜、细胞生物学中的光纤成像系统、新型照明系统、微型光纤陷阱、集成的量子发射器和探测器、微型无人驾驶飞机和自主视觉机器人等。

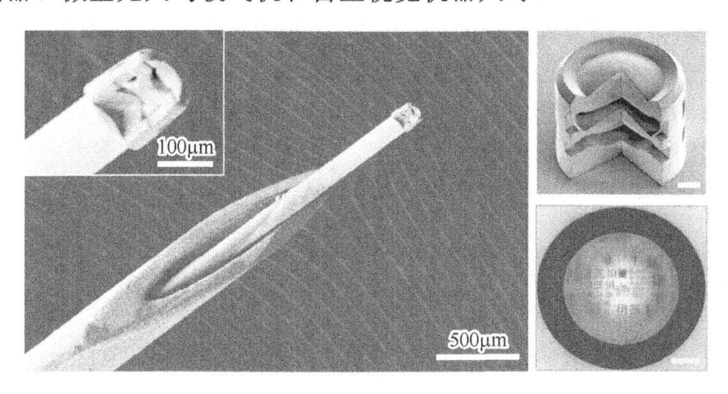

图 4-60　TPP 工艺打印微型非球面透镜系统

（3）艺术创作

通过 TPP 工艺获得的微纳雕塑作品很多。2014 年，英国艺术家 Jonty Hurwitz 与以色列魏茨曼科学研究所（Weitzmann Institute of Science）的科学家合作，利用双 TPP 制成了世界上最小的雕塑。他们首先通过三维扫描技术记录人体模特的三维空间信息，然后将此信息转化为空间坐标，导入到软件当中。然后他们利用 TPP 工艺在一根针上制作了该人体模特的雕塑，不出意外的话，这应该是世界上最小的人体雕塑，如图 4-61 所示。而图 4-62 则是利用 TPP 工艺制作的泰姬陵模型。

图 4-61　TPP 工艺打印人体雕塑

图 4-62　TPP 工艺打印泰姬陵模型

4.5 光敏树脂材料

4.5.1 概念

光敏树脂，是指在特定的光照辐射下，借助光引发剂的作用而使单体或低聚物基体发生化学聚合或交联而产生固化的树脂。

通常，各类光照辐射中，紫外线辐射具有最接近各类化学聚合反应所需的活化能，因此，光敏树脂通常采用紫外线作为固化辐射源，此时，光敏树脂，通常被称为紫外光敏树脂，或UV树脂（胶）、紫外固化无影胶、光刻胶等。当然每种光敏树脂产品的具体成分不一样，其敏感的具体波长也不尽相同，通常在250～400nm之间。另外，还应指出的是，因为紫外线具有一定的辐射危害性，对组织和细胞有伤害，与空气作用产生的臭氧也一定程度影响操作环境，因此，目前有学者研究普通可见光或蓝光的光敏树脂，并已经有蓝光光敏树脂的发明专利获得公开。

4.5.2 组成

光敏树脂主要由光敏预聚体、光引发剂（或光敏剂）、稀释剂等组成。

（1）光敏预聚体

光敏预聚体，又称为齐聚物，是指可以进行光固化的低分子量的预聚体，其分子量通常在1000～5000之间，它是光敏树脂材料的基体，是光敏树脂材料最终性能的决定因素。光敏预聚体主要有丙烯酸酯化环氧树脂、不饱和聚酯、聚氨酯和多硫醇/多烯光固化树脂体系等几类。

（2）光引发剂和光敏剂

光引发剂和光敏剂都是在聚合过程中起促进引发聚合的作用，但两者又有明显区别，光引发剂在反应过程中起引发剂的作用，本身参与反应，反应过程中有消耗；而光敏剂则是起能量转移作用，相当于催化剂的作用，反应过程中无消耗。

光引发剂是通过吸收光能后形成一些活性物质如自由基或阳离子从而引发反应，因此光引发剂的引发机理，可以分为三类：自由基型、阳离子型、混杂型（两种引发机理兼具）。自由基型光引发剂的典型是2-羟基-2-甲基-1-苯基-1-丙酮（CAS-1173），阳离子型光引发剂的典型是芳茂铁盐、碘鎓盐等。

光敏剂的作用机理主要包括能量转换、夺氢和生成电荷转移复合物三种，主要的光敏剂包括二苯甲酮、米氏酮、硫杂蒽酮、联苯酰等。

（3）活性稀释剂

活性稀释剂主要是指含有环氧基团的低分子量环氧化合物，它们可以参加环氧树脂的固化反应，成为环氧树脂固化物的交联网络结构的一部分。活性稀释剂按其每个分子所含反应性基团的多少，可以分为单官能团活性稀释剂、双官能团活性稀释剂和多官能团活性稀释剂，如单官能团的苯乙烯（St）、乙烯基吡咯烷酮（NVP）、醋酸乙烯酯（VA）、丙烯酸丁酯（BA）、丙烯酸异辛酯（EHA）、（甲基）丙烯酸羟基酯（HEA、HEMA、HPA）等；双官能团的1,6-己二醇二丙烯酸酯（HDDA）、三丙二醇二丙烯酸酯（TPGDA）、新戊二醇二丙烯酸酯（NPGDA）等；多官能团的三羟甲基丙烷三丙烯酸酯（TMPTA）等。一般来说，稀释剂官能团越多，光固化速率就越快，交联度就越高，硬度和耐磨性越好，但收缩率会越大。其中官能团的种类，主要可分为丙烯酰氧基、甲基丙烯酰氧基、乙烯基、烯丙基，光固化活性依次为：丙烯酰氧基>甲基丙烯酰氧基>乙烯基>烯丙基。

4.5.3 光固化原理

辐照产生的活化能，一方面能够使光敏预聚体（单体或低聚物）的 C—C 键断裂，产生官能团，另一方面，又可以使光引发剂中的自由基与上述官能团发生化学聚合或交联反应。聚合或交联的结果，就是树脂基体的小分子链被编织成了大分子链甚至是立体网状的分子链，如图 4-63 所示。树脂也由液态变成了固态。需要指出的是，氧气对于大部分光敏树脂基体的上述聚合或交联反应具有阻碍作用，CLIP 工艺就是很好地利用了这个特性，而使树脂与料仓不产生固化。

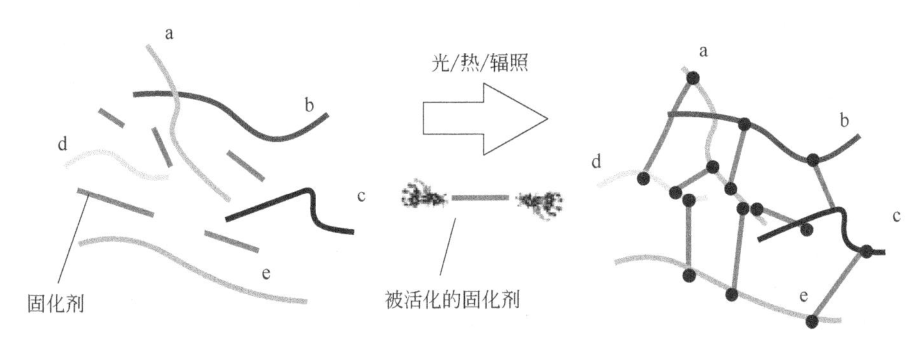

图 4-63 光固化原理示意

4.5.4 光敏树脂种类

不同的分类方法，光敏树脂可以分为不同的类型。

（1）按照溶剂的类型分类

按照所使用溶剂的类型不同，光敏树脂可以分为溶剂型与水性两大类树脂。溶剂型光敏树脂是不亲水的，并且只能被有机溶剂溶解，不能被水溶解，常用的溶剂型光敏树脂，如 UV 聚醚丙烯酯等。水性光敏树脂是亲水的，能够在水中分解或者分散而溶于水中，分子中含有一定数量的亲水基以及一定数量的不饱和基，这两种基团促使水性光敏树脂具有亲水性，常用的水性光敏树脂，如水性聚氨酯丙烯酸酯等。

（2）根据不同属性分类

透明光敏树脂：树脂的原色是透明色，表面可磨成半透或全透，主要应用于各种产品外观结构验证件，使得表面外观可以做得很精细，性价比高。

纯色光敏树脂：树脂的原色为纯色，表面可打磨光滑、喷漆或进行电镀，主要应用于产品的结构验证，表面可制作得非常精细，性价比最高。

耐高温光敏树脂：树脂的原色为纯色，主要应用于对耐高温范围有一定要求的产品，最高能承受 100～110℃的高温，比普通感光树脂耐高温度稍高。

高韧性光敏树脂：树脂的原色通常为黄绿色，韧性略高于普通感光树脂，可以轻微弯曲。在桌面 3D 打印机中，无疑熔融挤出成形 3D 打印机（FDM）在价格上、通用性上更胜一筹，目前已经在国内外遍地开花。然而，当要求精度更高、表面细节更好的时候，低成本的光固化（SLA）和数字光处理（DLP）3D 打印机就明显占优势了。越来越多的物美价廉的 SLA 和 DLP 3D 打印机进入市场后，催生了光敏树脂材料技术的进化。

（3）常用光固化 3D 打印光敏树脂

① 通用树脂　最开始的时候，虽然 3D 打印树脂设备的厂商都出售他们的专有材料，然而，随着市场的需求不断扩大，出现了大批的树脂厂商，包括 MadeSolid、MakerJuice 和 Spot-A 等。在开始时，桌面树脂的颜色和性能都很受局限，那时候大概只有黄色和透明色的材料。近几年的发展，颜色已经扩展到橘色、绿色、红色、黄色、蓝色、白色等颜色。

② 硬性树脂　通常用于桌面 3D 打印机的光敏树脂有点脆弱，容易折断和开裂。为了解决这些问题，许多公司已经开始生产更强硬、更耐用的树脂。比如 Formlabs 新推出的 Tough Resin 树脂材料，该材料在强度和伸长率之间取得了一种平衡，使 3D 打印的原型产品拥有更好的抗冲击性和强度，例如制造一些需要精密组合部件的零部件原型，或者卡扣接头的原型。

③ 熔模铸造树脂　传统熔模铸造生产工艺具有复杂漫长的制作流程，并且受模具限制，使得很多产品的设计自由度受到限制，尤其是与 3D 打印蜡模相比，还多了对蜡模的模具制作工序。熔模铸造树脂的膨胀系数不高，并且在燃烧的过程中，所有的聚合物都需要烧掉，只留下完美的最终产品形状。否则，任何塑料残留物都会导致铸件的缺陷和变形。在这方面，设备厂商 SprintRay 以及专门的材料厂商 Fun To Do 都提供此类树脂，国内塑成科技也推出了用于熔模铸造的树脂材料 CA。图 4-64 为该类型部分树脂制作的熔模铸造模型。

④ 柔性树脂　柔性树脂制造商包括 Formlabs、FSL3D、Spot-A、Carbon、塑成科技等，这些树脂是一种中等硬度、耐磨、可反复拉伸的材料。这种材料被用于铰链、摩擦装置以及需要反复拉伸的零部件中。图 4-65 为柔性树脂模型。

图 4-64　部分熔模铸造树脂模型

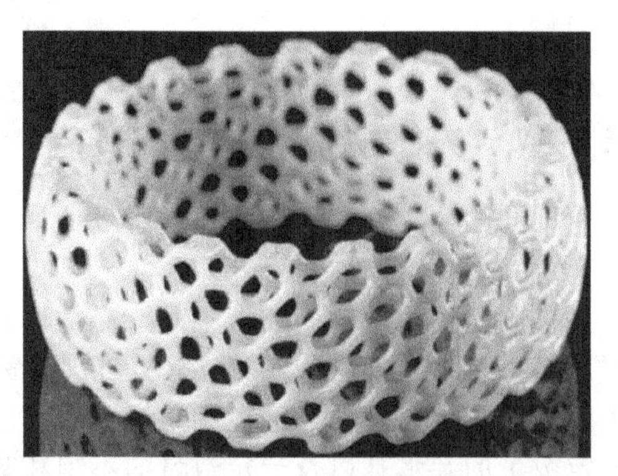

图 4-65　柔性树脂模型

⑤ 弹性树脂　弹性树脂是在高强度挤压和反复拉伸下表现出优秀弹性的材料，Formlabs 的 Flexible 树脂是非常柔软的橡胶类材料，在打印比较薄的层厚时会很柔软，打印比较厚的层厚时会变得非常有弹性和耐冲击。它的应用的可能性是无止境的。这种新材料将应用于制造完美的铰链、减振器、接触面等，适合那些有趣的创意和设计人群。图 4-66 为弹性树脂模型。

图 4-66　弹性树脂模型

⑥ 高温树脂　无疑，高温树脂是众多树脂厂商紧盯的一个研发方向，因为我们知道对于液态树脂固化领域来说，长久以来困扰树脂走向消费级和工业级应用的是这些塑料的老化问题。Carbon 的氰酸酯（Cyanate Ester）树脂，热变形

温度高达 219℃。在高温下保持良好的强度、刚度和长期的热稳定性，适用于汽车和航空工业的模具和机械零件。当前，耐高温树脂材料挑战的热变形温度（HDT）达到了 289℃（552℉）。Formlabs 也推出了最新的耐高温材料。

⑦ 生物相容性树脂　桌面 3D 打印机制造商 Formlabs 的牙科 SG 材料符合 EN-ISO 10993-1：2009 /AC：2010 和 USP Ⅵ级标准，对人体环境安全友好。因为该树脂的半透明性，故其可以用作外科材料和导频钻导板。虽然它是针对牙科行业，但这种树脂也可以适用于其他领域，尤其是整个医疗行业。

⑧ 陶瓷树脂　使用通过紫外线光固化快速成形陶瓷的先驱体转化聚合物（Preceramic Monomers）制造的陶瓷均匀收缩，几乎没有孔隙度。这种树脂在 3D 打印后经过烧结可以生成致密的陶瓷部件。使用这种技术 3D 打印的超强陶瓷材料能够承受超过 1700℃高温。而市面上的陶瓷光固化技术，多是将陶瓷粉末加入可光固化的溶液中，通过高速搅拌使陶瓷粉末在溶液中分散均匀，制备高固相含量、低黏度的陶瓷浆料。然后使陶瓷浆料在光固化成形机上直接逐层固化，累加得到陶瓷零件素坯，最后通过干燥、脱脂和烧结等制备工艺得到陶瓷零件。

⑨ 日光树脂　日光树脂是一种很有趣的树脂，跟在紫外线下发生固化的树脂不同，它们在普通日光下就可以固化，这样不再依赖 UV 光源，一个液晶屏就可以用来固化此类树脂。这种树脂有望大幅降低光固化 3D 打印成本，前景非常不错。

4.5.5　3D 打印用光敏树脂特性及安全使用事项

（1）3D 打印用光敏树脂特性

用于 SLA、Polyjet、CLIP、TPP 等光固化 3D 打印工艺的光敏树脂，其基体成分与普通光敏树脂基本相同，但由于光固化 3D 打印工艺所用的光源是单色光，波长、频率较为单一，不同于普通的紫外光，同时对固化速率又有较高的要求，因此用于光固化 3D 打印工艺的光敏树脂一般应具有以下特性：

① 黏度低　光固化 3D 打印过程中，由于液态树脂表面张力大于固态树脂表面张力，液态树脂很难自动覆盖已固化的固态树脂的表面，尤其是对于 SLA 工艺而言，必须借助自动刮板将树脂液面刮平涂覆一次，而且只有待液面流平后才能加工下一层。这就需要树脂有较低的黏度，以保证其较好的流平性，便于操作。现在树脂黏度一般要求在 600cP[1]（30℃）以下。

② 固化收缩小　液态树脂分子间的距离是范德华力作用距离，距离为 0.3～0.5nm。固化后，分子发生了交联，形成网状结构，分子间的距离转化为共价键距离，距离约为 0.154nm，显然固化前后分子间的距离减小。分子间发生一次加聚反应，距离就要减小 0.125～0.325nm。虽然在化学变化过程中，C═C 转变为 C—C，键长略有增加，但对分子间作用距离变化的贡献是很小的。因此固化后必然出现体积收缩。同时，固化前后由无序变为较有序，也会出现体积收缩。收缩对成形模型十分不利，会产生内应力，容易引起模型零件变形，产生翘曲、开裂等，严重影响零件的精度。因此开发低收缩的树脂是目前光固化 3D 打印光敏树脂面临的主要问题。

③ 固化速率快　固化速率对于 3D 打印工艺是非常重要的，激光束对一个点进行曝光的时间仅为微秒至毫秒的范围，几乎相当于所用光引发剂的激发态寿命。低固化速率不仅影响固化效果，同时也直接影响着成形机的工作效率，很难适用于商业生产。

④ 溶胀小　在 3D 打印过程中，已固化的部分工件会一直浸在液态光敏树脂中，液态光

[1] 1cP=1mPa·s。

敏树脂能够渗入到已固化部分内而使已经固化部分模型发生溶胀，造成模型尺寸增大，因此，只有液态光敏树脂溶胀小，才能保证模型的精度。

⑤ 光敏强　由于通常光敏固化3D打印工艺所用的是单色光，这就要求光敏树脂与激光的波长高度匹配，即激光的波长尽可能在光敏树脂的最大吸收波长附近。同时光敏树脂的吸收波长范围应尽量窄，这样可以保证只在激光辐照的点上发生固化，从而提高零件的制作精度。

⑥ 固化度高　固化度高可以提高模型最终的强度，同时减少后固化成形模型的收缩、变形。

⑦ 湿态强度高　较高的湿态强度可以保证后固化过程不产生变形、膨胀及层间剥离。

（2）3D打印用光敏树脂安全使用事项

① 光固化3D打印操作器件，尤其是操作光敏树脂时，必须佩戴防护手套，操作完成后使用洗手液清洗双手。

② 添加光敏树脂进液槽时，用力摇晃约5min，使树脂混合均匀，方可倒进液槽内。

③ 打印完成后，成形制品需要用酒精进行多次清洗，确保表面没有黏糊的液体光敏树脂。

④ 废弃的光敏树脂不可随意丢弃，需要进行统一处理。

⑤ 注意清洁与养护，保证设备及耗材的干净，不影响打印。

4.5.6　常用商品化3D打印用光敏树脂

（1）Vantico公司SL系列

Vantico公司的SL系列中的材料呈现乳白色，质感好，强度佳，韧性小，小而薄的零件要特别注意脆性断裂。表4-2给出了该系列光敏树脂使用时表现出的各种性能指标。

表4-2　SL系列光敏树脂的性能参数

指标	SL5195	SL5510	SL5530	SL7510	SL7540	SL7560	SL Y-C9300
外观特性	透明或亮白	透明或亮白	透明或亮白	透明或亮白	透明或亮白	白色	透明
密度/（g/cm^3）	1.16	1.13	1.19	1.17	1.14	1.18	1.12
黏度（30℃）/cP	180	180	210	325	279	200	1090
固化深度/mis	5.2	4.1	5.4	5.5	6.0	5.2	9.4
临界照射强度/（mJ/cm^2）	13.1	11.4	8.9	10.9	8.7	5.4	8.4
肖氏硬度	83	86	88	87	79	86	75
抗拉强度/MPa	46.5	77	56～61	44	38～39	42～46	45
拉伸模量/MPa	2090	3296	2889～3144	2206	1538～1662	2400～2600	1315
弯曲强度/MPa	49.3	99	63～87	82	48～52	83～104	—
弯曲模量/MPa	1628	3054	2620～3240	2455	1372～1441	2400～2600	—
伸长率/%	11	5.4	3.8～4.4	13.7	21.2～22.4	6～15	7%
冲击强度/（J/m）	54	27	21	32	38.4～45.9	28～44	—
玻璃化温度/℃	67～82	68	79	63	57	60	52
热胀系数/10^{-6}℃$^{-1}$ $T<T_r$	108	84	76	—	181	—	—
热胀系数/10^{-6}℃$^{-1}$ $T>T_r$	189	182	152	—	—	—	—

续表

指标	SL5195	SL5510	SL5530	SL7510	SL7540	SL7560	SL Y-C9300
热导率/[W/(m·K)]	0.182	0.181	0.173	0.175	0.159	—	—
固化后密度/(g/cm³)	1.18	1.23	1.25	—	1.18	1.22	1.18

注：1mis=2.54×10^{-3}mm。

（2）3D Systems公司的Accura系列

3D Systems 公司的 Accura 系列光敏树脂材料的性能如表 4-3 所示。

表 4-3　3D Systems 公司 Accura 系列

指标	Accura 60	Accura ClearVue	Accura CastPro	Accura Fidelity	Accura 48 HTR	Accura SL 5530
外观特性	透明蓝色	透明无色	透明黄褐色	透明无色	透明黄褐色	透明黄褐色
基本特性	机械强度大以及应用广泛	耐用、坚固以及良好的防潮性	良好的防潮性以及高生产速度、高精度与表面光洁度高	超低热胀系数、高湿度以及防潮、低黏度	高耐热性、强度高	防水性能好、耐高温
密度/(g/cm³)	1.1	1.1	1.17	1.13	1.23	1.25
黏度(30℃)/cP	170	250	250	130	200	225
固化深度/mil	6.3	6.1	6.2	5.28	5.5	5.5
临界照射强度/(mJ/cm²)	7.6	9.5	8.7	12.8	7.4	7.5
肖氏硬度	86	80	85	84	86	88
抗拉强度/MPa	58～68	46～53	52～53	65	64～67	57～63
拉伸模量/MPa	2690～3100	2270～2640	2490～2620	2790	2800～3980	2854～3130
弯曲强度/MPa	87～101	72～84	82～84	124	105～118	109～120
弯曲模量/MPa	2700～3000	1980～2310	2310～2340	2400	2760～3400	2972～3392
伸长率/%	5～13	3～15	4.1～8.3	5～11	4～7	2.7～4.4
冲击强度/(J/m)	15～25	40～58	43～49.5	25～39	22～29	21
玻璃化温度/℃	58	62	60～62	61	91～100	82

（3）杜邦（DSM）公司的SOMOS系列

杜邦（DSM）公司的 SOMOS 系列光敏树脂材料的性能如表 4-4 所示。

表 4-4　杜邦（DSM）公司 SOMOS 光敏树脂系列

指标	ProtoTherm14120	GP Plus 14122	ProtoGen 18420	Imagine 8000	Taurus	PerFORM
外观特性	不透明白色	不透明白色	不透明白色	不透明白色	不透明炭灰色	不透明灰白色
基本特性	机械强度好，韧性好，吸水率低，防潮，经久耐用	吸水率低，低黏度，防潮，经久耐用	热稳定性、精度高而且耐潮湿	黏度稳定，高效成形，出色的细节分辨率，高度耐用	优越的强度和耐久性，出色的表面和高精度，耐热温度高	出色的细节分辨率、易于加工和表面处理以及出色的耐高温性能

续表

指标	ProtoTherm14120	GP Plus 14122	ProtoGen 18420	Imagine 8000	Taurus	PerFORM
密度/（g/cm³）	1.1	1.16	1.16	1.16	1.13	1.61
黏度（30℃）/cP	240	340	350	340	350	1000
固化深度/mil[①]	6.25	6.25	4.34	6.25	4.2	4.3
临界照射强度/（mJ/cm²）	11.5	13	6.73	13	10.5	7.8
肖氏硬度	81	79	86.5	79	83	94
抗拉强度/MPa	45.7	47.2～47.6	66.1～68.1	37	47	68
拉伸模量/MPa	2460	2370～2650	2880～2960	2510	2310	10500
弯曲强度/MPa	68.9	66.8～67.8	84.9	67.3	73.8	120
弯曲模量/MPa	2250	2180～2220	2280～2340	2200	2054	10000
伸长率/%	7.9	7.5	6.0～9.0	7.5	4.0	1.1
冲击强度/（J/m）	24	23～29	15～18	26	47.5	17
玻璃化温度/℃	39-50	41～43	78～96	45～50	53	82

① 1mil=0.0254mm。

值得注意的是，Stratasys公司官网公布了自己SLA设备和Polyjet设备使用的光敏树脂材料，其中SLA设备使用的光敏树脂材料也是杜邦（DSM）公司的产品，如表4-5所示。Stratasys公司的Polyjet设备使用的光敏树脂材料是自行研发的，来自于以色列Object公司，如表4-6所示。

表 4-5 Stratasys 公司的 SLA 光敏树脂材料

指标	Somos WaterShed XC 11122	Somos 9120	Somos waterClear Ultra 10122
外观特性	透明白色	透明白色	透明白色
基本特性	机械强度好，光学性能好，尺寸稳定性好	耐磨，经久耐用，耐化学性好，表面光泽度好	耐高温，透光性好，高纯度，光学性能好
密度/（g/cm³）	1.12	1.13	1.13
黏度（30℃）/cP	260	450	165
洛氏硬度	—	80～82	86～87
拉伸强度/MPa	47.1～53.6	30.0～32.0	55～56
拉伸模量/MPa	2650～2880	1230～1460	2860～2900
弯曲强度/MPa	63.1～74.2	44.0～46.0	82～85
弯曲模量/MPa	2040～2370	1310～1460	2410～2570
伸长率/%	11～20	15～25	6～9
冲击强度/（J/m）	21～32	48～53	23～26
玻璃化温度/℃	39～46	—	42～46

表 4-6 Stratasys 公司的 Polyjet 光敏树脂材料

指标	RGD720	Vero	Digital ABS Plus	DraftGrey	VeroUltra	Dental Materials
外观特性	不透明白色	不透明	透明	不透明	不透明	不透明

续表

指标	RGD720	Vero	Digital ABS Plus	DraftGrey	VeroUltra	Dental Materials
基本特性	高尺寸稳定性和表面光滑	结实、稳定，出色的细节可视化	尺寸稳定性好，韧性好	机械强度高，经久耐用	颜色鲜艳，质量可靠，经久耐用	机械强度高，稳定性能好
密度/（g/cm^3）	1.18～1.19	1.17～1.18	1.17～1.18	1.17～1.18	1.19～1.20	1.17～1.18
洛氏硬度	83～86	73～76	67～69	83～86	83～86	83～86
拉伸强度/MPa	50～65	60～70	55～60	50～65	50～70	50～65
拉伸模量/MPa	2000～3000	2000～3000	2600～3000	2000～3000	2000～3000	2000～3000
弯曲强度/MPa	80～110	75～110	65～75	75～110	75～100	75～110
弯曲模量/MPa	2200～3200	2200～3200	1700～2200	2200～3200	2100～2600	2200～3200
伸长率/%	10～25	10～25	25～40	10～25	7～12	10～25
冲击强度/（J/m）	20～30	20～30	65～80	20～30	19～25	20～30
玻璃化温度/℃	48～50	45～50	47～53	52～54	49～56	52～54

（4）上海联泰科技股份有限公司系列光敏树脂

上海联泰科技股份有限公司系列光敏树脂材料的性能如表4-7所示。

表4-7　上海联泰科技股份有限公司系列光敏树脂材料

指标	Utr3200	Utr9000	Utr6180	Utr3500
外观特性	粉红色不透明液体	不透明白色	不透明白色	不透明白色
基本特性	光滑的表面、极好的细节表现力、高强度以及建造速度快易于使用	强度高、尺寸稳定性强、低收缩性以及优异的耐黄变性	尺寸稳定性好，中等黏度的液态树脂，确保其更容易涂层以及清洗部件和机器	尺寸稳定，表面细腻，高强度，耐高温，高效率，可快速地帮助实现真空热压工艺的高质量控制
密度/（g/cm^3）	1.11	1.13	1.13	1.11
黏度（30℃）/cP	210	355	395	106
固化深度/mil	3.82	5.71	4.34	5.91
临界照射强度/（mJ/cm^2）	6.2	9.3	7.6	8.5
肖氏硬度	83	83	83	81
抗拉强度/MPa	50.2	27～31	27～31	40
拉伸模量/MPa	2660	2189～2395	2180～2410	2383
弯曲强度/MPa	79.2	69～74	70～73	52.2
弯曲模量/MPa	2730	2692～2775	2650～2810	1900
伸长率/%	9.4	12～20	12～20	7.3
冲击强度/（J/m）	19.3	58～70	58～72	21.2
玻璃化温度/℃	56	62	52	52.1

（5）中山大简科技有限公司系列光敏树脂

中山大简科技有限公司系列光敏树脂材料的性能如表 4-8 所示。

表 4-8　中山大简科技有限公司系列光敏树脂材料

指标	Godart8001	Godart8118	Godart8228	Godart8111X
外观特性	透明无色	不透明白色	不透明绿色	不透明白色
基本特性	具有经实践检验的尺寸稳定性，适合常规用途、细节丰富的建模以及透明的可视化模拟	具有成形速度快、打印精度高等特点，抗湿性能、耐化学性好，收缩率小，尺寸稳定性好，同时具备优良的力学性能	硬度高，强度高，韧性好，建造速度快，所建造的部件具有高精度和很好的尺寸稳定性	黏度低，易清洗，高精度和很好的尺寸稳定性以及较好的硬度和强度，较好的耐热性能
密度/（g/cm^3）	1.12	1.18	1.19	1.14
黏度（30℃）/cP	200	420	390	497
固化深度/mil	5.79	3.15	4.72	4.72
临界照射强度/（mJ/cm^2）	12.2	7.06	7.8	12
肖氏硬度	82	78	83	87
抗拉强度/MPa	48	42.1	62.4	53.7
拉伸模量/MPa	187.5	2280	3200	3160
弯曲强度/MPa	86	80	83.1	78.6
弯曲模量/MPa	2100	1860	2390	2450
伸长率/%	12	8	6.8	5.1
冲击强度/（J/m）	28	32	23	31
玻璃化温度/℃	55	58.2	56.4	59.1

参考文献

[1] 王广春，赵国群．快速成型与快速模具制造技术及其应用 [M]．北京：机械工业出版社，2013．

[2] Gothait Hanan．Apparatus and method for three dimensional model printing：U．S．Patent 6259962B1 [P]．2001-7-10．

[3] https://baijiahao.baidu.com/s?id=1667001114886880512&wfr=spider&for=pc．

[4] Joseph M．DeSimone、Alex Ermoshkin、Nikita Ermoshkin、Edward T．Samulski．Continuous Liquid Interphase Production：U．S．Patent 9205601B2 [P]．2015-12-8．

[5] Joseph M，DeSimone，Alex Ermoshkin，Nikita Ermoshkin，Edward T．Samulski．Continuous Liquid Interphase Production：U．S．Patent 11141910B2 [P]．2021-10-12．

[6] http://www.mongcz.com/archives/17796．

[7] https://office.pconline.com.cn/622/6229279.html．

[8] 吴甲民，杨源祺，王操，何逸宁，石婷，甘恬，陈双，史玉升，王卫．陶瓷光固化技术及其应用 [J]．机械工程学报，2020，56（19）：221-238．

[9] Takagi T，Nakajima N．Photoforming applied to fine machining [C]．Micro Electro Mechanical Systems，Proceedings IEEE Micro Electro Mechanical Systems，February 10，1993，Fort Lauderdale：Institute of Electrical and Electronics Engineers，1993：173-178．

[10] Bertsch A，Zissi S，JéZéQUEL J Y，et al．Microstereophotolithography using a liquid crystal display as dynamic mask-generator [J]．Microsystem Technologies，1997，3（2）：42-45．

[11] Kaneko Y，Takahashi K. LADp-6 UV exposure system for photolithography and rapid prototyping using DMD projector [C]. SID Conference Record of the International Display Research Conference，Saitama Prefecture：ITE Technical，2001，42.

[12] Göppert-Mayer M.，Über Elementarakte mit zwei Quantensprüngen. Annalen der Physik，1931，40,273-294.

[13] Kaiser W，Garrett C. G. B.，Two-photon excitation in CaF_2：Eu^{2+}. Physics Review Letters，1961，1，229-231.

[14] Mukherjee A. 2-Photon Pumped up-Converted Lasing in Dye-Doped Polymer Wave-Guides. Applied Physics Letters，1993，62，3423-3425.

[15] He G. S，Bhawalkar J. D，Zhao C. F，et al. 2-Photon-Pumped Cavity Lasing in a Dye-Solution-Filled Hollow-Fiber System. Optics Letters，1995，20，2393-2395.

[16] He G. S，Xu G. C，Prasad P. N，et al. 2-Photon Absorption and Optical-Limiting Properties ofNovel Organic-Compounds. Optics Letters，1995，20，1930-1930.

[17] Sun H. B，Nakamura A，Shoji S，et al. Three-dimensional nanonetwork assembled in a photopolymerized rod array. Advanced Materials，2003，15,2011-2014.

[18] Wu E. S，Strickler J，Harrel R，et al. Two-photon Lithography for microelectronic application [J]. SPIE，1992，1674，776-782.

[19] 王涛，施盟泉，李雪，等. 双光子光聚合技术及其研究进展 [J]. 感光科学与光化学，2003，21，223-230.

[20] 雷虹，黄振立，汪河洲. 有机材料的双光子吸收物理特性及其应用 [J]. 物理，2003，2，19-26.

[21] Jayne RK，et al. Dynamic Actuation of Soft 3D Micromechanical Structures Using Micro-Electromechanical Systems (MEMS). Adv Mater Technol，2018，3 (3)，1700293.

[22] Ren H，et al. Complex-Amplitude Metasurface-Based Orbital Angular Momentum Holography in Momentum Space. Nat. Nanotechnol，2020，15 (11)，948-955.

[23] Gissibl T，et al. Two-photon direct laser writing of ultracompact multilens objectives. Nat. Photonics，2016，10 (8)，554-560.

[24] Kawata S，Sun H B，Tanaka T，et al. Finer features for functional microdevices [J]. Nature，2001，412.

[25] Zhou W. An efficient two-photon-generated photoacid applied to positive-tone 3D microfabrication. [J]. Science，2002，296 (5570)：1106-1109.

[26] 迈克尔・蒂尔，H・费舍尔. 用于向光敏物质中空间分辨地输入电磁辐射的强度图案的方法和装置及其应用：中国，201210044761 [P]. 2012-02-23.

[27] 江先龙，大谷和男. 新型可见光固化树脂 [J]. 热固性树脂，2006 (01)：24-28.

[28] 刘文才，李俊锋. 一种三维打印用蓝光固化光敏树脂及其制备方法 [P]. CN109867756A，2019.

[29] 章峻，司玲，杨继全. 3D 打印成型材料 [M]. 南京：南京师范大学出版社，2016.

第5章

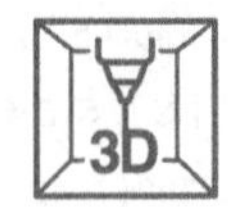

零维粉末点成形工艺

1981年，美国人Carl R. Deckard还是一名得克萨斯大学（University of Texas）的机械工程专业本科一年级学生，在一家位于休斯敦的开发油井的机械制造厂实习，当时铸件的形体主要是由熟练的工匠按照二维图纸手工制造而成。Carl R. Deckard想，如果能够发明一种方法，直接通过CAD模型数据驱动来制造铸件，这将是一个很大的市场。1984年，上大四的Carl R. Deckard在夏季实习期间，开始思考一种新方法，可以通过使用激光将粉末熔合在一起，直接从工程图中制造零件，并决定继续攻读硕士来实现这个想法。他将这一想法告诉了当时机械工程专业的年轻助理教授Beaman博士，并获得了Beaman博士的支持，还同意在他的研究生、博士生学习中给予指导，并获得了NSF国家科学基金会30000美元资助。借助激光将粉末熔合成形而实现3D打印的工艺方式——选择性激光烧结（Selective Laser Sintering，SLS）就此诞生。1989年9月5日，Carl R. Deckard获得SLS的发明专利授权，该技术一经报道，就引起了很大的轰动，被称为革命性技术，如图5-1所示。

'Revolutionary'

Machine makes 3-D objects from drawings

By Kathleen Sullivan
American-Statesman Staff

Wedged into the corner of an unused photo lab at the University of Texas is an ungainly machine that can transform a computer drawing into a three-dimensional model at the touch of a button.

Sometime next year, the machine, which was developed by a UT graduate student, will make its way out of the lab and into the commercial arena. It will leave with the blessing of the UT Board of Regents, which Thursday gave an Austin company exclusive licensing rights to the "revolutionary" new technology embodied in the machine.

The licensing pact paves the way for the first transfer of technology from the University of Texas at Austin to a commercial venture.

The company that won the right to market the invention is Nova Automation Corp., whose principal shareholders are an Austin consulting engineer and Nova Graphics International Corp., an Austin-based computer graphics software firm.

The agreement represents a "hard fought" victory for UT's fledgling Center for Technology Development and Transfer, said Meg Wilson, coordinator of the center, which was given life during the last Texas Legislature and got

See Inventor, A11

Associate Professor Joe Beaman shows some three-dimensional plastic models made by the 'selective laser centering' device developed by Carl Deckard, left.

图5-1　SLS被报纸报道并被称为革命性技术

在SLS工艺的打印成形过程中，3D成形的最小几何单元为松散的零维粉末点。继SLS之后，同样利用粉末材料、借助各种手段将粉末颗粒熔合、黏结成形的原理，又陆续出现了3DP（Three Dimensional Printing）工艺、SLM（Selective Laser Melting）工艺、LSF/LC/LENS（Laser Solid Forming；Laser Cladding；Laser Engineered Net Shaping）工艺，虽然这些工艺与SLS比较，均在机械结构、粉末成形手段、成形效率、储存和供给材料等方面有较大区别，但是它们均遵循“逐层累积”的增材制造原理，且最小的成形几何单元均可以定义为零维粉末点，因此本书将上述四个 3D 打印工艺划分为一类，定义为零维粉末点成形工艺。

5.1 选择性激光烧结工艺

5.1.1 简述

图 5-2～图 5-5 展示了一些通过选择性激光烧结（SLS）打印获得的模型，可以直观地看到：首先，材质有塑料（图 5-2）、陶瓷（图 5-3）、金属（图 5-4），因为粉末材料相对比较广泛，同时激光能量密度也足够大，因此，SLS 基本可以选择任意材质、任意熔点的粉末材料，同时高熔点的陶瓷粉末还可以表面裹覆低熔点的塑料成分，从而依靠低熔点成分发生熔合（图 5-3）；其次造型，对于图 5-5 所示的富勒烯分子造型，且设计成层叠、套装的复杂结构，目前任何传统加工手段都是无法完成的，而对于 SLS，则可以轻而易举地一次性整体打印；同时指出，因为可以使用金属粉末材料，所以零件的功能性应用就大大提高了；当然，不可回避的一个现象是，SLS 获得 3D 打印零件，受限于粉末颗粒粒径大小的限制，其表面质量和精度一般，甚至可以观察到表面颗粒之间留存的砂眼。

图 5-2 SLS 工艺打印的塑料件

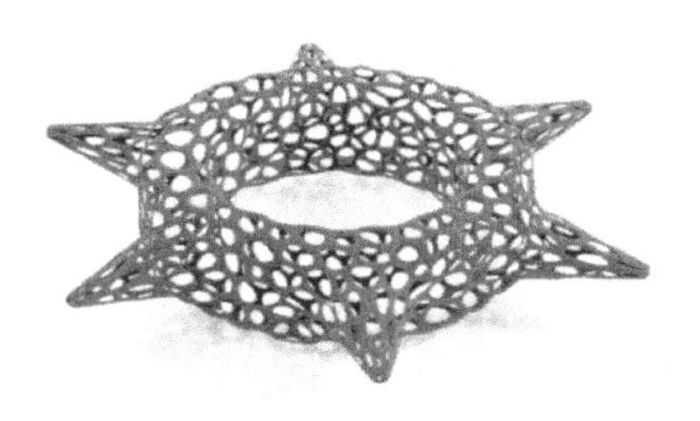

图 5-3 SLS 工艺打印的陶瓷件
（裹覆树脂的陶瓷粉材料）

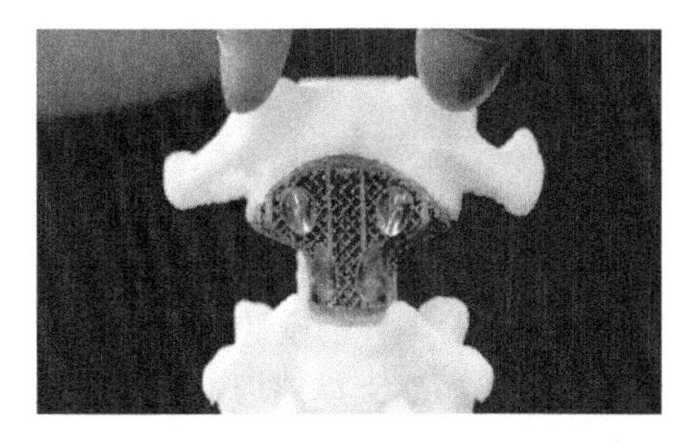

图 5-4 SLS 工艺打印的钛合金金属件

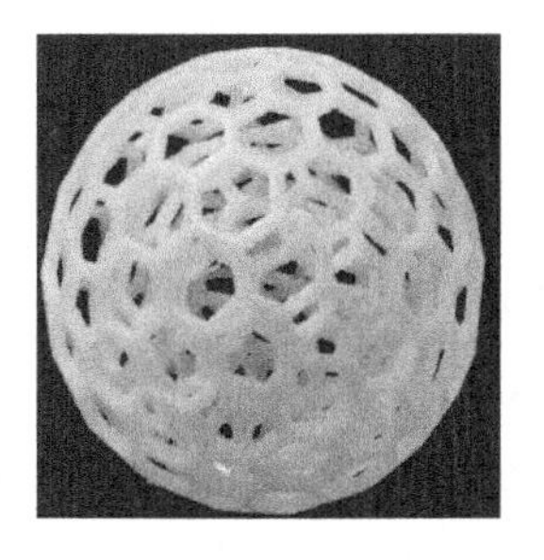

图 5-5 SLS 工艺打印的复杂结构件

总之，SLS 工艺因为其广泛的粉末材料种类，几乎不受限制的复杂形状，且能通过金属粉末材料而获得金属零件，实现了更加广泛的功能性应用，因此，SLS 工艺被业界普遍认为是最有前途的 3D 打印工艺。

5.1.2 工艺过程及特点

（1）工艺过程

读取 Carl R. Deckard 所获得的 SLS 发明专利，其摘要的示意图如图 5-6 所示。其关键信息:“.....a layer of powder.....”,显然该工艺同样体现了3D打印的逐层累积原理,“.....laser energy onto the powder......”，该工艺使用激光热作用熔化或烧结粉末材料，“.....the powder can comprise either plastic，metal，ceramic，or polymer substance......”，该工艺所用的材料可以包括塑料、金属、陶瓷或聚合物等，十分广泛。

图 5-7 则给出了 SLS 工艺过程。

① 数据准备。获得零件三维模型并进行二维切片处理。

② 铺放粉末。将粉末床底板加热，使其中粉末预热到最佳温度；储粉缸通过供料活塞上升一定高度，送出一定量的粉末材料到粉末床，然后经铺粉辊将粉末材料铺展至粉末床的成形区域内，并压实压平。

③ 二维移动。激光器生成红外激光束，经光学系统到达扫描镜；扫描镜接受指令文件控制而使激光束进行 *X*、*Y* 二维移动；激光束照射作用于粉末床最上面的一层粉末材料，使光斑内（光斑直径通常在 150～500μm）的粉末颗粒间的接触区域熔化并在激光束移开后而迅速固化，从而将颗粒黏结在一起，而未照射部分保持松散状态。

④ *Z* 向移动。粉末床沿 *Z* 向下降一层（通常在 80～150μm），成形区域内重新获得新的一层粉末材料，并保持粉末层平整。

⑤ 层间结合。激光束在新的一层 *X*、*Y* 指令下移动并照射新的一层粉末材料，使当前层粉末熔化、凝固成形的同时，与上一层粉末材料凝固在一起而实现层间结合。

⑥ 重复上述过程，直至获得最终三维零件。

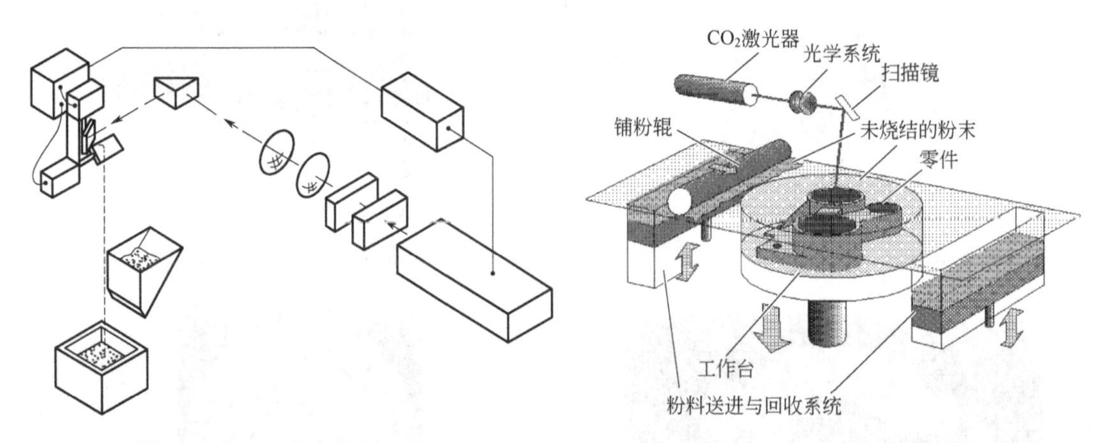

图 5-6　SLS 工艺专利摘要示意

图 5-7　SLS 工艺过程示意

需要注意的是，未照射、未经烧结的粉末保持松散状态，对零件的空腔和悬臂起着支撑作用，因此使用 SLS 工艺通常不需要像其他 3D 打印工艺那样添加支撑结构，而且这些粉末还可以经回收、过滤，与新粉按一定比例混合后再使用。

零件经过 SLS 打印完成后，还需进一步进行后处理，通常有 3 个过程：

① 清除余粉。因为零件是被完全埋没于粉末内的，因此，需要将零件表面滞留的余粉，在手套箱内通过毛刷、空气枪等清除并回收，这样也更加节约打印材料。

② 孔隙致密。SLS 获得零件，通常存有较大比例的孔隙，根据实际需要，可以对其进行致密化后处理。可以通过浸胶对高分子零件进行致密化，而对于陶瓷或者金属零件，除了简单的浸胶处理，还可以考虑使用渗铜烧结致密的手段进行致密化。获得致密化的零件，性能会大幅提升。

③ 表面处理。可以通过喷砂、打磨、喷漆等手段进一步提升零件的表面光洁度和精度，

同时呈现出较好的外观颜色效果。

（2）工艺特点

SLS 工艺具有四个比较明显的优点：

① 材料广泛。理论上，任何受热后能够形成原子间黏结的粉末材料都可以作为 SLS 的打印材料。材料的多样化，使得 SLS 工艺适合于更多应用领域。

② 无需支撑。因为未烧结的粉末可用作自然支撑，无需额外增加辅助支撑，因此，打印过程中，打印效率高，同时材料成本低。

③ 结构复杂。SLS 工艺对零件的复杂性几乎没有任何限制，可制造各种复杂形状的零件，如多孔件、镂空件、嵌套件等，适合于新产品的开发或单件、小批量零件的生产。

④ 可获金属件。直接获得多孔、非致密的金属零件，或者经致密后获得性能更好的金属零件，这会大幅扩大 SLS 工艺的功能性应用范围。

然而，SLS 也具有一定的局限性和缺点，分别是：

① 效率低。这是零维粉末点成形的原理所决定的。

② 料储困难。通常粉末材料需要在密封环境下使用，且需要通有惰性保护气体以防止氧化，粉末材料对生产环境会有污染，需要安全措施。

③ 粉末床式储料。料储大不经济，SLS 打印过程中，零件逐层下沉，需要完全埋没于粉末材料内，盛放粉末的料槽需要足够大且要装有足够多的粉末材料。

④ 粉末材料经高温烧结后，大尺寸零件通常有较大的翘曲、变形。

⑤ 需要预热和冷却。这一方面降低了打印效率，也降低了粉末材料重复使用率，增加了成本。

⑥ 激光成本高，设备制造、使用和维护成本较高，技术难度较大，对生产环境有一定的要求。当然，相信随着激光器制造技术发展，该成本会逐渐下降。

5.1.3 应用实例

目前，SLS 在各行各业的应用十分广泛，下面以某洗衣机塑料功能零件的 SLS 打印为典型案例，详细介绍 SLS 的应用过程。

（1）数据处理

① 零件造型　本案例的需求来自于某洗衣机生产商的新产品研发，对其中某个功能零件进行功能测试，产品的三维造型如图 5-8 所示，并进一步获得零件的 STL 模型文件。

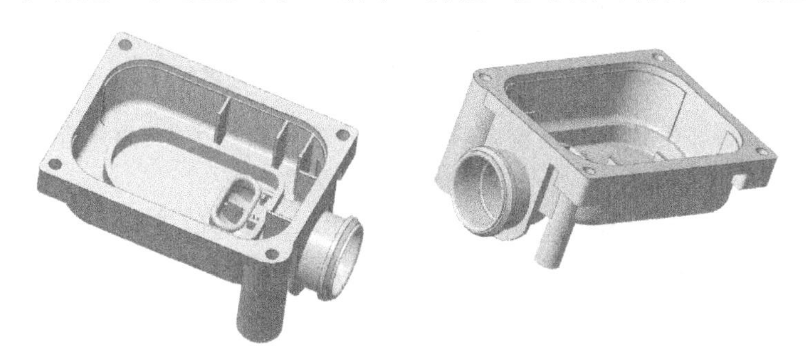

图 5-8　某洗衣机塑料功能零件的三维结构图

② 模型切片

a．导入文件。利用切片软件 VoxelDance Additive 3.0 导入上述零件的 STL 模型文件。考虑打印效率，可以多件同时布放、同时打印，如图 5-9 所示。多件模型摆放时，可以借用软件的自动摆放功能，先进行自动摆放，然后凭借工程经验，再进行人工微调。通常，在工作区内，一般先确定大零件的位置，再调整小零件的位置，如果有薄壁零件，摆放时应靠近工作区中心及整体的上部，零件与零件之间的距离一般大于3mm。软件有缩放、移动、旋转、阵列、镜像等基本的模型操作功能。

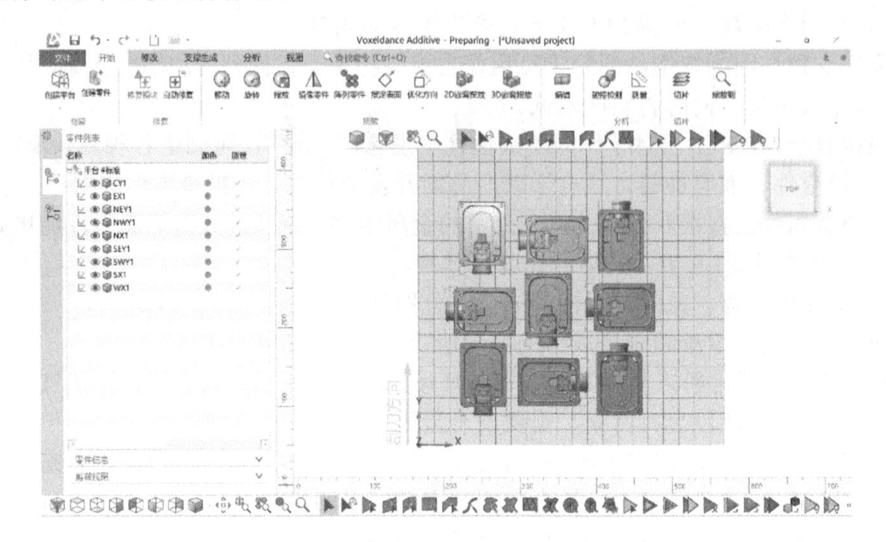

图 5-9　VoxelDance Additive 3.0 导入模型

b．参数设置。为提高打印精度，有三个关键的参数需要合理设置，分别为激光光斑补偿值、切片厚度和 Z 轴补偿值，本例分别设置为0.25mm、0.12mm、0.15mm，如图5-10所示。

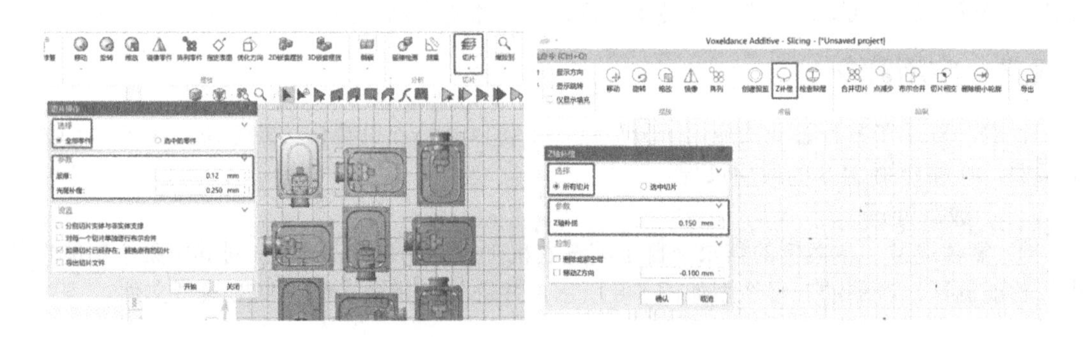

图 5-10　VoxelDance Additive 3.0 设置关键参数

c．输出CLI文件。上述参数设置完后，依次点击“点减少”“布尔合并”按钮，对切片进行修正，然后点击“导出”，开始生成并输出CLI文件。

d．输出tpm文件。利用Better Print 1.0软件，导入上述CLI文件，如图5-11所示，进一步对打印过程的激光参数和激光扫描路径进行数据填充，经确认填充参数后，点击“创建填充”，生成并输出tpm文件，如图5-12所示。

（2）3D打印

① 确定设备系统　本例选用TPM3D盈普公司推出的P360型SLS系统，并配套使用零件粉体全性能处理工作站。两者搭配使用，既实现清洁生产模式，也可以保留原来手动加粉的工作模式，在必要的时候灵活更换打印材料，如图5-13所示。P360型SLS系统设置两个上供粉仓，分别装有回收粉末与全新粉末，如图5-14所示。

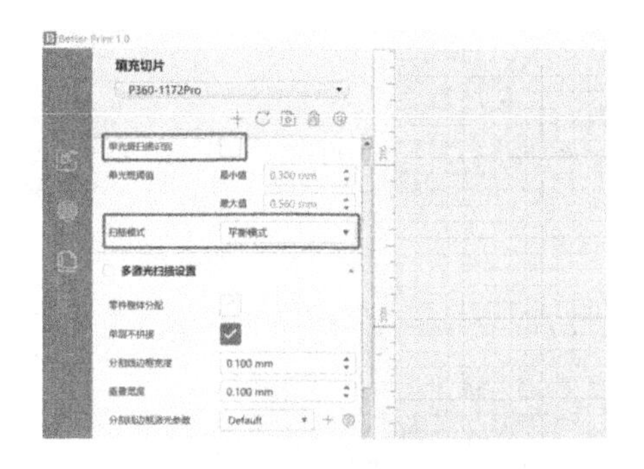

图 5-11　启动 Better Print 1.0 导入上述 CLI 文件

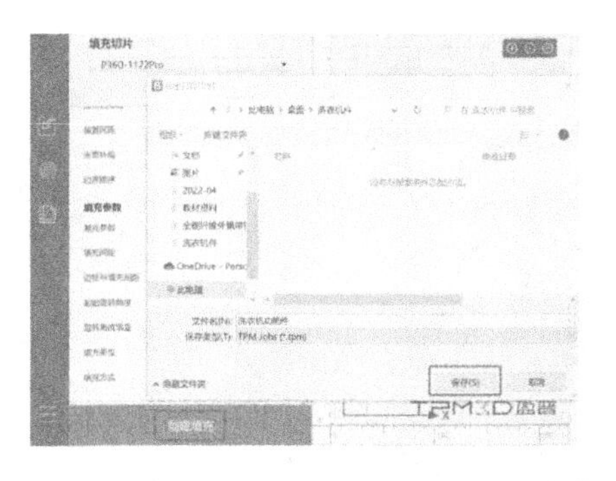

图 5-12　在 Better Print 1.0 里输出 tpm 文件

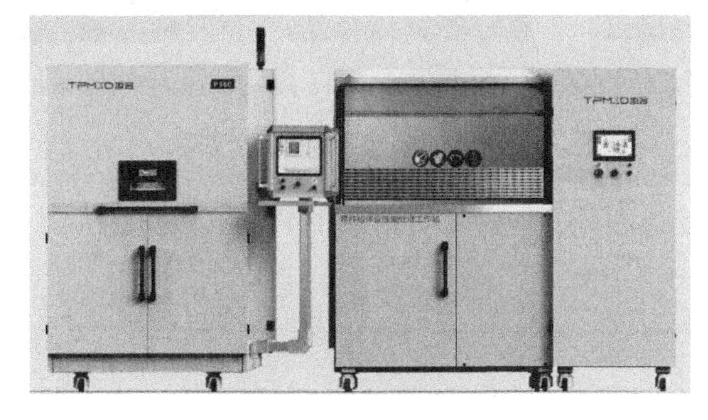

图 5-13　TPM3D P360 型 SLS 系统与零件粉体全性能处理工作站

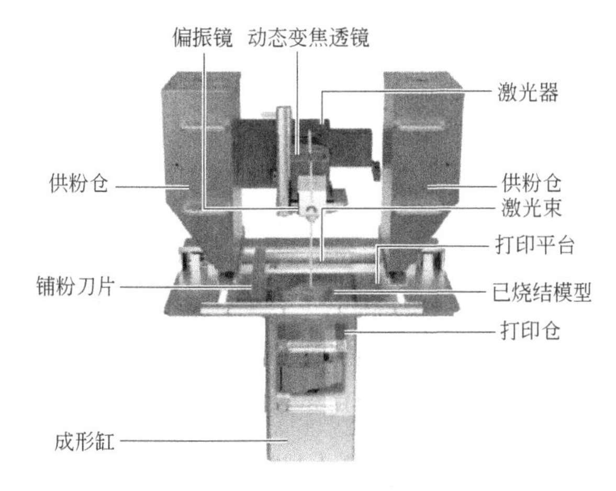

图 5-14　TPM3D P360 型 SLS 系统机械结构示意图

② 3D 打印准备

a．装粉。首先将新粉和循环粉两个储粉桶装粉，再将打印仓装粉，并将打印仓重新安装入工作腔固定，如图 5-15 所示，然后升至打印起始位置，在打印仓内预铺粉末并刮平，如图 5-16 所示。上述接触粉末的操作，须配戴 PVC 手套、防尘口罩、护目镜，穿防护服等。

b．启动相关控制。主要包括启动氮气，如图 5-17 所示；启动冷水机，并检查冷却系统管路有无泄漏以及各个接线是否正常；启动“自动混粉”与“自动送粉”，通过零件粉体全性能处理工作站的系统操作界面，设置新粉和循环粉在工作站内混合的比例，进行充分混合后，通过送粉软管把混合粉自动送入主机的供粉仓内，如图 5-18 所示。

图 5-15　打印仓装粉并重新安装入工作腔

图 5-16　打印仓内预铺粉末并刮平

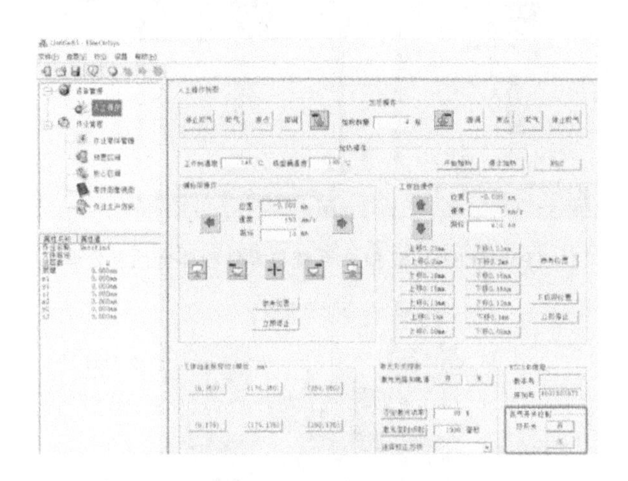

图 5-17　开启氮气开关

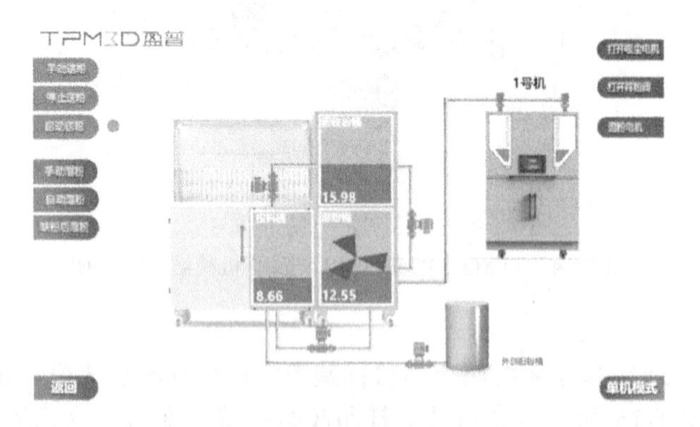

图 5-18　粉体全性能处理工作站的系统操作界面设置送粉模式

c．导入数据并预热。通过 EliteCtrlSys 控制程序，导入上述零件的 tpm 文件，通过粉末类型确定基本的加工参数，本例所用的粉末类型为“Precimid 1172 Pro”，如图 5-19 所示。进一步通过“第一区间”窗口，设置打印的起止层数、工作台温度、成形桶温度、左右加粉数量等参数，如图 5-20 所示。设置完毕后，设备将自动开始预热，并开始自动刮粉动作，直至预热完成后设备处于暂停状态。正式打印前，预热到稍低于粉末材料熔点的温度，可以有效减少零件热变形，并利于其与前一层面的结合。本例设置工作台和成形桶的预热温度分别是145℃和135℃，如图5-21所示。

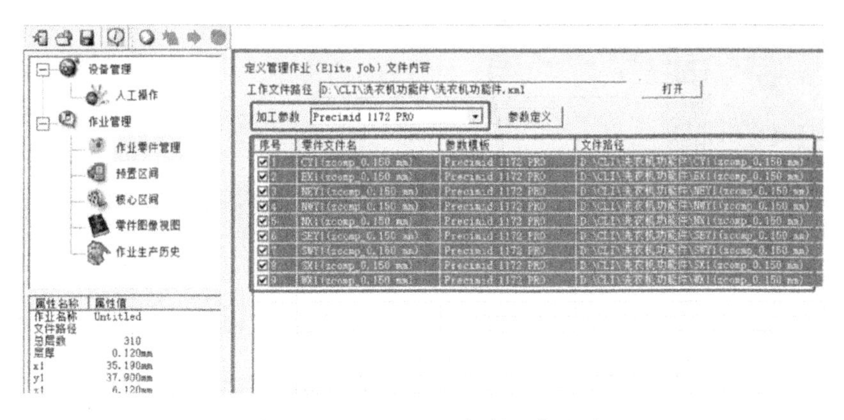

图5-19　EliteCtrlSys控制程序界面

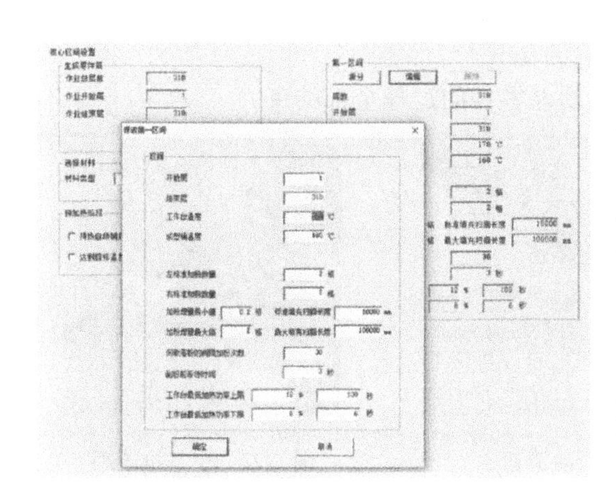

图5-20　“第一区间”窗口设置打印参数

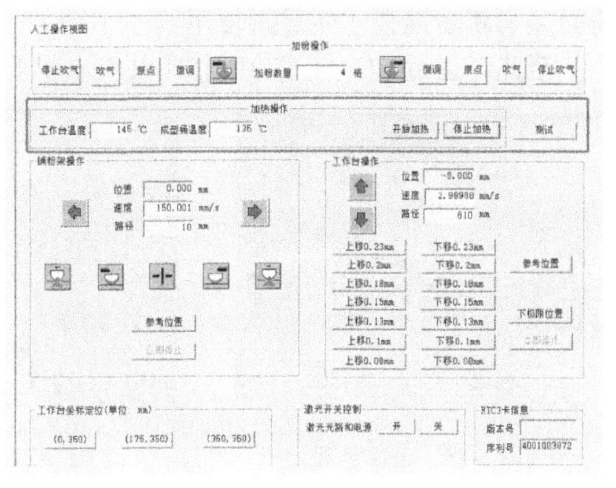

图5-21　预热设置及启动

③ 3D打印　约2.5h后，设备预热充分，点击“继续”开始打印，如图5-22所示，直至工作台内所有的同一批零件的330层全部打印完成，系统提示如图5-23所示。

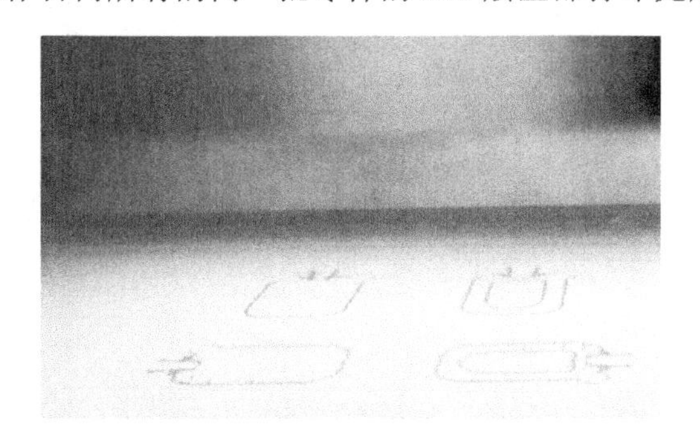

图5-22　打印中已烧结的层面轮廓

图5-23　系统提示打印完成

(3) 后处理

① 取出成形桶　成形桶需在设备内等待冷却3～4h，温度降至70℃以下才能取出，以防

烫伤，如图 5-24 所示，并将成形桶转运至粉体处理工作站，继续冷却至室温，如图 5-25 所示。

图 5-24　成形桶被取出

图 5-25　成形桶被转运至粉体处理工作站

② 清理余粉　依次经历毛刷、喷砂、空气枪清理，将零件表面上残留的多余粉末清理掉，分别如图 5-26～图 5-28 所示，最终获得某洗衣机塑料功能零件，如图 5-29 所示。零件清理后留下的未烧结粉末必须经过筛粉机筛选，如图 5-30 所示，筛选后的粉末称为循环粉，循环粉必须与新粉混合才能重新使用。

至此，通过 SLS 工艺 3D 打印某洗衣机塑料功能零件的过程全部结束。

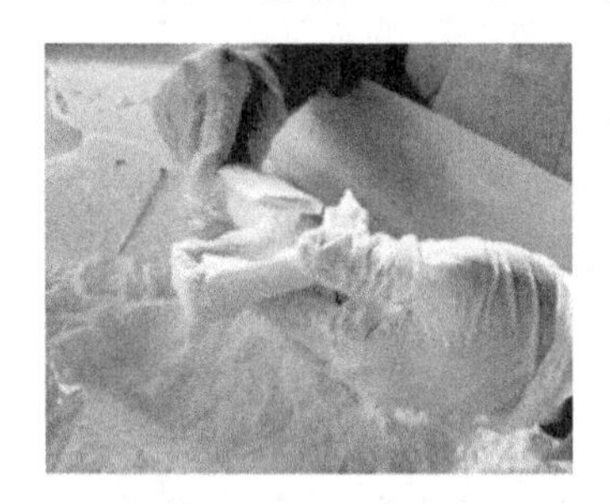

图 5-26　毛刷清理

图 5-27　喷砂清理

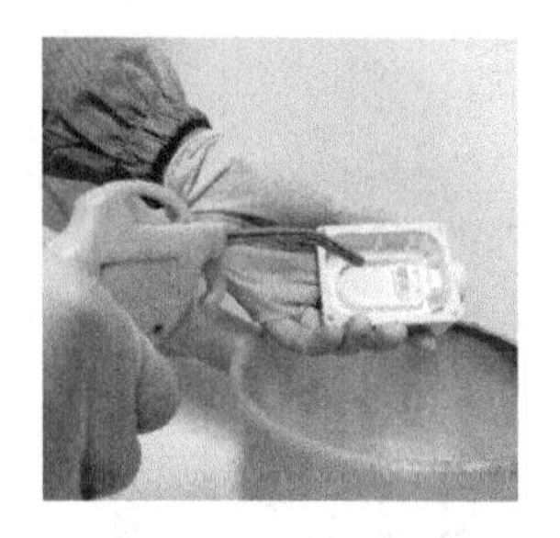

图 5-28　空气枪清理

图 5-29　某洗衣机塑料功能零件

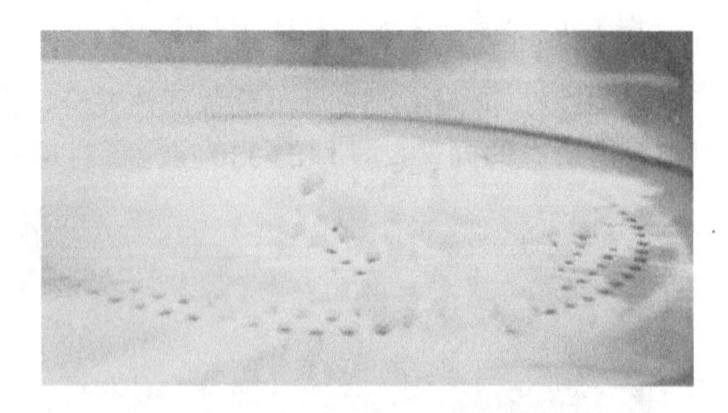

图 5-30　筛选未烧结粉末

5.2　三维打印工艺

5.2.1　简述

采用粉末材料进行 3D 打印，上述 SLS 工艺，因为使用激光，成本相对比较高，使用黏结剂对粉末颗粒进行黏结并逐层累积成形，理论上是完全可行的。1993 年 4 月 20 日，美国麻省理工学院的 Emanual Sachs 教授等人获得一项美国发明专利授权，名称为“Three-dimension printing techniques”，这就是三维打印（3DP）。该发明受当时已经普及的纸张喷墨打印机的启迪，把纸张喷墨打印机墨盒里面的墨水替换成液态黏结剂，用打印喷头挤出来的黏结剂黏结粉末床上松散的粉末，便可打印出一些立体实物。自然地，如同在纸张上实现彩色喷墨打印一样，通过设置三原色的液态黏结剂并进行精确数字化配色，即可在粉末上实现彩色打印。该 3D 打印工艺从形式上最为贴近日常打印机，且专利名称被称为 3D 打印，也比较通俗易懂。在此之前，3D 打印技术一直被称为快速成形技术，自此之后，3D 打印的叫法逐渐流行起来，直到现在，所有的快速成形技术都被通俗地称为 3D 打印，而快速成形设备则被称为 3D 打印机。当然，该 3D 打印工艺名称在 2012 年被美国材料与试验协会（American Society for Testing and Materials，ASTM）发布的增材制造术语标准（ASTM F2792-12a）定义为黏结剂喷射（Binder Jetting）。

理论上，黏结剂喷射工艺可以实现陶瓷、金属、石膏、塑料、砂子等各类粉末材料的 3D 打印成形。1995 年，Z Corporation 公司成立并经麻省理工学院授权，致力于黏结剂喷射成形石膏粉末材料的商业化。自 1997 年以来陆续推出了黏结剂喷射打印机，包括单色入门级的 ZPRINTER 310 Plus，后于 2005 年推出世界上第一台彩色 3D 打印机 Spectrum Z510。如图 5-31 所示为彩色打印机及其所打印的彩色模型。从此，3D 打印变得绚丽多彩，这是 3D 打印发展历程中比较重要的一步。2012 年，Z Corporation 公司被 3D Systems 收购，并开发了 3D Systems 的 Color-Jet 系列打印机。目前，3D Systems 官网在售 Color-Jet 系列打印机的参数如表 5-1 所示。

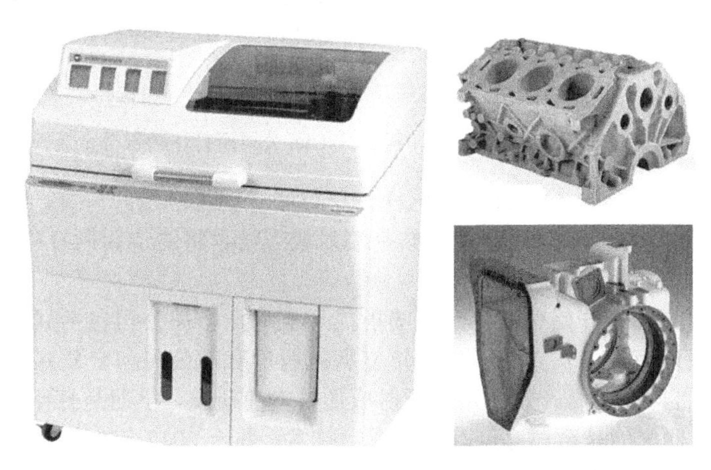

图 5-31　Spectrum Z510 彩色打印机及其所打印的彩色模型

表 5-1　3D Systems 官网在售 Color-Jet 系列打印机的参数

型号	ProJet 260C	ProJet 360	ProJet 460Plus	ProJet 660Pro	ProJet 860Pro
色彩	基本彩色（CMY）	单色（白色）	基本彩色（CMY）	全彩色（CMYK）	基本彩色（CMY）
层厚/mm	0.1	0.1	0.1	0.1	0.1
分辨率/dpi	300×450	300×450	300×450	600×540	600×540
打印尺寸/mm	236×185×127	203×254×203	203×254×203	254×381×203	508×381×229
打印速度/（mm/h）	20	20	23	28	5～15

续表

型号	ProJet 260C	ProJet 360	ProJet 460Plus	ProJet 660Pro	ProJet 860Pro
打印头数/个	2 个（HP57+HP11）	1 个 （HP11）	2 个 （HP57+HP11）	5 个 （HP11）	5 个 （HP11）
喷头数/个	604	304	604	1520	1520

1996 年，美国 Extrude Hone 公司获得麻省理工学院授权，进行黏结剂喷射成形金属粉末材料的研发与商业化，并于 1997 年推出世界上首台黏结剂喷射成形金属粉末设备 ProMetal RTS-300。2003 年，Extrude Hone 旗下 ExOne 公司独立出来专门从事 3D 打印产业，后又推出了世界上第一台砂石 3D 打印机 S15。从此 ExOne 公司专注于黏结剂喷射成形金属与砂石两种材料，并逐渐成为 3DP 技术的领导者。图 5-32 所示为 ExOne innovent+打印机及 ExOne 公司所打印的部分金属模型。

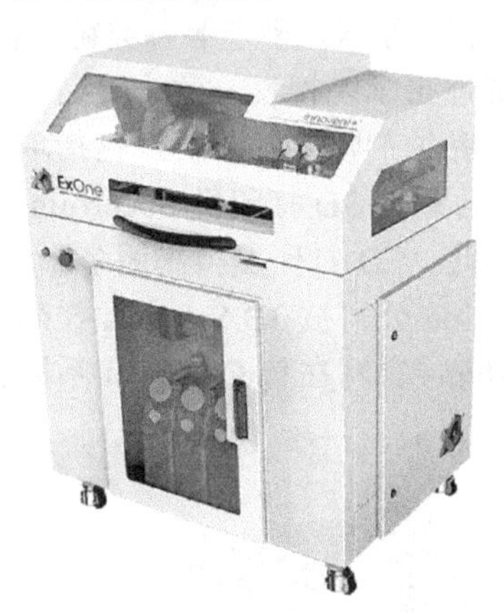

图 5-32　ExOne innovent+打印机及 ExOne 公司所打印的部分金属模型

成立于 1999 年的德国 Voxeljet 公司同样也获得麻省理工学院的许可，致力于开发用于铸造模具的砂型 3D 打印机。该公司利用黏结剂喷射成形技术将铸造用砂打印制造成砂型模具，之后便可用于传统工艺的金属铸造。

近年来，国内也逐渐开始关注黏结剂喷射成形技术，相关公司包括武汉易制科技有限公司、爱司凯科技股份有限公司、广东峰华卓立科技股份有限公司和宁夏共享集团等。另外，华中科技大学团队自 2012 年开始黏结剂喷射成形技术的研发，早期是打印石膏、聚合物和铸造用砂，现在重点研究的是金属黏结剂喷射成形技术，并于 2017 年由合作企业武汉易制科技有限公司推出金属黏结剂喷射成形技术打印机，打印材料包括 316L、420、铜和钛合金等，表 5-2 为国内外部分金属黏结剂喷射成形技术研发公司的技术细节对比表。

表 5-2　国内外部分金属黏结剂喷射成形技术研发公司的技术细节对比表

公司	打印速度/（cm^3/h）	成形体积	可用材料	致密度/%	分辨率/dpi	层厚/μm
Digital Metal	100	203mm×180mm×69mm	SS：316L，17-4	96	—	30～200
Exone	高达 10000	800mm×500mm×400mm	SS：316L，304	96~99	600~1200	30～200
Desktop Metal	12000	750mm×330mm×250mm	—	—	—	50
HP	—	430mm×320mm×200mm	SS：316L	＞93	1200	50～100

续表

公司	打印速度/（cm^3/h）	成形体积	可用材料	致密度/%	分辨率/dpi	层厚/μm
GE	—	—	SS：316L	—	—	—
3DEO	—	—	SS：17-4	99	—	—
武汉易制	—	500mm×450mm×400mm	SS：316，420	95～99	600	50~200

5.2.2 工艺过程及特点

（1）工艺过程

阅读 Emanual Sachs 教授的 3DP 专利信息，其摘要示意图如图 5-33 所示。其摘要的关键信息："...produce a layer of bonded powder materia..."，成形一层被黏结的粉末材料，显然该 3DP 工艺，也要通过分层累积，且使用粉末材料；而如何将粉末材料成形呢？"...depositing a binder material..."，即不再使用激光，而是在每层上选定的区域内，分配黏结剂材料，将粉末材料黏结成形。摘要同时还指出，"...further processed as，for example，by heating..."，即通过加热后处理，进行强度提升。

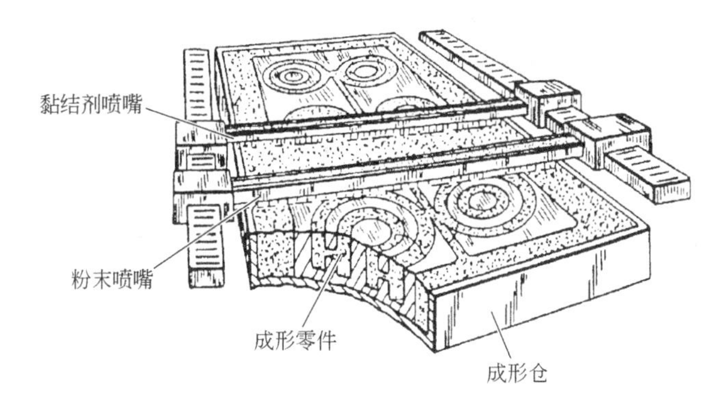

图 5-33 专利摘要示意图

图 5-34 则给出了 3DP 工艺过程，具体如下：

① 数据准备。获得零件三维模型并进行二维切片处理。

② 铺放粉末。粉末通过料斗或者送粉缸两种形式存放，相应的粉末材料有两种施加方式，一种是料斗自粉末床上部流放一定量的粉末到粉末床，称为送粉式，而送粉缸则通过供料活塞上升一定高度，送出一定量的粉末材料到粉末床，称为铺粉式，分别如图 5-34（a)、(b)。然后铺粉辊将粉末材料铺展至粉末床的成形区域内，并压实压平。

③ 二维移动。装有黏结剂的打印喷头接受指令文件控制而进行 X、Y 二维移动，并喷射黏结剂，使粉末黏结成形，而未被喷射的部分仍保持松散的粉末状态，并为后续层层黏结提供支撑作用（如打印彩色模型则使用三原色的黏结剂）。

④ Z 向移动。粉末床沿 Z 向下降一层，成形区域内重新获得新的一层粉末材料，并保持粉末层平整。

⑤ 层间结合。打印喷头在新的一层 X、Y 指令下移动并喷射黏结剂，使当前层粉末黏结成形的同时，与上一层材料黏结在一起而实现层间结合。

⑥ 重复上述过程，直至获得最终三维零件。

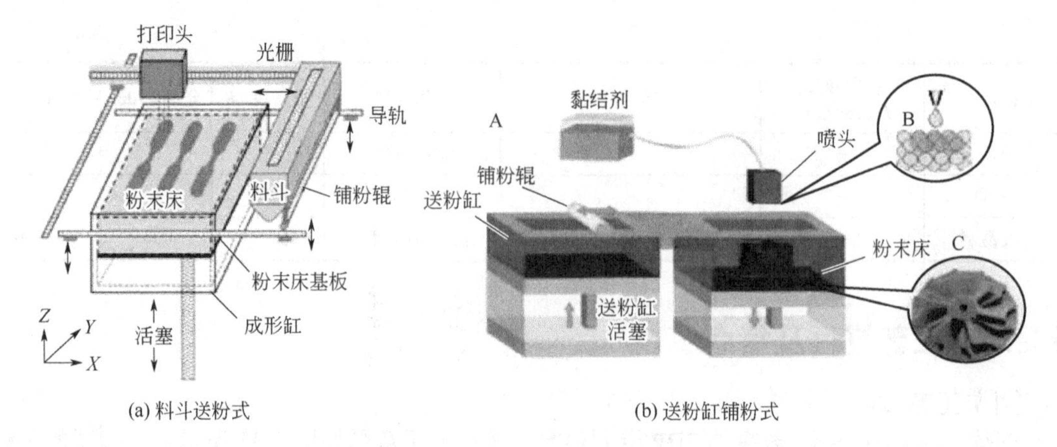

图 5-34 3DP 工艺过程示意图

3DP 打印剩余的粉末材料没有经过预热和激光辐照，可以全部回收再次使用，理论上讲材料利用率百分之百。

零件经过 3DP 打印完成后，还需进一步进行后处理，通常有三个过程：

① 清除余粉。因为零件是被完全埋没于粉末内的，因此，需要将零件表面滞留的余粉，在手套箱内通过毛刷、空气枪等清除并回收，以便下次打印时使用。

② 增加强度。因为 3DP 获得的零件具有大量的孔隙，强度通常比较弱，必须要进行后处理增强。石膏等无机粉末材料打印零件，一般要根据用途选择不同的即时固化渗透剂进行零件浸透处理，如适用于彩色模型的渗透剂，可改善强度、色泽并增加色泽稳定性；适用于功能模型的二元浸渗剂，可显著改善模型强度；还有可通过浸渍或喷雾增强表面硬度和模量的环保无害型浸渗剂等。而金属粉末材料打印零件一般则要进一步通过脱脂、高温烧结、热等静压、浸渗或渗铜致密等更多后处理工艺来增加零件强度和致密度。

③ 表面处理。通常可以综合使用喷砂、打磨、喷漆、机加工等手段进一步提升零件的表面质量和精度、光洁度、色泽等。

（2）工艺特点

3DP 工艺具有以下五个比较明显的优点：

① 可实现彩色打印。3DP 可实现全彩色打印，可以完美表达产品设计在色彩上的创意，广泛应用于文创、影视动漫等领域。

② 材料广泛且可以获得金属功能零件。3DP 工艺几乎可以实现任何粉末材料的打印成形，包括可以使用金属粉末材料，这大幅扩展了其功能性应用领域。

③ 无需支撑。因为未黏结的粉末可用作自然支撑，无需额外增加辅助支撑，因此，打印过程中，打印效率高，同时材料成本低。

④ 适用制造结构复杂的零件。3DP 工艺对零件的复杂性几乎没有任何限制，可制造各种复杂形状的零件，如多孔件、镂空件、嵌套件等，适合于新产品的开发或单件、小批量零件的生产。

⑤ 无需激光，成本低。一方面，3DP 工艺不采用激光器，设备运营维护成本较低；另一方面，其使用的黏结剂喷头可以进行阵列式扫描而非激光点扫描，因此打印效率高、成本低。

然而，3DP 工艺也具有一定的局限性和缺点，具体如下：

① 零件力学性能差，强度、韧性相对较低，通常只能做样品展示或铸造模具（如砂模），无法适用于功能性试验，金属打印件则需要通过烧结炉进一步烧结固化、渗铜致密方能最终获得。

② 零件表面质量不高，由于是粉末黏结成形，导致成形件表面有一定颗粒感，难以达到光固化工艺打印件表面光滑度。

③ 料储大不经济，因为是粉末床式储料，且考虑粉末材料的表面活性，因此材料储存大且储存困难。料斗送粉式机械结构，虽然一定程度克服了料储问题，但并没有改变粉末床式的基本原理形式。

5.2.3 3DP 工艺材料

3DP 工艺所需的材料，主要包括粉末材料和黏结剂两部分。

（1）粉末材料

① 性能要求　从 3DP 的工作原理可以看出，粉末材料需要具备材料成形性好、成形强度高、粉末粒径较小、不易团聚、流动性好、密度和孔隙率适宜、干燥硬化快等性质。相对其他条件而言，粉末的粒径非常重要。粒径小的颗粒可以提供相互间较强的范德瓦尔兹力，但流动性较差，且打印过程中易扬尘，导致打印头堵塞；大的颗粒流动性较好，但是会影响模具的打印精度。粉末的粒径根据所使用打印机类型及操作条件的不同可从 1μm 到 100μm。

可以被 3DP 工艺使用的粉末材料有石膏粉末、淀粉、陶瓷粉末、金属粉末、热塑材料或者是其他一些有合适粒径的粉末等。

② 粉末组成　粉末材料由填料、黏结剂、助剂等组成。

a．填料：可选择石英砂、陶瓷粉末、石膏粉末、聚合物粉末（如聚甲基丙烯酸甲酯、聚甲醛、聚苯乙烯、聚乙烯、石蜡等），金属氧化物粉末和淀粉等作为粉末材料主体的填料，可以较好地提升零件的强度，并能控制黏结成形后的变形。

b．黏结剂：加入部分粉末黏结剂可起到加强粉末成形强度的作用，其中聚乙烯醇、纤维素（如聚合纤维素、碳化硅纤维素、石墨纤维素、硅酸铝纤维素等）、麦芽糊精等可以起到加固作用，但是其纤维素长度应小于打印时粉末床每次下降的高度；胶体二氧化硅的加入可以使液体黏结剂喷射到粉末上时迅速凝胶成形，提高打印效率。

c．助剂。除了填料和黏结剂两个主体部分，还需要加入一些粉末助剂调节其性能，如：可以加入一些固体润滑剂增加粉末流动性，如氧化铝粉末、可溶性淀粉、滑石粉等，有利于铺粉层薄均匀；可以加入二氧化硅等密度大且粒径小的颗粒，增加粉末密度，减小孔隙率，防止打印过程中黏结剂过分渗透；可以加入卵磷脂，减少打印过程中小颗粒的飞扬以及保持打印形状的稳定性等。另外，为防止粉末由于粒径过小而团聚，需采用相应方法对粉末进行分散。

d．制备：填料和黏结剂除了简单混合，还可以进行包覆。将填料用黏结剂（聚乙烯吡咯烷酮等）包覆并干燥，可以更均匀地将两者分散于粉末材料中，便于喷出的黏结剂均匀渗透进粉末内部。或者将填料分为两部分包覆，其中一部分用酸基黏结剂包覆，另一部分用碱基黏结剂包覆，当二者通过介质相遇时，便可快速反应成形。包覆后，也可有效减小颗粒之间的摩擦，增加其流动性，但要注意包覆厚度要很薄，介于 0.1～1.0μm 之间。

（2）黏结剂

① 性能要求

a．合适的黏度。黏结剂具有合适的黏度，才能保证形成单个液滴并从喷头的喷嘴中脱落。黏结剂黏度的选取与使用和打印头有关，对压电式喷头 SEIKO1020，建议的黏结剂黏度范围在 8～12mPa・s。

b．合适的表面张力。表面张力适宜，才能使黏结剂与粉末之间有较好的相互作用，有较好的浸润性。

c．足够的黏结强度。黏结剂需要有足够的黏结强度才能保证打印的初坯结构完整。

d．无腐蚀。通常液态黏结剂通过金属喷头喷出，不应对喷头产生腐蚀作用。

e．无毒环保。应该满足国家或相关组织的环保要求，无挥发异味，无毒副作用，环境友好，尤其是满足办公环境的要求。

f．清洁燃烧特性。对于金属粉末使用的黏结剂，通常需要进行烧结脱除后处理，需要黏结剂具有较好的清洁燃烧特性，灰分残留少，无毒副成分挥发。

g．性能稳定。上述性能应该保持稳定，一是便于长期储存，二是保证产品批次稳定。

② 主要成分　显然，液体黏结剂主要由主体介质和溶剂组成，除此之外还需要加入保湿剂、快干剂、润滑剂、促凝剂、增流剂、pH 调节剂及其他添加剂（如染料、消泡剂）等，所有被加物质均不能与打印头材质发生反应。如加入的保湿剂如聚乙二醇、丙三醇等可以起到保持水分的作用，便于黏结剂长期稳定储存，另外，丙三醇的加入还可以起到润滑作用，减少打印头的堵塞；如可加入一些沸点较低的溶液如乙醇、甲醇等来增加黏结剂多余部分的挥发速度；如对于一些以胶体二氧化硅或类似物质为凝胶物质的粉末材料，可加入柠檬酸等促凝剂强化其黏结成形效果；如添加少量其他溶剂（如甲醇等）或者通过加入分子量不同的有机物可调节其表面张力和黏度以满足打印头所需条件。表面张力和黏度对打印时液滴成形有很大影响，合适的液滴形状和大小直接影响打印过程成形精度的好坏；如为提高液体黏结剂流动性，可加入二乙二醇丁醚、聚乙二醇、硫酸铝钾、异丙酮、聚丙烯酸钠等作为增流剂，加快打印速度；如对于那些对 pH 值有特殊要求的液体黏结剂，可加入三乙醇胺、四甲基氢氧化氨、柠檬酸等调节 pH 为最优值；如出于打印过程美观或者产品需求，需要加入能分散均匀的染料等。要注意的是，添加助剂的用量不宜太多，一般小于质量分数的 10%，助剂太多会影响粉末打印后的效果及打印头的机械性能。

③ 主要类型　用于 3DP 工艺的黏结剂可以有多种分类方法。

a．从材料性质角度，可分为有机和无机黏结剂两种类型。有机黏结剂通过固化而黏结粉末材料，而无机黏结剂通过胶体凝胶而黏结粉末材料。

b．从化学反应类型角度，可分为酸碱黏结剂、金属盐黏结剂和溶剂黏结剂。酸碱黏结剂通过酸碱化学反应使粉末材料黏结，金属盐黏结剂通过盐的重结晶、还原或者置换反应形成粉末材料间的黏结。溶剂黏结剂主要作用于聚合物粉末，可以溶解喷射或沉积区域并在溶剂蒸发后形成特定的结构。

c．从结合机理的角度，分粉末床黏结剂、相变黏结剂和烧结抑制黏结剂。粉末床黏结剂由于不同于一般的液态黏结剂，所以大部分黏结剂与粉末床混合后会通过喷嘴喷射液体与粉末作用产生黏结。相变黏结剂通过黏结剂的固化将粉末结合在一起，而烧结抑制黏结剂可以通过选择性喷射隔热材料控制烧结面积。

上面三种分类方法，如表 5-3 所示。

表 5-3　3DP 工艺的黏结剂种类

黏结剂类型		可用材料	优点	缺点
按材料性质分类	有机黏结剂	聚乙烯、丁缩醛树脂、酚醛树脂	适用于大部分粉末材料；易去除，残留物少	容易堵塞喷头
	无机黏结剂	硝酸铝、胶体二氧化硅	打印后加热整个粉末床粉末黏结成零件	沉积后不会立刻与粉末发生反应
按化学反应类型分类	酸碱黏结剂	10%磷酸和柠檬酸、聚乙烯吡咯烷酮	热处理后几乎没有任何残留物	仅限于少数粉末

续表

黏结剂类型		可用材料	优点	缺点
按化学反应类型分类	金属盐黏结剂	硝酸盐、硅酸盐、磷酸盐	使用盐重结晶、还原和置换反应等结合途径	盐还原过程中松散粉末必须能够抵抗热还原
	溶剂基黏结剂	氯仿	零件纯度高	常用于聚合物
按结合机理分类	粉末床黏结剂	水泥、石膏	对某些粉末没有特异性，通过高温完全去除；沉积液体简单	优化步骤复杂
	相变黏结剂	二甲基丙烷	用于大多数粉末	打印后加热有限制
	烧结抑制剂	隔热材料、化学氧化剂等	零件边界处喷射	多余粉末污染零件

液体黏结剂还可以按照其本身与粉末材料间的相互作用关系进行分类，分为三种类型：本身不起黏结作用的液体黏结剂，本身会与粉末材料反应的液体黏结剂及本身有部分黏结作用的液体黏结剂。

① 本身不起黏结作用的黏结剂，只起到为粉末材料相互结合提供介质的作用，其本身在打印完毕之后会被几乎完全挥发，适用于本身自反应硬化的粉末材料，此液体可以为氯仿、乙醇等。

② 本身会与粉末材料反应的液体黏结剂，通常与粉末材料的酸碱性不同，可以通过与粉末材料的反应达到黏结成形的目的。如以氧化铝为主要成分的粉末，可通过喷射酸性黏结剂进行反应固化。而目前最常用的以水为主要成分的水基黏结剂，可以提供介质和水中氢键，使石膏、水泥等粉末材料在氢键作用力下发生凝胶反应，成形之后挥发。对于金属粉末，常常是在黏结剂中加入一些金属盐来诱发其反应。

③ 本身有部分黏结作用的液体黏结剂，通过在液体溶剂内加入一些起黏结作用的物质，经液体溶剂挥发，剩下起黏结作用的关键物质。通常可添加的黏结物质包括缩丁醛树脂、聚氯乙烯、聚碳硅烷、聚乙烯吡咯烷酮以及一些其他高分子树脂等。与这些黏结物质相溶的液体溶剂，可以用水、丙酮、醋酸、乙酰乙酸乙酯等，但目前水基黏结剂更受欢迎。

5.2.4 影响金属 3DP 打印件性能的因素

显然，因为金属 3D 打印件可以获得更多的功能性应用，因此通过 3DP 进行金属粉末材料的打印，是重要的发展方向。

影响 3DP 打印金属零件质量的因素可分为材料和工艺。材料因素包括粉末材料和黏结剂特性，粉末材料特性决定粉末床质量、初坯密度和致密化效果。初坯的几何形状和强度受到黏结剂的影响。工艺因素可分为打印参数（主要包括层厚和黏结剂饱和度）和后处理参数（包括烧结温度、时间曲线和烧结助剂、浸渗剂等因素）。另外，常见的打印缺陷，也影响着最终打印件的性能。

（1）粉末材料特性

粉末材料特性主要包括粉末形态、平均尺寸和粒径分布等几何特性，以及粉末流动性、铺展性和堆积密度等物理特性。其中，粉末形态和尺寸特性影响零件的力学性能，流动性和堆积密度影响零件的致密化程度。

雾化是最常用的粉末生产方法，粉末颗粒的形态、表面特征、平均粒径和粒径分布受雾化工艺影响。雾化技术主要包括两种：①气体或等离子体雾化（GA），生产具有球形形态的粉末；②水雾化（WA），生产具有不规则形态的粉末，如图 5-35（a）。Mostafaei A 等发现气雾化粉末（球形或近球形）烧结样品的抗拉强度、屈服强度均大于水雾化粉末烧结样品，如图 5-35（b）。粉末堆积密度是确定颗粒排列规律的重要参数，也是影响最终产品烧结致密度和收缩程度的关键参数，一般粉末堆积密度越大，收缩率越小。使用多峰粉末是提高粉末堆积密度的有效方法。粗粉保证流动性，细粉填充大颗粒间的孔隙以提高堆积密度，如图 5-35（c）。Mostafaei A 等将粗粉（15μm、30μm）与细粉（5μm）以 73∶27 的质量比混合，多峰混合粉末的体收缩率更小、烧结致密度更大，如图 5-35（d）。

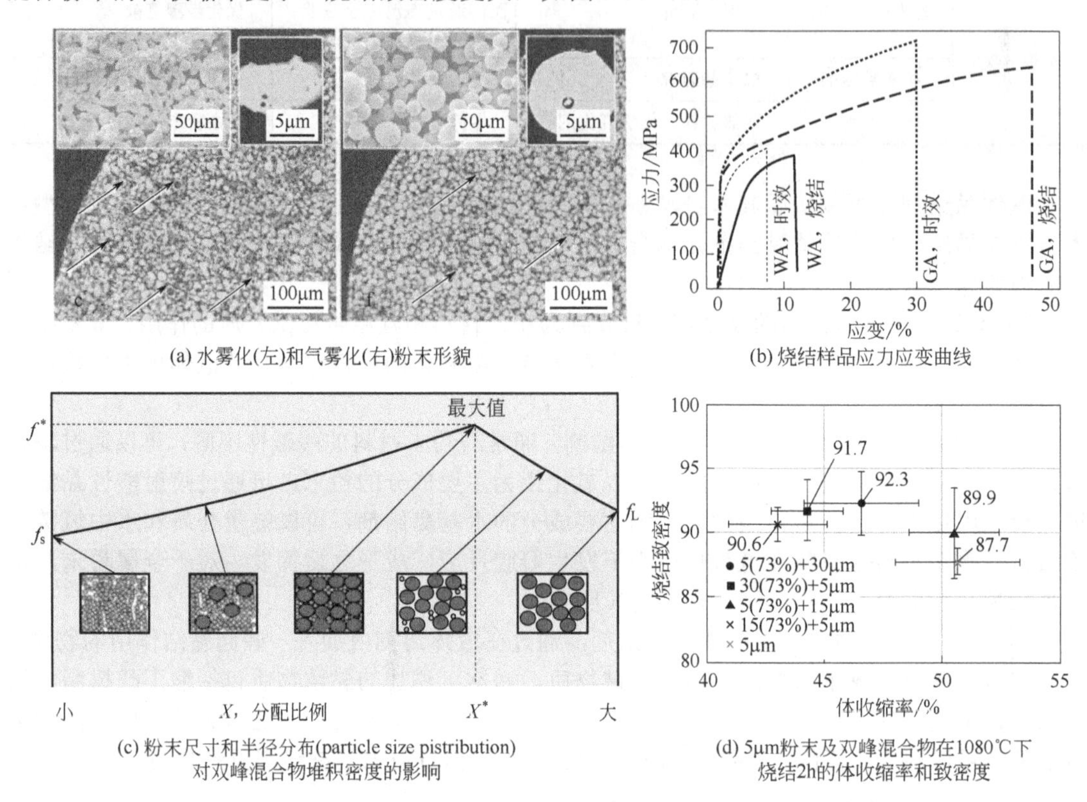

(a) 水雾化(左)和气雾化(右)粉末形貌

(b) 烧结样品应力应变曲线

(c) 粉末尺寸和半径分布(particle size pistribution)对双峰混合物堆积密度的影响

(d) 5μm粉末及双峰混合物在1080℃下烧结2h的体收缩率和致密度

图 5-35　粉末特性、形貌、性能规律

（2）黏结剂种类及特性

在 3DP 打印过程中，液态黏结剂会填充每一层粉末间的间隙，黏结粉末形成所需的形状，选择合理的黏结剂是 3DP 工艺的关键。

在黏结剂喷射过程中，黏结剂与粉末材料的相互作用直接影响打印件的几何精度、生坯强度和表面粗糙度。从喷嘴中喷出液态黏结剂后会发生一系列渗透行为，如冲击、铺展和润湿，其中冲击受液滴体积、初始速度、黏度和粉末床粗糙度的影响；润湿受不同液滴速度、黏度、接触角以及液滴的渗透时间（通常为 0.1～1.0s）的影响。当黏结剂液滴撞击粉末表面时，由于黏结剂润湿粉末会在黏结剂-粉末界面处形成接触角，一旦黏结剂与粉末接触，粉末颗粒间的孔会充当毛细管将黏结剂吸收到粉末中，接触角减小，随着黏结剂液滴润湿并渗入粉末材料，形成初始核，整个孔隙空间充满黏结剂（饱和度 100%）。黏结剂还会影响脱脂温度、烧结温度和残留物特性。黏结剂分解温度与打印件致密烧结温度必须存在一定间隔。黏结剂分解留下的残留物会对最终金属零件性能造成影响，富含碳或氧的残留物会形成碳化物或氧化物，从而降低最终金属零件的力学性能。为此，在选用新的黏结剂-粉末体系后可进行热重分析，获得黏结剂分解和粉末烧结的特性，制订合理的脱脂与烧结工艺。

（3）打印工艺参数

① 层厚　对于大多数类型的3D打印工艺而言，层厚是需要考虑的重要工艺参数之一。层厚会影响最终零件的致密度和力学性能，M. Turker等研究了不同层厚金属3DP打印初坯在1260℃烧结后的样品致密度，发现层厚为200μm零件的致密度约为88%，而层厚为100μm零件的致密度达92%。UtelaBR等研究了不同层厚的烧结316L不锈钢样品，发现当层厚从80μm增加到100μm时，断裂强度从62MPa增加到68MPa。零件层厚的选择取决于粉末粒度，一般大于最大粒径。C. Meier等基于离散元（DEM）方法建立了粉末铺展模型，该模型涉及粉末颗粒之间、粉末颗粒与壁的相互作用、滚动阻力和内聚力，发现层厚约为最大粒径的3倍时粉末床质量（特别是堆积密度和表面均匀性）最佳。

② 黏结剂饱和度　低的黏结剂饱和度不能将粉末颗粒牢固地黏结在一起，粉末可能发生脱落，造成锯齿表面，如图5-36（a）；高的黏结剂饱和度则容易造成过量粉末黏结在表面上，增大表面粗糙度，如图5-36（b）。

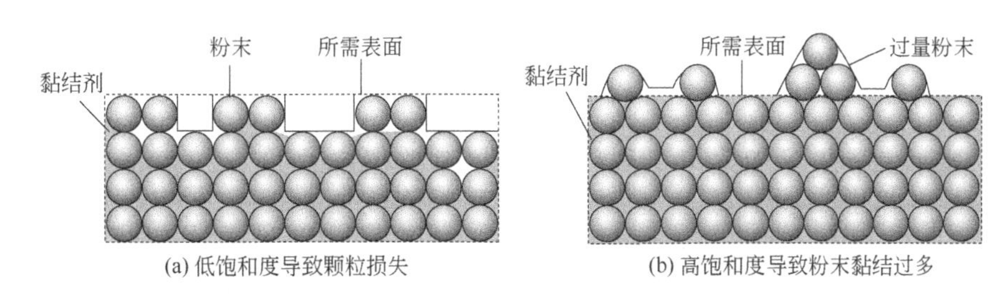

(a) 低饱和度导致颗粒损失　(b) 高饱和度导致粉末黏结过多

图5-36　由于饱和度不当可能形成的表面缺陷

黏结剂饱和度也会影响打印件的致密度和力学性能。低饱和度会导致层间或层内黏结不充分，形成较多孔隙。S. Shrestha等研究了不同黏结剂饱和度（35%、70%和100%）打印316L不锈钢的横向断裂强度，发现35%黏结剂饱和度的打印件强度明显低于其他样品。然而，高黏结剂饱和度会导致粉末体积分数降低，脱脂后产生较多孔隙。当黏结剂饱和度在合适范围内时，脱脂过程对烧结密度不会产生明显影响。如Y. Bai等采用60%和80%饱和度打印铜粉时，最终烧结密度几乎相同。为了设计合适的黏结剂饱和度，H. Miyanaji等开发了一个物理模型，根据平衡状态（即黏结剂停止向粉末床内迁移时）下的黏结剂-粉末相互作用估算毛细管压力，以此预测的黏结剂饱和度与3DP打印钛合金（Ti-6Al-4V）实验结果非常吻合。该研究发现黏结剂和粉末颗粒的相互作用是由黏结剂和空气界面上的毛细管压力驱动的。因此，黏结剂饱和度的选择应考虑黏结剂、粉末和空气的相互作用。

（4）打印速度和粉末铺展速度

H. Miyanaji等研究发现，提高打印速度会降低打印件精度，同时观察到X方向的精度与Y方向存在差异，指出这可能与液滴的不对称扩散有关，如图5-37（a）、（b）所示。为了定量了解打印过程中粉末相互作用及打印初坯密度，E. Parteli等提出了一种基于颗粒的数值模型来研究粉末-辊子的相互作用。辊子逆时针旋转时，如图5-37（c）所示，增加锟子的铺展速度（保持在20～180mm/s）会导致粉末床铺展表面粗糙度增加，最终降低打印件的表面质量，如图5-37（d）所示。

（5）后处理工艺

通常3DP打印获得金属零件的工艺过程如图5-38所示，其中后处理主要包括固化、脱脂、烧结、浸渗等。

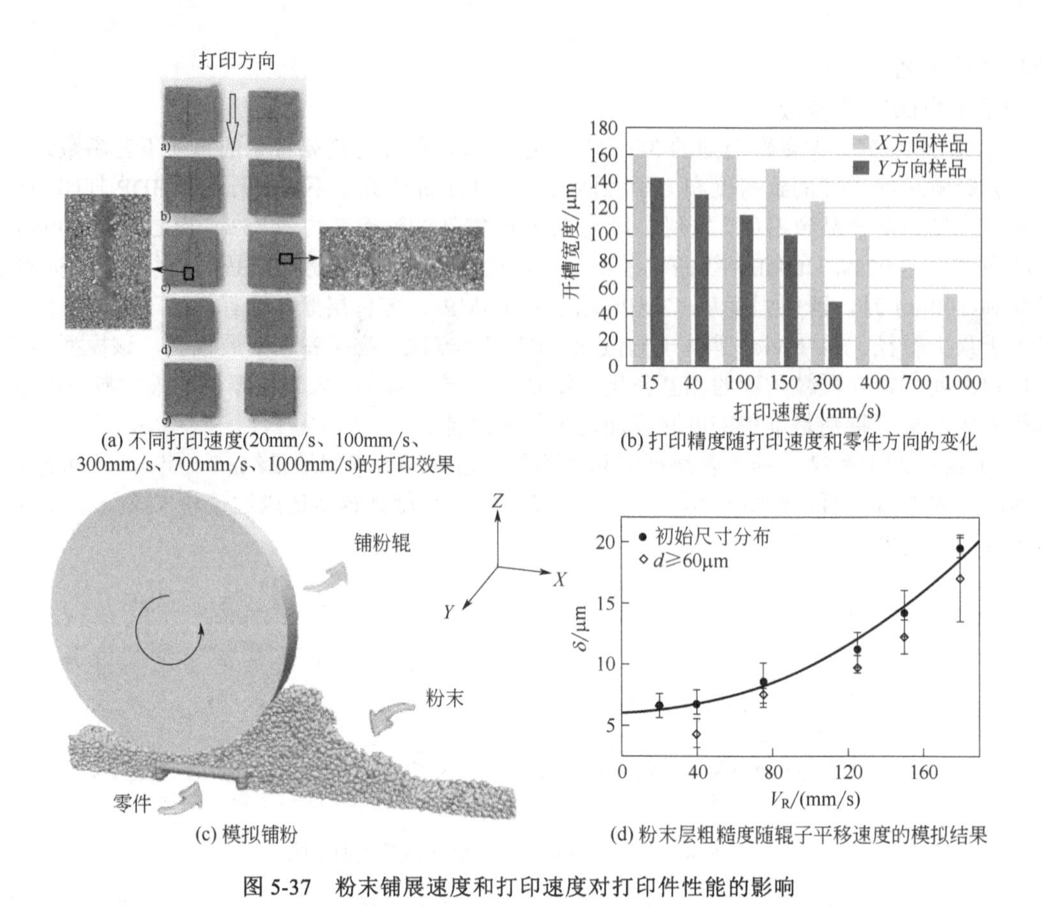

(a) 不同打印速度(20mm/s、100mm/s、300mm/s、700mm/s、1000mm/s)的打印效果

(b) 打印精度随打印速度和零件方向的变化

(c) 模拟铺粉

(d) 粉末层粗糙度随辊子平移速度的模拟结果

图 5-37　粉末铺展速度和打印速度对打印件性能的影响

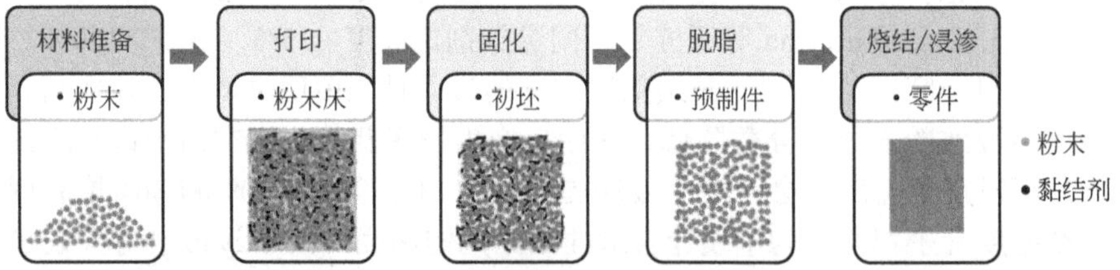

材料准备 → 打印 → 固化 → 脱脂 → 烧结/浸渗

• 粉末　• 粉末床　• 初坯　• 预制件　• 零件

• 粉末
• 黏结剂

图 5-38　3DP 打印获得金属零件的完整工艺过程

① 固化　通过交联和聚合增加黏结剂和粉末间的结合强度，此时粉末间并不是冶金熔合。尽管黏结剂固化也可以在打印过程中完成，但考虑到系统复杂度和固化时间等因素限制，在打印后再固化更为常见。固化的温度和时间取决于使用黏结剂的类型、打印件的几何形状、尺寸和体积等。在开发新粉末材料或新黏结剂时，初坯强度被用作材料设计的主要指标，可以用粉末冶金中初坯强度标准来评价。美国测试与材料协会（ASTM）的 B312-14 标准和金属粉末工业联合会（MPIF）41 号标准均采用 3.175cm×1.270cm×0.635cm 的矩形棒材进行 3 点弯曲测试。另外，固化后的初坯有足够的强度，此时需要去除表面黏附的多余粉末。根据零件的复杂度和内部特征，使用刷洗、吹压缩空气、振动或抽真空去除松散粉末。

② 脱脂　在烧结或渗透前，需要去除初坯中的黏结剂。为了使黏结剂充分脱除，需将初坯加热到高于聚合物的分解温度，促进聚合物分解和气化。一般通过差热分析精准确定黏结剂的脱脂温度。I. Rishmawi 等通过热重分析（TGA）检测脱脂期间 3DP 纯铁样品的质量变化，发现在 300℃下样品质量损失到 99%（黏结剂 PVA 占 0.98%）后保持稳定，认为 300℃是最佳的脱脂温度。H. Miyanji 等在研究 3DP 陶瓷材料时发现，烧结 500℃保温 30min 即可完全燃尽

黏结剂，对后期致密化影响可以忽略不计，在相同方向上会发生线性收缩。

③ 烧结　对 3DP 打印初坯进行致密化最主要的方法是高温烧结。初坯在烧结过程中将产生一定程度的体积收缩，进而消除了内部孔隙。

a．烧结温度和保温时间等工艺参数可能会影响最终产品的收缩率、微观结构等。I. Rishmawi 等通过对水雾化铁粉 3DP 样品的研究，发现调整烧结温度和保温时间可以实现目标密度的个性化定制（64%～91%），增加烧结温度和时间会导致较高的收缩率，在 1490℃下保温 6h，高度方向收缩了 24.8%。A. Mostafaei 等研究了水雾化 Ni625 的 3DP 样品，在 1270℃下烧结 4h，可以达到最大烧结致密度（95%）和最大收缩率（57%）。

b．烧结炉及烧结气氛也会影响最终产品的性能。M. Salehi 发现与传统烧结对应样品相比，微波烧结使烧结时间缩短到 1/4，微波烧结 15h 的试样需要传统烧结 60h。烧结气氛也会影响最终的致密度，T. Do 等发现添加了烧结添加剂（B、BN、BC 等）的 420 不锈钢，在氩气气氛下烧结 1250℃最终相对密度达到 95%，而在真空下烧结最终密度达到 99.6%，但表面存在轻微的氧化。

④ 浸渗　浸渗是 3DP 粉末打印初坯的另一种致密化途径，其收缩率可控，有助于网状结构制造，并提高最终零件的力学性能。D. Uzunsoy 等将在 1120℃下烧结的 SS316 预制件渗入青铜，发现与未渗入零件相比，拉伸强度增加了 10 倍。B. Keernan 等采用 3DP 成功制备了 D2 工具钢，在 1200℃下预烧结后通过均质钢渗透（将熔点低于基础粉末的合金钢作为浸渗剂），发现只有 2%的线收缩，并且力学性能与传统锻造 D2 工具钢相似。

（6）主要缺陷

① 孔隙　3DP 打印零件中的孔隙根据形状分为球形和不规则孔，按位置分布分为层间孔隙、晶间孔隙和晶内孔隙。但通常，经过高温烧结，致密度提高接近完全致密后，硬度和抗拉强度等力学性能可以与传统工艺相当。

② 烧结收缩和变形　3DP 打印的初坯致密度一般仅有 60%，后期烧结至全致密体积收缩将达 40%甚至更多。由于应力和零件结构的非均匀分布，烧结收缩还可能导致不规则变形。对于简单零件，其烧结收缩可通过经验预测并提前预留补偿量，对于复杂零件则可以通过数值模拟预测变形。

③ 黏结剂残留　黏结剂残留物会改变打印件的材料成分甚至与打印材料发生反应。目前使用最多的是聚合物黏结剂，经过脱脂处理后可能会有少量氧和碳的残留物。

（7）部分商用金属粉末材料、设备所获金属 3D 打印件的性能对比

表 5-4 给出了目前市面常见金属粉末材料、设备及 3D 打印件的性能对比。

表 5-4　市面常见金属粉末材料、设备及 3D 打印件的性能对比

材料		黏结剂	打印机	致密度	其他性能
铁基	纯铁	Zb™60	ZPrint 310 Plus Z Corp	91.3%	屈服强度 30.6MPa
	SS 316L	水基黏结剂	HP Metal Jet printer	95.8%	疲劳强度 250MPa（SLM 101MPa）
	H13	BA005	ExOne M-Flex	99.0%	—
	17-4PH	Aqueous Binder	ExOne Innovent+	99.0%	拉伸强度 1045MPa，延伸率 4%，硬度 330HV10
	SS 420	水基黏结剂	ExOne M-Flex	—	拉伸强度 1053MPa
镍基	Ni 718	乙二醇单甲醚和二甘醇制成水基黏结剂	ExOne Lab	—	—
	Ni 625		ExOne M-Flex	99.2%	抗拉强度 718MPa，硬度 327HV

续表

材料		黏结剂	打印机	致密度	其他性能
镍基	MAR-M247	C20	Digital Metal DMP2500	99.8%	抗拉强度 1105MPa，延伸率 3.1%
钛基	纯钛	ZB60	ZPrinter 310 Plus Z Corp	70.0%	屈服强度 158MPa，杨氏模量 2.9GPa
	Ti-6Al-4V	—	ExOne M-Flex	81.9%	—
铜	纯铜	PM-B-SR2-05	ExOne R2 3D	86.0%	抗拉强度 117MPa
其他	CoCrFeMnNi	水基黏结剂	ExOne Innovent 3D	66.0%	屈服强度 70MPa，耐腐蚀性与 316L 相当
	镁合金 ZK	根据镁合金成分配置的单相溶剂	内部改进	—	抗拉强度 70.9MPa，延伸率 0.7%
	Ni-Mn-Ga	BS004	ExOne X1-Lab	76.0%	形状记忆效应

5.2.5 应用实例

某批彩色卡通人物造型的 3DP 打印

下面以某批彩色卡通人物造型的整体打印为例，详细介绍 3DP 的应用过程。

（1）数据处理

对卡通人物造型首先获得三维模型文件，然后进行切片处理。其中切片处理应注意：模型在构建体积中的定向方式将对打印模型的强度产生影响，同时也会影响打印速度。卡通人物造型是长方体，根据 3DP 打印特点，采用平躺方式放置。多件多层同时布放、同时打印时，可以借用软件的自动摆放功能，先进行自动摆放，然后凭借工程经验，再进行人工微调，可以层层堆叠至摆满成形仓。

（2）打印机准备

检查并确保甲板、快轴、粉末床、托架、导轨清洁、干净；检查平台升到构建平台的顶部，如图 5-39 所示。

图 5-39　打印机准备就绪

（3）启动打印

控制软件 3D Print 会检查打印机准备情况并计算完成模型构建所需的材料，

并在打印机状态对话框中报告，供用户在正式开始构建之前检查确认，确认后，点击打印按钮开始打印，图 5-40 为打印过程中情景。打印过程中，软件可实时显示预计完成时间、预计剩余时间、Layer 完成状态、打印起始时间、经过时间及当前构建的横截面视图（2D）、当前构建在 *XZ* 轴上打印时的部件方向（侧视图），同时可以点击暂停按钮以暂停打印构建，也可以点击取消按钮以取消本次打印操作。

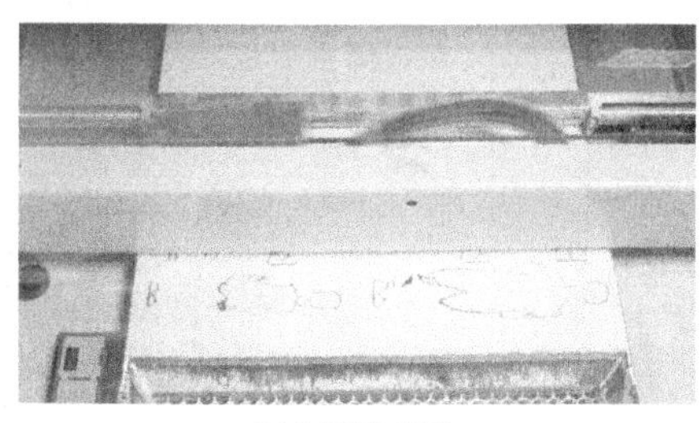

(a) 打印当前层

(b) 当前层打印完并铺放新的一层粉末

图 5-40　打印过程中情景

（4）干燥循环

当模型完成打印后，打印机会运行干燥循环，可以增加模型强度。另外，干燥循环结束后，通常将模型继续在成形仓里保留一段时间，会继续增加强度。

（5）清洁模型

模型干燥后，开始对其进行清洁处理，包括粗清洁和精细清洁。

首先选择设备 VACUUM 状态，如图 5-41 所示；然后打开打印机顶盖，使用真空吸管将平台上未使用的粉末材料吸取回收至储料仓，如图 5-42 所示，以便下次打印时使用，此为粗清洁，获得模型如图 5-43 所示；将粗清洁的模型在设备后处理单元进行精细清洁，使用气枪吹除模型上所有残留的粉末（气压可调节），吹掉的粉末材料将会被回收再利用。对于薄壁或精密零件，使用气枪时应先从低压开始，如图 5-44 所示。裂缝、孔洞、夹层等不易清理的部位可使用挑针进行处理，如图 5-45 所示。

图 5-41　选择 VACUUM（真空吸尘状态）

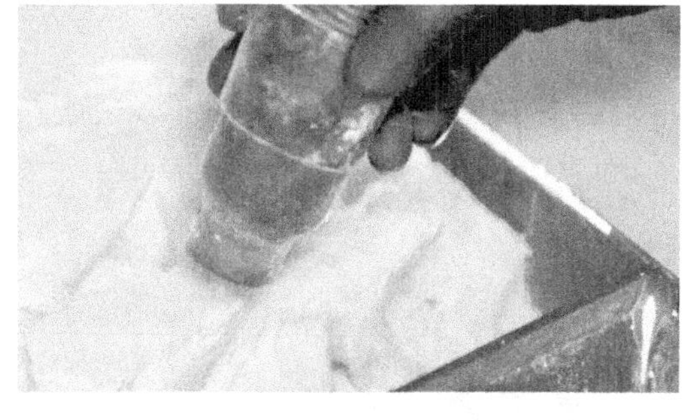

图 5-42　使用真空吸管回收粉末材料至储料仓

（6）浸透处理

首先，将经过精细清洁处理的模型放入烤炉中，在约 50℃下进行烘干处理半小时，便可让模型彻底干燥；其次，把干燥模型完全没入渗透剂中浸泡至不再有气泡逸出（将模型内的空气排除干净），如图 5-46 所示。取出后用纸巾轻拍模型表面吸干或自然晾干即可，不可用纸巾擦拭模型表面，否则会留有颗粒。经过浸透处理后的模型强度会增加，色泽也会更鲜艳，还可对模型再进一步做上光油处理，使模型光泽效果更好，同时可防潮，最终获得模型如图 5-47 所示。

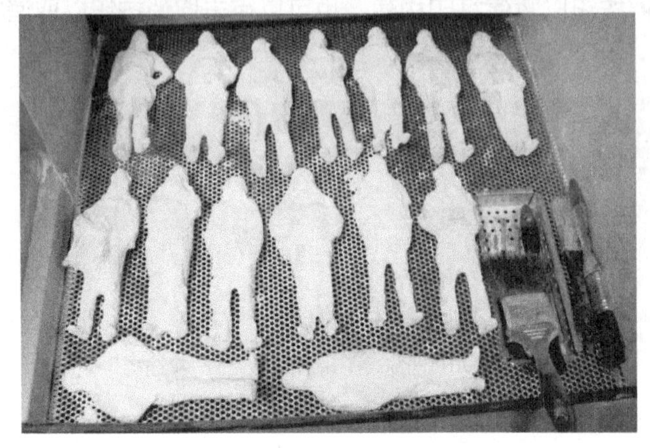
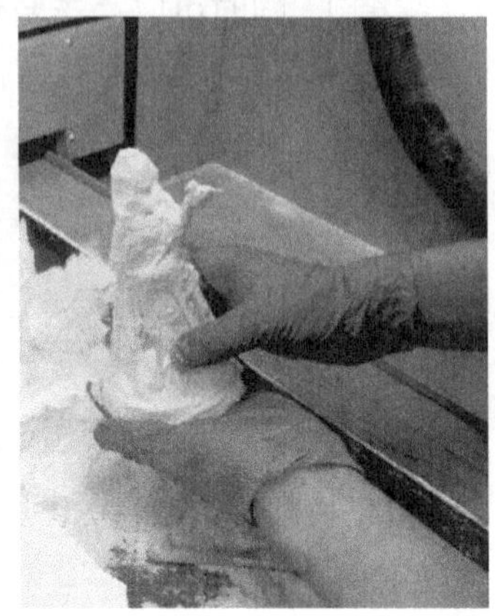

图 5-43　粗清洁后的模型

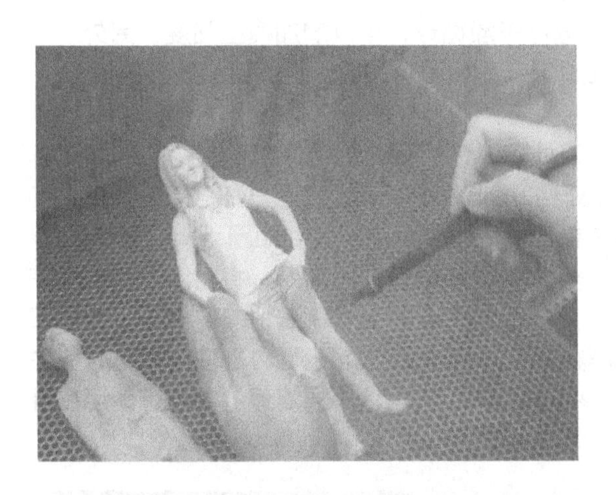

图 5-44　使用气枪进行精细清洁

图 5-45　使用挑针进行精细清洁

图 5-46　精细清洁后的模型没入渗透剂里进行浸泡

图 5-47　最终模型

案例5-2 其他应用案例

（1）3DP 打印新牙刷产品样件

Trisa 是世界上最早生产口腔护理产品、头发用品和身体护理用品的厂家之一，图 5-48 为其通过 3DP 打印获得的牙刷产品样件。

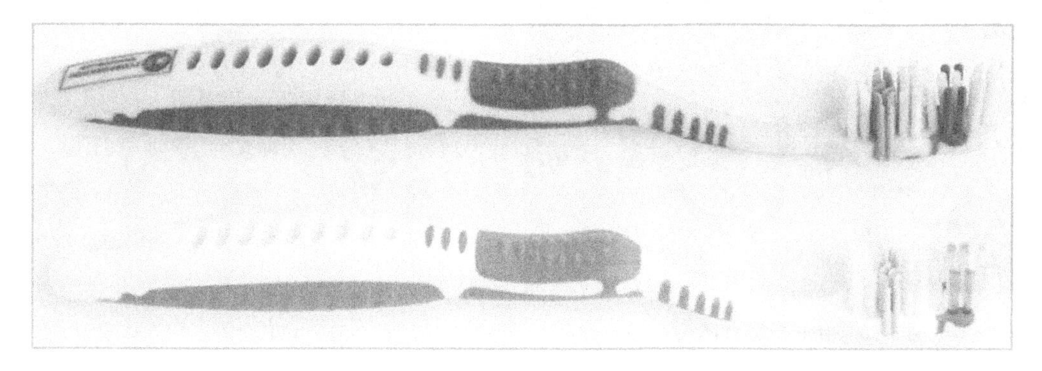

图 5-48 Trisa 通过 3DP 打印获得的牙刷产品样件

（2）3DP 打印 Jericho 头骨的模型

Jericho 头骨是在巴勒斯坦约旦河西岸的 Jericho 古城挖掘出来的，可以追溯到公元前 8200 年至公元前 7500 年的石器时代的最后阶段，目前收藏于大英博物馆，具有极其重要的历史研究价值。ThinkSee3D 公司是一家位于英国牛津的 3D 文化遗产服务提供商，通过 3DP 打印 Jericho 头骨的模型，头骨的细节被较好地表现出来，有助于对古人类进行各种科学研究，如图 5-49 所示。

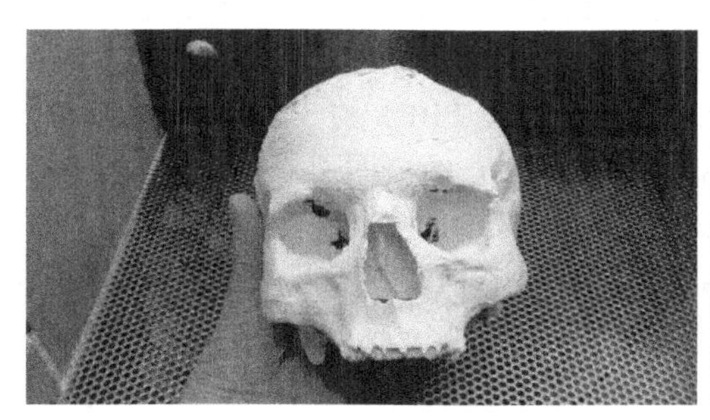
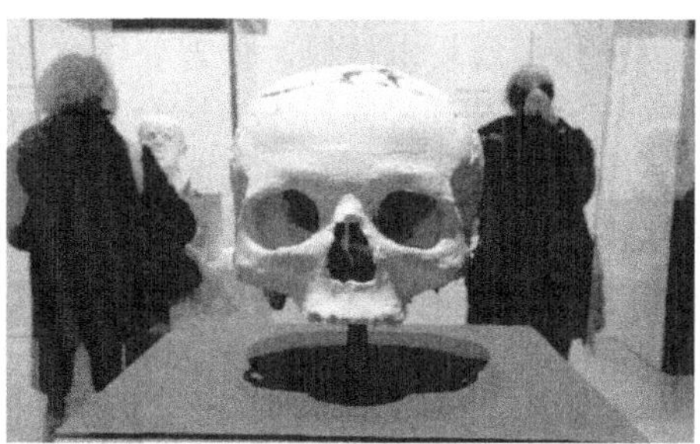

图 5-49 ThinkSee3D 公司 3DP 打印的 Jericho 头骨

（3）3DP 打印兵马俑

一直以来，文物古迹的保护始终困扰着考古界，文物作为一种不可再生资源，一旦被毁掉，将再也不复存在。比如，西安秦始皇兵马俑，刚刚出土的时候色泽亮丽，表情栩栩如生，如今早已失去刚刚出土时的风采，风化严重，鲜艳的色泽消失了，暗淡如同黄泥。结合 RE 反求技术，运用 3DP 全彩打印，可以将真实的全彩兵马俑展现在世人的面前，如图 5-50 所示。

（4）3DP 打印人体模型

几个世纪以来，医学院所需要的尸体标本是用来方便传授学生人体解剖结构方面的知识，这种做法一直延续至今。然而，由于对处理尸体解剖的地点有着非常严格的规定，许多医学院要么缺乏实际人体标本，要么因为处理和储存人体标本的费用过于昂贵而放弃使用。莫纳什大学（Monash University）使用 3DP 打印机和耐用性较高的材料，获得了人体全彩模型，为医学院教学发挥了重要作用，如图 5-51 所示。

图 5-50　3DP 全彩打印兵马俑

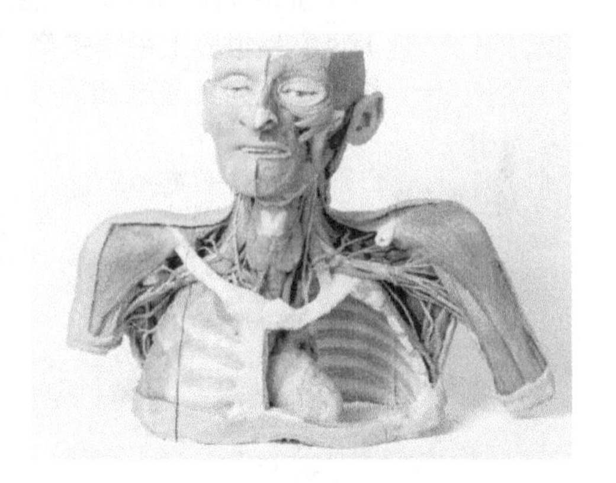
图 5-51　3DP 全彩打印人体模型

5.3　选择性激光熔融工艺

前述 3DP 工艺方式，更加聚焦于陶瓷粉末材料，当然也可以使用金属粉末材料，但若获得致密的、功能性的金属零件，需要经过脱除黏结剂、烧结、渗铜致密等复杂的后处理过程。而 SLS 工艺方式，通常控制烧结温度为粉末材料的液固两相区，仅需要使颗粒表面部分熔化，粉末颗粒之间发生点焊而连接在一起，粉末颗粒之间结合强度不够，且粉末颗粒之间存有较多孔隙，获得的是多孔、非致密零件（塑料粉末通常被较高比例熔化或完全熔化）。SLS 工艺同样可以使用金属粉末材料，但若获得致密的、功能性的金属零件，也需要上述复杂的后处理过程。基于 SLS 同样的粉末床熔合（Powder Bed Fusion，PBF）的 3D 打印基本原理，进一步提高熔融温度，将激光光斑内的金属粉末材料完全熔化，经凝固而获得致密的金属件，理论上是完全可行的，SLM 就是实现金属件直接 3D 打印成形的典型工艺方式之一。作为粉末床熔合（PBF）的两种典型 3D 打印工艺方式，SLS、SLM 目前在业界产生了较好的分工，SLS 主要实现塑料粉末材料或表面裹覆树脂的粉末材料的打印成形，而 SLM 则主要实现金属粉末材料的直接打印成形。

5.3.1　简述

选择性激光熔融（Selective Laser Melting，SLM）是在 SLS 基础上逐渐发展而来，是实现金属件直接 3D 打印成形的典型工艺方式之一。金属件直接 3D 打印成形作为整个 3D 打印体系中最具前瞻性、技术难度最大的发展分支受到极大关注，现已成为国内外 3D 打印关注的重点。可以直接获得结构复杂的金属功能零件，力学性能甚至可以达到锻件性能指标，这是金属件直接 3D 打印成形工艺备受关注的主要原因。基于此，3D 打印不再停留于模型制造，而可以发挥更多的功能性应用。因此，实现金属件直接 3D 打印成形可以说是 3D 打印发展历程中比较重要的一个进展。近年来，金属件直接 3D 打印得到快速发展，已广泛应用于航空航天、船舶工业、模具制造、生物医疗等诸多行业和领域。

金属件直接 3D 打印有如下几个重要的发展历程：

（1）直接金属激光烧结（Direct Metal Laser Sintering，DMLS）概念的酝酿与提出

① 1989 年，德国 EOS（Electro Optical Systems）公司成立，在研发 SLA、SLS 技术的基础上（1990 年推出采用 SLA 技术的 STEREOS 400、EOSCAN 100 设备，且宝马汽车为其第一个客户；1992 年，STEREOS 600 发布，并供给德国奔驰公司、日本日立公司使用；1994 年，采用 SLS 系统的 EOSINT P 350 系统发布），又和 Electrolux 合作致力于金属材料工业级 3D 打印技术的研发和商业化，提出 DMLS 概念，并于 1994 年，首次推出基于 DMLS 系统的 EOSINT M 160 原型，1998 年，推出 EOSINT M 250 Xtended 系统和配套的 DirectSteel 50-V1 材料。

② 几乎与 EOS 研发的同一时期，来自于鲁汶大学（Catholic University of Leuven）的学者同样开展了金属粉末直接激光烧结研究，且分别在 1990 年、2008 年衍生了比利时 Materialise 公司和比利时 Layerwise 公司（2014 年 9 月 3 日被 3D Systems 宣布购并）。

③ 国内，1994 年，北京隆源自动成型系统有限公司成立，1996 年，华中科技大学的武汉滨湖机电技术产业有限公司（现为武汉华科三维科技有限公司）成立，均对金属 3D 打印展开相应的研发，图 5-52、图 5-53 分别为两个公司的设备，且在 2016 年，华中科技大学宣布开发成功当时世界上效率和尺寸最大的高精度金属激光 3D 打印机（配置四台激光器、四台振镜系统，打印体积为 500mm×500mm×530mm）。他们都试图借助 SLS 工艺的基本原理直接获得金属件。

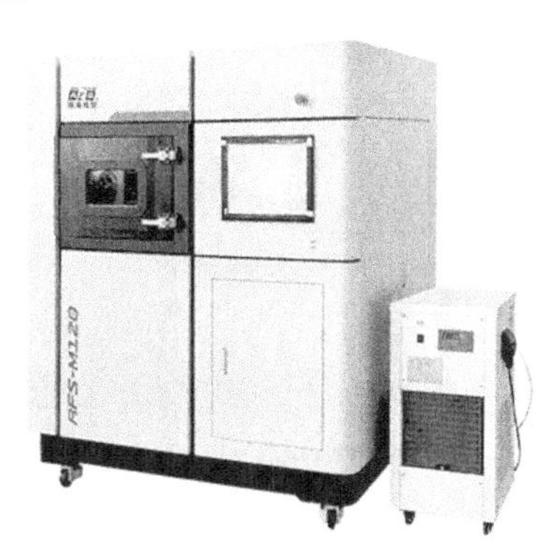

图 5-52　北京隆源自动成型系统有限公司的金属 3D 打印设备

图 5-53　华中科技大学的金属 3D 打印设备

（2）选择性激光熔融（Selective Laser Melting，SLM）概念的酝酿与提出

① 1995 年，Dieter Schwarze 博士和 Matthias Fockele 博士作为 F&S Stereolithographietechnik 公司的两位创始人，联合德国 Fraunhofer 激光研究所（Fraunhofer Institute of Laser Technology，ILT）与德国 TRUMPF 公司合作研发金属直接 3D 打印技术。

② 1997 年 10 月 27 日，德国 Fraunhofer 激光研究所申请一项名称为“Selective Laser sintering at melting temperature”的美国专利，并于 2001 年 4 月 10 日获得授权，因此，基于 SLS 发展而来的选择性激光熔融概念被正式提出。

③ F&S Stereolithographietechnik 公司后来称为 MTT 科技集团吕贝克公司，2010 年又更名为 SLM Solutions 公司。Dieter Schwarze 博士曾在帕德博恩大学攻读物理学，1989 年起就已开始从事 3D 打印的研发以及商业化推广工作，一直在 SLM Solutions 公司工作，2017 年在美国匹兹堡的 RAPID+TCT 会议上被授予行业成就奖。而 Matthias Fockele 博士则于 2004 年创立了 Realizer 公司，有消息称，2017 年，知名工具制造商德马吉森精机（DMG MORI）收

购了 Realizer 公司 50.1%的股份。

（3）激光近净成形（Laser Engineered Net Shaping，LENS）概念的酝酿与提出

显然在上述 DMLS 和 SLM 发展的基础上，美国人 David M.Keicher 等想到，通过改变粉末的送粉方式，将粉末床式的铺粉形式变为料斗式的送粉形式，理论上也是可以实现金属 3D 打印成形的，且材料利用率会更高。2000 年 5 月 9 日，美国人 David M.Keicher 等申请一项名称为“Forming structures from CAD solid models”的美国专利，并于 2002 年 5 月 21 日获得授权，该专利就是激光近净成形工艺，被 Optomec 公司进行商业化，是目前主要的金属 3D 打印成形方式之一。

（4）更多、更先进的金属件 3D 打印成形设备先后问世

2000 年之后，受益于先进高能光纤激光器的使用，3D 打印金属粉末材料的不断发展，各类机械控制系统精度的提升，以及金属粉末完全熔化冶金机制的持续探索，更多、更先进的金属件 3D 打印成形设备先后问世。

① 2004 年，F&S Stereolithographietechnik 公司与英国 MCP 公司达成商业合作，并一起发布了 SLM Realizer 250，2005 年，高精度 Realizer SLM 100 又相继研发成功，图 5-54 为 Realizer 公司的 SLM-300i 设备。SLM 的商标后被 SLM Solutions 公司于 2012 年注册，SLM125、SLM280、SLM500、SLM800 四个机型的商标也被 SLM Solutions 公司于 2020 年 2 月 17 日注册，目前均仍被该公司持有，图 5-55 为 SLM Solutions 公司 SLM 125 设备。

图 5-54　Realizer 公司的 SLM-300i 设备

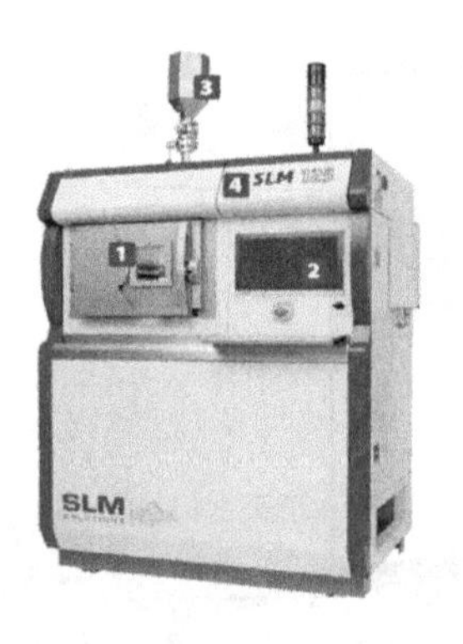

图 5-55　SLM Solutions 公司 SLM 125 设备

② 2004 年，EOS 发布 DMLS 系统 EOSINT M 270，2010 年发布 EOSINT M 280，如图 5-56 所示。虽继续沿用“烧结”这一表述，但已装配 200W 光纤激光器，并采用完全熔化的冶金机制成形金属构件，成形性能得以显著提高，至此，EOS 的金属 3D 打印设备完全进入升级的、高性能行列。

图 5-56　EOS 公司的 EOSINT M 280 设备

③ 国外其他诸多金属 3D 打印公司相继成立，包括：1997 年，瑞典的 Arcam 公司成立［该公司聚焦电子束的粉末床熔融（Powder Bed Fusion，PBF）工艺］；2000 年，Concept Laser 公司成立（2016 年 12 月，被 GE Additive 收购了 75%的股份）；2012 年，荷兰的 Additive Industries 公司成立，2015 年推出了旗舰产品 Metal FAB1 3D 打印机，适用于多

种金属粉末，包括钛和铝等常用金属；2012 年，英国 Renishaw 公司推出首套金属 3D 打印系统 AM125，正式进入金属 3D 打印领域（Renishaw 公司成立于 1973 年，在精密测量和医疗技术领域拥有独特技术）；2014 年，3D Systems 通过并购比利时 Layer Wise 公司而正式进入金属 3D 打印领域；2014 年 7 月 16 日，日本沙迪克公司（Sodick）宣布开发出了金属 3D 打印机 OPM250L。

④ 国内诸多金属 3D 打印公司相继成立，包括：2007 年，汉邦科技创始人团队成立，后更名为广东汉邦激光科技有限公司；2011 年，西北工业大学的西安铂力特增材技术股份有限公司成立；2011 年，苏州中瑞智创三维科技股份有限公司成立；2017 年，华南理工大学的广州雷佳增材科技有限公司成立。他们各自的设备分别如图 5-57～图 5-60。

图 5-57　广东汉邦激光科技有限公司的 HBD-1500 设备

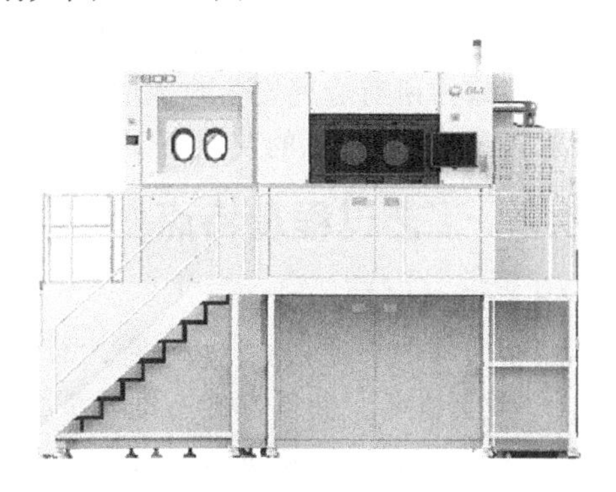

图 5-58　西安铂力特增材技术股份有限公司的 BLT-800 设备

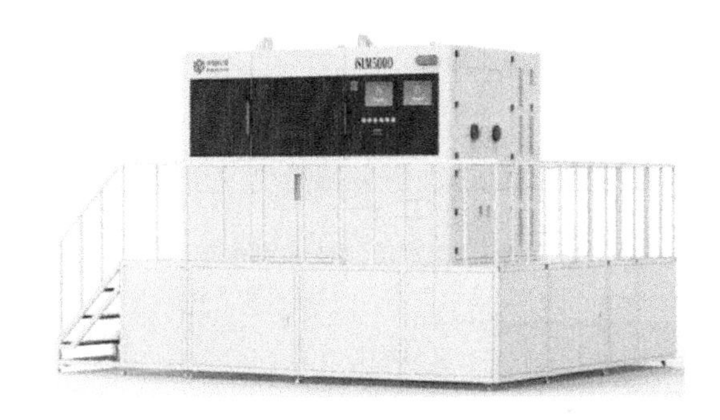

图 5-59　苏州中瑞智创三维科技股份有限公司 iSLM500D 设备

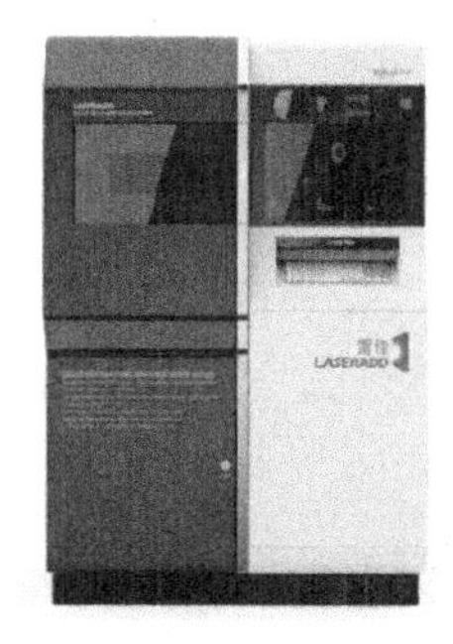

图 5-60　广州雷佳增材科技有限公司的 DiMetal-100 设备

（5）直接金属 3D 打印的发展方向

卡内基梅隆大学的工程学院机械工程教授 Jack Beuch 预测，在未来的 5 年，直接金属 3D 打印将沿着下面几个主要的方向获得不断突破。

① 工艺设计：金属 3D 打印中的第一个关键趋势是工艺本身，而不是成品的 3D 打印产品。用户将能够设计制造过程中的工艺，就像设计产品的几何形状的建模过程一样；因此，3D 打印工艺变量可根据零件的几何形状和规格优化。事实上，Jack Beuch 教授的 3D 打印实验室开发了工艺过程映射方法，如熔池几何结构、微结构和易感缺陷的形成。

② 监测与控制：目前金属 3D 打印过程中并没有被严格地监视或控制，但是在不久的将来，得益于更先进的传感器和监控软件的开发，用户能更好地理解和控制最终的打印结果。

③ 材料的微观结构：通过操纵 3D 打印工艺，研究人员将能够控制材料的微观结构和性

能，甚至在一个零件的不同位置实现不同的微观结构。苏黎世联邦理工大学的研究人员已经开发了一种微观金属物体的微 3D 打印工艺。

④ 金属粉末：金属粉末材料是实现高质量金属 3D 打印的重要因素，目前市场上许多金属粉末成分、形貌、性能等差别巨大，更加优质、规范、统一的 3D 打印金属粉末材料将是金属 3D 打印的重要发展方向。

⑤ 孔隙度：金属 3D 打印的最后一个重要进展涉及用户可以消除或显示设计 3D 打印金属物体的内部孔隙度。控制孔隙度的能力对零件的抗疲劳性能和制造速度至关重要，根据每个零件的实际应用需要，合理控制孔隙度，在零件性能和打印效率两者之间获得最佳平衡。

⑥ 多形式、多工艺协调发展：各种金属 3D 打印工艺竞相发展，形成多形式、多工艺协调发展的金属 3D 打印市场局面。根据 AMPOWER 对供应商的统计，在 2019 年，SLM 打印设备的销售占所有金属设备收入的 85%，这一比例会随着定向能量沉积技术（DED）、黏结剂喷射（BJT）等工艺的发展逐年下降。

5.3.2 工艺过程及特点

（1）工艺过程

图 5-61 给出了 SLM 工艺过程，具体如下：

① 数据准备。获得零件三维模型并进行二维切片处理。

② 材料准备。加热粉末床底板，使其中的金属粉末预热到最佳温度。用惰性气体（例如氩气）填充成形腔，以最大程度地减少金属粉末的氧化；储粉缸通过供料活塞上升一定高度，送出一定量的粉末材料到粉末床，然后经铺粉辊将粉末材料铺展至粉末床的成形区域内，并压实压平，做好打印准备。

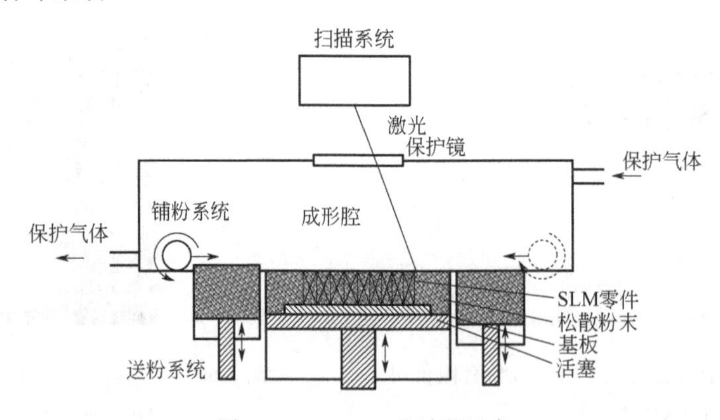

图 5-61　SLM 工艺过程示意

③ 二维移动。激光扫描系统发射激光，透过保护镜聚焦、照射在成形腔内的金属粉末材料上，局部激光光斑范围内（光斑直径通常在 40～90μm）的金属粉末瞬间被加热到熔点温度以上而熔化，激光光束移开后，迅速凝固成形。激光束接受指令文件控制进行 X、Y 二维移动扫描，激光光斑范围内的金属粉末被逐个连续凝固成形，形成本层二维结构，未照射部分保持松散状态。

④ Z 向移动。粉末床沿 Z 向下降一层（30～150μm），在送粉系统、铺粉系统协调作用下，成形区域内重新获得新的一层粉末材料，并保持粉末层平整。

⑤ 层间结合。激光束在新的一层金属粉末上，接受新的 X、Y 指令移动，熔化和凝固新的粉末层，同时，层间粉末颗粒间同样发生熔化和迅速固化，并使层间材料黏结在一起。

⑥ 重复上述过程，直至获得最终三维零件。

零件经过 SLM 打印完成后，还需进一步进行后处理，通常有以下几个过程：

① 去除余粉　因为打印过程完成后，金属零件将被完全埋没在金属粉末中，当冷却至室温时，需将表面和夹层的粉末用工业吸尘器清理干净。

② 热处理　根据 SLM 打印获得的零件模型的结构、材料不同，选择气氛炉或真空炉进行热处理，如图 5-62 所示，包括去应力退火和常规热处理两种。去应力退火一般在 3D 打印之后直接连同基板一起热处理，主要是释放内部残留应力；常规热处理一般放在零件去掉支撑以后，主要是为了改变零件的微观组织、增强力学性能。

③ 与成形基板分离　因为零件是与成形基板冶金熔合在一起的，需要通过钳断、锯床、线切割等手段，将零件与成形基板分离；线切割、锯床方法可以将支撑与基板完整分离，如图 5-63 所示，但较为烦琐，适用于中大型零件或支撑较多的零件，其中锯床需要考虑较大材料损耗；直接用钳子将工件与基板之间的支撑剪断，较为费力，适用于小型且支撑较少的零件。

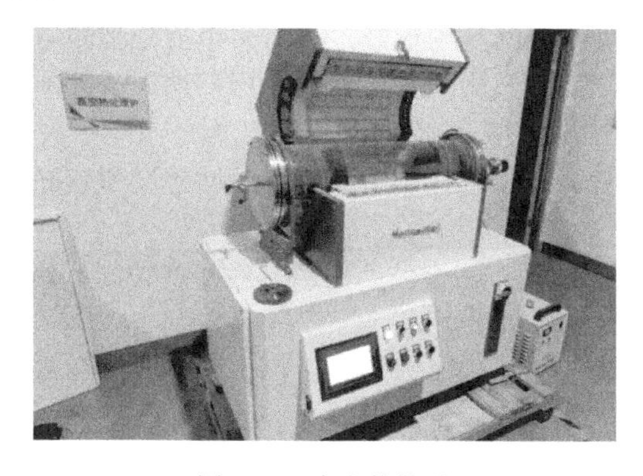

图 5-62　真空热处理

图 5-63　线切割分离

④ 去除支撑　因为金属粉末材料凝固前后密度差别较大，对于部分尺寸和重量悬殊较大的悬空结构，显然松散的粉末不足以起到支撑作用，所以需要单独设立支撑结构，此时，需要予以去除。去除支撑的方法一般有两种：自动和手动。自动方式使用机器人识别支撑结构后拆除，如图 5-64 所示，手动方式使用钳子、木工凿、羊角锤等传统工具将零件上的支撑去除，如图 5-65 所示。

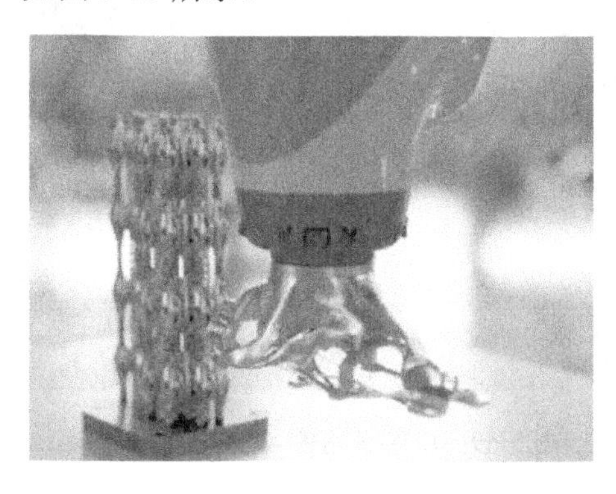

图 5-64　自动去支撑

图 5-65　手动去支撑

⑤ 表面处理　根据零件的使用工况要求，对零件表面进行必要的喷砂（如图 5-66 所示）、机加工、抛光（如图 5-67 所示）等表面处理工艺，增加零件的精度、表面质量和表观效果。

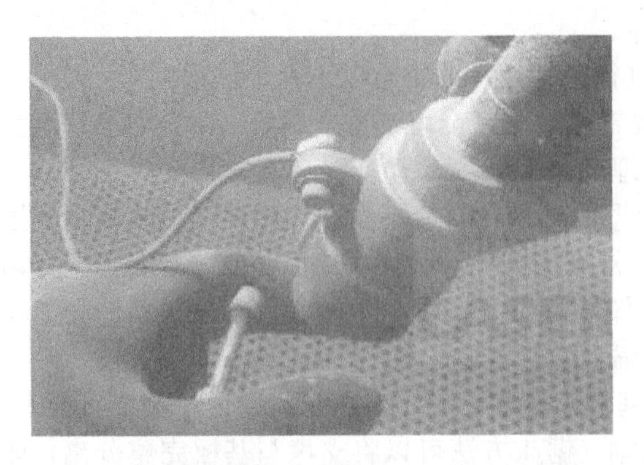

图 5-66　喷砂处理

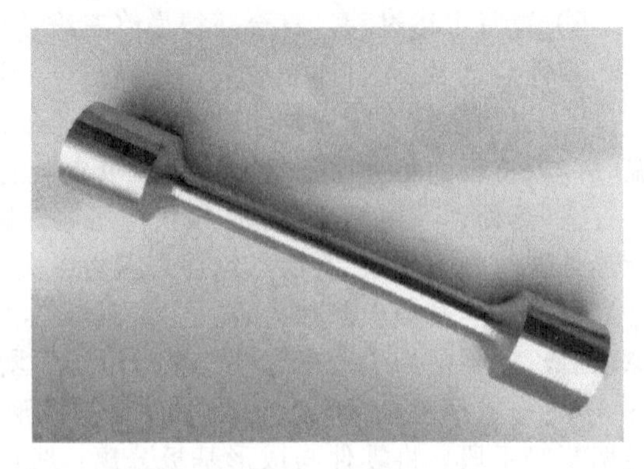

图 5-67　抛光处理

（2）工艺特点

在原理上，SLM 与 SLS 相似，但因为采用了较高的激光能量密度和更细小的光斑直径，且所用原材料为金属粉末，成形件的力学性能、尺寸精度等均较好，只需简单后处理即可投入使用，因此 SLM 是近年来 3D 打印的主要研究热点和发展趋势，其优点可归纳如下：

① 直接制造金属功能件，无需烧结、致密等中间工序。

② 良好的光束质量，可获得细微聚焦光斑，从而可以直接制造出较高尺寸精度和较好表面粗糙度的功能件。

③ 金属粉末完全熔化，所直接制造的金属功能件具有冶金结合组织，致密度较高，具有较好的力学性能，一般拉伸性能可超过铸件，达到锻件水平。

④ 成形材料范围广，包括不锈钢、钛合金、铝合金、镍基合金、钴铬合金等大部分可熔金属粉末。

然而，SLM 工艺也有不足：

① 粉末点成形效率低，且表面粗糙。当然，随着多激光束系统的出现，SLM 的成形效率有了较大幅度提升。图 5-68、图 5-69 分别为 SLM Solutions 公司的 2 激光束系统和 EOS 公司的 4 激光束系统。另外，在某些情况下（例如整形外科植入物），粗糙的表面可能是有益的，但对于大多数零件，通常都需要表面精加工后处理才可以满足最终装配需要。

图 5-68　SLM Solutions 公司的 2 激光束系统

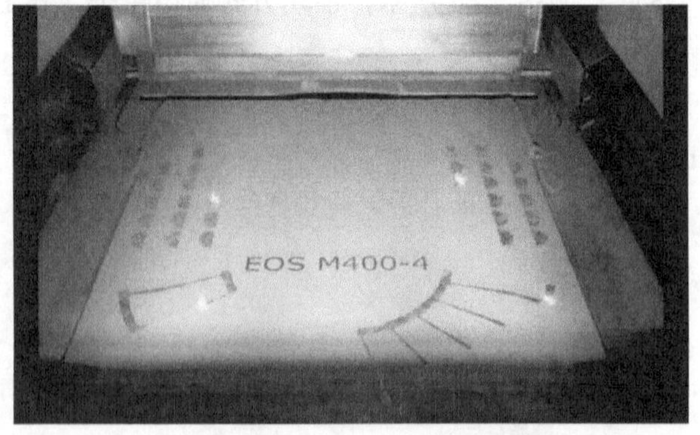

图 5-69　EOS 公司的 4 激光束系统

② 材料成本比较高。首先，材料储存困难、料储大不经济，因为通常粉末的料仓里需要有足够多的粉末，且为避免氧化需要提供惰性气体氛围，并需要提供粉末回收和除尘系统；另外，金属 3D 打印系统对于金属粉末纯度、颗粒形貌等要求较高，制备成本较高。因此，总

体而言，材料成本较高。

③ 需要激光成本高。当然，随着激光技术的不断成熟与发展，激光的寿命会不断提高，成本会持续下降，该不足会逐渐不明显。

④ 需要支撑，增加了材料成本以及后处理工艺成本。当然，有少部分结构，或者精度要求不高的情况下，可以不设支撑结构。

⑤ 工艺要求高，工艺参数设置需要经验积累，这样才能较好地防止打印过程中出现冶金缺陷，如球化、飞溅、翘曲、裂纹等。对 SLM 工艺成形效果具有重要影响的有六大类因素：材料属性、激光与光路系统、扫描特征、成形氛围、成形几何特征和设备因素。目前，国内外研究人员主要针对以上几个影响因素进行工艺研究、应用研究，目的都是解决成形过程中出现的缺陷，提高成形零件的质量。工艺研究方面，SLM 成形过程中重要工艺参数有激光功率、扫描速度、铺粉层厚、扫描间距和扫描策略等，组合不同的工艺参数，可使成形质量最优。

5.3.3 相关原理

（1）电子束形式

显然，除了利用激光束，还可以利用电子束，实现粉末床的熔融成形。铺粉式电子束选区熔化 3D 打印工艺，目前在国内有两个名称，分别为源自清华技术的以天津清研智束科技有限公司为代表的设备——电子束选择性熔融（Electron Beam Selective Melting，EBSM），以西安赛隆金属材料有限责任公司为代表的设备——选择性电子束熔融（Selective Electron Beam Melting，SEBM），目前没有统一的名称。国际上，瑞典的 Arcam 公司，是在国际上较早开展电子束选区熔化 3D 打印工艺的公司。国内天津清研智束科技有限公司目前具有自主知识产权的 EBSM®设备基本构造如图 5-70 所示，西安赛隆金属材料有限责任公司的设备外观则如图 5-71 所示。与 SLM 金属 3D 打印相比，电子束可以通过磁场线圈很方便、高效地控制移动路径，因此，铺粉式电子束选区熔化 3D 打印工艺打印速度更快。另外，功率更高，可以打印难熔金属。

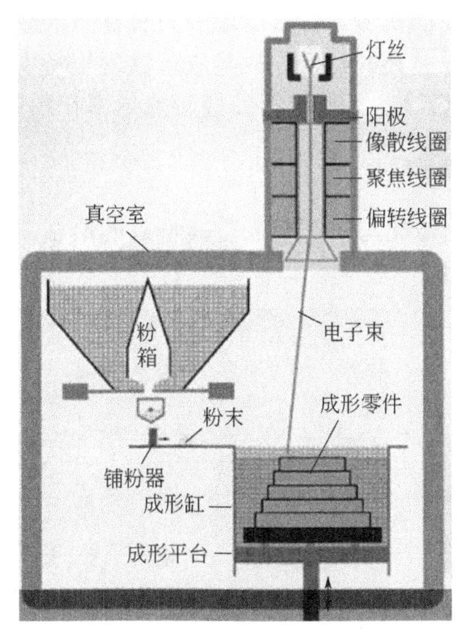

图 5-70 清华技术的天津清研智束科技有限公司设备基本构造示意图

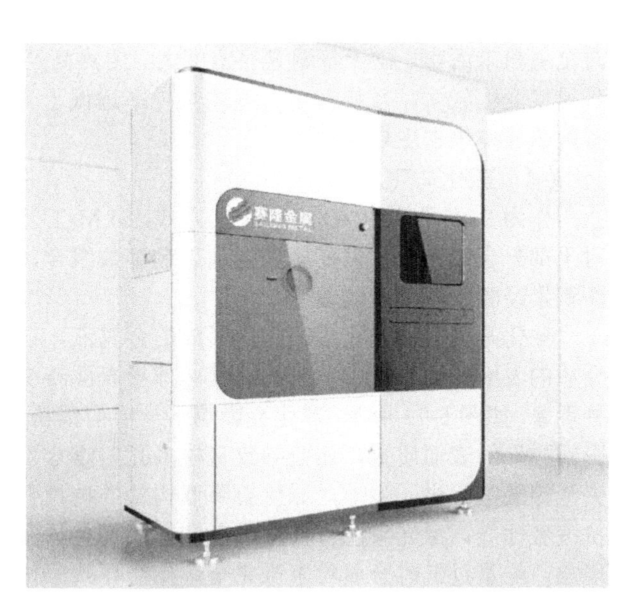

图 5-71 西安赛隆金属材料有限责任公司的设备外观图

（2）激光对金属粉末的热作用机理

激光与材料的相互作用是一个复杂的物理过程。激光对金属粉末的热作用机理，从宏观角度看，金属粉末材料被视为具有某种热物性的连续介质，激光能量在介质表面被连续吸收，然后通过介质再扩散；从微观角度看，在一定的热作用空间和时间范围内，激光对金属粉末的热作用过程包含激光辐射场与金属粉末的原子及分子非连续的或量子化的能量交换，激光束中的高能光子流将和材料微观粒子进行能量交换，粉末吸收大量的激光能量，根据激光参数（能量密度、波长等）、材料特性和环境条件等，其统计结果体现为激光的反射、吸收、折射，材料温度的升高、熔化、汽化乃至等离子体激发等宏观物理现象。

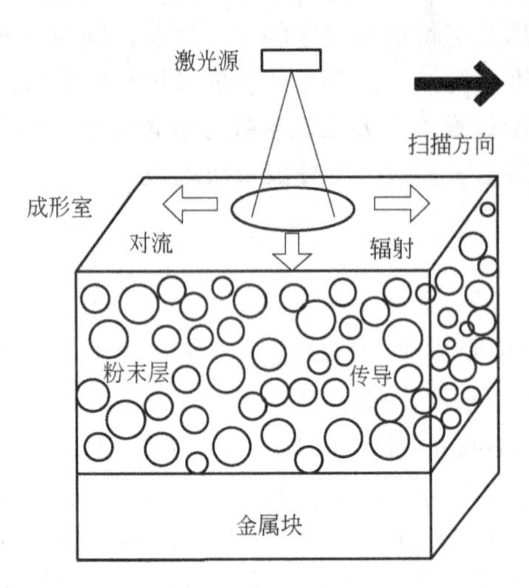

图 5-72　SLM 工艺的传热方式

（3）传热过程

SLM 成形金属粉末时涉及诸多复杂的热物理现象，包括激光与粉末材料相互作用时的热辐射、材料与外界的热对流、粉末颗粒之间的热传导、气相和固相颗粒间的热传导等，使得 SLM 工艺的热物理过程与其他激光加工工艺大不相同。图 5-72 展示了 SLM 工艺的传热方式。激光照射在粉床表面，能量被粉末材料吸收，部分热量传导至粉床内部，部分在表面由于辐射传热或对流换热而外逸至周围环境。其中，在粉末内部，多种热传导机理决定了热量的传导过程：颗粒内部的热传导→通过接触点附近气体层的热传导→气体内热传导→穿过固体颗粒间接触面的热传导→固体表面的辐射→邻近孔隙间的辐射传热。

在激光对金属粉末的热作用过程，材料的热导率决定了光斑作用区域内的粉末在吸收激光辐射能量后，热量向粉末层内部及周围区域扩散速度的快慢，对温度场分布有显著的影响。对金属粉末而言，由于普遍具有密度大、熔点高及热导率高的特征，故其成形温度也特别高，且温度变化较大、较快。由于气体热导率远低于金属热导率，颗粒间的接触热导率在粉床的有效热导率中占主导地位。

（4）球化与飞溅

作为 PBF 类型的 3D 打印工艺方式，SLM 工艺中，球化与飞溅现象是其特有的冶金缺陷。对于部分金属粉末，需要精心调制工艺参数组合，并不断积累经验才可以有效避免。

球化是因为激光光斑范围内形成的金属液，在周边介质的表面张力作用下，表面形状向球形表面转变的一种现象，如图 5-73 所示。球化会影响下一层的铺粉质量，影响构件的表面质量，还会导致疏松多孔、熔合不良、夹渣等缺陷。进一步地，球化会降低构件的抗拉强度和抗疲劳性能。激光束能量密度过高和过低都会导致这种现象，能量过低时金属粉末未完全熔化会导致球化，能量过高时，液态金属飞溅到未熔化的金属粉末上也会形成球化。另外，单组元金属粉末在液相烧结阶段的黏度相对较高，故球化效应尤为严重。因此，目前金属 3D 打印用的金属粉末材料，通常为熔点不

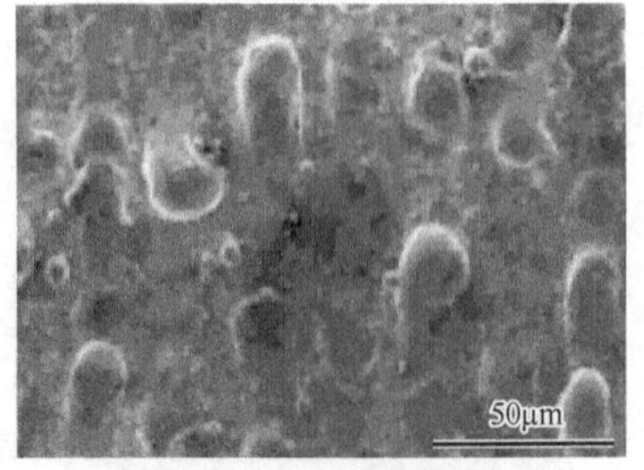

图 5-73　球化现象示意图

同的多组元金属粉末或预合金粉末。多组元金属粉末体系一般由高熔点金属、低熔点金属及某些添加元素混合而成，其中高熔点金属粉末作为骨架金属，能在 SLM 中保留其固相核心；低熔点金属粉末作为黏结金属，在 SLM 中熔化形成液相，生成的液相包覆、润湿和黏结固相金属颗粒，以此实现烧结致密化。预合金粉末则其本身就存有液固两相区，同样可以实现与上述多组元金属粉末体系同样的液相包覆、润湿和黏结固相的效果。两种材料，均可以较好避免球化现象。

飞溅主要是由侧向保护气流、熔池的波动和反冲压力引起的，如图 5-74 所示。侧向保护气流很容易通过角度和流速调整而予以消除，熔池的波动和反冲压力则受材料特性，尤其是激光功率等多重因素综合影响，调整起来比较困难。来自于劳伦斯利弗莫尔国家实验室（Lawrence Livermore National Laboratory，LLNL）的 Saad Khairallah 利用实验和多物理场仿真等手段，确定激光功率的调节对于避免飞溅很重要，将仿真结果与高速 X 射线和光学成像技术在 SLM 打印过程中所捕获的真实实验数据进行了比较，开发了一种稳定性标准——功率地图（Power Map），对于功率调节具有重要的参考价值，相关研究结果发表在了 2020 年的科学杂志上。飞溅物落在粉末上会形成较大的金属颗粒，进而产生欠熔合和气孔缺陷，对构件的抗拉强度和疲劳性能不利；此外，飞溅物落在凝固层表面会影响下一层铺粉，导致下一粉层不平整、不均匀，甚至损坏刮刀。

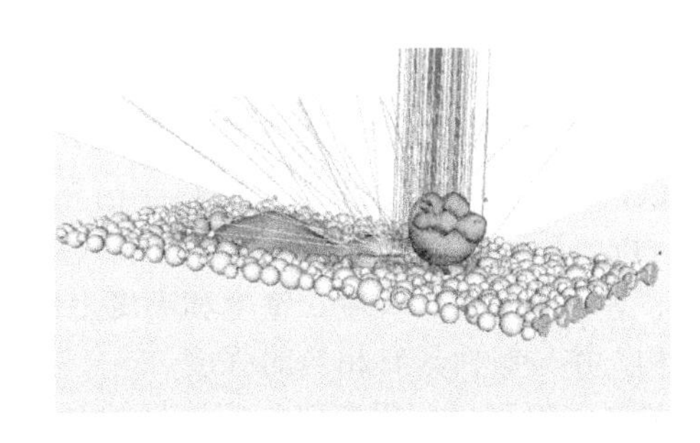

图 5-74　飞溅现象示意图

（5）双激光技术降低金属 3D 打印件粗糙度

来自于天主教鲁汶大学（Catholic University of Leuven）的机械工程专业研究团队开发的一种降低金属 3D 打印件粗糙度的双激光技术，可以改进使用激光粉末床熔合（LPBF）进行 3D 打印的金属零件的表面粗糙度。该方法巧妙地利用了第二脉冲激光的冲击波作用，去除第一脉冲激光光斑熔池内残留的未熔粉末，尤其对于存有倾斜角度的阶梯表面效果更加明显，如图 5-75 所示。因此可在打印过程中自动执行表面精加工，粗糙度甚至可以降低 80%，如图 5-76 所示。其实激光冲击波的作用已经在喷丸表面处理和激光箔材成形上早有应用。该研究

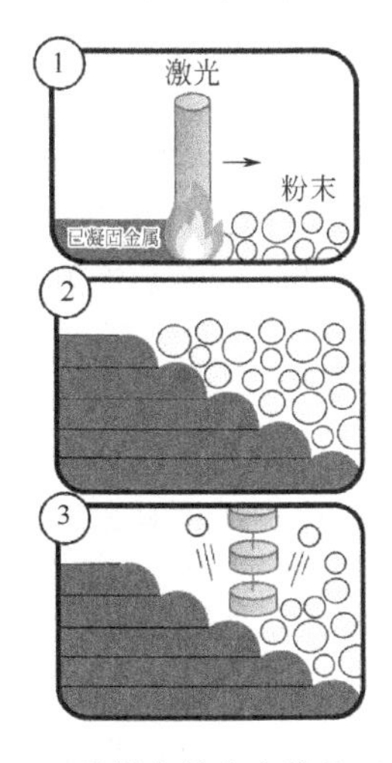

图 5-75　双重激光粉末床熔合（LPBF）方法原理

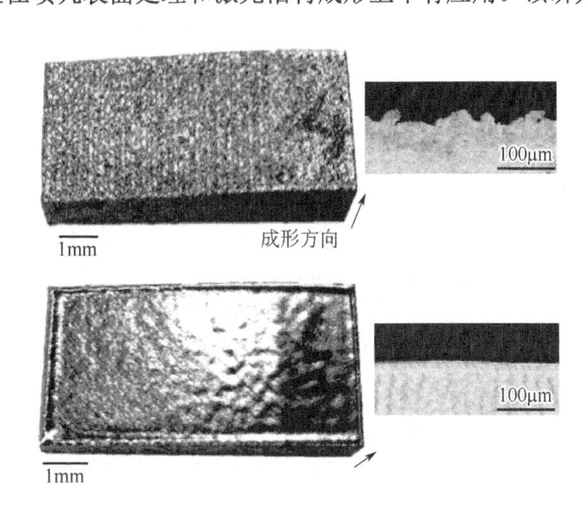

图 5-76　双重激光粉末床熔合（LPBF）方法加工效果对比

论文还获得了佛兰德工程师协会的“IE NET 硕士论文奖”。该团队通过将 3D Systems ProX DMP 320A 与 500W 激光器配合使用，并使用第二纳秒级的 fiber 光纤激光器，开发了上述双重激光粉末床熔合（LPBF）方法，他们表示这项技术将会被整合到现有的金属 3D 打印机中，带来金属 3D 打印机的新一轮升级。

（6）纳米晶、非晶态金属的 3D 打印

在超过 5500 种合金材料中，绝大多数材料仍无法通过金属 3D 打印技术制造。美国 HRL 实验室指出，影响合金材料在 3D 打印工艺中使用的原因是，打印过程中材料的熔融和凝固产生了具有大柱晶粒和周期性裂纹的微观结构。而 2017 年，HRL 实验室通过在 3D 打印材料中引入纳米颗粒成核剂的方式解决了这一问题。比如，当使用铝合金材料 Al7075 和 Al6061 的时候，HRL 的研究人员根据晶体学信息选择了锆基纳米颗粒成核剂，并将它们组合到了 7075 和 6061 系列铝合金粉末中。在用成核剂进行功能化之后，通过 SLM 打印后获得的零件无裂纹、等轴晶（即其长度、宽度和高度上的晶粒大致相等），实现了细晶粒甚至纳米晶粒的微观结构，并与锻件具有相当的强度。这一技术可用于研发更多种类的 3D 打印合金粉末材料，这些材料不仅可以应用在粉末床选择性激光熔化 3D 打印设备，还可以用于粉末床电子束熔化和基于定向能量沉积 3D 打印技术的设备中。

非晶态金属又称金属玻璃、非晶态合金，集众多优异性能于一身，如高强度、高硬度、耐磨以及耐腐蚀等。这些优异的性能使其在航空航天、汽车船舶、装甲防护、精密仪器、电力、能源、电子、生物医学等领域都存在广泛的应用前景。然而，非晶态金属的制造是充满挑战的过程，特别是通常需要高于其熔化温度，并迅速冷却，使其避免结晶，从而形成非晶态金属玻璃。制造过程需要非凡的冷却速度，并限制了它们可以形成的厚度，因为较厚的部分很难被迅速冷却。2019 年 4 月初，德国金属材料制造商 Heraeus 发布了他们通过 SLM 工艺制造的非晶态金属齿轮，如图 5-77 所示，并表示该齿轮是当时全球最大的非晶态金属部件，他们正在突破非晶态金属的制造界限，为制造业开辟非晶态金属的全新设计提供了可能。该 3D 打印非晶态金属齿轮采用拓扑优化结构，与传统制造工艺相比，齿轮重量能够减轻 50%，在非晶态金属齿轮的尺寸和设计复杂性方面重新定义了传统技术的限制，改变了这类材料的设计可能性。

图 5-77　Heraeus 通过 SLM 打印完成的非晶态金属齿轮

5.3.4　应用领域及实例

目前，SLM 工艺打印的零件被广泛应用于医疗、航空航天、汽车、模具、珠宝首饰、个性化工艺品等行业。

（1）医疗领域

① 牙科　牙冠、牙桥、托槽等应用结合 3D 打印数字化口腔技术，实现高质量、高效、低成本生产，可以支持个性化定制，一次性满足患者的所有需求，常用材料为钛合金、钴基合金等。图 5-78 为打印完成和后处理后的牙冠（桥）模型。

图 5-78　SLM 打印完成和后处理后的牙冠（桥）模型

② 骨科　首先包括手术导板、接骨板的应用研究，通过扫描患者的骨头 CT 数据，设计出完全贴合患者骨骼模型的三维模型，使用钛合金即时打印出，具有高的生物相容性、耐蚀性，质轻，韧性较好，打印效率高，可以有效帮助患者早日康复；其次包括医疗植入物设计的应用研究，以植入骨骼为例，使用钛合金打印具有特定孔隙率的精确植入骨骼模型，相邻的骨骼会生长进入植入体的缝隙中，使真骨和假骨之间牢固地结成一体，使患者的恢复周期缩短。常用材料有医用不锈钢、钛及钛合金、钽等。图 5-79 为 3D 打印钛合金可植入骶骨假体，图 5-80 为 3D 打印不锈钢人工关节假体。

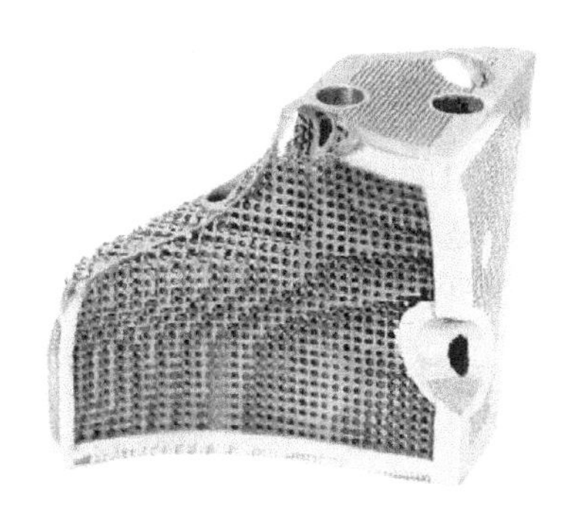

图 5-79　SLM 打印钛合金可植入骶骨假体

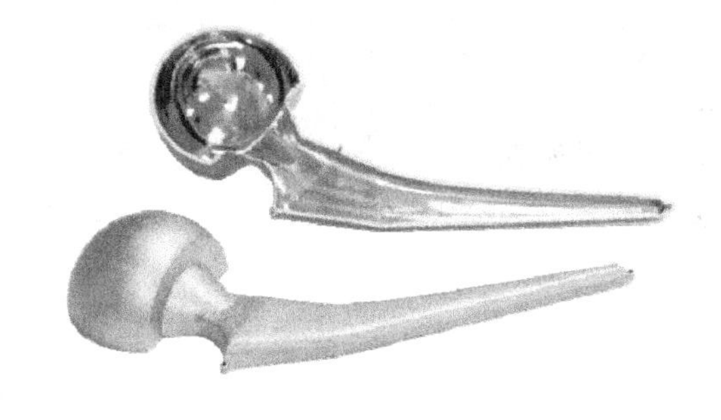

图 5-80　SLM 打印不锈钢人工关节假体

③ 手术器械　可以打印各种复杂的手术器械，切实帮助医生做好每一台手术。针对不同的患者、不同的伤病，可以快速定制专用的手术器械，常用材料为钛合金、钴基合金等。图 5-81 为各类 3D 打印金属辅助导板，能够在各类手术中帮医生精准定位，手术安全性大幅提升。

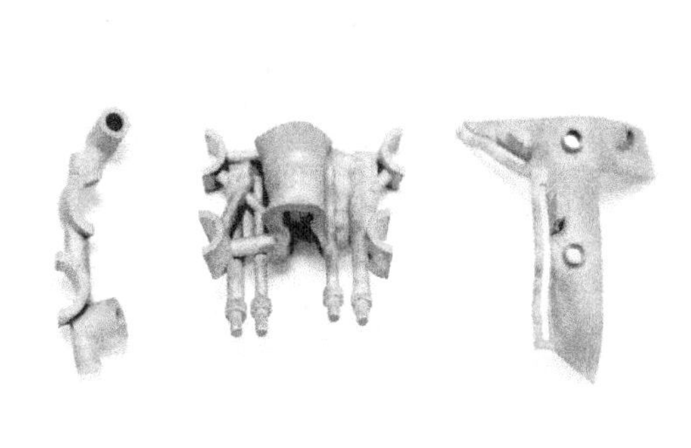

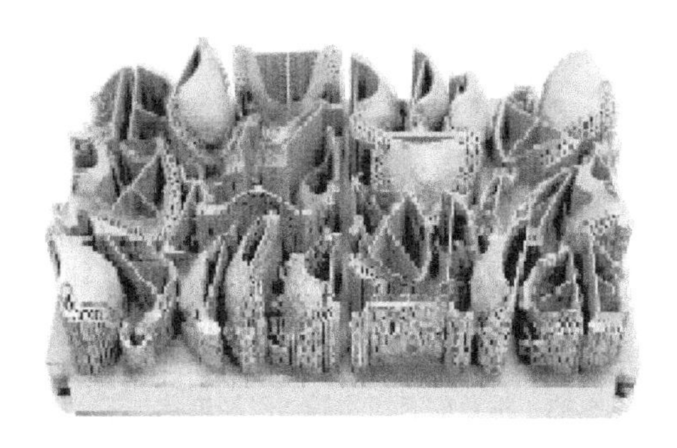

图 5-81　各类 SLM 打印金属辅助导板及打印拼装情景

(2)航空航天

航空航天领域内金属零件的3D打印,在保证性能的前提下,真正实现了零部件的轻量化、一体化结构设计,可以降低成本,缩短周期,减轻重量,成就高端复杂零件。常用材料包括铝合金、钛合金、镍基合金、高温合金等。

近几年,伴随着中国航空航天领域的快速发展,金属零件的3D打印也在中国航空航天领域获得了广泛应用,甚至在新一代运载火箭长征五号B、长征八号、天问一号、新一代载人飞船实验船等航天器上,均能见到3D打印金属件的身影。

① 梦天舱的导轨支架结构件　2021年4月29日,中国空间站核心舱“天和号”成功发射,并最终进入预定轨道,2022年10月31日,空间站梦天舱发射。梦天舱的重要结构件导轨支架采用了3D打印的薄壁蒙皮点阵结构,所设计的点阵单元为BCC形式,整个导轨支架共11块,每个结构块由BLT-S510一体成形,即同时打印出内部的点阵结构和外侧的蒙皮结构,单件最大尺寸为400mm×500mm×400mm,单件打印时间约150h,打印完成后组装拼接最大部分尺寸可达2000mm,如图5-82所示。

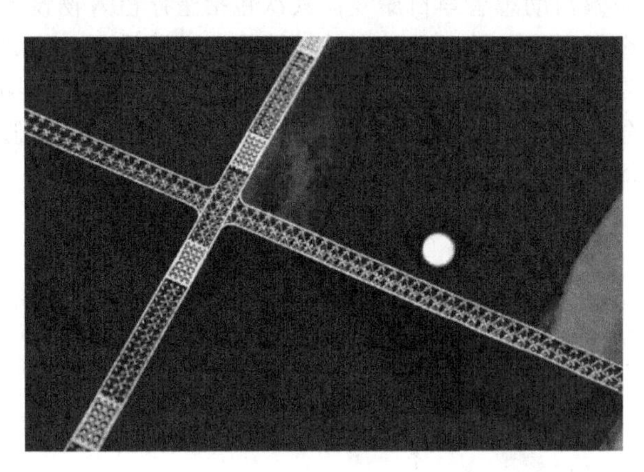

图5-82　SLM打印的中国空间站梦天舱导轨支架结构件

② “雷霆-5”型液体火箭发动机重要结构件　2021年7月,深蓝航天“星云-M”1号试验火箭在陕西铜川深蓝航天试验基地完成了首次垂直起飞和垂直降落的自由飞行试验(又称“蚱蜢跳”),首飞试验任务圆满成功。“星云-M”1号试验箭配套了由深蓝航天自主研制的“雷霆-5”型液体火箭发动机,是针栓式电动泵液氧煤油发动机,在国内首次尝试使用3D打印制造其中的重要结构件,该3D打印件最大尺寸达0.6m×0.6m×0.6m,如图5-83所示。

③ 某型飞行器产品的复杂结构件　2021年8月份,中国航天科工集团二院二部实现某型飞行器产品复杂结构3D打印集成制造,这是3D打印技术在航天领域飞行器研制中的重要里程碑,进一步提升了飞行器轻量化水平,为未来新一代飞行器发展提供了有力支撑,如图5-84所示。

图5-83　深蓝航天“雷霆-5”型液体火箭发动机SLM打印的重要结构件

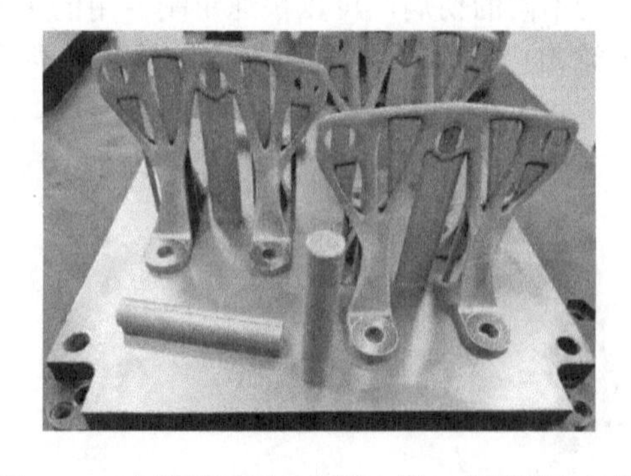

图5-84　中国航天科工集团二院二部某型飞行器产品SLM打印的复杂结构件

（3）汽车制造

SLM 技术可以应用于汽车研发阶段的汽车原型开发与设计验证、复杂结构零件、多材料复合零件、轻量化结构零件、定制专用工装、售后个性换装件等等。常用材料为不锈钢、模具钢、钨等。图 5-85 为 SLM 打印的汽车后座的安全带卡扣，图 5-86 为 SLM 打印的汽车涡轮发动机内流量控制阀。

图 5-85　SLM 打印的汽车后座的安全带卡扣

图 5-86　SLM 打印的汽车涡轮发动机内流量控制阀

（4）模具应用

模具为工业之母，注塑、吹塑、挤出、压铸、锻压、冲压、冶炼等都需要大量各种类型的模具。SLM 工艺可以简化模具加工工艺，缩短整个模具产品的开发周期，优化模具设计，为产品增加更多的功能性，实现随形冷却流道，提高模具寿命、成品率和效率，降低制造成本。常用材料为模具钢、不锈钢、铜合金等。图 5-87 为 SLM 打印的带随形水路模具镶件，图 5-88 为 SLM 打印的带防伪纹路鞋模。

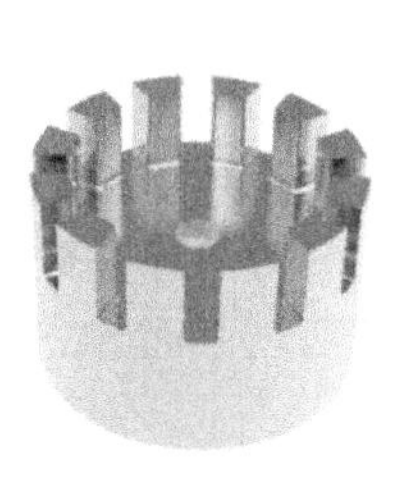

图 5-87　SLM 打印的带随形水路模具

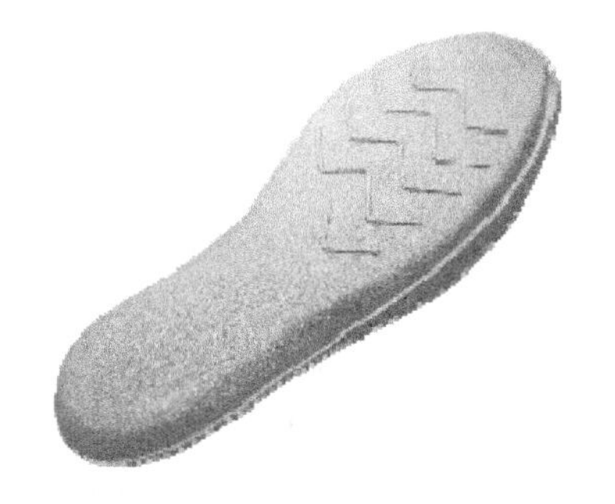

图 5-88　SLM 打印的带防伪纹路鞋模

（5）珠宝首饰

SLM 技术推动饰品类原创设计发展，设计师可以脱离工艺制约，更专注设计本身，设计更自由，更具有活力和创新力。常用材料为铜合金、铂合金等。图 5-89、图 5-90 分别为 SLM 打印的戒指和手环。

（6）个性化定制

图 5-91 为 SLM 打印的个性化定制耳机，通过采集人体耳蜗三维数据，设计符合耳蜗构造的随形耳机，实现自己的专属定制。图 5-92 为 SLM 打印与工业设计相结合的工艺品，实现了设计师的新形式创作。

图 5-89　SLM 打印的戒指

图 5-90　SLM 打印的手环

图 5-91　SLM 打印的个性化定制耳机

图 5-92　SLM 打印的工艺品

5.4　激光立体成形工艺

5.4.1　简述

如果改变 SLS、SLM、3DP 三个工艺的粉末施加方式，将粉末通过喷嘴聚集到工作台面，并与激光光斑汇聚于一点，同时送粉喷嘴与激光光斑进行同步移动，进一步，控制和匹配喷嘴中粉末的粒径、流动速度、激光束移动速度、激光束功率等参数，理论上是完全可以实现 3D 打印成形的。业内称该类型工艺为送粉式 3D 打印工艺，而 SLS、SLM、3DP 则为铺粉式 3D 打印工艺，如图 5-93、图 5-94 所示。

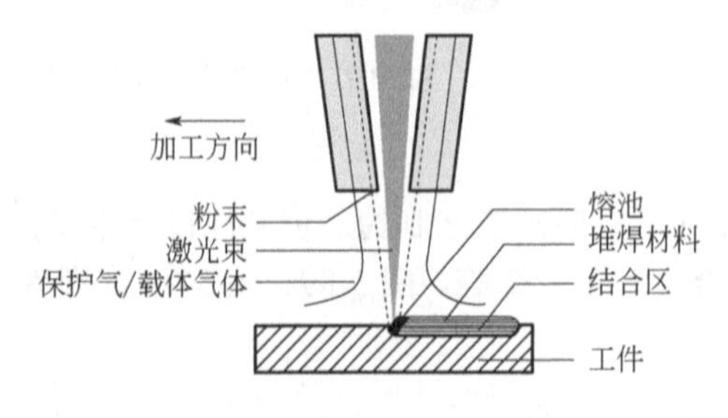

图 5-93　送粉式 3D 打印工艺

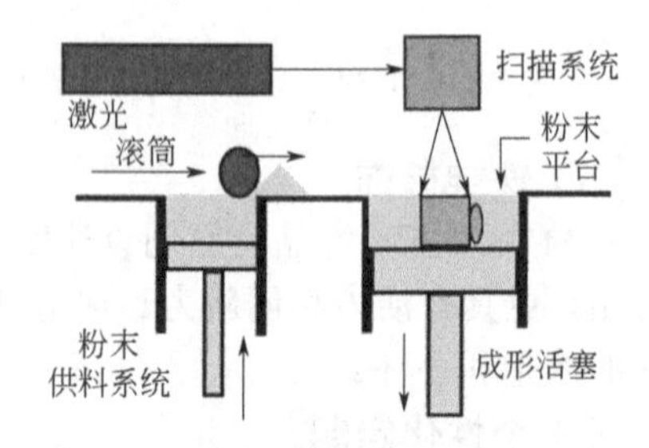

图 5-94　铺粉式 3D 打印工艺

上述送粉式 3D 打印工艺，名称繁多，不同的研究机构独立研究，并依据不同的理解和自身研究特点而独立命名，其中西北工业大学对该工艺的研究处于世界领先的技术前沿，命名该工艺为激光立体成形技术（Laser Solid Forming，LSF）。另外，该工艺其实更早用于修复受损的金属零件表面，通过在受损的金属零件表面预先涂覆或同步输送合金粉末，利用激光将合金粉末熔化并与受损零件基体发生冶金结合，在受损的金属零件表面获得合金覆层，从而修复受损金属零件表面，命名该工艺为激光熔覆（Laser Cladding，LC）。目前文献能见到的该类别工艺的名称如表 5-5 所示，本书将该类工艺统一称呼为 LSF。图 5-95～图 5-98 为 LSF 工艺获得的各种零件，目前 LSF 是通过 3D 打印获得金属零件的重要方式之一。

表 5-5　送粉式 3D 打印工艺名称

命名机构	中文全称	英文全称	英文缩写
美国 Sandia 国家实验室	激光近净成形	Laser Engineered Net Shaping	LENS
美国 Los Alamos 国家实验室	定向光制造	Directed Light Fabrication	DLF
美国密歇根大学	直接金属沉积	Direct Metal Deposition	DMD
美国斯坦福大学	形状沉积制造	Shape Deposition Manufacturing	SDM
英国伯明翰大学	直接激光制造	Direct Laser Fabrication	DLF
英国利物浦大学	激光直接铸造	Laser Direct Casting	LDC
德国 Fraunhofer 研究所	受控金属堆积	Controlled Metal Build Up	CMB
瑞士洛桑联邦理工学院	激光金属成形	Laser Metal Forming	LMF
西北工业大学	激光立体成形	Laser Solid Forming	LSF

图 5-95　LSF 工艺获得的某零件（一）

图 5-96　LSF 工艺获得的某零件（二）

图 5-97　LSF 工艺获得的某零件（三）

图 5-98　LSF 工艺获得的某零件（四）

5.4.2 工艺系统组成

LSF 工艺系统主要由激光沉积系统、运动控制系统和防护监测系统组成。激光沉积系统是整个 3D 打印系统的核心，主要由激光器、送粉器、冷却器、沉积头和成形平台（基体）组成，用于材料输送并熔化沉积到成形平台上；运动控制系统主要由 CNC 机床或机械臂、程序控制器及 CAM 编程软件组成，用于实现沉积头、成形平台（基体）的空间定位移动，对不同形状的构件进行制造；防护监测系统主要由安全外壳、在线监测设备、气体室（惰气瓶）及配套软件组成，用于确保加工安全，监测整个打印过程，保证加工精度，依据沉积材质的不同，提供氩气、氮气等惰性气体氛围。图 5-99 所示为典型 LSF 工艺系统组成。

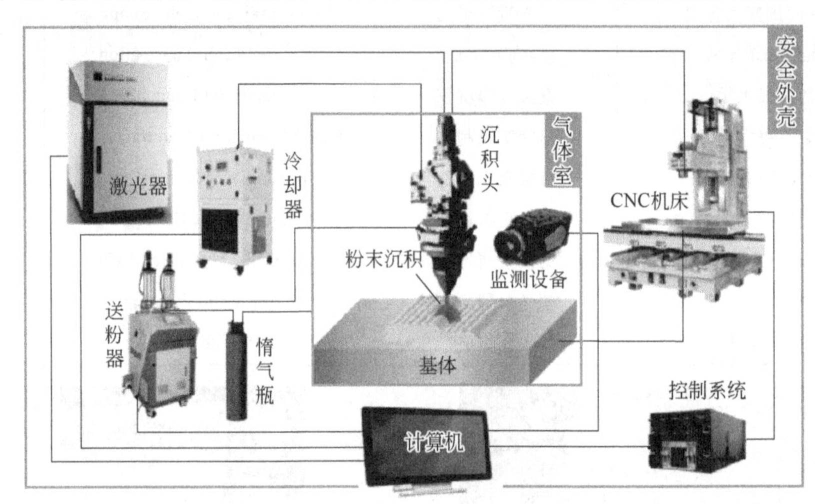

图 5-99 LSF 工艺系统组成

送粉器应提供连续且均匀的粉末流，在目标进料速率下精确控制流速。根据送料形式不同，送粉器可以分为重力式送粉器、蜗杆式送粉器、流化床式送粉器和振动式送粉器，如图 5-100 所示。

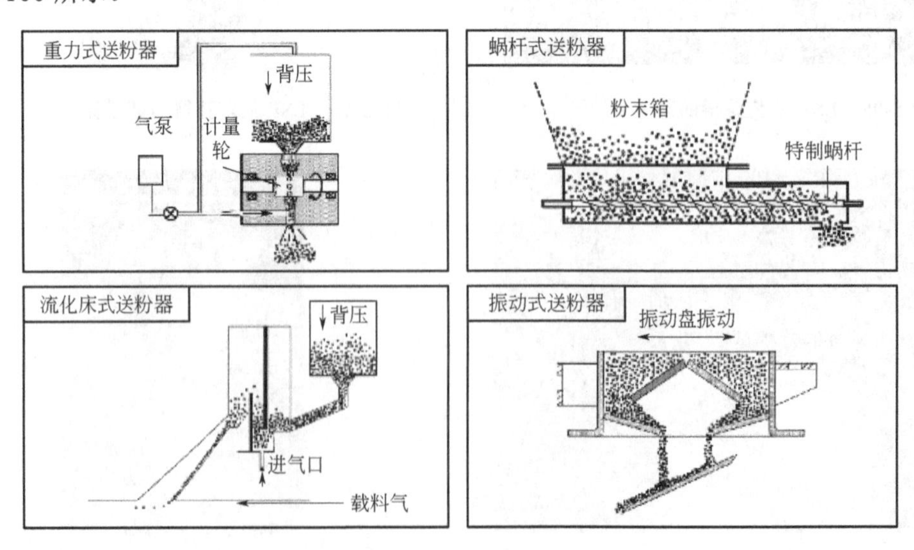

图 5-100 各种形式送粉器

沉积头包括透镜等激光束光学器件、粉末流道、保护气流道和汇聚气流道等组成部分，其中汇聚气主要用于保证粉末流不发生过度发散，粉末流可以分为同轴喷嘴粉末流和侧喷嘴粉末流，同轴喷嘴粉末流形式应用更为常见。沉积头的结构如图 5-101 所示。

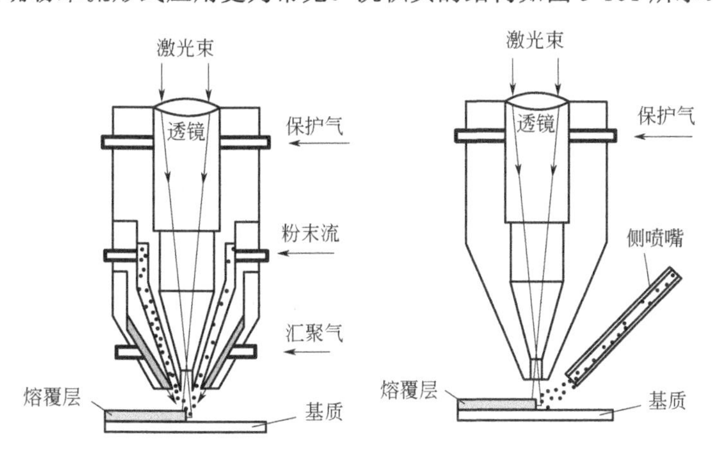

图 5-101　沉积头的结构示意图

5.4.3　工艺过程及特点

（1）工艺过程

图 5-102 给出了 LSF 工艺过程，具体如下：

① 数据准备。获得零件三维模型并进行二维切片处理，如图 5-102（a）、（b）；激光器生成激光束（通常为 CO_2 激光器生成红外激光束），经光学系统、扫描器到达沉积头。

② 材料准备。沉积头内的激光束聚焦、照射在基体上，基体局部光斑范围内瞬间加热到高温，光斑范围的中心位置温度最高，基体材料可被瞬间熔化形成熔池，同时在热传导作用下，光斑附近会形成一个热影响区域。沉积头内粉末流道送入的粉末沉积在上述激光光斑形成的熔池中。

(a) 零件三维模型

(b) 零件三维模型二维切片处理

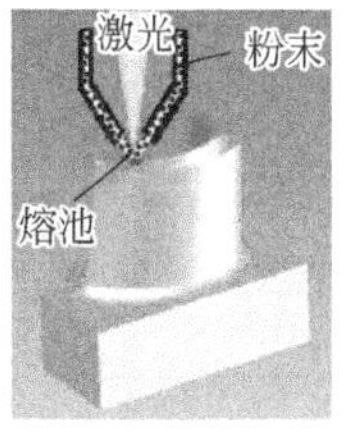

(c) 沉积头移动形成熔覆层

(d) 最终零件

图 5-102　LSF 工艺过程示意图

③ 二维移动。沉积头接受指令文件控制进行 *X*、*Y* 二维移动，沿指定的扫描路径移动，已熔化的基体与熔化的粉末熔合在一起，激光束离开后快速凝固，形成连续的熔覆层，如图 5-102（c）。

④ *Z* 向移动。成形平台沿 *Z* 向下降一定高度（机械臂结构，沉积头可以通过机械臂同时实现 *X*、*Y*、*Z* 三向运动控制），为下一层熔覆层形成提供空间。

⑤ 层间结合。沉积头在新的一层基体上，接受 *X*、*Y* 指令移动，形成新的熔覆层的同时，与上一层熔覆层冶金结合在一起。

⑥ 重复上述过程，直至获得最终三维零件，如图 5-102（d）。

零件经过 LSF 打印完成后，还需进一步进行后处理，通常有三个过程：

① 热处理　根据 LSF 打印获得的零件模型的结构、材料，选择去应力退火、正火、高温回火等热处理措施，一方面去除 LSF 打印过程中的残余应力，另一方面细化内部晶粒组织。

② 与成形平台分离　因为零件是与成形平台冶金熔合在一起的，因此需要通过锯床、线切割等手段，将零件与成形平台进行分离。

③ 表面处理　根据零件的使用工况要求，对零件表面进行必要的机加工、磨抛处理，增加零件的精度、表面质量和表观效果。

（2）工艺特点

与 SLS、SLM 工艺相比，LSF 工艺具有六个比较明显的优点：

① 送粉方式决定其料储比较方便经济，且可以实现不同材料的输送而实现多材料、多梯度打印成形。

② 可实现更大尺寸零件打印成形，尤其是借助机械臂形式，成形尺寸几乎不受限制。

③ 对于部分尺寸和重量悬殊较大的悬空结构，借助灵活旋转、移动的成形平台，通常可以实现无支撑打印。

④ 晶粒更加细小，室温综合力学性能优异，这是因为具有更快的凝固速度。

⑤ 打印效率更高，因为激光束同步送粉式 3D 打印，不需要铺粉所需要的时间。

⑥ 可以在已有零件上进行 3D 打印，以对已有零件产生表面覆层改性，或者进行表面修复等。

同时，LSF 工艺同样存在 SLS、SLM 工艺所具有的缺点，比如，点成形效率低，精度一般，需要激光成本高；另外，其工艺稳定性、性能一致性等方面也有许多不足之处；同时，3D 打印过程中，容易产生烟雾粉尘，需要专门的车间，并配置相应的除尘设备。

（3）讨论

① 铺粉、送粉区别　铺粉型 3D 打印与送粉型 3D 打印，两者除了在机械结构方面存在较大差别，在激光功率、打印尺寸、粉末粒径及分层厚度方面，也存在较大区别，如表 5-6 所示。

表 5-6　铺粉型与送粉型 3D 打印比较表

比较项目	铺粉型	送粉型
3D 打印机功率/W	<1000	2000～10000
打印尺寸/mm	<500×500×500	>1000×1000×1000
金属粉末粒径/μm	15～53	50～150
分层厚度/mm	0.01～0.1	0.3～1

② 多种机械结构　送粉型 3D 打印是定向能量沉积类型 3D 打印的一种，该类型 3D 打印机械结构比较多，从能量形式上讲，可以是激光、电子束、电弧或等离子束等；从材料种类上讲，可以是粉末材料，也可以是丝材材料，而使用丝材材料，则可以视为线成形方式的 3D 打印。

③ LSF 工艺的研究和发展方向

未来，LSF 工艺将以新材料、新工艺及新设备为主要研究和发展方向。

a. 材料体系集约化。针对 LSF 打印的特点，研发适用于不同性能需求的新型合金材料；对具有相同性能的材料进行整合，降低材料制造成本；集中建立并优化材料工艺参数体系库。

b. 工艺参数系统化。分析不同工艺参数之间的内在联系，研究工艺参数对成形质量影响的一般规律。

c. 成形过程高效化。开发可靠的沉积头及送粉设备；建立精确模型，提高切片精度，通过计算机模拟减少试验试错；提高在线监测与闭环控制灵敏度；对零件进行整体设计，结合拓扑优化，减少耗材使用。

d. 设备集成智能化。未来设备的研发将趋向增减材复合、多能场复合等新技术，并集中在一体化设备、自动化系统、智能化控制等方面。

e. 应用领域广泛化。随着技术创新及新设备的研发，行业需求不断扩大，LSF 技术的应用领域将越来越广泛和深入。

5.4.4 应用实例

（1）我国首个采用全 3D 打印的米级关键承力构件

2020 年 5 月 5 日，中国航天科技集团长征五号 B 运载火箭首飞取得圆满成功，同时，该集团一院 211 厂研制的全 3D 打印芯级捆绑支座顺利通过飞行考核验证，芯级捆绑支座是我国首个采用全 3D 打印的米级关键承力构件，如图 5-103 所示。

（2）返回舱防热大底框架

被长征五号 B 运载火箭成功发射的我国新一代载人飞船试验船，其返回舱于 2020 年 5 月 8 日在东风着陆场预定区域成功着陆，该返回舱防热大底框架是 LSF 工艺 3D 打印出来的，如图 5-104 所示。

图 5-103　长征五号系列芯级捆绑支座 3D 打印完成出仓情景

图 5-104　返回舱防热大底框架

（3）铂力特公司 3.07m 高的 C919 中央翼缘条

3.07m 高的 C919 中央翼缘条，是国内铂力特公司的佳作之一，采用钛合金材质，重量 196kg，如图 5-105 所示，于 2012 年 1 月打印成功，同年通过商飞的性能测试，2013 年成功应用在国产大飞机 C919 首架验证机上。3.07m 高的 C919 中央翼缘条，技术难度极高，至今依然是国际上无拼接连续成形尺寸最大的金属 3D 打印零部件（送粉方式打印）。其力学性能先后通过商飞五项性能测试，强度一致性显著优于美国波音公司标准，测试实验得到中国商飞“其性能略好于锻造件”的高度认可。“其性能略好于锻造件”是对 3D 打印件一个极高的评价，一是因为我国当时还锻造不出来这种超大尺寸的复杂结构件；二是即使国际上的航空零部件制造巨头锻造出这样的缘条，其技术经济性也不好；三是当时绝大多数人都认为金属 3D 打印件的性能不可能达到锻件的水平。

不仅如此，继 C919 中央翼缘条后，铂力特已应用金属 3D 打印技术为国产各类飞机制备了近 2 万个零部件，其中绝大部分已装机使用，大大提升了我国大飞机的国产化率。中国是第一个掌握了大型构件激光立体成形技术的国家，复杂精密金属结构件的 3D 打印装备与应用已达到世界先进水平，并且第一个将其应用在了战斗机和民航客机上，站在了金属 3D 打印技术生产和制造的制高点。

（4）Hansford 公司受损齿轮修复

Hansford 零部件和产品公司，总部位于纽约，是一家制造商和精密机械加工厂。其最近正在寻找一种于 20 世纪 60 年代在德国制造的机器上的断齿轮轴的替代品，该机器长时间没有可用部件。所以，Hansford 公司为解决这个问题，决定与罗切斯特理工学院（RIT）合作，采用 Optomec 公司的 LENS 3D 打印工艺，成功将受损齿轮修复，如图 5-106 所示。

图 5-105　铂力特公司通过 LSF 工艺打印的 3.07m 高的 C919 中央翼缘条

图 5-106　Hansford 公司修复受损齿轮

（5）BeAM 公司为某零件表面添加网状结构

2012 年在法国 Illkirch 成立的 BeAM 公司是金属 3D 领域内的新兴力量。BeAM 公司的 3D 打印系统通过一个专有的 CLAD 喷嘴来喷出金属粉末，如图 5-107 所示，目前该公司根据 CLAD 技术开发了三款不同的产品，分别为 Mobile CLAD、CLAD Unit、MAGIC。BeAM 公司曾经使用自己的设备为某零件表面添加网状结构，如图 5-108 所示。

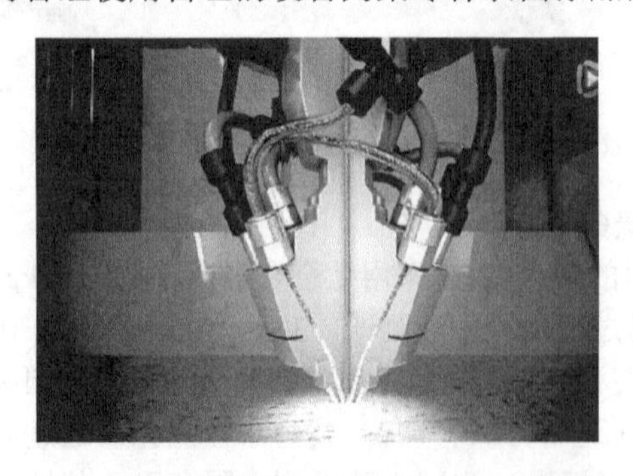

图 5-107　BeAM 公司的专有 CLAD 喷嘴

图 5-108　BeAM 公司为某零件表面添加网状结构

（6）Meltio 公司产品实例

西班牙 Meltio 公司的 3D 打印系统——Meltio Engine，可以打印一系列金属，包括不锈钢、铬镍铁合金和钛，使用多达 6 个激光器来熔化和沉积金属丝或粉末进料，或者实际上是两者同时进行，而不需要更换打印头。该公司典型的打印实例如下：

① 某叶盘零件，使用 SS316L 材料，尺寸 500mm×500mm×60mm，质量 9.15kg，打印时间 26 小时 25 分钟，打印成本约 114.07 欧元，如图 5-109 所示。

② 某海军螺旋桨，使用 SS316L 材料，尺寸ϕ600mm，质量 12.1kg，打印时间 43 小时 40 分钟，打印成本约 189.71 欧元，如图 5-110 所示。

③ 某发动机歧管，使用 SS316L 材料，尺寸 205mm×360mm×473mm，质量 5.22kg，打印时间 19 小时 23 分钟，打印成本约 95.86 欧元，如图 5-111 所示。

④ 某表盘，使用 Ti64 材料，尺寸 53.37mm×44.59mm×10.85mm，质量 29.22kg，打印时间 5 小时 40 分钟，打印成本约 31.09 欧元，如图 5-112 所示。

图 5-109 叶盘零件

图 5-110 海军螺旋桨零件

图 5-111 发动机歧管零件

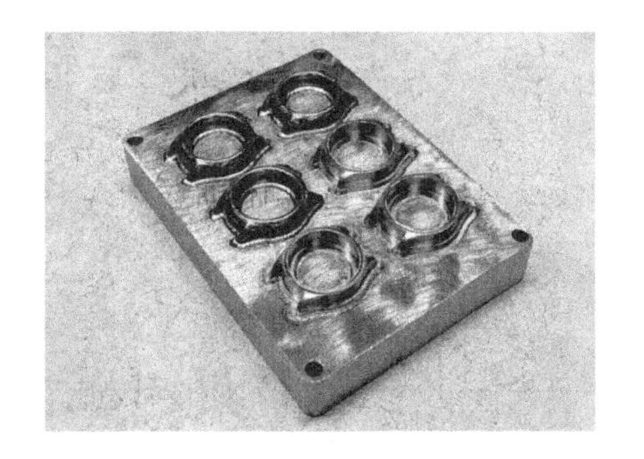

图 5-112 表盘零件

5.5 粉末材料

5.5.1 概述

（1）概念、分类

粉末（Powder），通常是指尺寸小于 1mm 的离散颗粒的集合体。

进一步从颗粒大小的角度对粉末进行分类，可以分为粗粉、细粉、超细粉、纳米粒，如表 5-7 所示。

对粉末材料的分类，除了从颗粒大小的角度，还可以有更多的分类方法。比如，按照来源不同，有天然粉末，如泥土、沙子、花粉，当然更多是人工合成粉末。另外，按照化学成分不同，有金属或合金粉末、无机粉末、高分子粉末以及复合材料粉末等。

表 5-7 粉末分类

粉末名称	粒径范围/μm
粗粉	1000～10
细粉	10～1
超细粉	1～0.1
纳米粒	＜0.1

（2）粒径单位

粉末颗粒大小的单位，除了 μm，还有筛分粒度单位——目数，简称目，就是以 1in（25.4mm）宽度的筛网内的筛孔数表示，筛网如图 5-113 所示，筛孔数即为目数，目数 $m=25.4/(a+d)$，如图 5-114 所示。两个单位之间的对照，可以参照表 5-8。

图 5-113 筛网

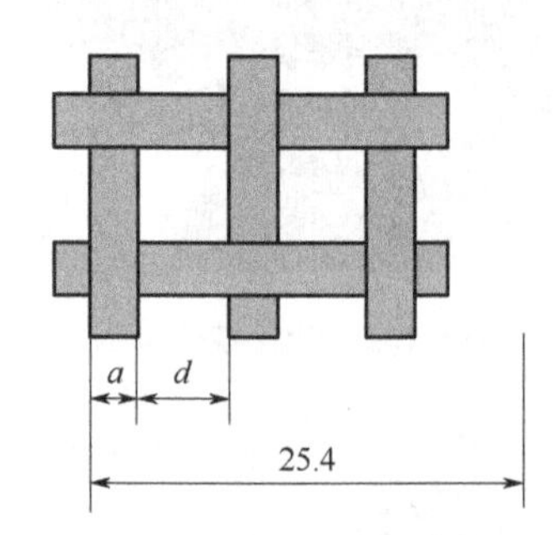

图 5-114 目数（筛孔数）与尺寸关系

表 5-8 目数与粒度对照表

目数	粒度/μm	目数	粒度/μm	目数	粒度/μm
5	3900	140	104	1600	10
10	2000	170	89	1800	8
16	1190	200	74	2000	6.5
20	840	230	61	2500	5.5
25	710	270	53	3000	5
30	590	325	44	3500	4.5
35	500	400	38	4000	3.4
40	420	460	30	5000	2.7
45	350	540	26	6000	2.5
50	297	650	21	7000	1.25
60	250	800	19		
80	178	900	15		
100	150	1100	13		
120	124	1300	11		

（3）用途

粉末，是一种重要的固体材料，通常为制备其他材料、制品的重要原材料，在各行各业均有重要的应用，如表 5-9 所示。

表 5-9　粉末材料在各行业的重要应用

行业	用途
农业	粮食加工、化肥、粉剂农药、饲料、人工降雨催凝剂
矿业	金属矿石的粉碎研磨、非金属矿深加工、低品位矿物利用
冶金	粉末冶金、冶金原料处理、冶金废渣利用、硬质合金生产
橡胶	固体填料、补强材料、废旧橡胶制品的再生利用
塑料	塑料原料制备、增强填料、粉末塑料制品、塑料喷涂
造纸	造纸填料、涂布造纸用超细浆料、纤维状增强填料
印刷	油墨生产、铜金粉、喷墨打印墨汁、激光打印和复印炭粉
药物	粉剂、注射剂、中药精细化、定向药物载体、喷雾施药
化工	涂料、油漆、催化剂、原料处理
食品	粮食加工、调味品、保健食品、食品添加剂
颜料	偶氮颜料、氧化铁系列颜料、氧化铬系列颜料
能源	煤粉燃烧、固体火箭推进剂、水煤浆
电子	电子浆料、集成电路基片、电子涂料、荧光粉
建材	水泥、建筑陶瓷生产、复合材料、木粉
精细陶瓷	梯度材料、金属与陶瓷复合材料、颗粒表面改性
环保	脱硫用超细碳酸钙、固体废弃物的再生利用、粉状污水处理剂
机械	粒度砂、微粉磨料、超硬材料、固体润滑剂、铸造型砂

5.5.2　制备方法

粉末材料的制备方法很多，如图 5-115 所示。其中，机械法制备的粉末材料粒度有一定限制，而且制备过程中极易引入杂质，但具有成本低、产量高、制备工艺简单等特点。物理法和化学法，是通过相变或化学反应制备粉末，其工艺过程精细，成本相对较高。

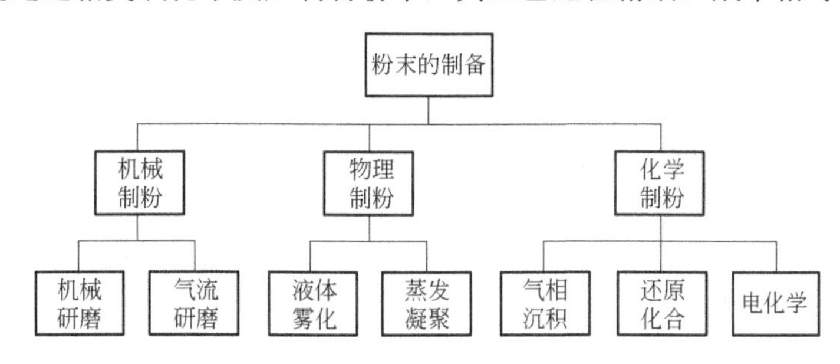

图 5-115　粉末制备方法

（1）机械制粉

机械制粉又有机械研磨和气流研磨两种方式。

① 机械研磨　机械研磨的实质就是利用动能来破坏材料的内结合力，使材料分裂产生新的界面。能够提供动能的方法可以设计出许多种，例如锤捣、辊轧、研磨等，其中除研磨外，其他粉碎方法主要用于物料破碎及粗粉制备。研磨的主要形式是球磨，球磨又分为滚筒式、行星式、振动式和搅动式，分别如图 5-116～图 5-119 所示。

图 5-116　滚筒式球磨

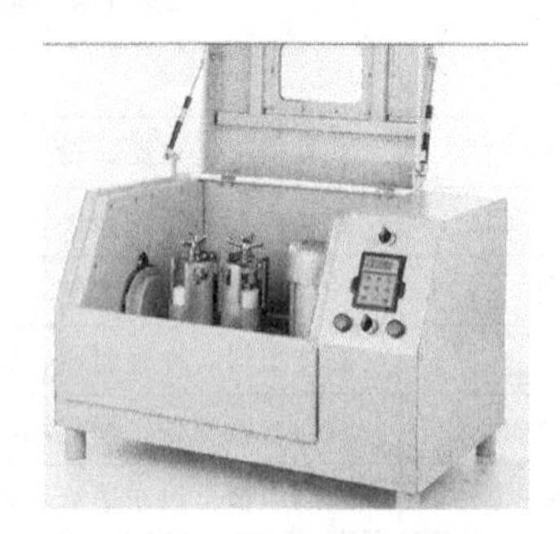

图 5-117　行星式球磨

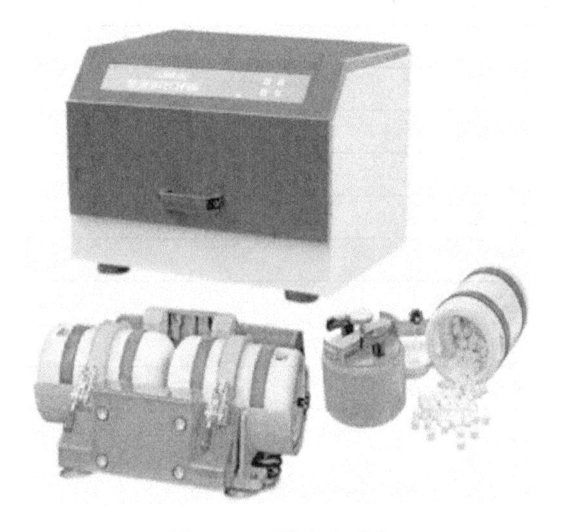

图 5-118　振动式球磨

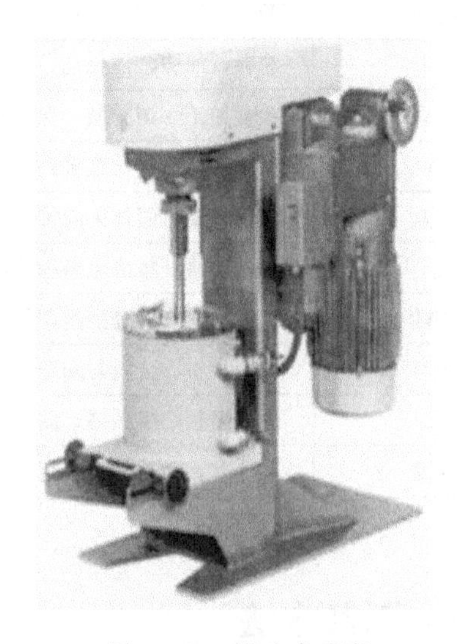

图 5-119　搅动式球磨

② 气流研磨　气流研磨是通过气体传输粉料的一种研磨方法，与机械研磨法不同的是，气流研磨不需要磨球及其他辅助研磨介质，研磨腔内是粉末与气体的两相混合物。研磨时，粉料随着高速气流的流动获得动能，通过粉末颗粒间的相互摩擦、撞击，或颗粒与制粉装置间的撞击，使粗大颗粒细化。根据粉料的化学性质，可采用不同的气源，如陶瓷粉多采用空气，而金属粉末则需要用惰性气体或还原性气体。由于不使用研磨球及研磨介质，所以气流研磨粉的化学纯度一般比机械研磨法要高。气流研磨的三种形式：旋涡研磨、流态化床气流磨、冷流冲击。

旋涡研磨机，又称汉米塔克研磨机，其机械结构如图 5-120 所示，适用于软金属粉末，粉末颗粒大多具有表面凹形特征（蝶状粉末）。流态化床气流磨，其原理是，物料在研磨室流态化，加速自身相互碰撞、摩擦而细化，粉料随气体循环运动，只要保持足够的研磨时间，粉末就能细化到一定程度，其机械结构如图 5-121 所示。冷流冲击，将带有粉料的高压气流，经过拉瓦尔型喷管喷向粉碎室空间，气体压力急剧下降，形成绝热膨胀，造成加速效应与冷却效应，然后借助材料的冷脆性，使粉料破碎，其机械结构如图 5-122 所示，其中拉瓦尔型喷管结构如图 5-123 所示。

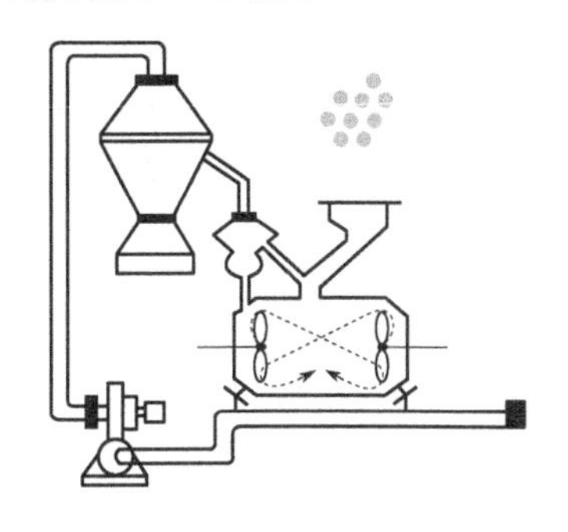

图 5-120　旋涡研磨机结构示意

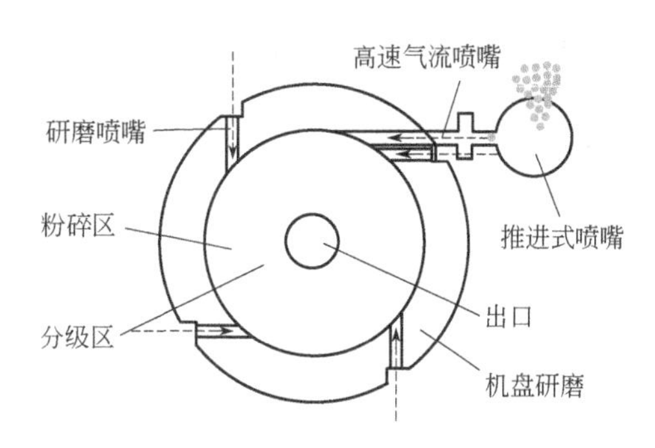

图 5-121　流态化床气流磨示意

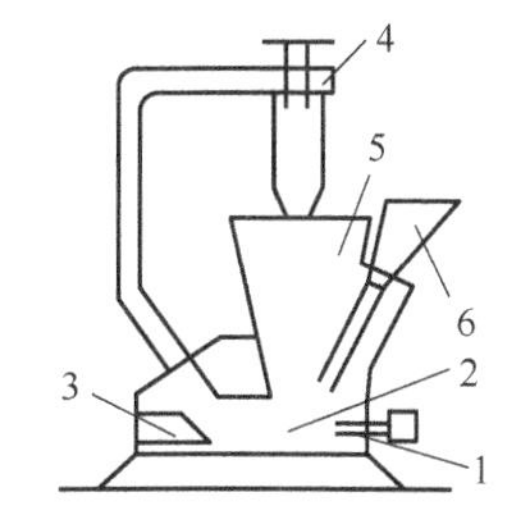

图 5-122　冷流冲击研磨示意

1—气流磨；2—粉碎室；3—冲击板；4—分级器；
5—粗颗粒收集器；6—螺旋加料机

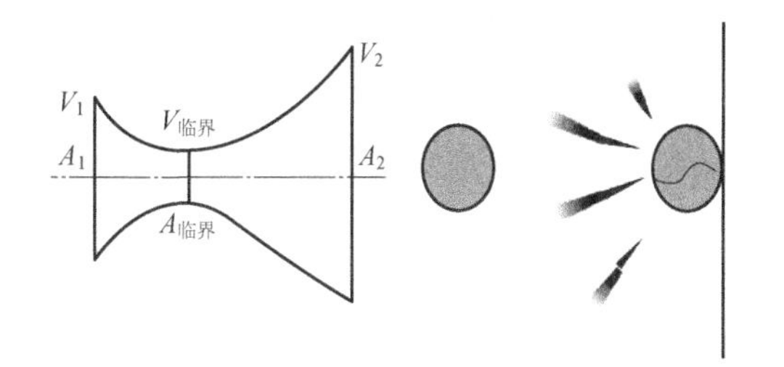

图 5-123　拉瓦尔型喷管结构示意

（2）物理制粉

物理制粉又有液体雾化法和蒸发凝聚法两种方式。

① 液体雾化法　雾化法制粉，首先将材料液化形成液流，然后要么通过高压雾化介质，如气体或水，强烈冲击液流，使其雾化成微小液滴并冷却凝固形成粉末，要么通过离心力使之形成微小液滴并冷却凝固形成粉末。因此，雾化法制粉分为双流雾化和单流雾化，双流指被雾化的液流和雾化介质流，单流雾化是指直接通过离心力、压力差或机械冲击力实现雾化，分别如图 5-124、图 5-125 所示。雾化法制粉主要用于金属或合金，对于一些可熔的氧化物陶瓷材料，也可采用这种方法进行加工，但由于氧化物陶瓷熔体的黏度、表面张力很大，所以一般不能获得细微陶瓷粉体，但可获得短纤维、小珠或空心球。例如，硅酸铝纤维、氧化锆磨球、氧化铝空心球等。另外，雾化法制粉是一种快速凝固技术，能够增加金属元素的固溶度，极大地降低成分偏析，粉末成分均匀，而且可获得细晶、微晶、准晶直至非晶粉末。

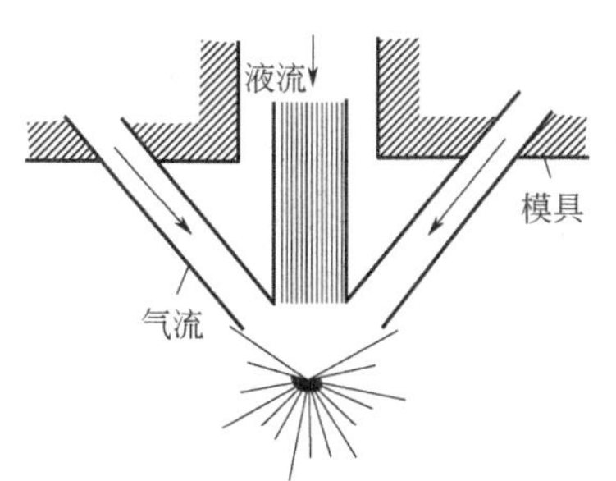

图 5-124　双流雾化

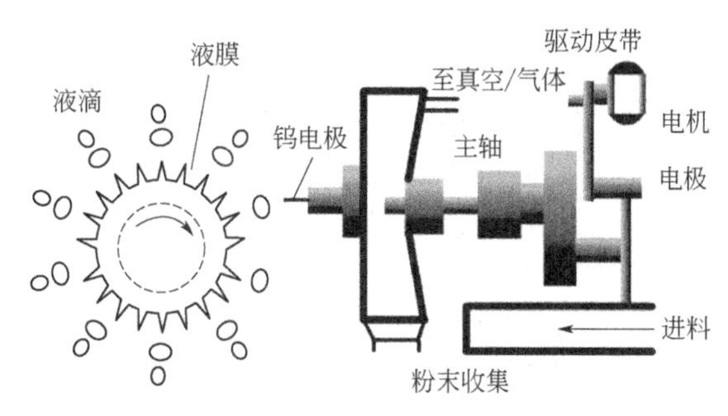

图 5-125　单流雾化

② 蒸发凝聚法　物理蒸发凝聚法，采用不同的能量输入方式，使金属气化，然后在冷凝壁上沉积，从而获得金属粉末。按能量输入方式来划分，物理蒸发凝聚法可分为电阻加热方式、激光加热方式、电子束加热方式、高频感应加热方式、等离子体加热方式等，分别如图 5-126～图 5-129 所示。同其他金属粉末制备方法相比，物理蒸发凝聚法生产效率比较低，但这种方法可获得最小粒径达 2nm 的颗粒。

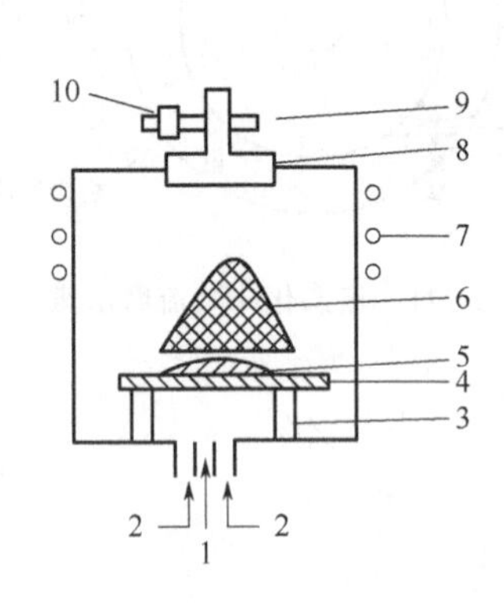

图 5-126　电阻加热方式

1—载气；2—保护气；3—电极；4—电阻丝；5—原料；6—烟柱；7—水冷管；8—收集器；9—排气管；10—制动阀

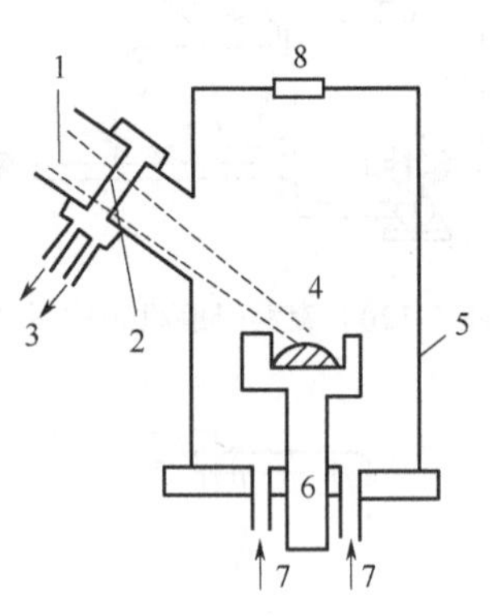

图 5-127　激光加热方式

1—激光束；2—聚焦透镜；3—水冷器；4—蒸发池；5—冷器壁；6—水冷器；7—载气喷嘴；8—颗粒收集器

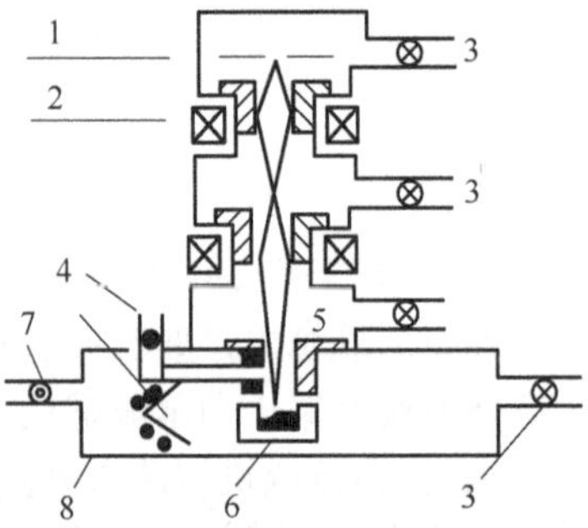

图 5-128　电子束加热方式

1—电子枪；2—电子束聚焦镜；3—排气阀；4—惰性保护气入口；5—电子束；6—坩埚；7—颗粒收集器；8—蒸发室

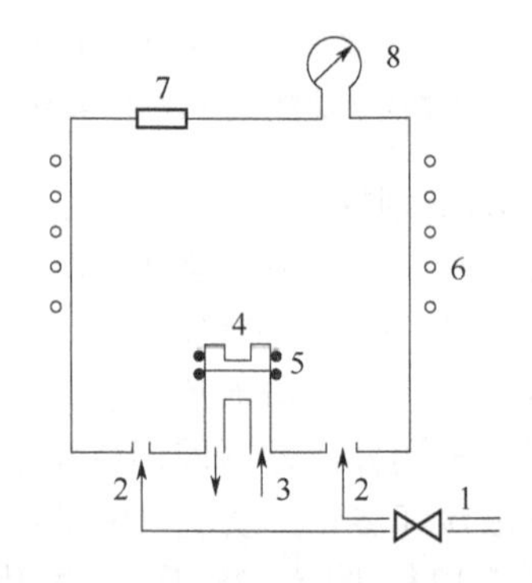

图 5-129　高频感应加热方式

1—气体调节阀；2—惰性气体；3—水冷管；4—坩埚；5—感应线圈；6—水冷管；7—捕集器；8—真空表

（3）化学制粉

化学制粉又有气相沉积法、还原化合法和电化学法三种方式。

① 气相沉积法　气相沉积法制粉是通过某种形式的能量输入，将材料气化，然后使气相物质发生气-固相变或气相化学反应，生成金属或陶瓷粉体。制粉过程通常包括五个关键步骤：形成气相、化学反应、均匀形核、晶粒长大、团聚。气相沉积法有三个具体的方法，分别为热分解法、气相还原法和复合反应法。

a. 热分解法。热分解法通常通过获取金属羰基化合物，然后热分解金属羰基化合物获得单质金属粉末，因此该方法的关键是制取金属羰基化合物。比如，通过该方法制备镍金属粉末：

第一步，合成羰基镍，Ni(固)+4CO⟶ $Ni(CO)_4$（气），放热反应；

第二步，羰基镍热分解 $Ni(CO)_4$(气)⟶ Ni+4CO，吸热反应。

b．气相还原法。气相还原法通常针对低沸点的金属卤化物，经过氢气或更活泼的金属进行还原置换，从而获得单质金属粉末，因此该方法包括气相氢还原和气相金属热还原。温度保持在还原金属沸点以下但是在产物金属沸点以上，就可以将置换出来的金属不断蒸发出来并获得单质金属粉末。具体反应式为：

$$2MeCl + H_2 \longrightarrow 2Me + 2HCl$$

或：
$$MeCl + Ne \longrightarrow Me + NeCl$$

c．复合反应法。复合反应法是制备无机化合物的重要方法，包括碳化物、氮化物、硼化物和硅化物等，既可制备各种陶瓷粉，也可进行陶瓷薄膜的沉积。所用的原料是卤化物（以氯化物为主）与相应的气态化合物，在一定的温度下发生气相反应。

碳化物反应通式及 TiC 反应式分别为：

$$MeCl_x + C_mH_n + H_2 \longrightarrow Me_aC_b + HCl$$

$$3TiCl_4(气) + C_3H_8(气) + 2H_2 \longrightarrow 3TiC(固) + 12HCl(气)$$

氮化物反应通式及 Si_3N_4 反应式分别为：

$MeCl_x + NH_3 \longrightarrow Me_aN_b + HCl$，或 $MeCl_x + N_2 + H_2 \longrightarrow Me_aN_b + HCl$

$$3SiCl_4(气) + 4NH_3 \longrightarrow Si_3N_4(固) + 12HCl(气)$$

硼化物反应通式及 TiB_2 反应式分别为：

$$MeCl_x + BCl_3 + H_2 \longrightarrow Me_aB_b + HCl$$

$$TiCl_4(气) + 2BCl_3(气) + 5H_2 \longrightarrow TiB_2(固) + 10HCl(气)$$

硅化物反应通式及 $MoSi_2$ 反应式分别为：

$$MeCl_x + SiCl_4 + H_2 \longrightarrow Me_aSi_b + HCl$$

$$2MoCl_5(气) + 4SiCl_4(气) + 13H_2 \longrightarrow 2MoSi_2(固) + 26HCl(气)$$

一些碳化物、氮化物、硅化物、硼化物的沉积条件如表 5-10 所示。

表 5-10 常用碳化物、氮化物、硅化物、硼化物的沉积条件

沉积物		沉积剂	沉积温度/℃	气氛
碳化物	TiC	$TiCl_4+CH_4$ 或 $C_6H_5CH_3$	1100～1200	H_2
	BC	BCl_3+CH_4	1100～1700	H_2
	SiC	$SiCl_4+CH_4$	1300～1500	H_2
	NbC	$NbCl_5+CH_4$	约 1000	H_2
	WC	$WCl_6+C_6H_5CH_3$ 或 CH_4	1000～1500	H_2
硼化物	TiB_2	$TiCl_4+BBr_3$ 或 BCl_3	1100～1300	H_2
	ZrB_2	$ZrCl_4+BBr_3$ 或 BC_3	1700～2500	H_2
	VB_2	VCl_4+BBr_3 或 BCl_3	900～1300	H_2
	TaB	$TaCl_5+BBr_3$ 或 BCl_3	1300～1700	H_2
	WB	WCl_6+BBr_3 或 BCl_3	800～1200	H_2

续表

沉积物		沉积剂	沉积温度/℃	气氛
硅化物	$MoSi_2$	$MoCl_5+SiCl_4$ 或 $Mo+SiCl_4$	1100～1800	H_2
氮化物	TiN	$TiCl_4$	1100～1200	N_2+H_2
	BN	BCl_3	1200～1500	N_2+H_2
	TaN	$TaCl_5$	约 1200	N_2+H_2

② 还原化合法　通常针对高熔点的金属氧化物，经过其他还原剂的还原置换，可以获得金属单质粉末，其基本原理可以表达为：

$$MeO_n + X \longequal Me + XO_n$$

其热力学条件为：金属氧化物的离解压大于还原剂氧化物的离解压。

如碳还原法制备铁粉：

$$Fe_3O_4 + 4CO = 3Fe + 4CO_2$$

氢还原法制备钨粉：

$$WO_3 + 3H_2 = W + 3H_2O$$

在上述还原反应获得金属单质的基础上，进一步化合成其他化合物陶瓷，甚至在一步反应中即可完成，如 AlN、WC 的制备，可以分别通过如下还原化合法获得：

$$2Al_2O_3 + 3C + 2N_2 = 4AlN + 3CO_2$$

$$WO_3 + C + 3H_2 = WC + 3H_2O$$

③ 电化学法　电化学法制粉，又分为水溶液电解、有机电解质电解、熔盐电解和液体金属电解。通过水溶液电解获得铜粉的工艺过程，如图 5-130 所示。

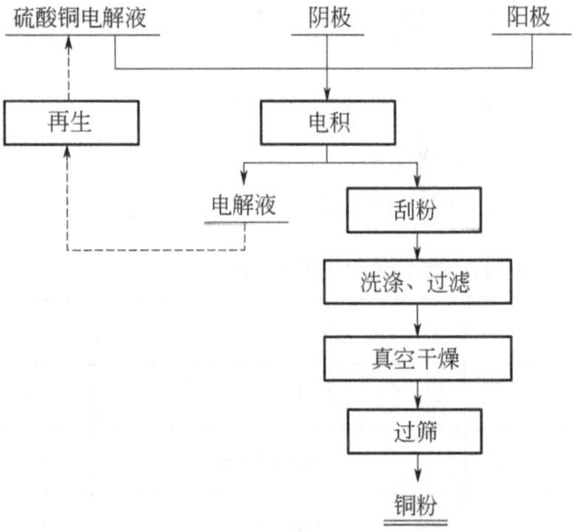

图 5-130　电解获得铜粉的工艺过程

电化学体系：阳极 Cu（纯），电解液 $CuSO_4$、H_2SO_4、H_2O，阴极 Cu 粉。

电化学反应：

阳极反应：$Cu - 2e^- \longrightarrow Cu^{2+}$

阴极反应：$Cu^{2+} + 2e^- \longrightarrow Cu$（粉末）

电解过程中，阴极通常采用钛板来采集纯铜颗粒，经刮除、洗涤、过滤、干燥、过筛后，获得铜粉。铜粉的粒度、松装密度等参数须通过电解参数来进行调整，主要控制参数有铜离子浓度、酸度、电流密度、电解液温度、刷粉周期、添加剂和槽电压等。

5.5.3　性能参数

粉末材料的性能参数很多，包括几何性能参数，如粒度及分布、比表面积、形状等；化学性能参数，如化学成分、纯度、氧含量和酸不溶物等；力学性能参数，如松装密度、流动性、成形性、压缩性、堆积角和剪切角等；物理性能和表面特性参数，如真密度、光泽、吸波性、表面活性、电位和磁性。

（1）主要国标参数

在各个粉末点成形的3D打印工艺中，原材料粉末的性能会极大地影响到最终3D打印成形零件的成品特性。通常，理想的3D打印用粉末材料应有如下几个方面的特性：化学组成精确、化学组成均匀性好、纯度高、球状颗粒且尺寸较小、均匀、分散性好、团聚少等。

GB/T 35022—2018《增材制造　主要特性和测试方法　零件和粉末原材料》中规定了我国3D打印用金属、塑料、陶瓷三类粉末原材料的主要可检测指标，包括粉末粒度及分布，形状或形态，比表面积，松装/表观密度，振实密度，流动性，灰分，氢、氧、氮、碳和硫含量，熔融温度/玻璃化转变温度等，同时给出了各指标测试的国家标准，如表5-11所示。

表5-11　GB/T 35022—2018规定我国3D打印用粉末原材料的主要可检测指标

项目	推荐测试方法		
	金属	塑料	陶瓷
粉末粒度及分布	GB/T 1480 GB/T 19077	GB/T 2916 GB/T 19077	JC/T 2176 GB/T 19077
形状/形态	GB/T 15445.6	GB/T 15445.6	GB/T 15445.6
比表面积	GB/T 19587	GB/T 19587	GB/T 19587
松装/表观密度	GB/T 1479.1 GB/T 1479.2	GB/T 1636	ISO 18753 ISO 23145-2
振实密度	ISO 3953	GB/T 23652	ISO 23145-1
流动性	无	GB/T 21060 GB/T 11986 GB/T 3682	ISO 14629
灰分	无	GB/T 9345.1	无
氢、氧、氮、碳和硫含量	GB/T 14265	无	无
熔融温度/玻璃化转变温度	无	GB/T 19466.2 GB/T 19466.3	无

① 粒度及分布　粒度，就是粉末颗粒的外观尺寸，影响粉末的加工成形、烧结时收缩和产品的最终性能。某些粉末冶金制品的性能几乎和粒度直接相关，例如，过滤材料的过滤精度在经验上可由原始粉末颗粒的平均粒度除以10求得；硬质合金产品的性能与WC相的晶粒有很大关系，要得到较细晶粒度的硬质合金，只有采用较细粒度的WC粉末才有可能。生产实践中使用的粉末，其粒度范围从几百纳米到几百微米。粒度越小，表面积越强，活性越强，表面就越容易氧化和吸水。当小到几百纳米时，粉末的储存和运输很不容易，而且当小到一定程度时，表面原子数会逐渐增多，且量子效应开始起作用，其物理性能会发生巨大变化，如铁磁性粉会变成超顺磁性粉，熔点也随着粒度减小而降低。粉末粒度减小，其总体积、总面积等几何参数以及表面原子数等也随之变化，可以边长1cm立方体细化为5μm的小立方体为例，直观看到其变化之大，如表5-12所示。

表5-12　边长1cm立方体细化为5μm小立方体的各参数变化对比

项目	破碎前	破碎后	倍数
个数	1	80亿	80亿
总体积	$1000mm^3$	$1000mm^3$	1
总面积	$600mm^2$	$1200000mm^2$	2000

续表

项目	破碎前	破碎后	倍数
棱边数	12	960 亿个	80 亿
顶角数	8	640 亿个	80 亿

粒度分布就是粉末样品中各种大小的颗粒占颗粒总数的比例。粒度分布最常见的表达方式是表格和曲线，分别称为粒度分布表和粒度分布曲线。其中，一个样品的累计粒度分布百分数达到 50%时所对应的粒径，称为 D50，它的物理意义是粒径大于它的颗粒占 50%，小于它的颗粒也占 50%，因此，D50 也叫中位径或中值粒径，常用来表示粉体的平均粒度；同样道理，一个样品的累计粒度分布数达到 90%时所对应的粒径，称为 D90，它的物理意义是粒径小于它的颗粒占 90%，常用来表示粉体粗端的粒度指标；一个样品的累计粒度分布数达到 10%时所对应的粒径，称为 D10，它的物理意义是粒径小于它的颗粒占 10%，常用来表示粉体细端的粒度指标。

当然，通常给出粉末粒度大小范围，更直观地表明粉末的粗细程度。

② 形状/形态　粉末的形状或形态取决于制粉方法，如电解法制得的粉末，颗粒呈树枝状；还原法制得的铁粉，颗粒呈海绵片状；气体雾化法制得的基本上是球状粉。此外，有些粉末呈卵状、盘状、针状、洋葱状等。粉末颗粒的形状会影响到粉末的流动性和松装密度，由于颗粒间机械啮合，不规则粉的压坯强度也大，特别是树枝状粉，其压坯强度最大。但对于多孔材料，采用球状粉最好。

粉末颗粒的形状是其表面所有点构成的包络面，而粉末颗粒形态则是简单形状描述向复杂描述的延伸，通常可以借助孔隙度、粗糙度和织构等特征加以延伸描述。

③ 密度　松装密度，是粉末在规定条件下自由充满标准容器后所测得的堆积密度，即粉末松散填装时单位体积的质量，是粉末的一种工艺性能。松装密度是粉末多种性能的综合体现，可以反映出粉末的密度、颗粒形状、颗粒表面状态、颗粒的粒度及粒度分布等，对产品生产工艺的稳定性以及产品质量的控制都有重要的影响。通常情况下，粉末颗粒形状越规则、颗粒表面越光滑、颗粒越致密，粉末的松装密度会越大。较高的粉末松装密度有利于 3D 打印工艺的设置和优化，并确保 3D 打印最终产品致密度达到目标产品要求。

表观密度，指粉末的质量与表观体积之比。表观体积是实体积加闭口孔隙体积，不同的材料，通常采用不同的方法来进行测试：对于形状非规则的材料，可用蜡封法封闭孔隙，然后再用排液法测量体积；对于混凝土用的砂石骨料，直接用排液法测量体积；对于一些多孔的小型材料，也有采用比重瓶法或者氦气置换法进行测试的。

振实密度，是粉末在容器中经过机械振动达到较理想排列状态的粉末集体密度，同样是粉末多种物理性能和工艺性能的综合体现。一般来说，振实密度越大，说明粉末的流动性能越好。

④ 流动性　粉末流动性是指以一定量粉末流过规定孔径的标准漏斗所需要的时间，通常采用的单位为 s/50g，其数值愈小说明该粉末的流动性愈好，它是粉末的一种工艺性能。粉末流动性与很多因素有关，如粉末颗粒尺寸、形状和粗糙度、比表面等。一般地说，增加颗粒间的摩擦系数会使粉末流动困难。通常球形颗粒的粉末流动性最好，而颗粒形状不规则、尺寸小、表面粗糙的粉末，其流动性差，图 5-131 为 SLM 用 TC4 超细粉末的球形颗粒形貌。另外，粉末流动性受颗粒间黏附作用的影响，颗粒表面水分、气体等的吸附会降低粉末的流动性。粉末流动性尤其对于 3D 打印工艺及其成形件性能影响很大。

⑤ 灰分　粉末灰分，通常指粉末制备中，残留下来的无机成分（主要是无机盐和氧化物），显然它决定着粉末的化学成分及物理组成。

⑥ 氢、氧、氮、碳和硫含量　氢、氧、氮、碳和硫含量，同样决定着粉末的化学成分品质，尤其对于金属制品的力学性能和工艺性能影响很大。其中氧含量最为关键，较高的氧含量，意味着粉末表面的氧化物或氧化膜较多，将会降低 3D 打印成形过程中的液态金属与基板或已凝固部分的润湿性，导致成形件出现分层和裂纹，降低其致密度。此外，氧化物的存在还直接影响到零件的力学性能和微观组织。因此，对用于 3D 打印的金属粉末，其氧含量一般要求在 $1000mg/m^3$ 以下。

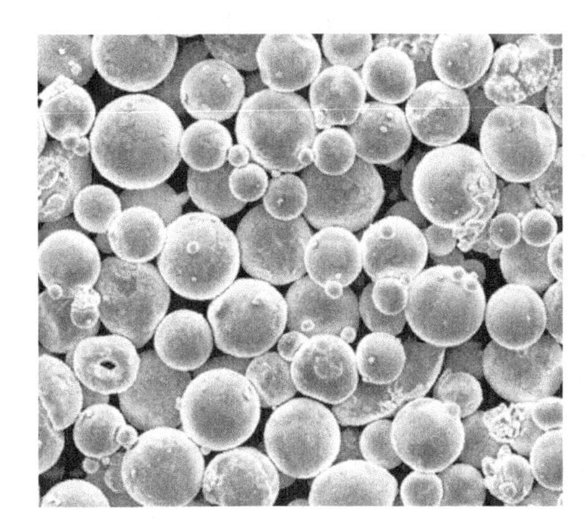

图 5-131　SLM 用 TC4 超细粉末的球形颗粒形貌

⑦ 熔融温度/玻璃转化温度　熔融温度及其塑料的玻璃转化温度，是粉末材料的重要物理参数，对于 3D 打印工艺，则是制订工艺参数的重要依据。

⑧ 对激光的吸收率　在几个粉末点成形的 3D 打印工艺中，使用激光的工艺较多，因此金属粉末对激光的吸收率非常重要。表 5-13 为几种常见金属材料对不同波长的激光吸收率，可以看出激光波长越短，金属对其吸收率越高。比如，目前 SLM 工艺通常使用波长 1070nm 的激光器，显然，Ag、Cu 和 Al 等金属对波长 1070nm 的激光反射率较高（或吸收率较低），这将可能损坏光学器件，打印具有一定风险。

表 5-13　常见金属材料对不同波长的激光吸收率

金属	波长		
	10600nm	1070nm	351nm
铝（Al）	2%	10%	18%
铁（Fe）	4%	35%	60%
铜（Cu）	1%	8%	70%
钼（Mo）	4%	42%	60%
镍（Ni）	5%	25%	58%
银（Ag）	1%	3%	77%

（2）主要 3D 打印用粉末材料标准

为了促进我国 3D 打印行业发展，从 2018 年开始，国家陆续出台了部分增材制造（3D 打印）的国家标准，其中包括相应的 3D 打印用粉末材料的国家标准。目前，3D 打印用塑料粉末标准，仅有 GB/T 39955—2021《增材制造材料粉末床熔融用尼龙 12 及其复合粉末》；3D 打印用陶瓷粉末标准，仅有 GB/T 38972—2020《增材制造用硼化钛颗粒增强铝合金粉》；而 3D 打印用金属粉末标准较多，分别有 GB/T 38970—2020《增材制造用钼及钼合金粉》、GB/T 38971—2020《增材制造用球形钴铬合金粉》、GB/T 38973—2020《增材制造制粉用钛及钛合金棒材》、GB/T 38974—2020《增材制造用铌及铌合金粉》、GB/T 38975—2020《增材制造用钽及钽合金粉》、GB/T 34508—2017《粉床电子束增材制造 TC4 合金材料》、GB/T

41338—2022《增材制造用钨及钨合金粉》、YY/T 1701—2020《用于增材制造的医用Ti-6Al-4VTi-6Al-4V ELI粉末》等。需要指出的是，3D打印用金属粉末材料标准，根据三类不同的粉末点成形的3D打印工艺，分别明确关键参数，Ⅰ类为粉末床选区激光熔融增材制造工艺，Ⅱ类为粉末床选区电子束熔融增材制造工艺，Ⅲ类为激光能量沉积增材制造工艺。如对于粒度，上述几个3D打印用金属粉末的国家标准均规定：Ⅰ类粒度范围为≤63μm；Ⅱ类粒度范围为45～150μm；Ⅲ类粒度范围为30～250μm。

当然，在3D打印实际生产中，还有更多金属粉末材料，如以AlSi10Mg为代表的铝合金、以316L为代表的不锈钢、以300M为代表的高强钢、以H13为代表的模具钢、以Incone718（GH4169）为代表的镍基高温合金、铜合金、钨合金等，暂时还没有被制定国标。

同时，值得指出的是，我国还先后制定了如下有关金属粉末性能表征方法、热处理工艺规范、力学性能评价、标准测试件精度检验等的标准，来推动3D打印技术的扩展应用和快速发展：GB/T 39251—2020《增材制造 金属粉末性能表征方法》、GB/T 39247—2020《增材制造 金属制件热处理工艺规范》、GB/T 39254—2020《增材制造 金属制件机械性能评价通则》、GB/T 39329—2020《增材制造 测试方法 标准测试件精度检验》。

5.5.4 3D打印用塑料粉末

塑料粉末，通常被SLS工艺使用。随着SLS工艺的应用不断扩展，为了进一步提升3D打印成形件的力学性能，在前期单一成分、组分的基础上，现在更多的是采用纤维增强或金属、陶瓷颗粒增强的复合材料粉末。比如，尼龙12粉末，是常用的SLS工艺粉末材料，现在市面有以尼龙为基体，分别以碳纤维（CF）、矿物纤维（MF，主要指硅酸钙矿物纤维）、玻璃微珠（GB）、铝粉（Al）等进行增强的复合材料粉末，GB/T 39955—2021《增材制造材料粉末床熔融用尼龙12及其复合粉末》对其名称进行了统一规范，分别为PA12-CF、PA12-MF、PA12-GB、PA12-Al，如图5-132所示。同时该国标还给出了粉末材料的各性能指标以及成形件的性能指标。需要说明的是，复合材料粉末，包括颗粒间复合的粉末，即在粉末状态下，颗粒与颗粒或颗粒与纤维之间的复合；还包括颗粒内复合的粉末，即由原材料复合后制备的粉末（单个颗粒就是复合粉末）。

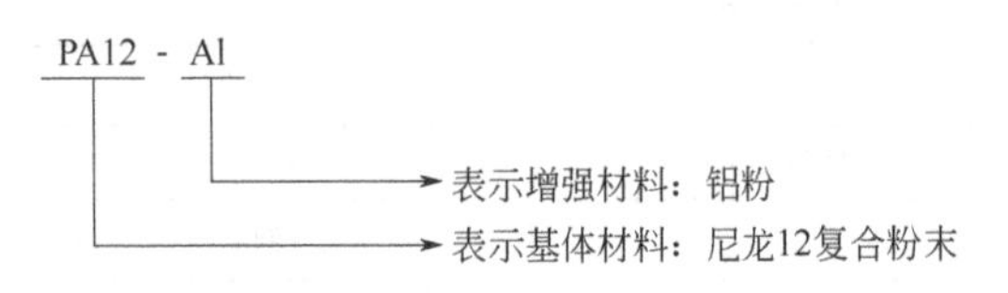

图5-132 尼龙12复合粉末材料的命名示例

本书检索国内外商业化3D打印用塑料粉末材料，并给出3D Systems、湖南华曙两家公司各自塑料粉末材料的相关性能参数，分别如表5-14和表5-15所示。

表5-14 3D Systems公司商业化3D打印用塑料粉末材料性能参数表

指标	DuraForm FR100	DuraForm EX	DuraForm Flex	DuraForm ProX	DuraForm FR1200	DuraForm HST
外观	不透明	不透明	不透明	不透明	不透明	不透明
基本特性	冲击性能好，韧性好，毒性低	冲击性能好，韧性好，易加工	稳定性好，机械强度高，柔韧性好	可回收，机械强度高，密度高，韧性好	低烟，无毒，阻燃，表面光泽性好	机械强度高，耐高温，阻燃，表面光泽度高
密度/(g/cm³)	1.03	1.01	0.440	0.970	1.02	1.20
洛氏硬度	73	69	70	73	76	75
拉伸强度/MPa	26.9	37	1.8	47～51	41	48～51

续表

指标	DuraForm FR100	DuraForm EX	DuraForm Flex	DuraForm ProX	DuraForm FR1200	DuraForm HST
拉伸模量/MPa	1800	1520	9.2	1740～1910	2040	5480～5730
弯曲强度/MPa	40.7	42	5.9	63～65	62	83～89
弯曲模量/MPa	1460	1310	7.8	1600～1690	1770	4400～4550
伸长率/%	3.0	5	110	13～15	5.9	4.5
缺口冲击强度（23℃）/（J/m）	49	74	31	33～42	25	37

表 5-15　湖南华曙公司商业化 3D 打印用塑料粉末材料性能参数表

指标	FS3300PA-F	FS3201PA-F	FS2300PA-F	FS 3300PA	FS3401GB-F	FS3401GB
外观	黑色	黑色	黑色	白色	黑色	灰色
基本特性	表面质量好，成形速度快，综合性能优异	细节分辨率高，超高加工精度	韧性好，延展性能优异，尺寸稳定性好	韧性好，吸水少，耐腐蚀，表面质量好	刚性好，力学性能好	刚性好，耐热性好，成形过程稳定
密度/（g/cm^3）	1.02	1.04	1.03	0.95	1.30	1.26
熔点/℃（10℃/min）	184	185.5	117	183	185.5	184
拉伸强度/MPa	48	44	26	46	47	44
拉伸模量/MPa	1820	1500	541	1602	2810	2644
弯曲强度/MPa	60	49	23	46.3	73	60.3
弯曲模量/MPa	1640	1300	439	1300	2550	2210
伸长率/%	22	35	29	36	8.7	9.6
缺口冲击强度/（J/m）	8	6	2.3	4.9	9.5	6.6

5.5.5　3D 打印用金属粉末

目前，3D 打印用的金属粉末材料，通常为熔点不同的多组元金属粉末或预合金粉末。本书检索国内外商业化 3D 打印用金属粉末材料，并给出 3D Systems 公司、EOS 公司、SLM Solutions 公司、上海材料研究所各自金属粉末材料的相关性能参数，分别如表 5-16～表 5-19 所示。

表 5-16　3D Systems 公司商业化 3D 打印用金属粉末材料性能参数表

指标	LaserForm Ti Gr23（A）	LaserForm Ti Gr5（A）	LaserForm Ti Gr1（A）	LaserForm AlSiMg0.6（A）	LaserForm Ni625（B）	LaserForm 17-4PH（B）
应用	医疗植入体，医疗工具与器械，义齿	航天、体育和海洋以及医疗植入体	适用于医疗和植入体，汽车运动，海洋，航天和航空	适用于航天和汽车的轻质部件，热交换器	航天工业，核工业，汽车和赛车	航天，化学，外科器械

续表

指标	LaserForm Ti Gr23（A）	LaserForm Ti Gr5 （A）	LaserForm Ti Gr1 （A）	LaserForm AlSiMg0.6（A）	LaserForm Ni625（B）	LaserForm 17-4PH（B）
基本特性	强度高，重量轻	重量轻，强度高	刚度低，良好的延展性，优异的耐腐蚀性以及耐高温	耐热性能好，延展性能优异	卓越的耐腐蚀性以及耐热性，高强度	具有优异的耐腐蚀性以及良好的韧性，高强度
抗拉强度/MPa ASTM E8M	1070	1180	500	410	1120	1100
屈服强度/MPa（*Rp* 0.2%）ASTM E8M	970	1090	380	240	855	620
伸长率/% ASTM E8M	13	9	29	14	28	16

表 5-17　EOS 公司商业化 3D 打印用金属粉末材料性能参数表

指标	EOS CaseHardeningSteel 20MnCr5	EOS Aluminum AlSi10Mg	EOS CobaltChrome MP1	EOS Copper Cu	EOS NickelAlloy IN625	EOS Titanium Ti64
打印机型	EOS M290/400-4	EOS M290/400/300-4/400-4	EOS M100/290	EOS M290	EOS M290/300-4	EOS M100/400
应用	汽车和一般的工程应用以及齿轮和备件	功能性元件，批量生产零部件，赛车、汽车以及航空航天内饰	航空航天和医疗领域广泛应用	热交换器、火箭发动机部件、感应线圈、电子设备以及任何需要良好导电性的应用	功能性元件，批量生产零部件，航空航天，高温涡轮机零部件	航空航天，赛车，医疗
基本特性	良好的耐磨性，优异的表面硬度	良好的铸造性能，良好的强度和硬度以及高动态属性	机械强度高，经久耐用，耐化学性	良好的导电性和导热性	抗蠕变，抗拉伸，良好的耐高温以及良好的耐腐蚀性	机械强度高，重量轻，耐化学性
抗拉强度/MPa	1250	330	1100	190	920	1055
屈服强度/MPa	900	260	600	140	670	945
伸长率/%	10	11	20	20	40	13

表 5-18　SLM Solutions 公司商业化 3D 打印用金属粉末材料性能参数表

指标	AlSi7Mg0.6	TA15	IN625	15-5PH	CoCr28Mo6	CuSn10
应用	航空航天，汽车领域，科研和原型设计	航空航天，汽车领域	飞机发动机组件，能源应用，涡轮部件	航空航天，医疗行业，石油化工行业，造纸以及金属加工行业	骨科植入物，能源工程，喷射发动机	水力涡轮机，仪表盘，扩散器以及叶轮
基本特性	良好的导电性，优异的加工性能，优异的导热性能	强度系数高，易于焊接，高温热稳定性	高强度，良好的延展性，优异的耐腐蚀性	沉淀硬化，优异的抗拉强度，适中的耐腐蚀性	特殊的生物相容性，耐热性，抗热疲劳性，高延展性	机械强度高，良好的导热性能，耐化学性
抗拉强度/MPa	375	1375	1280	1225	1215	505
屈服强度/MPa	210	1210	1135	860	755	380

续表

指标	AlSi7Mg0.6	TA15	IN625	15-5PH	CoCr28Mo6	CuSn10
断裂应变/%	8	5	8	15	21	19
断面收缩率/%	10	10	20	50	15	20
弹性模量/GPa	60	110	115	180	205	115
维氏硬度（HV10）	110	385	370	370	385	160
表面粗糙度 *Ra*/μm	5	15	10	25	15	15

表 5-19　上海材料研究所商业化 3D 打印用金属粉末材料性能参数表

指标	17-4PH 不锈钢	Ti-6Al-4V 钛合金	Inconel 718 合金	18Ni-300 模具钢
应用	汽车和一般的工程应用以及齿轮和备件	航空航天，赛车，医疗	批量生产零部件，航空航天，高温涡轮机零部件	一般的工程应用以及齿轮和备件
基本特性	良好的耐磨性，优异的表面硬度	机械强度高，重量轻，耐化学性	良好的耐高温以及良好的耐腐蚀性	良好的耐磨性，优异的表面硬度，优异的力学性能和抗拉强度
抗拉强度/MPa	500～600	1000～1200	1200～1300	1600～1650
屈服强度/MPa	400～500	900～1000	1000～1100	1500～1550
伸长率/%	15	5～10	5～10	3～5

参考文献

[1] 王位，陆亚林，杨卓如．三维快速成型打印机成型材料［J］．铸造技术，2012，33（01）．

[2] 魏青松，衡玉花，毛贻桅，冯琨皓，蔡超，蔡道生，李伟．金属黏结剂喷射增材制造技术发展与展望［J］．包装工程，2021，42（18）．

[3] Mostafaei A，Toman J，Stevens E L，et al．Microstructural evolution and mechanical properties of differently heat-treated binder jet printed samples from gas-and water-atomized alloy 625 Powders［J］．Acta Materialia，2017，124：280-289．

[4] Mostafaei A，Vecchis P，Nettleship I，et al. Effect of powder size distribution on densification and microstructural evolution of binder-jet 3d-printed alloy 625［J］．Materials & Design，2019，162：375-383．

[5] Bai Y，Wagner G，Williams C B. Effect of particle size distribution on powder packing and sintering in binder jetting additive manufacturing of metals［J］．Journal of Manufacturing Science and Engineering，2017，139（8）：15-25．

[6] Bai Y，Williams C B．An exploration of binder jetting of copper［J］．Rapid Prototyping Journal，2015，21（2）：177-185．

[7] Turker M，Godlinski D，Petzoldt F．Effect of production parameters on the properties of Ni 718 superalloy by three-dimensional printing［J］．Materials Characterization，2008，59（12）：1728-1735．

[8] Shrestha S，Manogharan G．Optimization of binder jetting using taguchi method［J］．The Journal of The Minerals，Metals & Materials Society，2017，69（3）：491-497．

[9] Meier C，Weissbach R，Weinberg J，et al．Critical influences of particle size and adhesion on the powder layer uniformity in metal additive manufacturing［J］．Journal of Materials Processing Technology，2019，266（10）：484-501．

[10] Miyanaji H，Zhang S，Yang L. A new physics-based model for equilibrium saturation determination in binder jetting additive manufacturing process［J］．International Journal of Machine Tools and Manufacture，2018，124（12）：1-11．

[11] Miyanaji H，Momenzadeh N，Yang L．Effect of printing speed on quality of printed parts in binder jetting process

[J]. Additive Manufacturing, 2018, 20（10）: 1-10.
[12] Parteli E, Pöschel T. Particle-based simulation of powder application in additive manufacturing [J]. Powder Technology, 2016, 288（4）: 96-102.
[13] Yasa E, Craeghs T, Badrossamay M, et al. Rapid manufacturing research at the catholic university of leuven[J]. Sep-2009.
[14] http://www. 360doc. com/content/17/0331/10/51704_641640720. shtml.
[15] Wilhelm Meiners, Konrad Wissenbach, Andres Gasser. Selective laser sintering at melting temperature: U. S. Patent 6215093B1 [J]. 2001-4-10.
[16] http://www. 360doc. com/content/20/1225/21/73087893_953465456. shtml.
[17] David M. Keicher, James L. Bullen, Pierrette H. Gorman, James W. Love, Kevin J. Dullea, Mark E. Smith. Forming structures from CAD solid models: U. S. Patent 6391251B1 [P]. 2002-5-21.
[18] 易欧司光电技术（上海）有限公司. 为客户创造更大价值——EOS中国技术中心正式启动 [J]. 现代制造, 2021（10）: 1.
[19] M. Von 奥尔曼. 激光束与材料相互作用的物理原理及应用 [M]. 北京：科学出版社, 1994.
[20] 陆建, 倪晓武, 贺安之. 激光与材料相互作用物理学 [M]. 北京：机械工业出版社, 1996.
[21] Khairallah S A, Martin A A, Lee J, et al. Controlling interdependent meso-nanosecond dynamics and defect generation in metal 3D printing [J]. Science, 2020, 368（6491）: 660-665.
[22] Jma B, Lva B, Han H A, et al. Hybrid dual laser processing for improved quality of inclined up-facing surfaces in laser powder bed fusion of metals [J]. Journal of Materials Processing Technology, 2021.
[23] https://m.thepaper.cn/baijiahao_16382816.
[24] Toyserkani E, Khajepour A, Corbin S F. Laser cladding [J]. Proceedings of SPIE-The International Society for Optical Engineering, 2005, 11（2）: 385-392.
[25] 杨胶溪, 柯华, 崔哲, 等. 激光金属沉积技术研究现状与应用进展 [J]. 航空制造技术, 2020, 63（10）: 5-13.

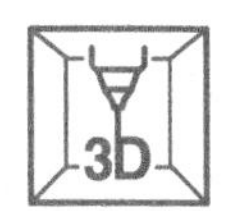

第6章

一维线成形工艺

20世纪80年代，美国人S.Scott Crump在一家名为Idea Incorporated的公司供职，该公司旨在为半导体行业提供一种新型印制电路板卸载器，旺盛的产品需求使该公司得以上市。但是，该公司的新产品往往需要近四年去做原型设计，以至于错过了很多市场机会，S.Scott Crump敏锐地意识到应该可以使用某种快速原型机，大幅缩短“蓝图到原型”的时间。S.Scott Crump脑海中快速原型机的灵感，来自于他与妻子Lisa使用热熔枪熔喷半固体的塑料为女儿手工制作玩具青蛙，很快S.Scott Crump手中的热熔枪被自动化的原型机设备代替，每台原型机设备都通过精确的温控液化器送入卷绕的塑料长丝，经熔融喷出、逐层沉积来制造零件。于是，借助高温把材料熔化后再喷出来重新凝固成形的原理，利用低熔点丝状材料而实现3D打印的工艺方式——熔融沉积成型（Fused Deposition Modeling，FDM）就此诞生。S.Scott Crump与妻子Lisa在1989年组建了Stratasys公司，致力于FDM工艺的商业化，并于1992年6月9日获得FDM的发明专利授权，该工艺过程及其机械结构组成曾经被艺术家进行了形象的勾勒，如图6-1所示，而通过FDM设备打印获得的第一个零件如图6-2所示。

图6-1 艺术家创作的Stratasys第一台3D打印机

图6-2 FDM设备打印的第一个零件

在FDM工艺的打印成形过程中，3D成形的最小几何单元为一维线状熔丝。继FDM之后，陆续出现了利用电子束熔融、挤出沉积成形金属丝材的电子束无模成形（Electron Beam Freeform Fabrication，EBFF）工艺，利用气泵或螺杆提供压力将黏弹性材料作为墨水挤出沉积成形的墨水直写（Direct Ink Write，DIW）工艺，以及利用静电场为驱动力将黏弹性材料挤出沉积成形的近场直写（Near Field Direct Writing，NFDW）工艺，虽然这些工艺与FDM比较，在成形原理、成形材料、机械装置和成形效率等方面有显著差别，但是它们均遵循“逐层累积”的增材制造原理，且最小的成形几何单元均可以定义为一维线状丝材，因此本书将上述四个3D打印工艺划分为一类，定义为一维线成形工艺。

6.1 熔融沉积成形工艺

6.1.1 简述

前瞻产业研究院《2018—2023年全球3D产业市场前瞻与投资战略规划分析报告》中显示，FDM以65%的市场份额遥遥领先，成为使用最多的3D打印工艺方式。由于工程热塑性塑料的可用性、轻量化、改进或定制可在一天内完成零件周转的能力，FDM在总体上非常适合很多类型零件的3D打印。

2021年，3D打印机零售商Matter Hackers获得了一份500万美元的美国军方供货合同，在五年内向美国军方提供FDM为主要形式的桌面级3D打印系统，到2025年将有多达75个美国军方3D打印中心投入使用。2021年1月，美国国防制造技术规划办公室曾经发布首个综合性3D打印战略报告，提出五大战略目标：将3D打印集成到国防部和国防工业基础中；协调国防部和外部合作伙伴的3D打印活动；推动和促进3D打印的敏捷应用；通过学习、实践和分享知识以提高3D打印应用熟练程度；确保3D打印工作流程的安全。

Stratasys公司目前是FDM工艺的绝对领跑者。1989年，Stratasys公司诞生在S.Scott Crump的车库里，S.Scott Crump夫妇在白天做完单位工作后，晚上就在车库里面修整他们早期的FDM设备。很快，S.Scott Crump夫妇携带Stratasy公司的3D打印机，首次参展国际制造技术展览会（International Manufacturing Technology Show，IMTS）[IMTS是由美国机械制造技术协会（AMT）在1927年创办的大型国际专业展览会，每两年在美国芝加哥市麦考密克（McCormick Place）会展中心举行一次]贸易展，并用一个简单、形象的标语“LIVE Prototyping”吸引了众多参观者的驻足。

1994年，Stratasys公司在纳斯达克（NASDAQ）完成了700万美元的首次公开募股（IPO），并赢得了福特（Ford）等公司的信任，这为Stratasys公司成长为3D打印龙头公司铺平了道路。

1999年，Stratasys公司开发出水溶性支撑材料，有效解决了复杂和小型打印物体中支撑材料难以去除的问题，并提高了产品表面的精细程度，推动FDM的材料产生了较大的发展。

2011年，Stratasys公司开启了收购之路，进一步丰富和完善自己的技术和产品，构建Stratasys的生态系统：

① 2011年5月，Stratasys公司出资3800万美元收购了3D打印机生产商Solidscape。Solidscape成立于1994年，是一家高精度3D打印机厂商，该公司目前以Stratasys旗下独立子公司的形式运营。

② 2012年，Stratasys公司宣布与PolyJet的持有者以色列Objet公司合并，新公司继续以Stratasys名称运营，前Stratasys公司股东持有约55%的股份，前Objet公司股东则持有约45%的股份，同时，企业口号也由Make It Real变成了For A 3D World，公司拥有了彩色、多材料的打印技术。

③ 2014年，Stratasys公司又将全球最大桌面机公司Makerbot以4亿美元纳入旗下。MakerBot作为Stratasys的单独子公司运营，保留自己的标识、产品和上市战略。

④ 同样在 2014 年，Stratasys 公司收购了两家在美国非常有名的 3D 打印服务公司——Solid Conceps 和 Harvest Technologies，加上 Stratasys 已经有一家 3D 打印输出服务子公司 RedEye，Stratasys 公司极大增强了在打印服务市场的实力。Solid Conceps 位于美国加州，成立于 1991 年，是北美最大的独立 3D 打印服务公司，侧重于垂直制造领域，客户对象包括医疗、航空行业。Harvest Technologies 总部设在得克萨斯州，也是专业从事零部件生产的增材制作服务公司。该公司成立于 1995 年，在材料和系统领域有自己的专有技术。

⑤ 同样是在 2014 年，Stratasys 公司还宣布 1 亿美元收购 Grabcad。Grabcad 成立于 2009 年，两位爱沙尼亚机械工程师为了解决他们设计协作的难题，创建了一个为设计师提供交流分享的在线社区。Grabcad 于 2010 年正式上线，2011 年 6 月获得 110 万美元的种子资金后将总部由爱沙尼亚首都塔林迁至美国波士顿。2014 年时，Grabcad 拥有全球百万工业设计师用户。Grabcad 还是当时世界上最大的机械设计图纸库，拥有超过 52 万工业设计模型库。

⑥ 2015 年，Stratasys 公司收购 Econolyst，并成立 Stratasys 战略咨询公司，其目的是提供独立的专家咨询服务，同时保持“技术中立”。Econolyst 成立于 2003 年，总部位于英国，客户遍及欧洲、北美、中东、远东和非洲。该公司向制造和零售业的公司提供 3D 打印的应用建议，并为技术厂商提供战略规划，促进 3D 打印技术在诸如医疗保健、电脑游戏、消费品、娱乐和教育领域的整合。该公司还向政府、机构和私人投资者提供 3D 打印主题的培训课程、研讨会和会议活动等服务。

⑦ 2015 年，Stratasys 公司在中国市场也进行了一场收购，收购了 Stratasys 在中国市场的渠道合作伙伴智诚科技（Intelligent CAD/CAM Technology）。智诚科技成立于 1994 年，该公司致力于向华南和华东地区的客户提供行业一流的 3D 打印解决方案和高品质服务，服务于不同细分市场的 3000 多家客户，涵盖机械、医疗、电气和电子等领域。这场收购有利于扩大 Stratasys 在中国的影响力。

⑧ 2016 年 2 月，Stratasys 宣布向大尺寸 3D 打印机生产商、来自以色列的 Massivit 3D 打印技术公司注资，具体金额没有公布。Massivit 公司拥有一项被称为 GDP（Gel Dispensed Printing）的全新 3D 打印技术，这种技术类似于 FDM 和 SLA 技术的结合体，打印速度极快，而且能够打印出非常大的 3D 对象。图 6-3 为 Massivit 公司 GDP 技术打印的公牛。

至此，Stratasys 公司建立起了比较完备的 3D 打印生态系统，主要包括：

① 先进的材料；

② 具有立体像素级别控制的软件；

③ 精确、可重复、可靠的 FDM 和 PolyJet 3D 打印机；

④ 按需生产零件和战略咨询服务；

⑤ 基于客户应用的专家服务；

⑥ 按行业定义的合作伙伴关系。

图 6-3　Massivit 公司 GDP 技术打印的公牛

2005 年，英国巴斯大学的博士创建了 RepRap 项目（Replicating Rapid Prototype，快速原型复制）和在线社区。RepRap 是世界上首个多功能、自我复制的机器，从软件到硬件各种资源都是开源的。需要指出的是，从 RepRap 项目的最早机型“Darwin 1.0”到“Mendel”，再到目前大量出现的其他 FDM 桌面级 3D 打印机，包括国内威布、杭州先临、极光等，国外

Zach Smith、Ultimaker、Aleph Objects、Tiertime 等，它们的技术内核其实都是 FDM 的 3D 打印方法，显然它们成功地打开了向世界展示 3D 打印的窗口，3D 打印机得以走进千家万户。这些产品非常简单、易做、易用，且一般仅限于塑料材质，精度一般，表面粗糙，虽然不能输出高质量零件，如图 6-4 所示，但价格便宜，易于使用，对于一些设计师、学校以及消费者和业余爱好者来说都是合理的。

图 6-4 FDM 工艺打印的模型

6.1.2 工艺过程及特点

（1）工艺过程

读取 S.Scott Crump 的专利摘要示意图（如图 6-5 所示）及其摘要关键信息，“objects may be produced by depositing repeated layers”，显然该工艺实物模型通过逐层沉积获得，体现了 3D 打印的逐层累积原理。专利中给出了 FDM 可以使用的材料，包括“self-hardening，waxes，thermoplastic resins，molten metals，two-part epoxies，foaming plastics，and glass，which adheres to the previous layer with an adequate bond upon solidification”，也就是在固化中，可以自硬且与前一层有足够黏结力的材料，如蜡、热塑性塑料、熔融金属、双组分环氧树脂、泡沫塑料、玻璃等。

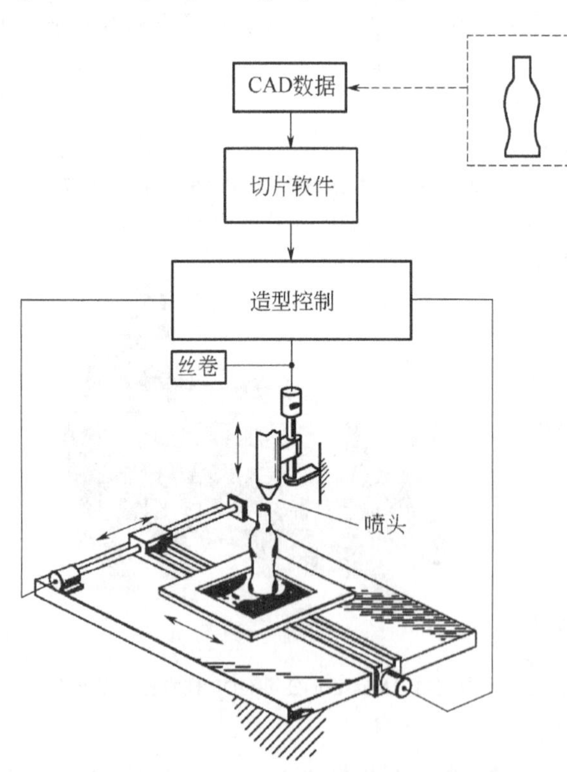

图 6-5 FDM 工艺专利摘要示意图

图 6-6 给出了 FDM 工艺过程，具体为：

① 数据准备。获得零件三维模型并进行二维切片处理。

② 材料准备。伺服电机驱动的送丝机构，将料辊上的丝材输送至喷头，喷头内熔腔以电阻加热形式熔化丝材。

③ 二维移动。喷头接受指令文件控制而进行 X、Y 二维移动，同时在送丝机构的送丝压力下，喷头将熔腔内

的熔融丝材挤出（喷头直径市面常见为 400μm），并在沉积至工作台的瞬间固化，形成二维结构。

④ Z 向移动。工作台下降一个给定的高度（即分层厚度，通常在 100～300μm），形成下一层熔融沉积的空间。

⑤ 层间结合。喷头在新的一层 X、Y 指令下移动，熔融丝材在沉积至上一层原型表面、迅速固化的同时，使层间材料黏结在一起。

⑥ 重复上述过程，直至整个三维结构打印完成。

FDM 工艺需要在必要的位置设置支撑结构，先进的 FDM 设备，可以通过另设支撑材料辊和支撑材料喷头，单独打印支撑结构，一般来说，原型材料成本较高，沉积的效率较低，而支撑材料成本较低，沉积的效率较高。

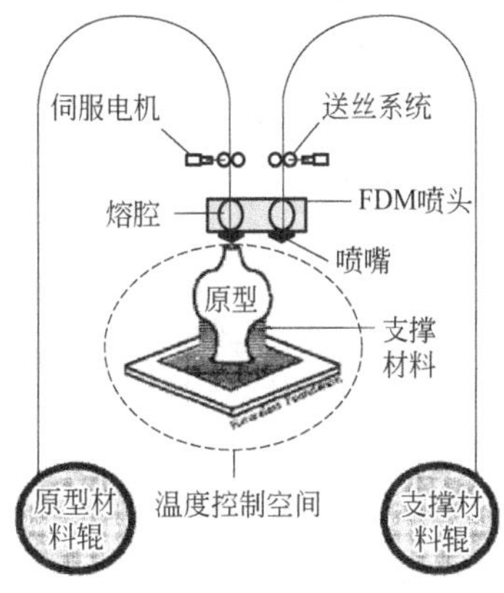

图 6-6　FDM 工艺过程示意

零件经过 FDM 工艺打印完成后，还需进一步后处理，通常有三个过程：

① 去除支撑　支撑材料可以选用容易与原型材料分离的材料，便于去除，如水溶材料、低于模型材料熔点的热熔材料等，仅需要将模型在水中或者热水中浸泡，即可去除支撑材料，而获得最终的模型部分；有的支撑材料是溶剂性的可溶材料，因为涉及环保问题，本书不主张使用。

② 表面磨抛　因为 FDM 作为线成形方式，其最小的累积几何单元已经是熔丝而不是点，显然，精度不再与点成形方式一样高。通常，为了获得更高的表面质量，需要对模型表面打磨和抛光，表面质量会大幅提高，甚至还可以对其进行喷漆，获得更佳的效果。磨抛时，除了去除零件毛坯上的各种毛刺、加工纹路，必要时，还应对机加工时遗漏或无法加工的细节做修补。打磨阶段常使用的工具是锉刀和砂纸，一般手工完成，某些情况下也需要使用打磨机、砂轮机、喷砂机等设备，例如处理大型零件时，使用机器可大量节省时间。普通塑料件外观面最低需用 800 目的砂纸打磨 2 次以上方可喷油，使用砂纸目数越高，表面打磨越细腻。为了进一步使零件表面更加光亮平整，产生近似于镜面或光泽的效果，可以选择在打磨工序后进一步抛光。目前常用的抛光方法有机械抛光、化学抛光、电解抛光、流体抛光、超声波抛光和磁研磨抛光。FDM 成形件后处理时常用方法是机械抛光，常用工具是砂纸、纱绸布、打磨膏，也可使用抛光机配合帆布轮、羊绒轮等设备进行抛光。

化学蒸汽平滑（Chemical Vapor Smoothing）近几年也常被用来提升通过 FDM、SLS 等 3D 打印工艺获得的塑料零件的表面后处理效果。其基本的原理是，根据 3D 打印零件的塑料材质，调配蒸汽溶剂，蒸汽溶剂经蒸发后扩散到零件的所有表面，使零件表面结构熔化、液化并重新分配材料，以使零件表面结构中所有峰、谷变得均匀，甚至密封最小的空腔。该技术普遍适用于目前市面 3D 打印热塑材料，包括尼龙 12、尼龙 11、尼龙 6、尼龙 66、TPU、TPE、TPA、TPC、PP、ABS、PC、Ultem9085、Ultem1010、ASA、PLA、PMMA 等，以及复合材料包括尼龙 12+玻纤或碳纤、尼龙 11+玻纤或碳纤、尼龙 6+玻纤或碳纤、尼龙 66+玻纤或碳纤等。图 6-7 为模型经化学蒸汽平滑处理前后的对比图。

③ 浸胶、喷漆　根据需要，可以选择处理。浸胶目的是提高成形件的强度，喷漆则是获得所需颜色，进一步提高表观质量。

（2）工艺特点

FDM 工艺具有如下特点：

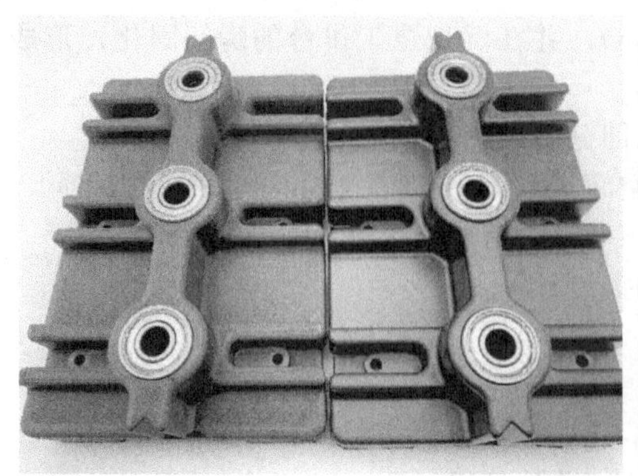

图 6-7　模型经化学蒸汽平滑处理前后的对比图

① 线成形效率高。丝材经喷头连续挤出沉积在成形平台上，挤出的许多条丝线累积成面，层层截面累积成实体。一般意义上来说，最小成形单元为丝线的一维成形方式的成形效率高于零维点成形方式的成形效率。

② 无需激光，成本低。FDM 技术不采用激光器，设备运营维护成本较低，用于概念设计的 FDM 成形机对原型精度和物理化学特性要求不高，便宜的价格是其推广开来的决定性因素。因此目前桌面级 3D 打印机多采用 FDM 技术路径。

③ 成形材料广泛，成本低，热塑性材料均可应用。一般采用低熔点丝状材料，多为高分子材料，如 ABS、PLA、PC/ABS、PPSF 以及尼龙丝和蜡丝等。在塑料零件领域，FDM 工艺是一种非常适宜的快速制造方式，随着材料性能和工艺水平的进一步提高，会有更多的 FDM 原型在各种场合直接使用。

④ 设备紧凑灵活方便。采用 FDM 路径的 3D 打印机设备体积较小，而耗材也是成卷的丝材，易于搬运，适用于办公室、家庭等环境。

⑤ 多喷头、多材料、彩色打印。FDM 成形机可以配备多个打印喷头，成形时，每个喷头可熔融挤出一种材料，不同喷头配置不同种类或颜色的热熔材料，可实现多材料、彩色打印。

⑥ 后处理相对简单。目前采用的支撑材料多为水溶性材料，剥离较为简单，而其他技术路径后处理往往还需要进行固化处理，需要其他辅助设备，FDM 则不需要。

同时，FDM 工艺的缺点也是显而易见的，分别是：

① 需要支撑结构。一方面增加了打印结构的复杂性，另一方面，增加了材料成本，且在成形过程中加入支撑结构，打印完成后需要进行剥离，对于一些复杂结构件来说，剥除存在一定的困难，同时影响制件表面质量。

② 精度一般。作为线成形方式，最小几何单元为丝线，精度通常没有零维点成形方式高，表面甚至有明显的台阶效应。另外，丝材均质性及其热稳定性不足，也会导致打印精度不高。

（3）讨论

① 送丝机构　FDM 工艺的送丝机构通常如图 6-8 所示，其中的齿轮与光轮将丝材夹紧，并通过主动轮齿轮的旋转，在从动轮光轮的导向下，将丝材送入喷头内熔腔。将送丝机构设置于喷头内而远离材料辊，被称为近程送丝，通常可以提供更高的送丝压力至喷头内熔腔，而送丝机构设置于靠近材料辊而远离喷头的位置，被称为远程送丝，则送丝压力容易因较长的材料导管产生阻力而受损。目前，采用近程送丝机构的 FDM 打印机更为普遍。

② 熔腔结构　FDM 工艺的熔腔结构通常集成功能不一，结构差别也较大。图 6-9 所示为比较典型的熔腔结构，承接送丝结构的导向管，为丝材提供输送通道，散热器实现散热，喉

管、隔离器是材料固态与熔融态的分界点，加热块实现丝材加热熔融。喉管、隔离器之前的固态丝材依靠送丝机构提供的推送力，被持续推进熔腔，并将熔腔内熔融态的材料通过喷嘴挤出、沉积至平台。

图 6-8　喷头内送丝结构示意

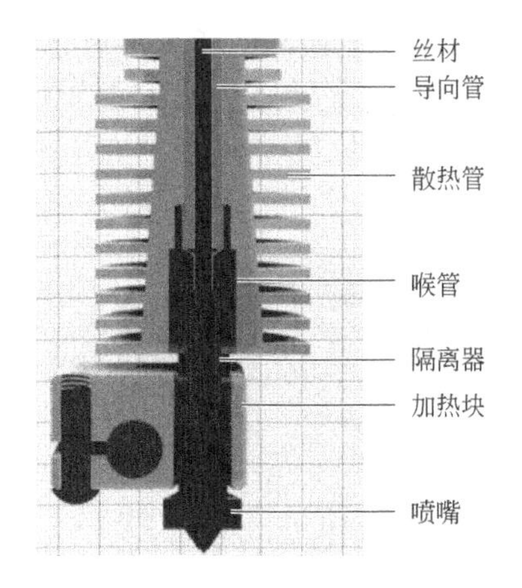

图 6-9　喷头内熔腔结构示意

③ 喷嘴形式　喷嘴除了单喷头、单喷嘴的结构形式，目前还有双喷头、双喷嘴的结构形式，目的是提供支撑材料的打印，采用独立进丝通道、独立熔腔的结构。另外，为了实现彩色或混色打印，还有三通道喷嘴结构形式，如图 6-10 所示，采用三个独立进丝通道、一个共用熔腔的结构形式。显然，三个独立的进丝通道，分别输送红、黄、蓝三原色的丝材，并经过精确的进丝量控制，在熔腔内获得混合，呈现彩色，如图 6-11 所示，也可以实现多材料的混合打印。

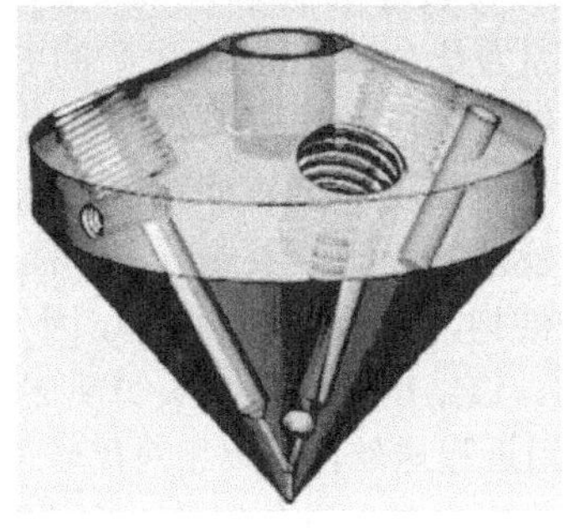

图 6-10　三通道喷嘴结构

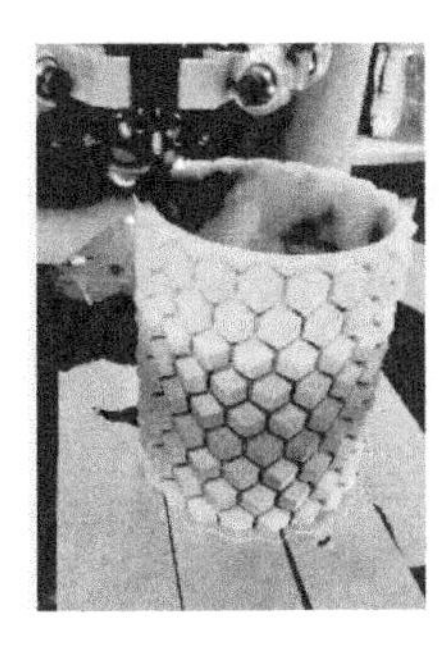

图 6-11　三通道喷嘴结构实现的彩色打印案例

④ 彩色打印　上述三通道喷嘴结构所实现的彩色打印，因为通过进丝速度予以红、黄、

蓝三原色丝材进丝量的控制，进丝量控制不够精确，因此色彩值也不够精确。2020 年，XYZprinting 公司在美国拉斯维加斯的消费类电子产品展览会（Consumer Electronics Show，CES）2020 上，推出了全彩色 FDM 桌面型达 • 芬奇彩色 5D 打印机——da Vinci Color 5D，如图 6-12 所示。所谓 5D，首先，能够将 CYMK 墨水喷射到吸收颜色的 PLA 材料上，从而提高色彩饱和度并实现全彩色 3D 打印，打印模型如图 6-13 所示，其次，具备 2D 打印模块，可以使用相同的 CMYK 墨盒在纸上打印文字或图案，实现了“2D+3D 打印体验”的结合。

图 6-12　达 • 芬奇彩色 5D 打印机

图 6-13　da Vinci Color 5D 打印机打印的彩色模型

⑤ 机械结构形式　FDM 的机械结构形式，比较常见的是铣床式、龙门式、并联臂式和机械臂式，分别如图 6-14～图 6-17 所示。

a．铣床式机械结构，又被称为直角坐标式结构，喷头实现 X、Y 两个坐标轴的移动，底板实现 Z 轴的移动。其中 X 轴电机只负责喷头沿 X 轴方向移动，而 Y 轴电机需要带着喷头和整个 X 轴结构运动，导致 Y 轴惯性较大，同时导致 X、Y 两轴负载不一致，难以实现高精、高速打印。另外，因为是 Makerbot 所生产的 FDM 3D 打印机的典型机械结构形式，所以，又被称为 MB 结构。铣床式机械结构形式，采用近程送丝，外框架稳定，Z 轴由两根光轴固定，平台运动时稳定性好、振动小，打印精度得到了保证。但是，机器内部空间利用率较低，喷头单风道冷却打印模型的一侧，散热效率不高，所以比较容易堵塞。

b．龙门式机械结构，又被称为 i3 结构，因为它是 RepRap 所生产的 3D 打印机——Prusa i3，在国内统称 i3 结构。该结构形式，喷头实现 X、Z 两个坐标轴的移动，底板实现 Y 轴的移动。龙门式机械结构采用近程送丝，框架相对比较简单，比较节省材料，成本较低，适合初级入门。但是，该结构形式，Y 方向为平台移动，由于平台重量比较大，打印时惯性自然就大，增加了步进电机和同步带的负荷，会加快同步带磨损，同时打印较快时，无法保证打印精度。另外，Z 轴双丝杠带动喷头上下移动，由于丝杠的精度无法做到完全一致，长时间打印后，就会出现两边不齐平的情况，影响打印效果。喷头同样采用单风道冷却。

c．并联臂式机械结构，又被称为三角洲式或 Delta 式，喷头实现 X、Y、Z 三个坐标轴的移动，底板不移动。该结构最初设计用于开发抓取物体的机器，这种结构快速灵活，后来被广泛用于机器人等现代工业。并联臂式机械结构，采用远程送丝，占地面积小，3D 打印模型高度、机械传动反应速度、散热性等均具有一定优势。另外，容易实现通过设置回抽、喷头抬升而避免拉丝现象。但其底板平台调平、矫正比较困难，打印机内部空间利用率很低，如果打印时频繁回抽，气动接头容易损坏。

d．机械臂式机械结构，同并联臂式机械结构一样，通过喷头实现 X、Y、Z 三个坐标轴的移动，底板不移动。但其自由度、灵活性均比并联臂式机械结构高。机械臂式机械结构形式是 Markforged 公司实现连续纤维打印的典型结构形式。

图 6-14 铣床式 FDM 机械结构

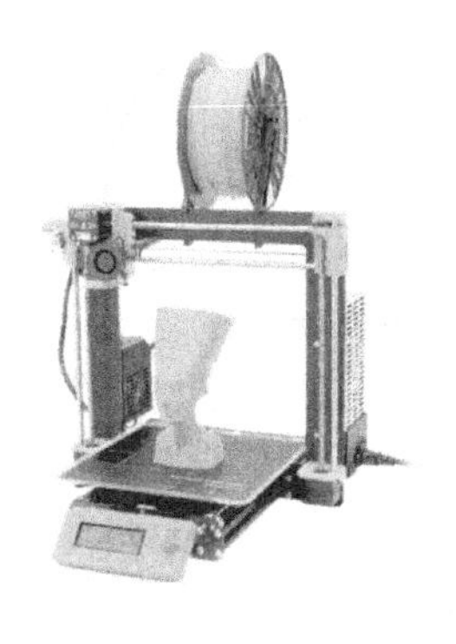

图 6-15 龙门式 FDM 机械结构

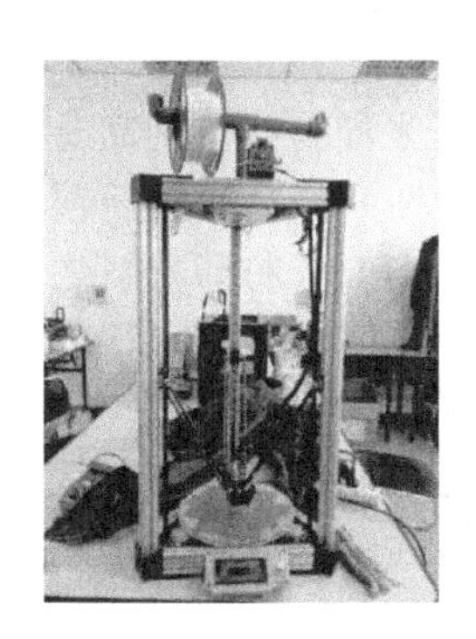

图 6-16 并联臂式 FDM 机械结构

图 6-17 机械臂式 FDM 机械结构

⑥ 去支撑研究 不少研究学者针对 FDM 打印中的支撑问题展开了研究，其中通过增加工作台运动自由度的解决方案，将悬空部位进行空间转移甚至实现完全无支撑打印，如图 6-18 所示。

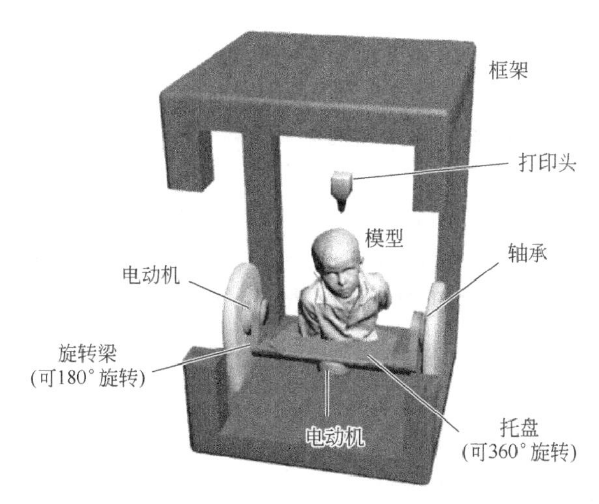

图 6-18 FDM 无支撑打印结构方案

⑦ 常用材料 适用于 FDM 的丝材，主要是热塑性塑料，目前市场上较普遍、能购买到的包括 ABS、PLA、尼龙等，以及热塑性塑料作为黏结剂、木粉为基体制备而成的木质丝材。

另有通常作为支撑材料使用的PVA。它们的特点分别介绍如下。

a. ABS。丙烯腈、1,3-丁二烯、苯乙烯（Acrylonitrile Butadiene Styrene，ABS）是目前产量最大、应用最广泛的聚合物，有着优良的力学、热学、电学和化学性能。ABS三个字母分别代表丙烯腈、丁二烯、苯乙烯。它是一种综合性能良好的树脂，在比较宽广的温度范围内具有较高的冲击强度和表面硬度，热变形温度比PA、PVC高，尺寸稳定性好。ABS有优良的力学性能，可在极低的温度下使用，其制品破坏形式一般属于拉伸破坏。其抗冲击性能优良，但弯曲强度和压缩强度属塑料中较差的。ABS的电绝缘性较好，不受环境温度、湿度和频率的影响，可在大多数环境下使用。ABS的化学性能表现为不受水、无机盐、碱醇类和烃类溶剂及多种酸的影响，但可溶于酮类、醛类及氯代烃溶剂。

作为FDM的打印材料，ABS成形所得成形件的表面光滑程度要好于PLA成形件，成形件强度和韧度也较高。但由于它的收缩率较高，成形时要求成形室保持70℃左右的恒温，否则打印大型物体时易发生变形翘曲及开裂；另外，它的打印温度应在220℃以上，否则无法顺利挤出。

b. PLA。PLA（Polylactic Acid）即聚乳酸，是一种由玉米淀粉提炼的高分子材料，它是一种新型生物降解材料，对人体无害。由于相容性和可降解性好，它在医药领域应用广泛。同时，它的力学性能及物理性能也较好，是目前应用最广泛的FDM打印材料之一。PLA的打印温度应低于200℃。温度过高时PLA炭化，堵塞喷嘴，造成打印失败。PLA具有较低的收缩率，即使打印较大的模型，也不容易开裂，打印成功率高。

c. 尼龙。尼龙材料相比其他FDM热塑性材料具有最好的坚韧度，其断后伸长率也高出100%~300%，并拥有更出色的抗疲劳性。在所有FDM热塑性塑料中，尼龙具有最佳的Z轴层压、最高的冲击强度以及出色的化学抗性。

d. 木质材料。木质材料使用木粉作为主要的原料，由木粉与聚合物黏合剂组成。木质材料可以让打印的物体从视觉和嗅觉上都和真实木料一致，广泛适用于各种FDM打印机。它还可以根据挤出头温度的不同改变颜色，因此可以通过调整挤出头的温度来做出从亮到暗的自然纹理效果。而且木质材料没有缩水变形问题，更容易打印出完美的产品。

e. PVA。PVA（Polyvinyl Alcohol）即聚乙烯醇，是一种有机化合物，固体，无味，可溶于95℃以上热水。基于这一特性，在FDM打印中，多用它来打印支撑结构。打印完成后将PVA支撑结构连同模型本体一起投入热水中，PVA支撑结构将立即溶解（复杂及细小孔洞的支撑结构均可完全溶解），然后将模型本体取出。这样所得模型表面效果比直接手工清除支撑效果要好，且操作更方便快捷。

随着FDM技术的推广，也不断有各种新型FDM丝材（包括碳纤维、橡胶等）推出，它们与FDM打印机一起，在各种工业、创意设计等领域起着越来越重要的作用。

表6-1为Stratasys公司推出的FDM丝材材料性能表。

表6-1 Stratasys公司推出的FDM丝材材料

指标	ABS-M30	ABSplus	Nylon 12	PC	Antero800NA	TPU92A	ULTEM9085
外观特性	不透明	不透明	不透明黑色	不透明白色	不透明黑色	不透明白色	不透明
基本特性	机械强度好，韧性好，重量轻盈并且富有弹性	结实、稳定，具有可溶性支撑，无需手动操作	高弯曲强度和刚度重量比	机械强度高，经久耐用，耐化学性	高性能热塑性塑料，更耐腐蚀，耐高温和耐磨性能也非常优异	优越的柔韧性和弹性，同时兼具耐磨性和抗撕裂性	机械强度高，阻燃，冲击性能好，耐化学性
密度/(g/cm^3)	1.04	1.04	1.02	1.20	1.29	1.10～1.25	1.34

续表

指标	ABS-M30	ABSplus	Nylon 12	PC	Antero800NA	TPU92A	ULTEM9085
洛氏硬度	109.5	96	95～105	115	90	92	25.8
拉伸强度/MPa	36	36.5	53.1	67.6	93.1	16.1	71.7
拉伸模量/MPa	2413	2280	1310	2280	3100	20.7	2220
弯曲强度/MPa	61	52.4	70.3	104	142	2.4	115
弯曲模量/MPa	2317	2210	1310	2230	3100	36.9	2500
伸长率/%	4	3.0	6.5	5.0	6.4	482	5.8
缺口冲击强度（23℃）/（J/m）	139	110	150	53	37	93	110
玻璃化温度/℃	108	108	37.53	161	90	-42	367

6.1.3 应用实例

在所有 3D 打印工艺类型中，FDM 的机械结构最简单，制造成本、维护成本和材料成本也最低，而且操作环境干净安全，可在办公环境下进行，原材料易于搬运和快速更换，因此 FDM 广泛地应用在工业设计、医疗、建筑、食品、艺术等模型制作领域。

（1）工业设计

工业设计方面，FDM 已经在航空航天、国防、汽车等重要领域产生了较多应用，且获得了世界级制造商的青睐，下面分别列举来自空客飞机、中国航天系统、Diehl Aviation 的三个应用实例。

① 东航飞机大量应用 FDM 打印内饰件　2015 年，东航第一架全新的波音 777 客机上面座位指示牌出现了印刷错误。为了一个小小的错误去购买替换件的成本非常高，所以工程师使用了 FDM 打印技术。新的指示牌在三天内就完成了，而且价格很低。因此，东航很快就建立了 3D 打印实验室来开发更多的 3D 打印应用，成为国内首家将 3D 打印内饰件应用到民航客机的航空公司。图 6-19、图 6-20 分别为东航通过 FDM 自主打印制造的飞行员电子飞行数据包支架、书报架。

图 6-19　东航使用 FDM 打印飞行员电子飞行数据包支架及安装后效果

图 6-20 东航使用 FDM 打印书报架

② 人类首次“连续纤维增强复合材料太空 3D 打印” 2020 年 5 月 5 日，我国首飞成功的长征五号 B 运载火箭上，搭载着中国新一代载人飞船试验船，船上还搭载了一台“3D 打印机”，是一台我国自主研制的“复合材料空间 3D 打印系统”，在飞行期间完成了连续纤维增强复合材料的样件打印。这是我国首次“太空 3D 打印”，也是人类首次“连续纤维增强复合材料太空 3D 打印”实验，太空打印的场景如图 6-21 所示。为什么要在太空 3D 打印？当国际空间站内缺少某种工具或部件，宇航员们要花上数周甚至数月等待地面补给。一旦这种材料能在太空中打印，未来空间站只要放几台 3D 打印机，就能在短时间内，生产航天装备关键部件。哪个部件坏了就打印一个补上，这绝对是最优方案。

图 6-21 人类首次“连续纤维增强复合材料太空 3D 打印”的场景

③ Diehl Aviation 公司 FDM 打印 Curtain Comfort Header 产品　机舱和航空电子专家 Diehl Aviation 公司宣布，它已经采用 FDM 工艺，制作了卡塔尔航空公司空中客车 A350 XWB 上的 Curtain Comfort Header 产品，并成功安装和使用，该产品尺寸为 1140mm×720mm×240mm，如图 6-22 所示。该产品从最初的概念到 EASA（European Aerospace Agency）认证再到交付需要 12 个月。FDM 工艺帮助 Diehl Aviation 解决了这个问题。一个完整的 Curtain Comfort Headers 产品由最多 12 个组件组成，每个零件通常由多层层压玻璃纤维形成，每层都需要自己独立的复杂铝制工具。另外，还需要考虑更多功能结合到产品中，包括有线通道的集成，紧急逃生路线标志或专用保持夹等，这进一步增加了产品的复杂性。然而，当使用 FDM 工艺时，所有组件均可以由 FDM 3D 打印机生产并在完成时黏合在一起，如图 6-23 所示。Curtain Comfort Header 产品在 2019 年汉堡飞机内饰博览会的 7D20 展台上进行了展出。

图 6-22 使用 FDM 工艺制造的 Curtain Comfort Header 产品零件

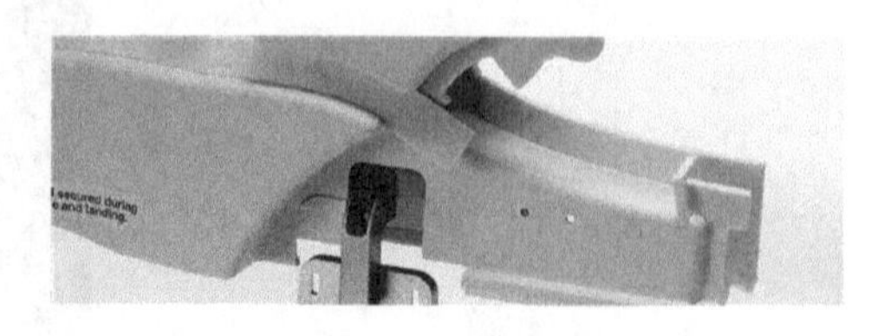

图 6-23 使用 FDM 工艺制造的 Curtain Comfort Header 产品组装后效果

④ 汽车领域　20 世纪 90 年代，福特汽车就与 Stratasys 公司建立了联系，随后，奥迪（Audi）、大陆集团（Continental AG）、布里格斯汽车公司（Briggs Automotive Company）等一大批其他公司接踵而至。当时，S.Scott Crump 和他的同事们与 25 名通用汽车的工程人员举行了一个研讨会，然后分成五个小组，在生产线的多个环节中确定可以应用 3D 打印的地方。Stratasys 的员工了解技术，而通用汽车的工程师熟知车辆，他们协同工作，在可以应用 3D 打印的地方做标记。当时车间的工作场景如图 6-24 所示，通用汽车工厂内的 Stratasys FDM 机器如图 6-25 所示，而图 6-26 所示为采用 FDM 制造的某汽车叶片零件。显然，汽车领域对于完全自动化和相对较大规模的批量化生产，有其特殊要求，而 Stratasys 公司新近推出的 Cloud 9 系统和 Continuous Build 3D Demonstrator，则完全可以实现自动化生产，只需按一下按钮，就能实现从 CAD 到成品零件，且批量可达 10000 个零件。

图 6-24　车间的工作场景

图 6-25　通用汽车工厂内的 Stratasys FDM 机器

图 6-26　采用 FDM 制造的某汽车叶片零件

（2）教育领域

一些大学已经将 3D 打印广泛应用，培养学生硬件设计、软件开发、电路设计、设备维护、三维建模等方面的能力。老师们也可以通过 3D 打印机打印教具，比如分子模型、数字模型、生物样本、物理模型等。而中小学则可以通过 3D 打印机培养学生三维设计、三维思考能力，提高动手能力，帮助学生将想法快速变为现实，图 6-27 所示为通过 FDM 打印获得的一组教学用模型。

图 6-27　通过 FDM 打印获得的教学用模型

（3）医疗领域

FDM 技术的 3D 打印机在医疗领域主要用于康复治疗器具、医疗辅助用具和手术预判模型三个方面，分别如图 6-28 所示。

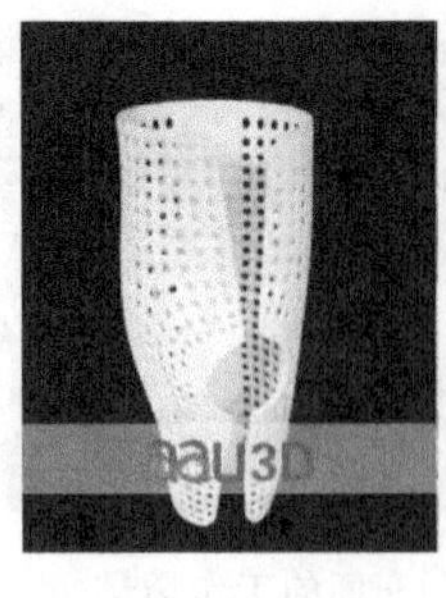

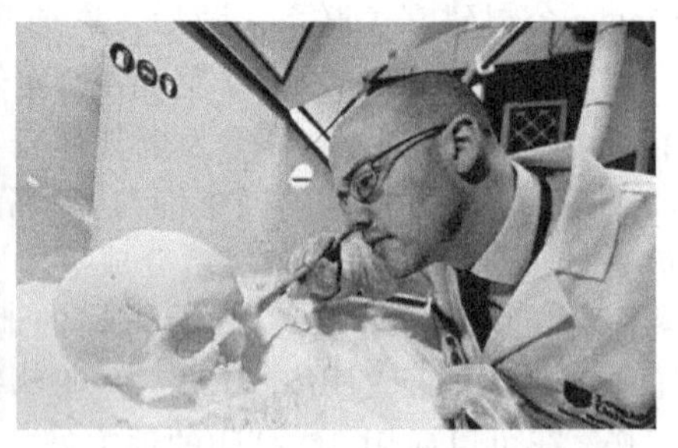

图 6-28　通过 FDM 打印获得的康复治疗器具、医疗辅助用具和手术预判模型

（4）建筑领域

2019 年，“世界首例原位 3D 打印多层示范建筑”在广东龙川产业园成功完成打印，如图 6-29 所示。该多层示范建筑的原位 3D 打印，采用的即为 FDM 工艺形式，所不同的是打印材料和送料装置较传统形式的 FDM 有较大区别。另外，与以往的 3D 打印建筑不同之处在于，是在地基上直接完成墙体打印，无需二次拼装，实现所谓的“原位 3D 打印”。施工工期从传统建筑工艺的 60 天缩短为 5 天，还节省了一大半以上的人工和 20%的建筑材料，打印一栋整体房子可以节省 30%～50%的成本。该项目是由中建股份技术中心和中建二局华南公司联合建设完成，打印设备由中建机械公司设计制造，打印材料、设备、工艺及控制软件均是自主开发，已经获得 13 项发明专利授权，是中国技术、中国制造的一次实验成品。

图 6-29　世界首例原位 3D 打印多层示范建筑

（5）食品领域

早在 2012 年，荷兰国家应用科学研究院（The Netherlands Organization，TNO）研发的一台食品 3D 打印机在埃因霍温举办的一个展会上首次亮相，引起人们的广泛关注，如图 6-30 所示。

2013 年 NASA 决定研发可以打印披萨的 3D 打印机，以改善宇航员的膳食水平。比利时巧克力商店 Miam Factory 用 3D 打印机做出艺术品级别的巧克力同样受到大众的关注，如图 6-31 所示。

2014 年年初，行业巨头 3D Systems 公司曾经与著名巧克力品牌好时（Hershey）合作，开发了全新的食物 3D 打印机，可以打印糖果 ChefJet、巧克力 CocoJet 等零食。只不过这些看起来漂亮的零食实在太贵了，平民消费不起。

图 6-30　TNO 研发的食品 3D 打印机

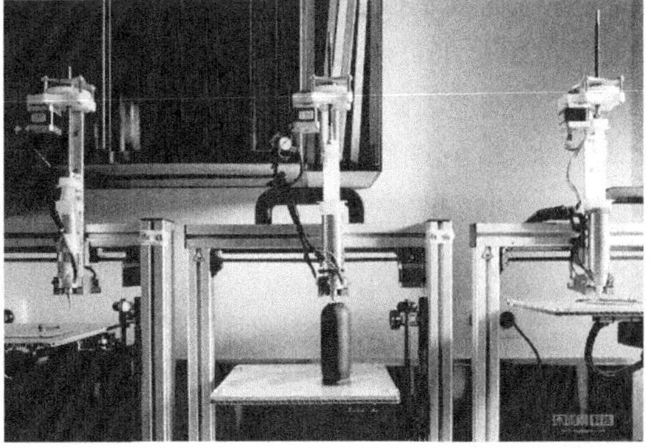

图 6-31　NASA 太空打印披萨计划

2015 年 9 月德国知名的糖果制造商 Katjes 用 3D 打印技术开启了“神奇糖果工厂”。2015 年开始，国内也有部分公司开始尝试推出食品 3D 打印机，通常为巧克力和面糊类产品。

2016 年，英国一家公司 Chocedge 研发出了巧克力打印机。

2016 年，美国创业公司 BeeHex 成立，立即受到了 NASA 的资助。

食品 3D 打印能够获得高度关注及迅速发展，主要原因如下：

① 食品 3D 打印技术能够创造出传统工艺难以达到的造型效果。传统食品工艺造型依靠模具，而模具限制了食品的造型，例如镂空和不规则形状。3D 打印的分层制造、一体成形则极大地拓展了造型丰富程度。

② 食品 3D 打印在小批量定制上更具经济和效率优势。食品工厂的流水线通过标准化大批量生产降低成本，无法满足中小批量的定制需求。

③ 3D 打印不会浪费物料，速度也更快，甚至可以根据个人需求私人定制，这是传统工艺无法想象的事情。

④ 3D 打印深入结合食品领域则有更多的想象空间：通过 3D 打印改变食品内部组织结构，使食物质地松软，容易咀嚼吞咽、高效吸收；通过 3D 打印数字化制造，精确营养配比，均衡日常膳食等等。

图 6-32　德国公司 Print2Taste 打印的食品

据市场研究公司 Markets and Markets 预测，到 2025 年，全球食品 3D 打印市场规模将达到 4.25 亿美元。同时，2018—2025 年间，该市场复合年增长率（CAGR）将高达 54.75%。虽然该领域市场总体规模不大，但快速增长的市场预期仍然吸引了不少公司加入这一新的市场，例如 TNO（荷兰）、3D Systems（美国）、Flow（荷兰）、Natural Machines（西班牙）；Systems and Materials Research Corporation（美国）、Beehex（美国）、Choc Edge（英国）、Modern Meadow（美国）、Nu Food（英国）、北科光大（中国）。以下是有代表性的 6 家 3D 打印食品公司。

① Print2Taste　德国公司 Print2Taste 打印的食物以可爱取胜，该公司于 2014 年成立。他们的打印机可以快速打印出龙虾形状的面食和松鼠形状的香肠，如图 6-32 所示。打印机的售价约为 2362 欧元（2800 美元）。该公司还销售预装的巧克力、杏仁蛋白和面食。

② 可在太空打印披萨的3D打印公司Beehex　美国Beehex公司的3D食物打印机主要目的是实现披萨的打印，如图6-33所示，除此之外，也可以用于制作甜点。

③ 智能3D食品打印公司Natural Machines　西班牙Natural Machines公司成立于2012年11月，图6-34就是这个公司的一号种子Foodini打印机。

图6-33　美国Beehex公司打印的披萨

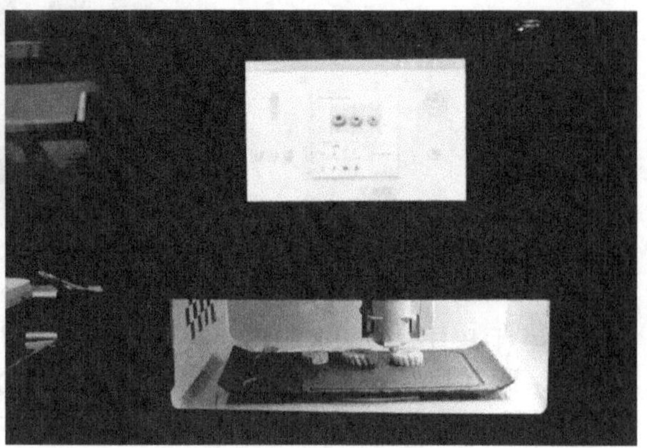

图6-34　西班牙Natural Machines公司的Foodini打印机

④ 老牌3D打印公司3D Systems　美国3D Systems公司在2014年推出3D食物打印机ChefJet（厨子喷嘴），还建立了3D烹饪实验室，主打用户体验。在2014年拉斯维加斯举办的消费电子展上公布了ChefJet和ChefJet Pro两款机型，两个机器都可以打印出糖果，外形看上去也差不多，不同的是ChefJet只能打印黑白两种颜色的糖果，口味和能打印的样子也相对比较简单，而ChefJet Pro则可以胜任更多种类的糖果打印工作。图6-35即为ChefJet Pro3D打印机，图6-36为ChefJet Pro打印的彩色糖果。

图6-35　美国3D Systems公司的ChefJet Pro打印机

图6-36　ChefJet Pro打印机打印的彩色糖果

⑤ 3D食品打印公司XYZprinting　2014年11月14日，XYZprinting公司宣布推出3D Food Printer。这个机器操作起来很简单，像是家用款，用户只需要在食物打印机中加入原材料，打印机就可以根据设定好的食谱按食材放置比例打印出食物原型，然后只需要把食物放进烤箱中烘烤，就可以轻松制作出饼干、巧克力、披萨等点心，如图6-37所示。

⑥ 以色列3D食品打印公司Yissum　以色列Yissum技术转移公司是服务于以色列耶路撒冷希伯来大学（HU）的技术转移公司，专门负责希伯来大学科研成果与先进技术的国际合作与转移转化工作。Yissum积极主动地与希伯来大学科研团队、前沿专家开展合作，为校内

产出的知识与技术成果持续创造商业价值，拓展市场需求。自1964年成立以来，Yissum已经注册了超过10150项专利，覆盖3030项发明，帮助1050多项技术取得了许可证，在全世界范围内建立了170多家公司，每年销售获利达到10亿美元以上。2017年，该公司计划推出食品3D打印机生产食品，为包括运动员和老年人在内的各种市场和人群提供个性化服务。据悉该公司以纳米纤维素为主要原料，再结合蛋白质、碳水化合物和脂肪，以控制食品的质地和口感。

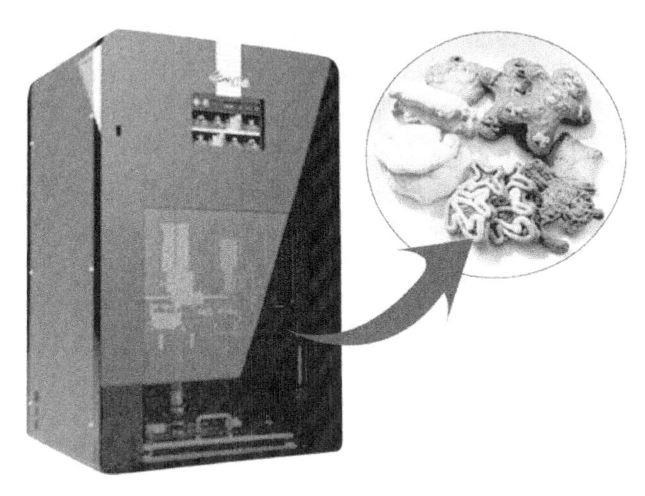

图6-37　XYZprinting公司的3D Food Printer及其打印的食物

（6）艺术、玩具等模型

图6-38给出了一组通过FDM制作的艺术、玩具等模型实例。

图6-38　通过FDM制作的艺术、玩具等模型

6.2　电子束无模成形工艺

显然，通过熔融沉积的形式进行3D打印，人们并不满足于熔融热塑性塑料获得塑料件。基于FDM的基本工艺原理，采用高能束进一步提高熔融温度，将金属丝材熔融沉积而获得金属件，理论上是完全可行的，电子束无模成形（Electron Beam Freeform Fabrication，EBFF）

工艺即为利用电子束熔融金属丝材而获得金属件的3D打印工艺。

6.2.1 简述

1995年,美国麻省理工学院的Dave、Matz等首次提出了电子束实体无模成形(Electron Beam Solid Freeform Fabrication，EBSFF）的概念，实现了不锈钢、铝、高温合金等材料的堆积。

2002年，美国国家航空航天局（National Aeronautics and Space Administration，NASA）Langley研究中心研发了EBFF工艺，与EBSFF原理相同，并成功用其制备出航天钛合金典型零件及2219铝合金零件，如图6-39所示。Langley研究中心曾对太空失重环境下的EBFF工艺展开大量研究，并设想将EBFF工艺置于空间站，为宇航员在轨制造金属零件，NASA利用飞机抛物试验进行了失重条件下的成形试验，如图6-40所示。另外，将FDM型3D打印机分别于2014年和2018年送入太空，在国际空间站实现在轨3D打印获得塑料零件，如图6-41所示。

图6-39 NASA通过EBFF获得的打印件

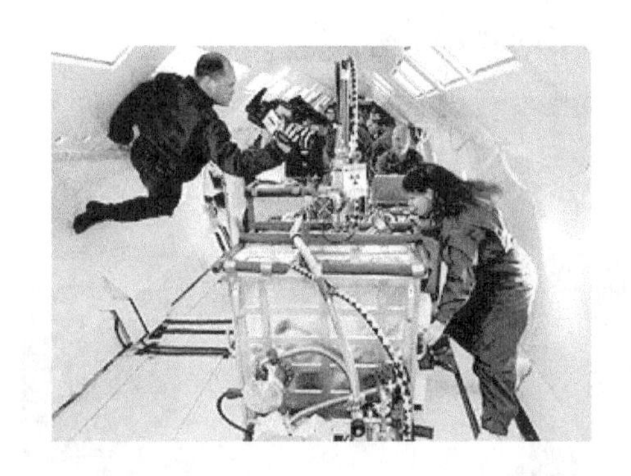

图6-40 NASA利用飞机抛物试验进行了失重条件下的EBFF工艺研究

图6-41 国际空间站实现第一次3D打印

Langley研究中心曾研制了两种EBFF成形系统，分别为地面型（Ground-based）和便携型（Portable)。图6-42（a）所示为地面型EBFF成形系统，采用42kW功率和60kV加速电压的电子束枪，成形室尺寸为2.5m×2m×2.7m，真空度为5×10^{-5}torr（1torr≈133.322Pa)，有两套可同时工作的独立送丝机构，可分别输送细丝和粗丝，也可输送两种不同成分的合金丝，如图6-42（b)，以便打印成分梯度分布的金属件。图6-43（a）所示为便携型EBFF成形系统，主要为太空打印设计，包括小型真空成形室、小功率电子束枪、工作台四轴（X、Y、Z轴和旋转轴）运动控制系统、送丝机构，数据采集和控制系统成形室的体积为1m^3，可成形尺寸为30cm×30cm×15cm的金属构件，主要用于较细金属丝的3D打印，且系统有较高的定位精度，因此便携型EBFF成形系统很适合用来成形具有复杂特征的小金属件，如图6-43（b）所示。

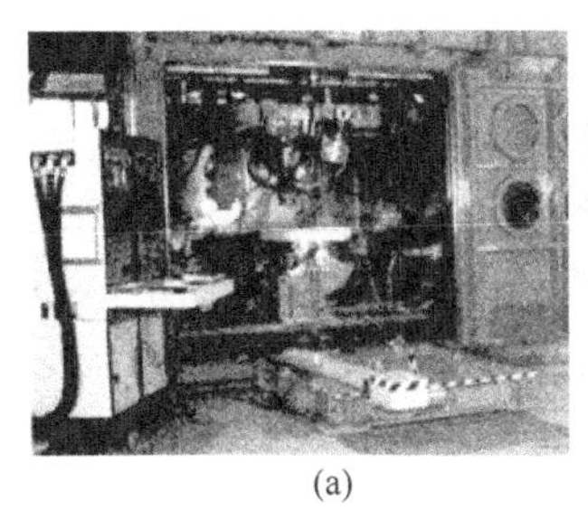
(a)

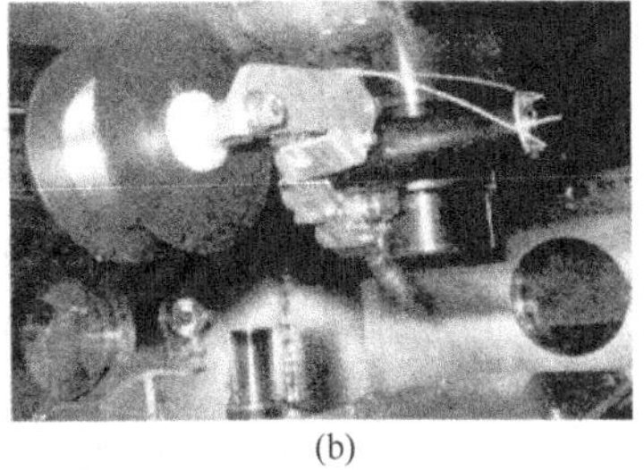
(b)

图 6-42 地面型 EBFF 成形系统（a）及其送丝机构（b）

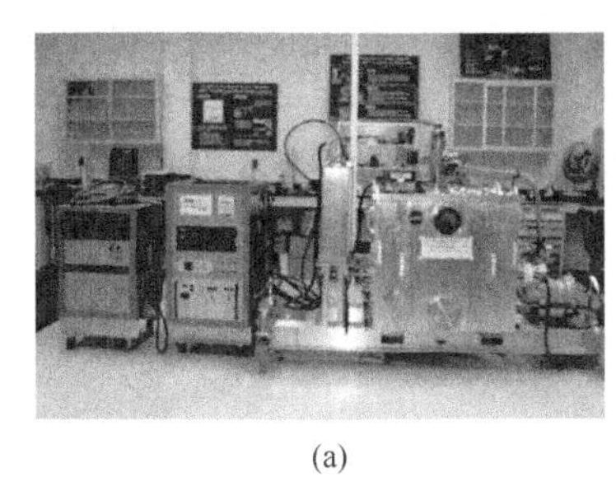
(a)

(b)

图 6-43 便携型 EBFF 成形系统（a）及所打印的零件（b）

该工艺也几乎同时引起了 NASA 合同商——美国西亚基（Sciaky）公司的关注和研发兴趣，且目前，西亚基（Sciaky）公司成为 EBFF 工艺商业化最领先的公司，并拥有相关的专利。2010 年 9 月 16 日，美国西亚基（Sciaky）公司的 Scott Stecker 申请一项名称为“Electron Beam Layer Manufacturing”的美国专利，并于 2013 年 10 月 1 日获得授权。基于新的创新，Scott Stecker 又分别于 2013 年 9 月 16 日、2016 年 6 月 13 日，继续以上述专利名称申请新的专利，且分别在 2016 年 7 月 26 日、2019 年 1 月 29 日，获得新的两项专利授权。这三个专利中的工艺即为 EBFF 工艺，直译为电子束无模成形工艺，很多资料还称其为电子束熔丝沉积技术（Electron Beam Wire Deposition，EBWD）、电子束直接制造技术（Electron Beam Direct Manufacturing，EBDM）。目前该工艺已经被纳入美国创新材料加工——直接数值化沉积（center for innovative materials processing through direct digital deposition，CIMP-3D）的研究，而 CIMP-3D 是美国国防高级研究计划局（Defense Advanced Research Projects Agency，DARPA）的增材制造技术官方示范中心。

2017 年，乌克兰红波公司研制成功世界上第一台电子束丝束同轴 EBFF 设备，如图 6-44（a）所示，图 6-44（b）则是该设备产生的环形电子束熔丝状态图。该设备成形效率最高达到 $2000cm^3/h$，采用丝束同轴熔丝方式，熔丝成形自由度更大；环形电子束聚焦加热同轴进给丝材，输入热量集中在丝材上，避免成形零件基体上不必要的热输入，有利于提高成形质量。

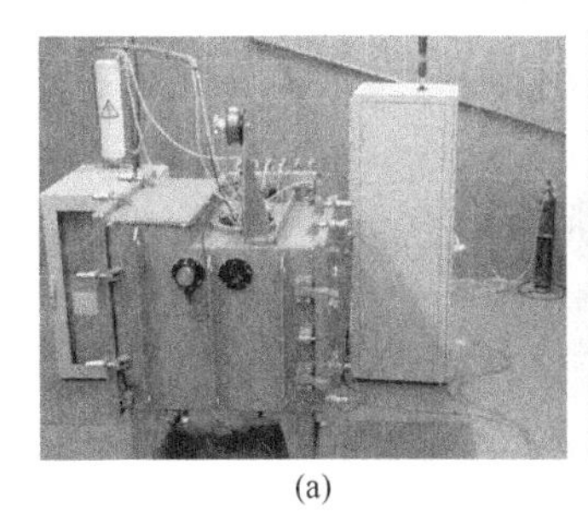
(a)

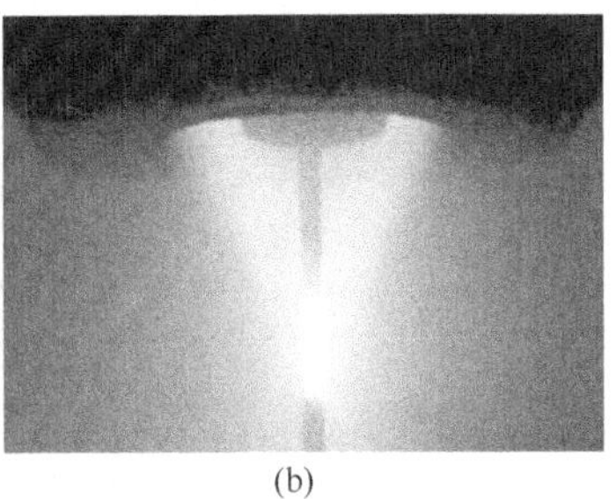
(b)

图 6-44 红波公司的环形 EBFF 装备（a） 及其设备形成的环形电子束熔丝状态（b）

我国于2003年开始进行EBFF工艺的研究，原中国航空工业集团公司北京航空制造工程研究所（现中国航空制造技术研究院）依托高能束流加工技术国家重点实验室，在国内率先建立了EBFF工艺研究方向，着重开展EBFF装备、典型金属结构成形工艺、性能调控和可靠性等方面的研究。在设备开发方面，研制了国内第一台定枪式［如图6-45（a）所示］、第一台动枪式［如图6-45（b）所示］和最大的立式电子束熔丝沉积成形设备［如图6-45（c）所示］。2019年，成功研制了国内外先进的移动式双枪双丝大型卧式电子束熔丝沉积成形设备［如图6-45（d）所示］，体积达到$53m^3$，成形能力达到6m×1.8m×1.2m。目前，已经形成了热阴极定枪式、动枪式、冷阴极丝束同轴［如图6-45（e）所示］系列化EBFF设备产品。在工艺开发和工程化应用方面，开展了TC4、TC18钛合金及A100超高强钢等材料的工艺试验，获得了多类钛合金典型零件，如图6-45（f）所示，并于2012年和2016年分别首次实现了EBFF打印成形钛合金次承力结构和主承力构件的装机应用。

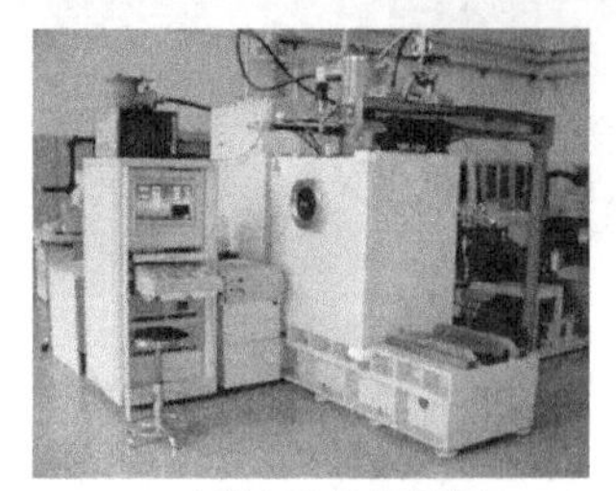

(a) 小型电子束成形设备

(b) 大型动枪式电子束成形设备
(2m×0.8m×0.6m)

(c) 大型立式电子束成形设备
(1.5m×0.8m×3m)

(d) 大型卧式电子束成形设备
(6m×1.8m×1.2m)

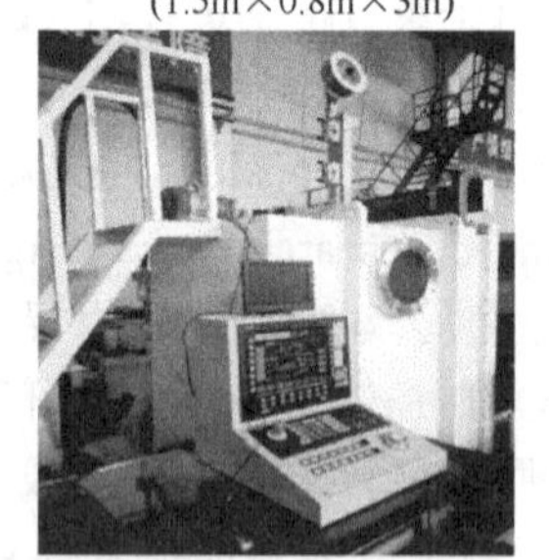

(e) 丝束同轴熔丝成形设备

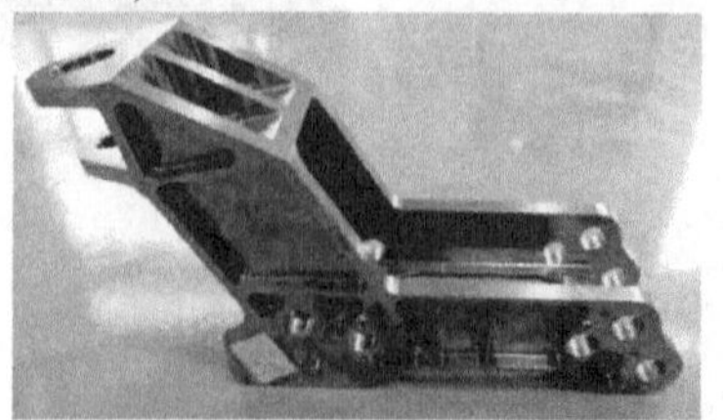

(f) 中国航空制造技术研究院研发的
首台EBFF设备所打印的零件

图6-45　中国航空制造技术研究院研制的EBFF设备及其打印零件

6.2.2 工艺系统组成

EBFF 工艺系统通常有定枪式和动枪式两种结构布局，如图 6-46 和图 6-47 所示。

典型的电子束熔丝沉积成形设备主要包括以下系统：

① 电子束流发生系统：主要由电子枪、电源构成，其作用是产生高能量密度的稳定可控的电子束流，作为设备的热源来熔化送进的丝材。

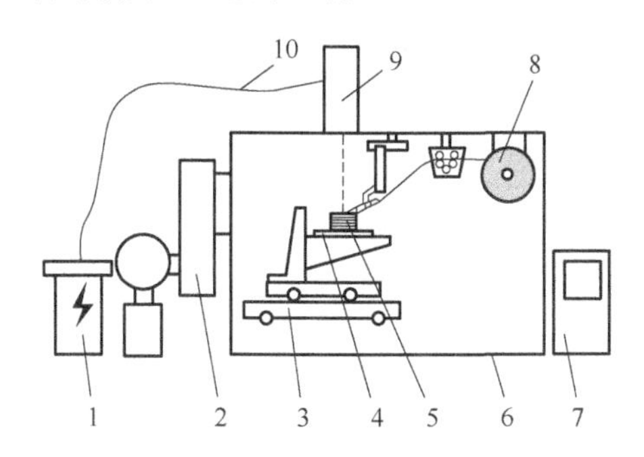

图 6-46　EBFF 设备组成及工艺过程示意（定枪式）

1—高压电源；2—真空泵组；3—多自由度工作台；4—工作基板；5—成形零件；6—工作真空室；7—控制系统；8—送丝系统；9—电子枪；10—高压电缆

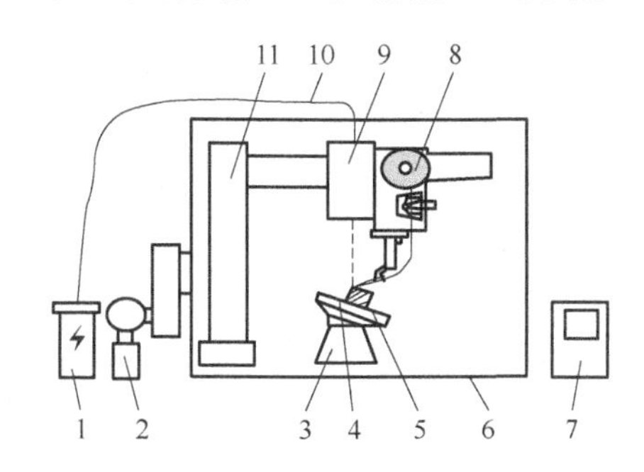

图 6-47　EBFF 设备组成及工艺过程示意（动枪式）

1—高压电源；2—真空泵组；3—多自由度工作台；4—工作基板；5—成形零件；6—工作真空室；7—控制系统；8—送丝系统；9—电子枪；10—高压电缆；11—电子枪运动机构

② 真空系统：主要由真空泵组、工作真空室及相应传感器等构成，其作用是提供适合于电子束产生的真空环境。

③ 运动及送丝控制系统：主要由多自由度运动平台、送丝机构及控制系统组成，运动平台基本要求是三个自由度，为了实现复杂零件的制造还可增加自由度，送丝机构可采用单通道或多通道送丝方式，控制系统控制送丝机构将丝材送到指定的位置熔化成形，并控制多自由度运动平台按照预设的路径轨迹运动。

④ 监测系统：主要由图像采集系统（包括摄像头、传感器等）和数据处理系统等组成，主要用于监测成形过程，包括构件形貌、熔池特征、温度场分布等。

⑤ 集成控制系统：主要作用是综合控制电子束源发生系统、真空系统、冷却系统、运动及送丝控制系统、监测系统等，并包括相应的程序处理软件。

⑥ 水冷系统装置：用于冷却工作过程中产生大量热量的零件，如电子枪、高压油箱及扩散泵组等。

⑦ 供气系统：阀门的开关通常需要气动装置，一般配备供气系统。

6.2.3 工艺过程及特点

(1) 工艺过程

读取上述美国西亚基(Sciaky)公司 Scott Stecker 的三个专利信息,其摘要的示意图如图 6-48 所示。其关键信息,“a material delivery device (e.g. a wire feed device) ....”,显然,EBFF 工艺使用丝状材料,“....depositing the raw material onto a substrate as a molten pool deposit”,该工艺将材料熔融沉积至熔池,“....building up layer by layer a three-dimensional work piece.”,并逐层获得三维工件,同样遵循“分层制造-逐层累积”的 3D 打印原理。

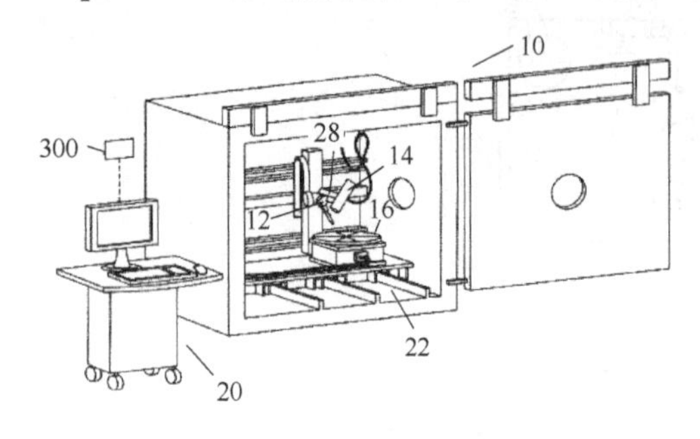

图 6-48 Scott Stecker 的专利摘要示意图

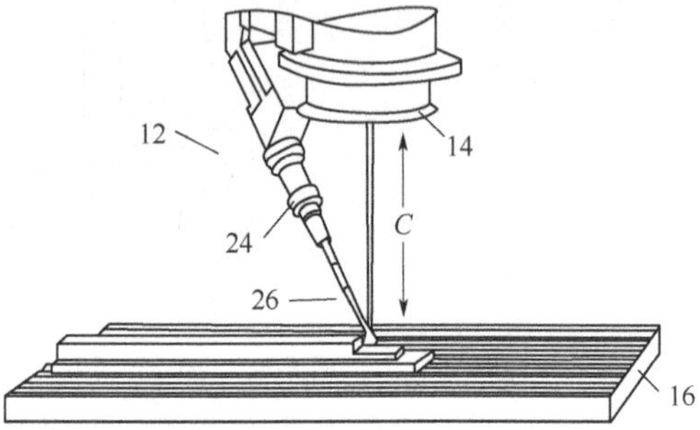

图 6-49 EBFF 工艺过程示意

同时,图 6-49 给出了 EBFF 工艺过程示意图,具体为:

① 数据准备。获得零件三维模型并进行二维切片处理。

② 材料准备。成形室获得真空环境;电子束枪发射电子束并聚焦于基板上,同时送丝机构将丝材送入电子束斑(束斑直径通常不大于 1mm),电子束熔化同步送入的金属丝,形成熔池。

③ 二维移动。工作台上的多自由度基板接受指令文件的控制进行 X、Y 二维移动,熔池发生相对运动,同时,熔池在离开电子束的瞬间,液态金属发生凝固相变,并沉积、覆盖于基板上;连续移动的熔池形成一条熔覆轨迹线,直至完成当前层所需截面形状。

④ Z 向移动。工作台上的多自由度基板接受指令文件的控制,首先沿 Z 轴下降一个给定的高度(即分层厚度),形成下一层熔融沉积的空间。

⑤ 层间结合。工作台上的多自由度基板在新的一层 X、Y 指令下移动,熔池内的液态金属在沉积至上一层金属表面上凝固相变的同时,层间金属材料冶金结合在一起。

⑥ 重复上述过程,直到金属三维零件成形完毕为止。

EBFF 工艺过程还需要指出以下三点:

① 部分机械结构的多自由度的工作台与基板,可以增加自由度,比如绕轴倾斜、旋转等,从而可以实现复杂零件的 3D 打印,同时,可以通过变换零件的姿态实现无支撑打印。工作台与基板,通常可以通过移动小车,从成形室内整体移出,方便成形后的零件被取下。

② 动枪式的 EBFF 设备,通过电子枪的移动并配合多自由度工作台与基板的移动,可以更高效率地利用真空室的空间。

③ 通常电子束达到零件表面的距离保持不变,束斑焦点无需动态调整。

EBFF 技术成形的零件后处理,因成形材料、零件结构等不同,存在差别,通常主要包括以下三个步骤。

① 热处理:根据所成形零件材料的不同,将工件进行退火或者高温时效、固溶时效等热处理,以消除内部应力或者细化晶粒组织。

② 与工作台上基板分离：因为零件是与工作台上基板冶金熔合在一起的，需要通过锯床、线切割等手段，将零件与成形平台分离。

③ 机械加工：EBFF 所成形零件表面较为粗糙，呈现明显的条纹状，需要对零件表面进行必要的机加工、磨抛处理，增加零件的精度、表面质量和表观效果。

（2）工艺特点

与 SLM、LSF 等其他通过激光、利用金属粉末材料的工艺相比，EBFF 工艺具有以下比较明显的优点：

① 成形效率高　一方面，本身属于线成形，较点成形效率高；另一方面，电子束功率可达 100kW，能量密度高达 10^7～10^9W/cm^2，且对金属材料无反射、作用效率高，因此可以达到十几千克每小时的沉积速率，对于大型金属结构件的成形具有明显的优势。

② 成形质量好　一方面，丝材本身较粉末材料具有更好的成分纯洁度，同时真空环境洁净、无污染，尤其适用于活泼金属的成形加工，可以有效防止空气中的杂质元素（比如 O、N、H 等）进入金属零件，从而提高成形件内部质量；另一方面，电子束作用下的熔池相对较深，很大程度上消除沉积层之间的未熔合现象，同时，电子束的冲击可以对熔池产生搅拌作用，可以有效减少沉积层内部的气孔缺陷。

③ 可实现多功能加工　首先，电子束的输出功率大且焦点可灵活调整，因此可以实现不同熔点的多丝、多材料的打印；其次，可以实现熔丝沉积的 3D 打印，也可以实现熔丝焊接，从而实现 3D 打印与焊接的双工艺组合；最后，可以实现多束协同作业，一束电子束聚焦熔丝实现 3D 打印，其他电子束调整为面扫描，对路径周围进行预热，从而有效控制大型零件的应力与变形。

④ 成形材料广泛　理论上，任何金属材料，均可以做成丝材而通过 EBFF 工艺实现 3D 打印，且无需考虑熔点、反射问题，尤其是对激光强反射的金属材料，如铝及铝合金，运用 EBFF，优势更加明显。

同时，EBFF 工艺的缺点也是显而易见的，分别是：

① 作为线成形类型，精度一般，有明显的阶梯纹，同时会有熔池侧漏而导致的表面流焊痕迹。

② 合金元素易烧损。由于其功率高，加热温度高，合金元素易烧损。

③ 沉积过程易中断。材料受热快，一些高热导率、低弹性模量丝材（如紫铜等）存在较大温度梯度，容易受热变形，且电子束斑点小，没有足够的热源作用范围来承受丝材偏离的影响，这就导致一旦丝材受热变形或受外部影响等，很容易造成沉积过程中断。

④ 零件组织上下不均。真空环境缺少气体散热，热量只能够通过与之接触的工作台传导出去，这就使得 EBFF 过程散热慢，并且随着沉积层数的增加，工作台的散热作用越来越不明显，导致热量积累严重，容易造成零件组织上下不均匀或液态金属过多，沉积层熔池侧漏。

（3）讨论

① WAAM 工艺　电弧增材制造（Wire Arc Additive Manufacture，WAAM）工艺，是焊接工艺与增材制造思想结合的 3D 打印工艺，以熔化极惰性气体保护焊接（MIG）、钨极惰性气体保护焊接（TIG）以及等离子体焊接电源（PA）等焊机产生的电弧为热源，通过金属丝材的添加，在程序的控制下，按设定成形路径在基板上逐层堆积层片，然后将层片堆积直至金属零件近净成形，为了进一步提高表面质量，甚至可以给焊接喷枪配置激光光整加工头进行激光表面处理，如图 6-50 所示。

② 五种金属 3D 打印的对比　至此，本书总计介绍了三种金属 3D 打印工艺方式，分别为 SLM、LSF、EBFF，另外讨论了 WAAM 工艺、EBSM 工艺，五种金属 3D 打印工艺各有特

点，如表 6-2 所示。

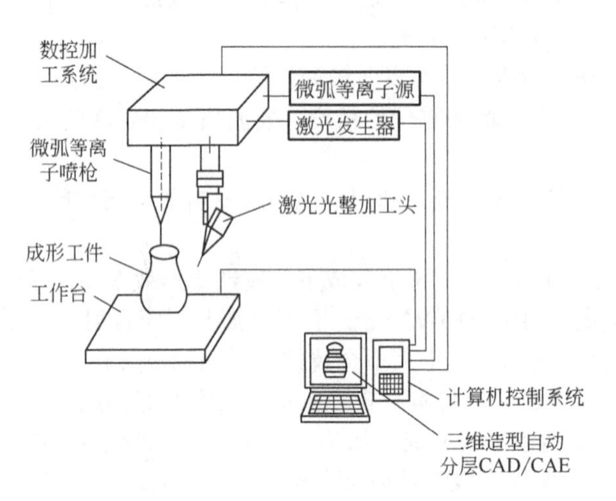

图 6-50 电弧增材制造（WAAM）工艺示意

表 6-2 五种金属 3D 打印工艺方式技术对比

金属增材制造技术		SLM	EBSM	LSF	EBFF	WAAM
输出热源		激光	电子束	激光	电子束	电源
材料形式		粉末	粉末	粉末	熔丝	熔丝
工作环境		惰性气体	真空	惰性气体	真空	大气环境
技术特点	零件尺寸	中小型	中小型	大中型	大型	超大型
	复杂程度	极端复杂	极端复杂	较复杂	较复杂	较复杂
	表面质量	优异	良好	一般	差	极差
	后续加工	几乎零加工	几乎零加工	少量加工	少量加工	后续加工较多
	制造效率	低	中	高	最高	很高
	成形精度	高	高	良	中	差
	专用模具	无	无	无	无	无
代表厂商		Concept Laser、Renishaw、EOS、西安铂力特、华科三维、华储科技等	Arcam、智熔系统、西安赛隆、天津清研智束	Optomec、InssTek、西安铂力特、北京隆源、江苏永年等	Sciaky、智熔系统等	RAMLAB 中心、青岛卓思三维
加工材料		钛合金、高温合金、钢、铝合金、镁合金、硬质合金、钴铬合金以及 Cu-Su、WNi、Ni-Al 和 Nb-Ti-Si 等金属间化合物材料和一些梯度材料				

③ 多因素综合影响零件质量　EBFF 工艺过程中，影响因素较多，如电子束流、加速电压、聚焦电流、偏摆扫描、工作距离、工件运动速度、送丝速度、送丝方位、送丝角度、丝端距工件的高度、丝材伸出长度等。这些因素共同作用影响熔池截面几何参量，区分单一因素的作用十分困难。

6.2.4 EBFF 所用丝材

目前，金属材料的丝材，包括钛合金 TC4、TC11、TC17、TC18、TA15 等，以及合金钢、高温合金、铝合金等，已经被国内外广泛使用。中国科学院金属研究所和中国航空制造技术研究院对钛合金、高强钢丝材的 EBFF 工艺适应性进行深入研究，开发了几种 EBFF 专用丝材，完成了前期验证评估实验，其中采用 TC4EM 和 TC4EH 丝材成形的零件已经完成装机考核和应用。

EBFF 对金属丝材主要有以下技术要求：

（1）丝材成分

成分、制备工艺及热处理是决定材料性能的三要素，因为 3D 打印工艺与传统铸造或锻造有很大差异。现有研究结果表明，多数情况下 EBFF 工艺制备的钛合金金属制件性能水平高于相同材料铸造技术标准要求，但能否达到锻造技术标准要求取决于材料类型及制备工艺。EBFF 工艺过程存在不同程度的元素烧损，零件的显微组织为具有定向凝固特征的柱状晶组织，因此采用与锻件相同的丝材成分，其制件成分、显微组织与锻件差异很大。

（2）丝材形态和直径公差

丝材形态一般包括曲率半径、翘曲、扭转程度等。EBFF 工艺过程形成小熔池，要求丝材能够准确稳定送进熔池中心，确保打印过程工艺的稳定性。提高尺寸精度，有效避免缺陷形成，需要避免丝材尖端颤动幅度过大，要求送丝嘴和丝材间隙尽可能小，为此需要严格控制丝材尺寸公差。丝材形态和尺寸公差是 EBFF 成形专用丝材第二个主要技术要求。

（3）洁净度

洁净度指标主要包括丝材表面各种形式的污染，包括富氧层、富氮层、渗碳层、油污和灰尘等。丝材表面洁净度是影响 EBFF 过程金属熔液喷溅程度、电流电压稳定性、制件冶金质量的重要因素，因此也是电子束熔丝沉积成形专用丝材第三个主要技术要求。

EBFF 金属丝材的制备工艺，以制丝方法分类，可分为传统拉拔和轧制两种方式，按丝材坯料来源分类，可分为传统熔炼法和非熔炼法两类。通常，EBFF 金属丝材的制备工艺流程参见图 6-51。

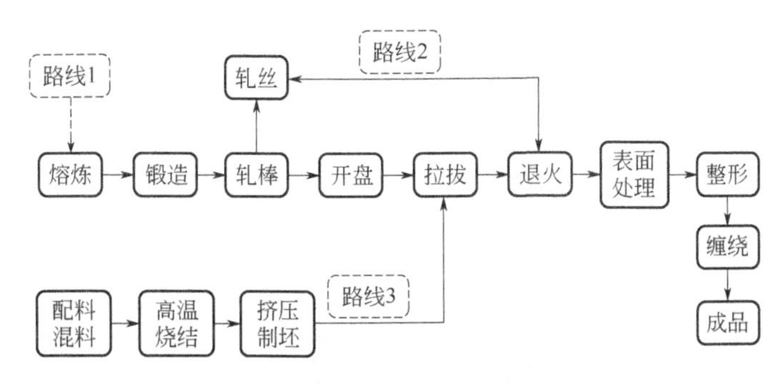

图 6-51 EBFF 金属丝材制备工艺流程

① 路线 1 是传统工艺，包括合金熔炼、开坯锻造、丝坯轧制、丝卷开盘、拉拔＋退火、表面处理、整形、缠绕等工序，优点是应用面广，适合纯钛到合金等几乎所有丝材产品的开发生产，缺点是工艺流程长、效率低、污染大。

② 路线 2 为轧制工艺，其特点是采用先进的丝材轧制设备将传统轧机生产的ϕ8~10mm 的丝坯，采用冷轧+退火结合工艺直接生产成品丝材。该工艺的优点是效率高、污染小，缺点是高度依赖设备，不适于难变形高合金化丝材的制备。

③ 路线 3 是挪威 Norsk Titanium 公司开发的一种新工艺，其特点是把海绵钛和中间合金机械混合均匀后，在高温高压下烧结、挤压形成丝坯，然后采用拉丝或丝材轧制等方式生产成品丝材。该工艺的优点是缩短了工艺流程，提高了效率，降低了成本，缺点是应用面受限，可生产的材料品种受元素扩散能力限制，对含高熔点元素或高合金化的合金，高温烧结后成

分均匀性控制难度极高，如果出现成分不均匀问题，后续丝材拉拔过程中会频繁断丝，无法稳定生产，因此应用范围有限，仅适用于部分低合金化丝材的高效制备。

6.2.5 应用实例

EBFF 工艺尤其在航空航天领域内应用较多，因此，目前 EBFF 工艺主要被美国西亚基（Sciaky）公司、洛克希德·马丁（Lockheed Martin）公司等强军事背景公司深入研发。

案例 6-1　钛合金卫星高压燃料箱的 EBFF 打印

2018 年，经过多年研发，洛克希德 · 马丁（Lockheed Martin）公司最终完成了运载卫星钛合金巨型高压燃料箱的 EBFF 制造，并进行了最后一轮质量测试。该钛合金卫星高压燃料箱的直径为 4ft[1]，厚度为 4in，其中两端的圆顶部分，采用了 EBFF 工艺，如图 6-52 所示，比传统的钛合金制造节约了 80%的材料，并大幅节省了制造时间。即使是最小的泄漏或缺陷也可能对卫星的运行造成灾难性后果，3D 打印的油箱接受了最严格的一整套评估测试，以确保达到或超过 NASA 所要求的性能和可靠性。

图 6-52　钛合金卫星高压燃料箱的 EBFF 工艺打印现场

另有一组 EBFF 打印的各类零件如图 6-53 所示。

图 6-53　EBFF 打印的各类零件

[1] 英尺，1ft=304.8mm。

6.3 墨水直写工艺

同样作为材料挤出、沉积成形方式的 3D 打印工艺，FDM 工艺熔融挤出并沉积的材料是塑料丝材，EBFF 工艺熔融挤出并沉积的材料是金属丝材。将高黏度的液体或固液混合浆料等流体材料作为被挤出材料，考虑合适的送料方式和固化方式，经逐层沉积获得三维模型，理论上是完全可行的，墨水直写工艺（Direct Ink Writing，DIW）就是针对流体材料进行 3D 打印的工艺。近几年，DIW 工艺以其固有的设备要求低、制造成本低、原材料适用范围广、优异的三维构型能力等优势，受到了国内外学者的青睐，并在技术拓展和材料制备上取得了较大的进步和应用。

6.3.1 简述

1997 年 10 月 28 日，美国 Sandia 国家实验室的 Cesarano J 等申请名称为“Freeforming objects with low-binder slurry”的美国发明专利，2000 年 3 月 1 日，Cesarano J 等申请名称为“Method for freeforming objects with low-binder slurry”的美国发明专利，致力于浆料无模成形（3D 打印）的研究。1998 年，Cesarano J 提出 Robocasting 概念，2006 年，Cesarano J 等又进一步提出“Direct Ink Writing”的概念，至此，DIW 名称正式推出。起初 DIW 主要针对陶瓷等浆料的无模成形（3D 打印），经过后期不断地研究拓展，逐渐发展为今天广泛使用的 DIW 工艺。

读取该专利摘要的示意图（如图 6-54 所示）及其关键信息，“In a rapid prototyping system，a part is formed by depositing……”，显然该工艺同样采取材料沉积成形方式的快速原型系统（3D 打印）；“……a bead of slurry that has a sufficient high concentration of particles to be pseudoplastic and almost no organic binders……”，所用材料为含有固体颗粒的浆料。

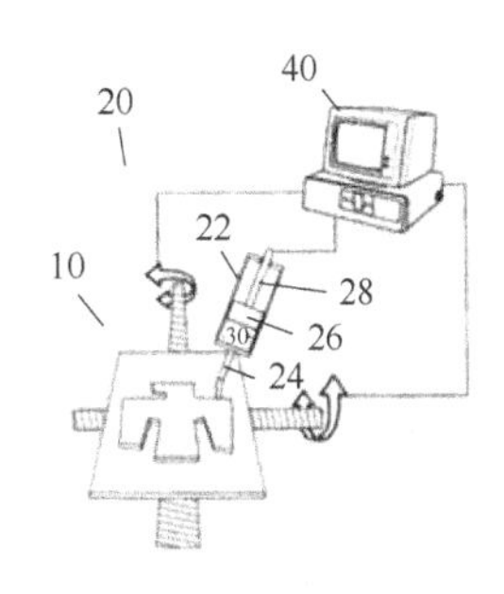

图 6-54　Cesarano J 的专利摘要示意图

DIW 工艺的设备商业化程度并不高，目前没有对其进行专门商业化的公司，通常均为科研工作者自行搭建，并自行配置打印的材料，开展某一领域的研究。国内浙江大学贺永教授团队，深耕 DIW 工艺多年，尤其聚焦生物凝胶材料的 DIW 打印，对相应的 DIW 设备、生物凝胶材料、组织工程生物活性等，开展了前瞻性的研究。近几年，贺永教授团队在满足自身研究需要的情况下，尝试将自行研制的 DIW 设备及生物凝胶材料进行产业化，且取得了不错的市场效果。

6.3.2 工艺过程及特点

（1）工艺过程

图 6-55 给出了 DIW 工艺过程示意图，具体为：

① 数据准备。获得零件三维模型并进行二维切片处理。

② 材料准备。配置材料墨水，根据打印模型的需要，选择合适的材料成分配置成具有一定流动性、黏度的浆料，作为 DIW 打印的材料，俗称材料墨水，并置于挤出针筒内。

③ 二维移动。挤出针筒及针头接受指令文件控制而进行 *X*、*Y* 二维移动，同时在气动、活塞、螺杆、热压、压电等不同方式的驱动压力下，墨水材料通过针头被挤出（针头直径视

材料情况在几十微米至几百微米之间），并沉积在多轴运动平台上，沉积的墨水材料在光照辐射、温度控制等不同的条件下，由浆料转变成固态（或溶胶态转变成凝胶态）而发生相变，形成稳定的二维结构。

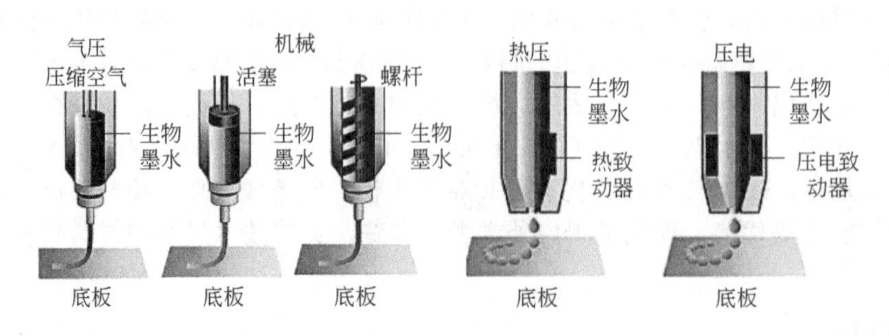

图 6-55 DIW 工艺过程示意

④ Z 向移动。多轴运动平台沿 Z 向下降一个给定的高度（即分层厚度），形成下一层熔融沉积的空间。

⑤ 层间结合。挤出针筒及针头在新的一层 X、Y 指令下移动，墨水材料则沉积至上一层原型表面上，同样发生上述相变的同时，层间材料黏结在一起。

⑥ 重复上述过程，直至整个三维结构打印完成。

DIW 工艺过程还需要指出两点：

① 根据三维模型的结构特点，必要的位置需要设置支撑结构部分。一般情况下，DIW 工艺使用快速固化相变手段，使其具有足够的机械强度来支撑随后的沉积结构。但是对于部分尺寸和重量悬殊较大的悬空结构，则需要专门设置支撑结构，维持稳定地沉积成形。

② 部分机械结构，其针筒及针头可以通过机械臂实现 X、Y、Z 三维移动，则此时沉积平台固定不动。

通常三维模型经过 DIW 工艺打印完成后，还需进一步后处理，通常有两个过程：

① 去掉支撑，打印过程中产生了支撑结构时，需要在后处理中将其去除。

② 再固化，通常在有限的打印时间中，浆料很难相变完全，需要进一步采取相应的措施，使三维模型完全转变成固态或凝胶态。根据材料相变所需不同外界触发条件，再固化措施一般有以下几种：冷冻干燥、离子溶液浸泡和紫外光后固化等，使三维模型进一步交联定型，增加强度和硬度。

（2）工艺特点

DIW 工艺具有以下比较明显的优点：

① 打印设备结构简单、成本低，且具有高度柔性和可扩展性。

② 墨水材料广泛，且可以实现多材料打印，通过多组分材料配置，获得黏度区间在 10^2～10^6MPa · s 的浆料，均可以实现 DIW 的打印成形。

③ 因为通常采用密封的针筒进行料储，方便、经济，且可以较好控制挥发异味，可以在办公环境下使用。

同样，DIW 也具有一定的局限性和缺点，分别是：

① 材料方面，需要考虑挤出过程具备较好的流变性能，包括较低的黏度和较好的流动性，并保持性能稳定以完成 3D 打印过程；同时，还应考虑沉积后，材料可以方便快捷的发生相变而转变成固态或凝胶态，因此，这对材料配置而言增加了难度，且通常需要进行大量的配置实验。另外，材料通常还需要再固化、烧结致密等复杂的后处理工序。

② 工艺方面，需要支撑结构，增加了耗材和后处理工序，增加了成本；同时，考虑材料质软的本身特性，结构不宜复杂，尺寸不宜过大；另外，通常因为材料沉积后发生相变较慢，打印速度不能过快，打印效率不高；最后还要指出，DIW 作为线成形方式的 3D 打印工艺，针头挤出后形成的流线是成形的最小几何单元，打印精度不够高。

（3）讨论

① 机械结构　近年来，不少研究人员利用光、热、旋转、振动等外场作用辅助 DIW 工艺，既扩展了 DIW 材料种类，又增加了 DIW 工艺的适用性和功能性，形成了一系列辅助手段的 DIW 工艺。

Lebel 等开发了紫外光辅助 DIW（UV-assisted DIW）工艺，如图 6-56 所示，低黏度的光敏性墨水材料被挤出喷头后能够在紫外光照条件下迅速发生光聚合反应，使其黏度增大，流动性下降，具有一定自支撑性，从而提高 3D 打印构件的成形精度。

Raney 团队开发了旋转辅助 DIW 工艺（Rotational-assisted DIW），如图 6-57 所示，并应用于含能材料的 3D 打印，将氧化剂和还原剂分别配置成打印墨水并从两侧注入喷头，在旋转电机和叶轮的作用下搅拌混合均匀后再由喷头挤出，打印成形。该方法不仅能够精确控制材料混合及打印的时间，提高打印墨水配方调节的灵活性，而且大大提高了含能材料墨水直写技术的安全性，避免了意外燃烧反应的发生。

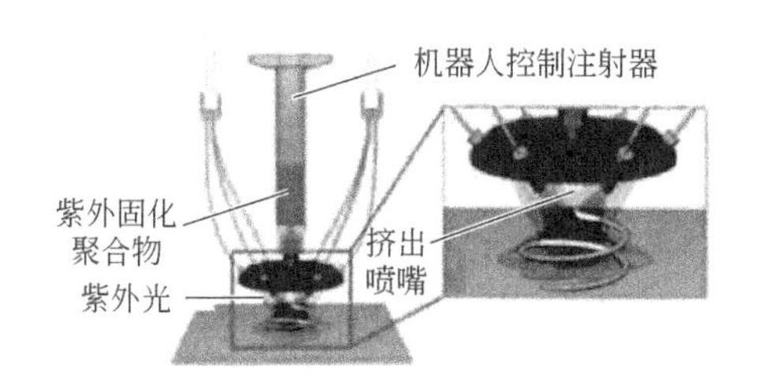

图 6-56　紫外光辅助 DIW 工艺

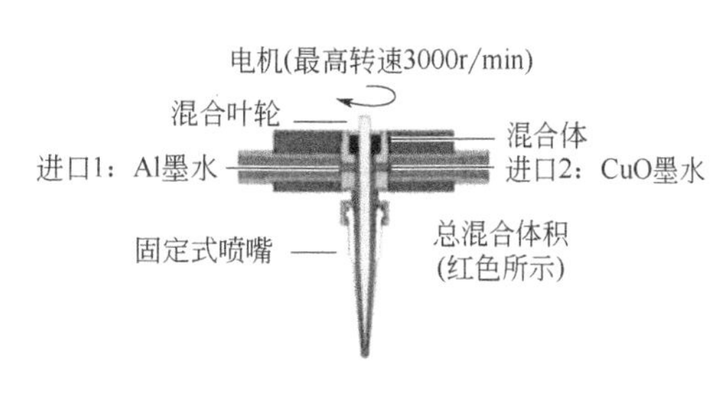

图 6-57　旋转辅助 DIW 工艺

Gunduz 团队在传统 DIW 喷头上安装了超声致动器，开发了振动辅助 DIW 工艺（Vibrational-assisted DIW），如图 6-58 所示。该工艺通过针头振动的方式有效降低高黏度材料在喷头中的流动阻力，提高流速，实现超高黏度材料的 3D 打印。

西安交通大学的刘红忠教授团队对传统 DIW 的沉积工作台进行辅助加热，形成热辅助 DIW 工艺（Heat-assisted DIW），如图 6-59 所示，并制作了全固态微型超级电容器的碳纳米管基叉指电极。他们将墨水材料直接沉积在加热的玻璃基板上，不仅可以在 3D 打印过程中使溶剂部分蒸发，基本消除打印后分层或烘干变形的问题，而且极大改善了两个重叠层之间的黏合性，最大程度地保持电极的结构完整性，增强电极的电化学性能。

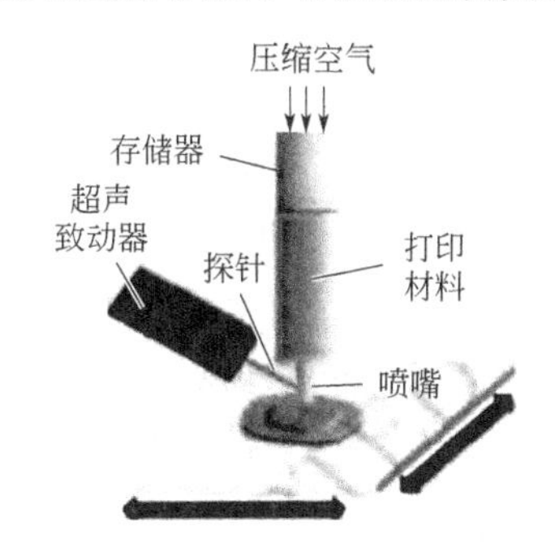

图 6-58　振动辅助 DIW 工艺

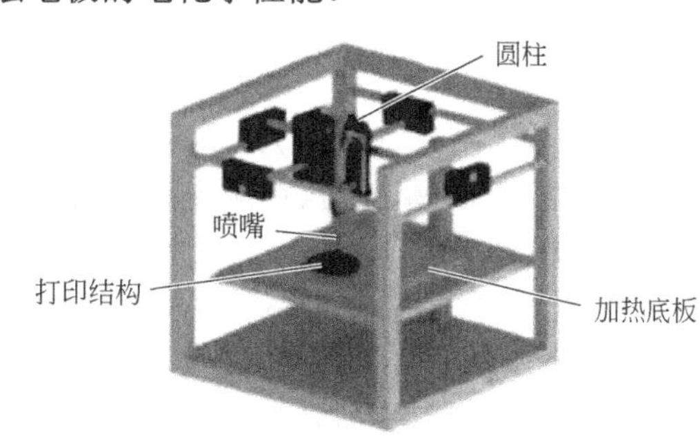

图 6-59　热辅助 DIW 工艺（一）

哈佛大学的 Jennifer A Lewis 团队则通过外螺旋形缠绕加热器，对传统 DIW 的墨水料筒进行加热，同样为热辅助 DIW 工艺（Heat-assisted DIW），如图 6-60 所示，实现了热塑性结晶材料的 3D 打印。

同样是哈佛大学 Jennifer A Lewis 团队，还创造性地将传统 DIW 与聚焦激光结合起来，开发了激光辅助 DIW 工艺（Laser-assis-ted DIW），如图 6-61 所示，该工艺利用聚焦的红外激光产生局部快速退火，能够实现二维及三维自支撑高电导率金属基材料的 3D 打印。

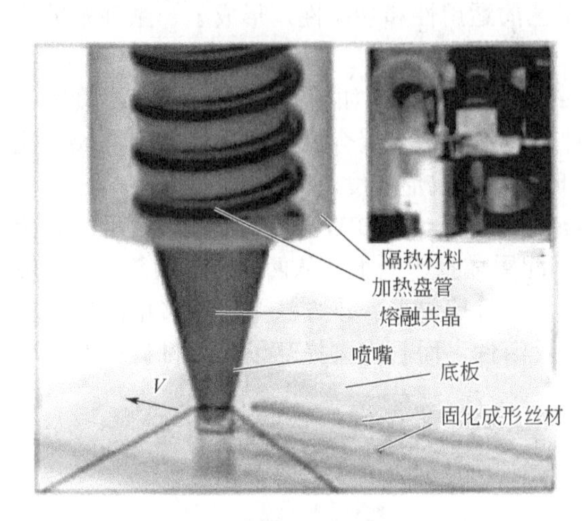

图 6-60 热辅助 DIW 工艺（二）

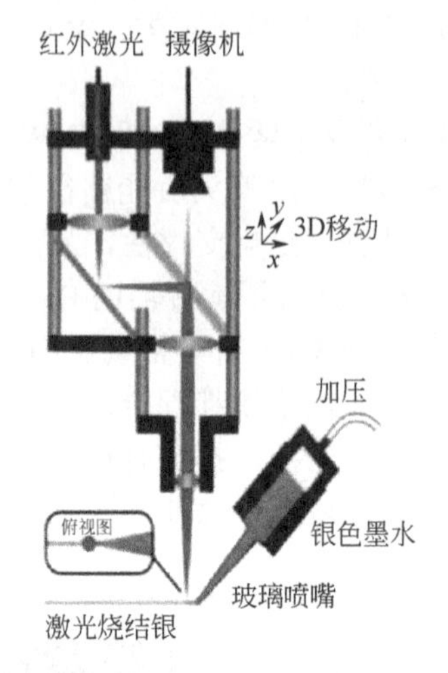

图 6-61 激光辅助 DIW 工艺

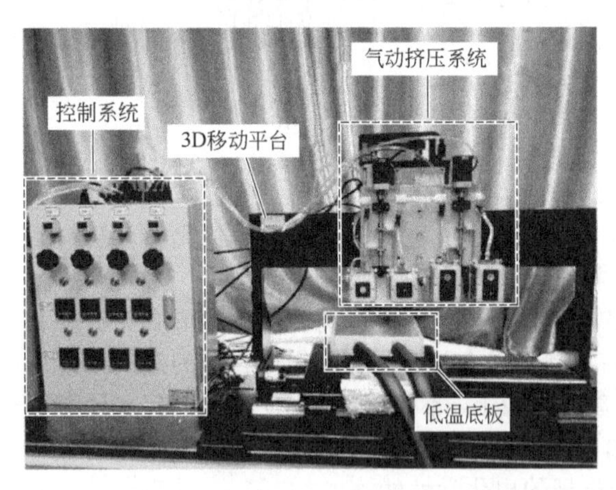

图 6-62 超低温挤出直写生物打印系统

华中科技大学石磊等人为解决小肠黏膜下层脱细胞（dSIS）的成形问题，开发了冷冻式 DIW 生物打印技术，也叫超低温挤出直写生物打印系统，如图 6-62 所示。与普通挤出直写生物 3D 打印技术相比，该技术最大的特点是在整个成形过程中成形区域始终处于超低温状态（通常低于 0℃），通过打印材料中溶剂的冷冻凝固原理，实现生物材料的高精度三维成形。他们基于实验室自主研发的四喷头超低温生物 3D 打印系统，以 dSIS 为基质材料，联合冷冻式 DIW 技术、冷冻干燥技术以及交联固化技术，设计出可靠合理的工艺路线，成功构建出具有可控宏微观多孔结构的 dSIS 皮肤组织工程支架。

② 挤出式/喷墨式 DIW 工艺目前常见的驱动压力形式有五种，分别为气动、活塞、螺杆、热压、压电，其中气动、活塞、螺杆驱动形式为挤出式，而热压、压电驱动形式为喷墨式，两种形式的设备非常相似，但两者的区别在于：

a. 墨水材料不同，喷墨式的墨水材料通常具有更低的模量值。

b. 作用压力不同，挤出式是持续施压，墨水材料离开喷嘴获得连续流线。而喷墨式是脉冲施压，墨水材料自喷嘴离开的瞬间呈离散液滴。热压驱动时，通过热电偶给予墨水材料局部高温而发泡，产生持续压力，而压电驱动时，则是通过改变喷头内压电材料两端的脉冲电压，引起压电材料的变形，进而产生脉冲压力。当然，需要指出的是，气动驱动的挤出式 DIW，也可以对气泵进行脉冲控制而实现脉冲施压，从而获得微滴喷射，但通常选择持续施压获得连续流线居多。

喷墨式 DIW，有学者称其为按需滴定（Drop-on-demand），其最小成形几何单元可以被认为是液滴，从这个角度讲，喷墨式 DIW 可以被认为是零维点成形 3D 打印。

③ 墨水材料　墨水材料配方设计是 DIW 工艺的难点之一，设计墨水材料配方时既要结合打印材料本身的固有特性，又要满足 DIW 工艺要求，需能够从打印喷头中连续稳定挤出且不发生堵塞。DIW 墨水材料一般满足以下四个特征：

首先，具有良好的稳定性。配方中各组分间相容性良好，不会发生化学反应。

其次，具有一定黏弹性和剪切致稀特性。既要保证墨水材料能够顺利地从喷头中挤出，打印层间保持良好的黏合性，同时又要满足墨水材料挤出后具有一定的“自支撑”性，能够保持稳定的形状且经历逐层沉积不易发生变形或坍塌。黏弹性和剪切速率间的数值关系，如图 6-63 所示。

再次，固液混合型墨水材料还需具有合适的固体含量。结合应用需求，墨水材料中的固体含量通常大于 45%，这样既可以保证材料在打印过程中保持良好的形状和完整的结构，也可以减弱在后续固化、烧结等后处理中产生的体积和形状变化。但固体含量的增加也会直接影响墨水材料的黏度和流变性能，可能导致针头堵塞。

最后，合适的流变性能。墨水材料应为剪切致稀材料，固化速率很慢的墨水材料必须具备较高的模量，而固化速率很快的墨水材料则只需具备较低的模量。一般情况下，墨水复合模量在 10^3～10^5Pa 之间，且储存模量 G'高于损耗模量 G''，如图 6-64 所示。

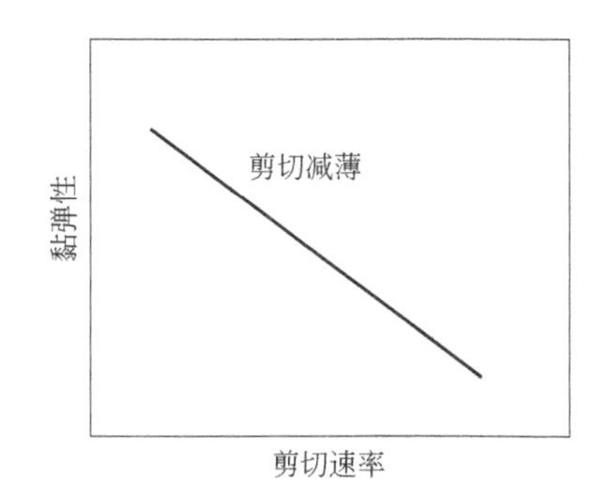

图 6-63　黏弹性和剪切速率间的数值关系

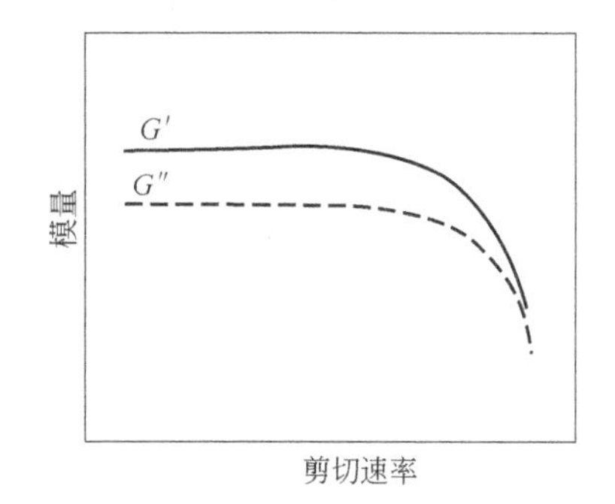

图 6-64　储存模量 G'/损耗模量 G'' 与剪切速率间的数值关系

常见的 DIW 墨水材料包括溶胶-凝胶墨水、固体颗粒胶态墨水、熔融聚合物墨水、蜡基墨水、聚电解质墨水等，其中溶胶-凝胶墨水使用最为广泛。

溶胶-凝胶墨水是水凝胶材料的一种。水凝胶其实存在于我们日常生活中的很多方面，果冻、豆腐、面膜、退烧贴等很多都是水凝胶构成，水凝胶的特点是含有大量的水，最大含水量可以超过 90%。溶胶-凝胶墨水的凝胶过程就是诱导分子交联构建出立体分子网络并固化成形的过程，常用的交联方式有温度交联、分子自组装交联、离子交联、静电交联、化学交联等五种方法。如果在溶胶-凝胶墨水中混入适当的细胞核生长因子，则称为生物溶胶-凝胶墨水，简称生物墨水，可以实现载细胞的生物 3D 打印。

常用的生物溶胶-凝胶墨水有海藻酸钠、明胶、透明质酸、PEGDA（聚乙二醇双丙烯酸酯）、GelMA（甲基丙烯酸酰化明胶）等。每种生物溶胶-凝胶墨水具有不同的凝胶条件和凝胶速度，也有着不同的生物应用。其中海藻酸钠、明胶应用最为广泛。海藻酸钠是典型的离子交联溶胶-凝胶材料，是从褐藻类的海带或马尾藻中提取碘和甘露醇之后的副产物，其分子由 β-D-甘露糖醛酸（β-D-mannuronic，M）和 α-L-古洛糖醛酸（α-L-guluronic，G）按（1→4）键连接而成，是一种天然多糖，具有药物制剂辅料所需的稳定性、溶解性、黏性和安全性。明胶是一种典型的温敏型溶胶-凝胶材料，明胶是胶原部分水解而得到的一类蛋白质，交联温度在室温附近，且凝胶/溶胶过程可逆，打印后的结构不易保存，需要二次交联定型，通常与离子敏感型或光敏感型水凝胶组成复合水凝胶，比如明胶/海藻酸钠复合水凝胶，采用温度交联和离子交联两种交联方式。

6.3.3 应用实例

DIW 工艺目前被广泛应用于组织工程、含能材料制备、微流控器件、超级电容器等领域，分别介绍如下。

（1）组织工程

DIW 工艺是目前最主流的载细胞 3D 打印方式，目前人体的多个器官组织的体外重建都有相关报道，尤其是软骨组织打印的报道最多，包括关节软骨、半月板、耳朵、皮肤等。原因是软骨组织的细胞组成比较简单，没有复杂的毛细血管。软骨组织 DIW 打印工艺实验研究，通常制定图 6-65 所示的打印策略，获得含细胞的关节软骨、半月板、耳朵、皮肤等一体化支架，分别如图 6-66（a）～（d）所示，并进行了相关临床前大动物体内植入实验。

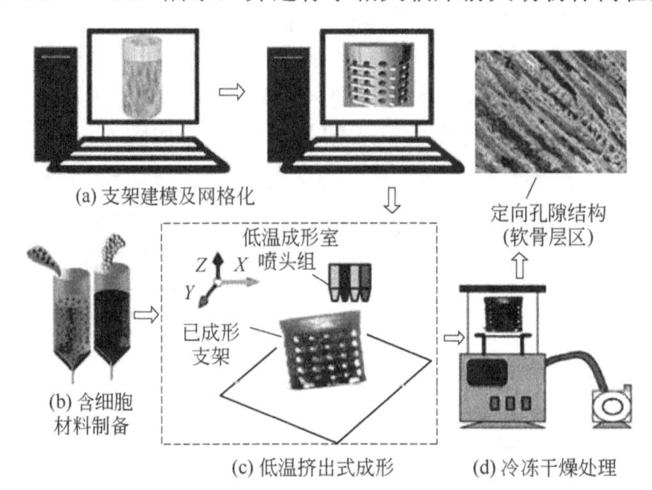

图 6-65　DIW 打印软骨组织策略

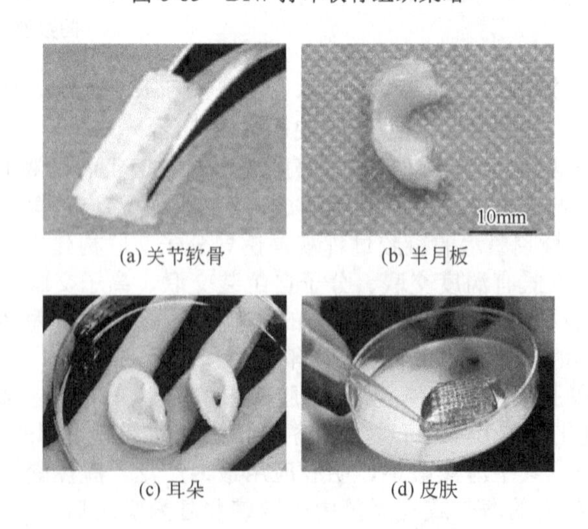

图 6-66　DIW 打印软骨组织

（2）含能材料制备

铝热剂是由铝粉和金属氧化物组成的一种典型亚稳态分子间复合物（Metastable Intermolecular Composites，MIC），是目前世界各国竞相研究的一类含能材料，能够发生热效应极高的铝热反应，具有能量密度高、燃烧速率快、燃烧效率高、摩擦和静电感度较低等优点，常作为高能添加剂用于提高固体推进剂或炸药配方的能量水平。而纳米铝热剂则主要在微含能器件中具有广阔的应用。然而，纳米颗粒导致墨水材料黏度增大、流变性能下降问题以及黏弹性墨水材料的不稳定和断裂问题，一直是DIW打印纳米铝热剂材料面临的最大挑战。西南科技大学王敦举团队提出了一种克服纳米铝热剂材料 DIW 打印局限性的新策略，即在Al/CuO纳米铝热剂墨水配方中加入一种新的氟橡胶黏合剂，该黏合剂能够在不产生明显变形和断裂的情况下，利用纳米粒子团聚效应，提高纳米铝热剂墨水配方的流变性能和剪切致稀特性。打印的微建筑模型如图6-67所示，不仅分辨率高，成形精度高，且具有较高的固体负载量（质量分数75%～90%），如图6-68所示，满足新型微含能器件含能材料燃烧速率可调及能量可控的要求。

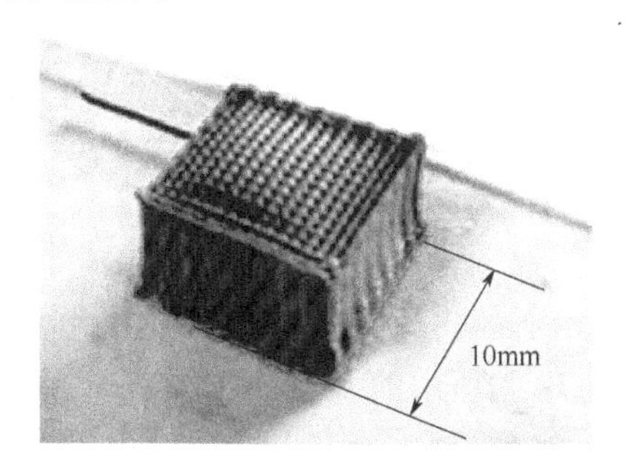

图6-67　DIW打印的Al/CuO纳米铝热剂微建筑模型

图6-68　DIW打印的Al/CuO纳米铝热剂微观形貌

2020年，西南科技大学王敦举团队联合中国工程物理研究院研究人员，以端羟基聚丁二烯（HTPB）和N100为黏合剂体系，开发了能够应用于CL-20/HTPB复合推进剂的高固含量CL-20（85%）含能墨水配方，利用DIW打印成多种复杂周期性三维结构模型，如图6-69所示。

图6-69　DIW打印CL-20/HTPB复合推进剂三维模型

2018年，印度科学研究院首次采用DIW工艺成功制得多种复杂药型结构的高能复合固体推进剂药柱，图6-70为打印过程，图6-71为各种推进剂药柱造型。他们以高氯酸铵（AP<125μm）为氧化剂，Fe_2O_3为燃烧催化剂，端羟基聚丁二烯（HTPB）为黏结剂，己二酸二辛酯（DOA）为增塑剂，异佛尔酮二异氰酸酯（IPDI）为固化剂，优化比例后组成打印墨水。

图 6-70　打印过程

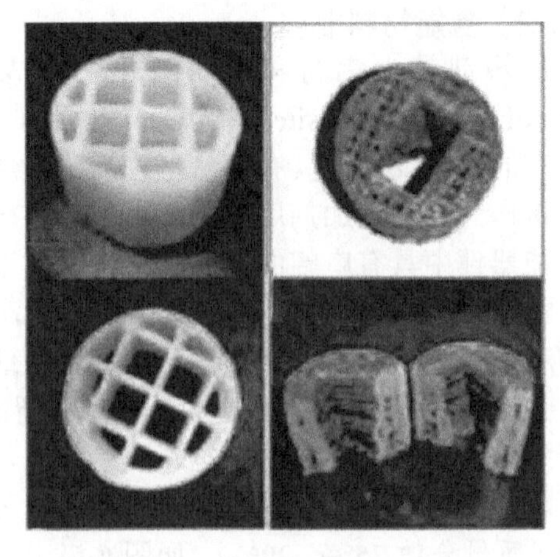

图 6-71　各种推进剂药柱造型

（3）微流控器件

由于微流控器件具有体积小、响应速度快和检测灵敏度高等特点，被广泛用于生物医药、化学合成、农业治理和环境检测等领域。DIW 制备微流控器件具备设计加工速度快、材料适应性广和成本低等优势，有效降低了微流控器件制造的资金和技术门槛，为设计制造兼具透明度和时间效益的微流控器件提供了一种极具吸引力的解决方案。

沈阳农业大学和辽宁省农业信息化工程技术研究中心的研究团队，以 Dowsil 732 为材料墨水，通过 DIW 打印了两个具体的微流控器件。图 6-72 为所用的 DIW 打印设备，图 6-73 为 340μm 喷嘴打印的通道示意图，图 6-74 为微混合器，图 6-75 为浓度梯度发生器。

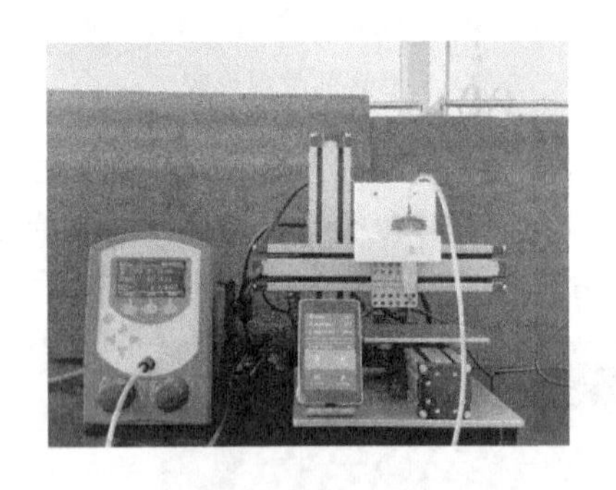

图 6-72　所用的 DIW 打印设备

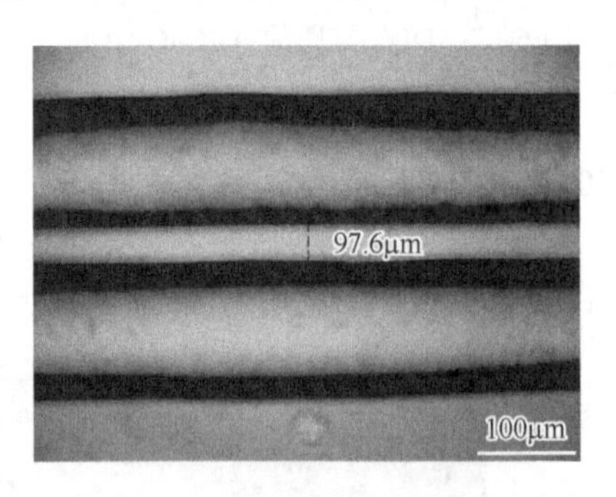

图 6-73　340μm 喷嘴打印的通道示意

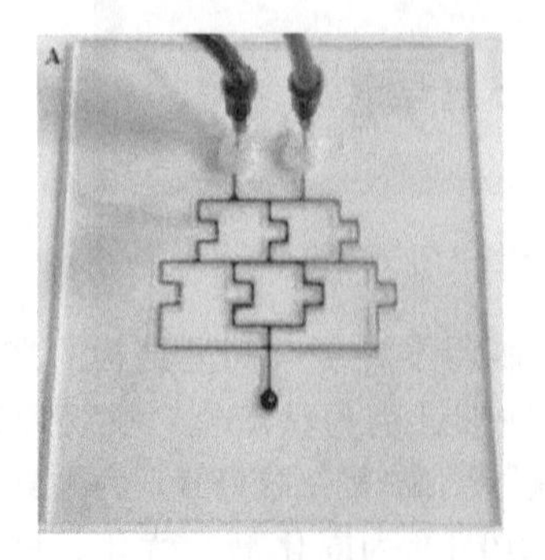

图 6-74　微混合器

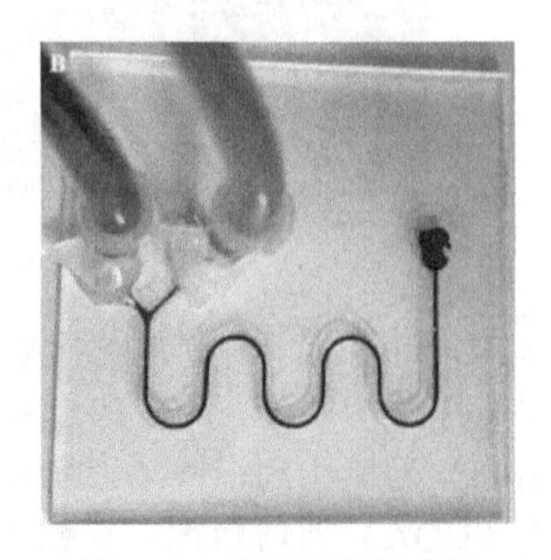

图 6-75　浓度梯度发生器

（4）超级电容器

中国科学院大连化学物理研究所吴忠帅研究员团队利用 DIW 构建水系高电压、高面容量的平面微型超级电容器。首先制备了活性炭（AC）和石墨烯（EG）复合水性油墨作为电极材料，20M LiCl/SiO_2 凝胶油墨作为电解质材料，两种油墨均具有较大的黏度和剪切变稀行为，适用于 DIW 工艺，打印过程如图 6-76 所示，获得不同电极层数的叉指形器件如图 6-77 所示。多层电极的构建可有效提升活性物质的载量，从而提高器件的面容量。同时，自支撑活性炭/石墨烯构成了电极内部的多孔结构，可以为离子和电子的快速传输提供途径，从而提高器件的电化学性能。

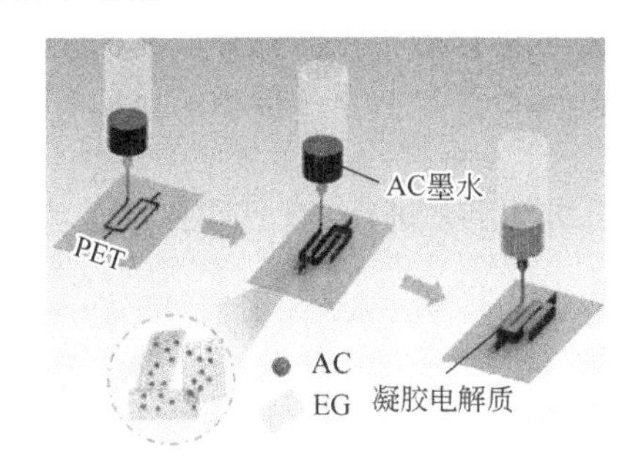

图 6-76 打印过程示意图

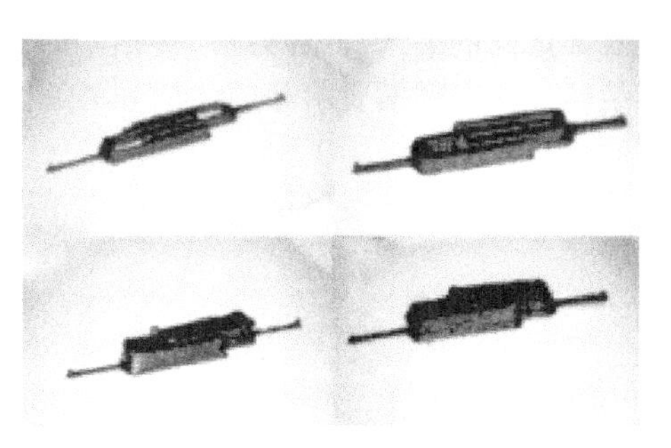

图 6-77 不同电极层数的叉指形器件

6.4 近场直写工艺

前述章节介绍了 FDM、EBFF、DIW 三种材料挤出、沉积成形方式的 3D 打印工艺，它们均采取了不同的送料形式，将不同材料呈丝状沉积至打印平台。静电纺丝（Electrospinning），国内一般简称为电纺，是指高分子流体在经过高压电场时受到电场力的作用而被拉伸雾化，此时雾化分裂出的物质不是微小液滴，而是聚合物微小射流，可以运行相当长的距离，最终固化成纤维，甚至可以是纳米级直径的纤维。该工艺发展近 100 年来，已经十分成熟。将静电纺丝工艺获得的丝材，控制其沉积路径，并逐层沉积获得三维模型，理论上是完全可行的，近场直写（Near Field Direct Writing，NFDW）就是将静电纺丝与增材制造思想完美结合的 3D 打印工艺。近几年，NFDW 工艺以其设备基础成熟、原材料适用范围广、成本低廉、工艺可控等优势，受到了国内外学者的青睐，其应用不断拓展。

6.4.1 简述

1902 年，美国人 J.F. Cooley 和 W.J. Morton 分别获得名称为“Apparatus for electrically dispersing fluids”“Method of dispersing fluids”的专利，他们两位最早提出通过两极间电场力将流体材料进行拉伸细化、沉积收集的想法，这被认为是静电纺丝的原始思想；1934 年、1940 年，美国人 Formhals 分别获得名称为“Process and apparatus for preparing artificial threads”“Artificial thread and method of producing same”的专利，均为对静电纺丝的进一步应用，用以制备人造丝线，这被认为是静电纺丝具体应用的开端。从科学基础来看，静电纺丝可被视为静电雾化或电喷的一种特例，静电雾化与静电纺丝的最大区别在于二者采用的工作介质不同，静电雾化采用的是低黏度的牛顿流体，而静电纺丝采用的是较高黏度的非牛顿流体。

2004 年 1 月至 2005 年 12 月，厦门大学的孙道恒教授受 Berkeley Scholarship Program 资

助，前往加州大学伯克利分校机械工程系进行访问研究，期间首次提出 Near-Field Electrospinning（NFES）概念，即近场静电纺丝，通过缩短喷嘴与收集平台的距离（0.5～3mm 之间），使纤维丝材在进入螺旋劈裂阶段发生紊乱之前，有序沉积在收集平台，方便控制纤维丝材的造型，实现所谓的近场静电纺丝，如图 6-78 所示，并可以获得直径 100nm 左右的纤维丝材。2008 年，孙道恒教授团队进一步提出 Direct-write Technology Based on Near-Field Electrospinning 概念，即静电纺丝直写，并用于微纳结构的制备。

2010 年 11 月 9 日，美国克莱姆森大学（Clemson University）的 Vince Beachley 获得一项名称为“Fabrication of three dimensional aligned nanofiber array”的专利，提出利用静电纺丝制备三维定向的纳米纤维阵列，提出了对杂乱无向的静电纺丝进行定向收集，并构建规则的三维结构，其专利摘要示意图如图 6-79 所示。Vince Beachley 一直从事静电纺丝的有序收集调控研究，并用于组织工程的构建。

总之，孙道恒教授以及 Vince Beachley 为通过静电纺丝工艺进行 3D 打印奠定了基础。

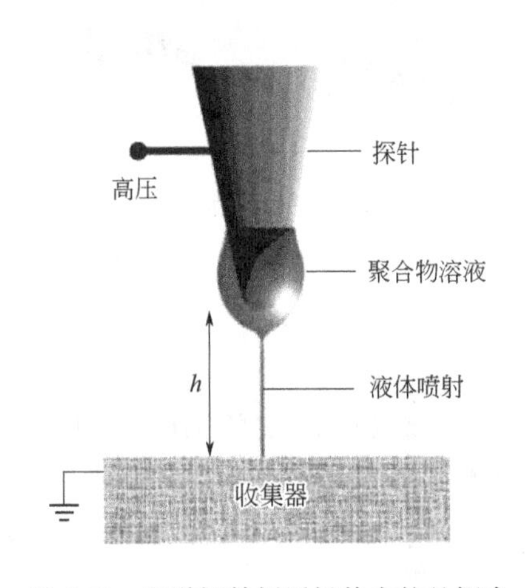

图 6-78　孙道恒教授近场静电纺丝概念

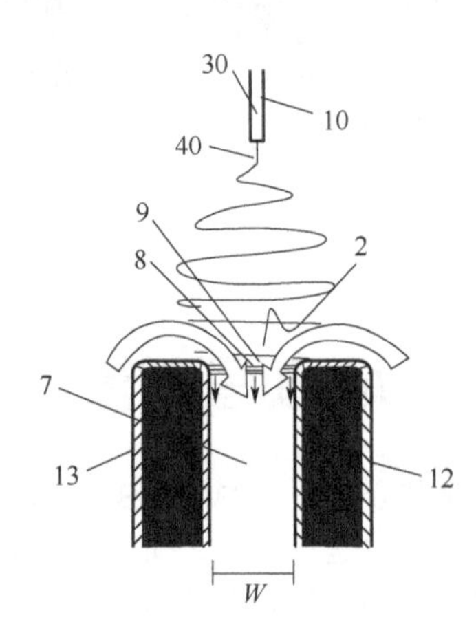

图 6-79　Vince Beachley 专利摘要示意图

2013 年，广东工业大学王晗团队获得了名称为“一种基于近场电纺直写技术的微纳三维打印机”的专利，该专利技术还先后被广州创赛生物医用材料有限公司、佛山轻子精密测控技术有限公司产业化，至此，静电纺丝直写 3D 打印机正式推出。后经业界和学术界多年发展，逐渐将该工艺名称简称为 NFDW（Near Field Direct Writing），并经过不断地研究和拓展，逐渐发展为今天广泛使用的 NFDW 工艺。

同 DIW 工艺相似，NFDW 工艺的设备商品化程度不高，通常主要是由科研工作者自行搭建，开展某一个领域的研究，要求科研工作者具备较好的机电控制基础，这也相应地提高了 NFDW 在科研领域的使用门槛，不利于 NFDW 的推广。国内广东工业大学王晗教授团队从事 NFDW 研究多年，对相应的设备工艺、纺丝材料、微纳结构制造及应用等，开展了前瞻性的研究，并将部分研究成果进行产业化，与佛山轻子精密测控技术有限公司联合研发和推出了 NFDW 打印系统 QZNT-M07，如图 6-80 所示，极大推动了 NFDW 工艺在生物支架、微流体芯片等领域的应用，取得了不错的市场效果。

6.4.2　工艺过程及特点

（1）工艺过程

图 6-81 给出了 NFDW 工艺过程示意图，具体为：

图 6-80 NFDW 打印系统 QZNT-M07 设备图

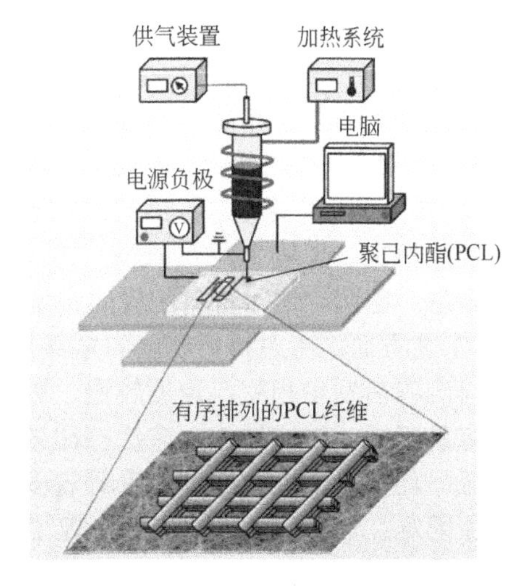

图 6-81 NFDW 工艺过程示意图

① 数据准备。获得零件三维模型并进行二维切片处理。

② 材料准备。配置纺丝材料，根据不同的需求，选择合适的材料成分，通过加热或者有机溶剂溶解的方式，配置成具有一定流动性、黏度的浆料，作为 NFDW 打印的材料，俗称墨水，并置于挤出针筒内。

③ 二维移动。多轴运动平台上的收集器接受指令文件控制而进行 *X*、*Y* 二维移动，同时在气动、活塞或螺旋等不同方式的驱动压力下，纺丝材料通过针头被挤出（针头内径视材料情况在几十微米至几百微米之间），通过针头与收集器之间的外加电势差产生的电场，针头附近的原料形成泰勒锥，突破表面张力形成超细纤维，并沉积在多轴运动平台的收集器上，纺丝材料在冷却/溶剂挥发过程中，从熔融/溶液的流体状态转变为固态，形成二维结构。

④ *Z* 向移动。挤出针筒及针头沿 *Z* 向上升一个给定的高度（即分层厚度），形成下一层熔融沉积的空间。

⑤ 层间结合。多轴运动平台上的收集器在新的一层 *X*、*Y* 指令下移动，纺丝材料则在沉积至上一层原型表面上，同样发生上述相变的同时，层间材料黏结在一起。

⑥ 重复上述过程，直至整个三维结构打印完成。

NFDW 工艺过程还需要指出以下三点：

① 部分机械结构，其多轴运动平台上的收集器可以通过机械臂实现 *X*、*Y*、*Z* 三维移动，则此时挤出针筒及针头固定不动。

② 纤维形貌受针头距离、气压、电压、加热温度、环境温湿度、材料种类、运动平台速度和加速度等多种复合条件限制。在打印前，要调整、优化参数，并予以保存，以便下次使用。

③ 根据需求可以使用阵列多针头打印，提高直写的效率。

（2）工艺特点

NFDW 工艺具有以下比较明显的优点：

① 打印设备结构简单、成本低，且具有高度柔性和可扩展性。

② NFDW 能够以附加、非接触、实时调节和单独控制的方式在刚性或柔性、平面或弯曲基板上大规模沉积纳米纤维结构，且具有高取向性、有序性。

③ 打印材料广泛，且可以实现多材料复合打印，通过多组分材料配置，获得具有特定功

能的材料，如记忆性材料、发光性材料、医用植入材料等，均可以打印成纤维结构应用到不同领域。

④ 料储方便、经济，因为通常采用密封的针筒进行料储，方便、经济，且可以较好控制挥发异味，可以在办公环境下使用。

同样，NFDW 也具有一定的局限性和缺点，分别是：

① 材料方面，需要考虑挤出过程具备较好的流变性能，包括较低的黏度和较好的流动性，并保持性能稳定以完成 3D 打印过程；同时还应考虑，沉积后材料可以方便快捷地发生相变而转变成固态，因此，这对材料配置而言增加了难度，且通常需要进行大量的配置实验。

② 工艺方面，考虑材料质软的本身特性，结构不宜复杂，尺寸不宜过大；另外，通常情况下材料沉积后发生相变，速度较慢，因此，打印速度不能过快，打印效率不高；残留的纺丝材料容易凝固、堵塞针头，多次打印效率低；纤维形貌和三维结构调控困难，因为受到电场、气压、环境温湿度、运动精度等较多因素的综合影响，尤其对于微纳级别的纤维和精密结构更加困难；最后还要指出，NFDW 作为线成形方式的打印工艺，针头挤出后形成的流线是成形的最小几何单元，打印精度不够高。

（3）讨论

① 机械结构　为了提高 NFDW 打印工艺的精度，广东工业大学王晗教授团队先后针对 NFDW 打印系统的控制系统、针头部分进行了改进研究。首先，团队开发了一种静电纺丝打印精度调节装置，如图 6-82 所示。该装置的核心是引入了检测电路，从而检测静电纺丝的电流值，并及时反馈给控制器，从而调节电源输出电压，通过形成闭环控制，提高打印精度。其次，团队开发了一种基于探针的高精度打印系统，如图 6-83 所示。该装置的核心是改变传统针头的空心结构，而利用实心钨探针做引导，将针筒内通电的打印材料持续引出，借助实心钨探针足够小的针尖所形成的尖端效应，使纺丝直径足够小，大幅提高打印精度，且成功实现直径较细的生物支架结构的打印。

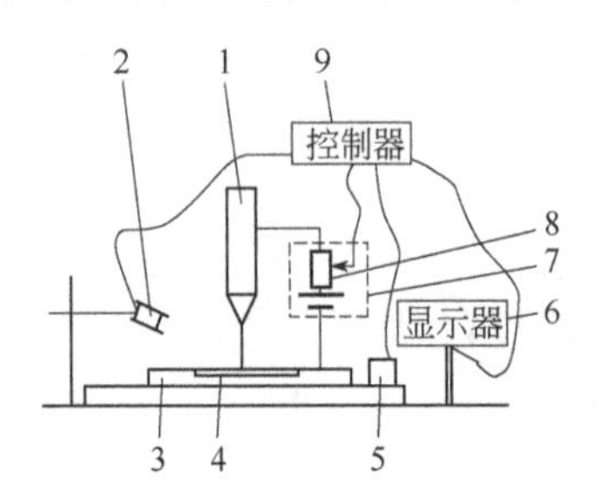

图 6-82　NFDW 打印精度调节装置结构示意

1—注射泵；2—图像采集器；3—打印板；4—电流计；5—温湿度传感器；6—显示器；7—电源件；8—电位器；9—控制器

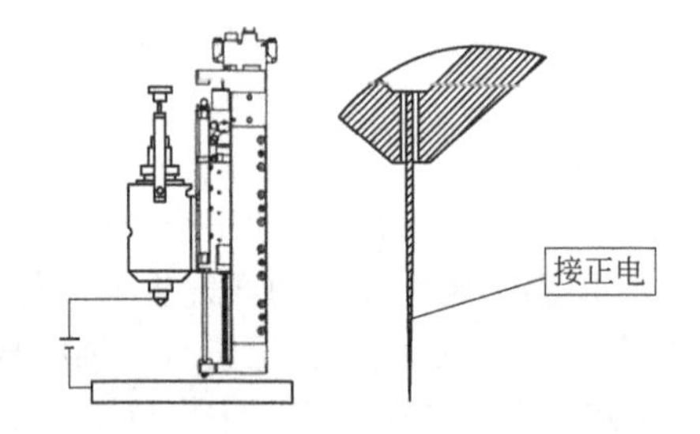

图 6-83　基于探针的高精度打印系统及钨探针示意

为了解决针筒内残留纺丝材料凝固、堵塞针头的问题，更加方便、快捷地进行多次打印，同样是广东工业大学王晗教授团队，研发了一种熔体纺丝注射器的清洗装置，如图 6-84 所示。该清洗装置通过不断地进行加液溶解和加压排出，保证注射器（针筒）内部的残留物被完全清洗干净，最后继续通过加压通气，干燥注射器（针筒）。

② 纺丝材料　目前，单一聚合物材料、聚合物基复合材料均可以作为 NFDW 的纺丝材料，例如，PCL、PLA、PLGA 等数十种聚合物及其复合材料，已被证实可以作为 NFDW 的纺丝材料，其中 PCL 是 NFDW 中应用最广泛的纺丝材料，这是因为其熔点低、凝固快，具有

良好的可纺性。而且，PCL 是一种可生物降解的聚酯，将其应用在生物工程领域，具有极大的优势。另外，聚合物进一步添加功能相或增强相，将会获得更多的纺丝材料和应用领域。

通常，具有高导电性的聚合物熔体很容易从喷丝头流出，但是当施加电压增大时，会形成不稳定的射流。相反，绝缘材料缺乏表面电荷的作用力，作用在挤出流体的静电拉伸力最小。一般导电率介于 10^{-6}～10^{-8}S/m 的流体，最有可能形成稳定的泰勒锥。聚合物的材料特性，如电导率、黏度、立构规整度、热性能等，对建立稳定射流和形成可控的纤维直径具有重要影响，而上述性能均与分子量密切相关，因此，选择合适分子量的聚合物有利于形成稳定的纺丝过程。

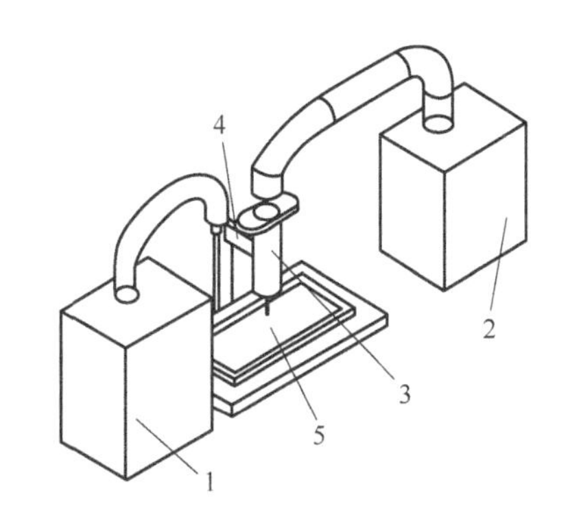

图 6-84　熔体纺丝注射器的清洗装置结构示意

1—加液机构；2—加压机构；3—注射器；4—机械臂；5—收集机构

6.4.3　应用实例

NFDW 工艺目前被广泛应用于骨修复等组织工程、半导体器件、纳米通道与微流控器件等领域，分别列举如下。

(1) 骨修复

大量研究表明 NFDW 支架在骨修复方面有较大潜力，主要有 2 个原因：一是其多功能性、易用性和制造过程的精确控制，二是定制的骨组织工程支架具有不规则形状的结构和性能。除此之外，骨组织工程支架为细胞提供一个导电的微环境，模拟人体组织的多尺度结构并能作为一个提供药物（生物分子）的优良载体。

① 王晗教授团队通过 NFDW 打印了 PCL 微线阵列，用于引导细胞取向排列，如图 6-85 所示。结果表明，细胞在 PCL 微线阵列的排列效应明显，并且细胞的排列效应随着纤维间距的增大而减弱。基于此，团队进一步通过 NFDW 制备了 PCL/PEG/罗红霉素的生物支架，如图 6-86 所示，用于预防骨科手术可能引起的骨感染，其中 PEG 和罗红霉素的加入，可以提高支架的水接触角。而团队最新的成果是，将 NFDW 和普通无序纺丝相结合制备了微/纳分级支架，其中 PCL 通过 NFDW 获得微米尺度纤维网格结构，而明胶通过普通无序纺丝制备随机的纳米纤维结构，明胶纳米纤维的加入使支架变得亲水，且使支架具有更高的细胞黏附率、更强的细胞增殖能力和更强的骨诱导能力，如图 6-87 所示。

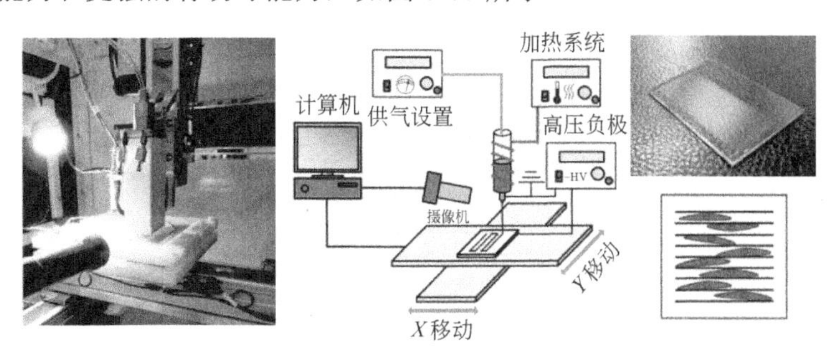

图 6-85　NFDW 打印 PCL 微线阵列实物图与示意图

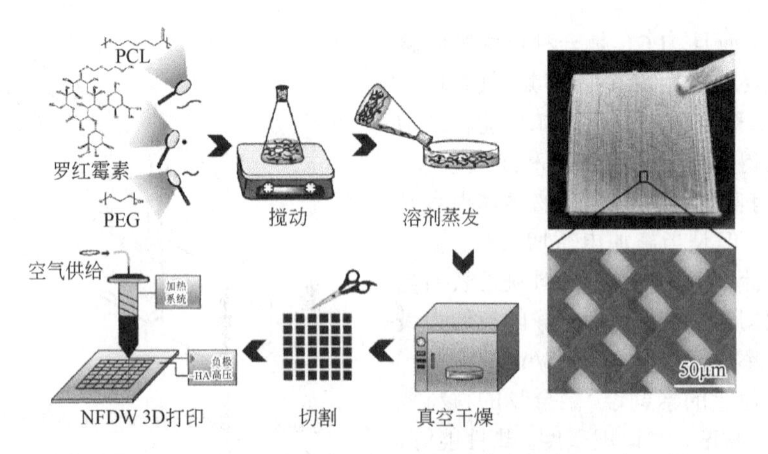

图 6-86　NFDW 3D 打印 PCL/PEG/罗红霉素生物支架制备示意图

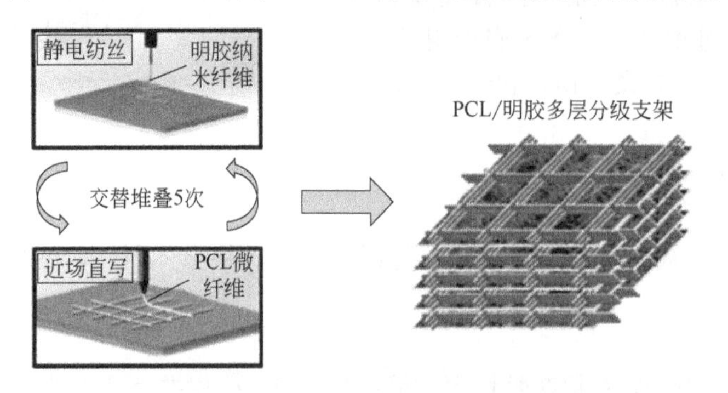

图 6-87　将 NFDW 和普通无序纺丝相结合制备微/纳分级支架示意图

② Abdalla Abdal-hay 等制备了一种掺杂羟基磷灰石的 PCL 复合纤维支架，如图 6-88 所示，通过掺杂羟基磷灰石，可以增强生物活性；此外，相比于 PCL 支架，掺杂羟基磷灰石的 PCL 复合纤维支架在碱性环境中降解更快，为成骨细胞的浸润和生长提供了有利的条件。

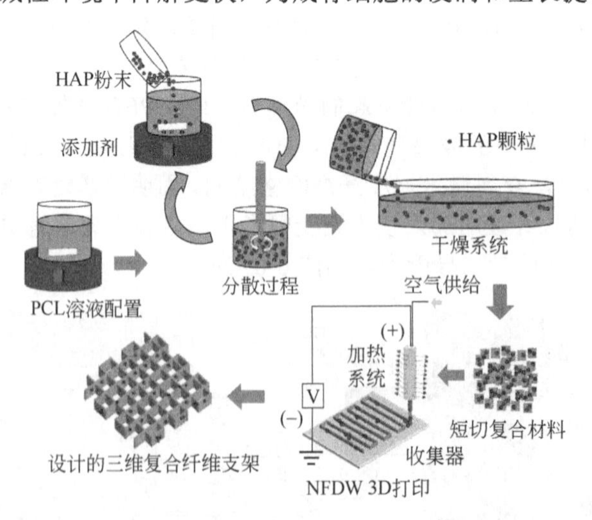

图 6-88　NFDW 3D 打印掺杂羟基磷灰石的 PCL 复合纤维支架示意图

（2）半导体器件应用

随着电子技术的快速发展，对微纳电子器件和半导体器件的要求也越来越高，该研究领域也逐步得到更多研究工作者的关注。近年来，已经有研究人员将 NFDW 与器件平台相结合来进一步改善现有电子器件和半导体器件的性能，但是怎样实现 NFDW 与器件的有效组合仍具挑战。

① 董小兵等利用 NFDW 制备传感器电极薄膜并进行烧结，配置纳米银导电墨水为打印材料，建立 NFDW 打印相适应的数学模型，实现高精度打印的同时，使打印得到的电极保持优异的电学性能，并探索了其在全打印柔性传感器中的应用，如图 6-89 所示。

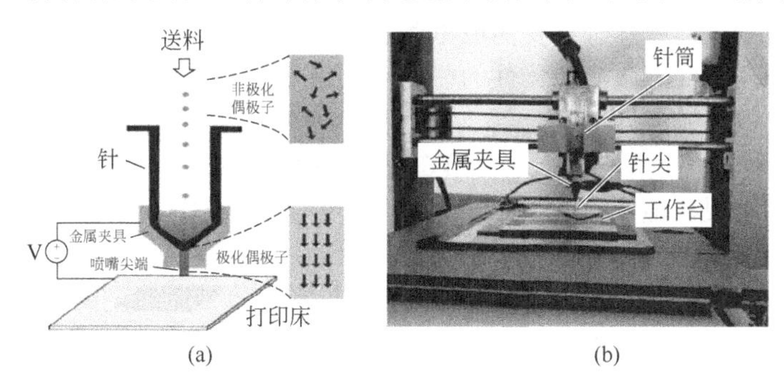

图 6-89　NFDW 打印纳米银导电墨水制备传感器电极薄膜示意图及实物图

② 2013 年，Wang 等利用 NFDW 在三维硅材质的接收板上制备了精确、有序的功能性纳米氧化锌纤维，并论证了其与器件平台集成的能力及可行性。基于此，进一步制备了单根氧化锌纳米纤维场效应晶体管，如图 6-90 所示，并对其进行了表征，结果表明 NFDW 工艺制造微/纳米器件具有很大的应用潜力。

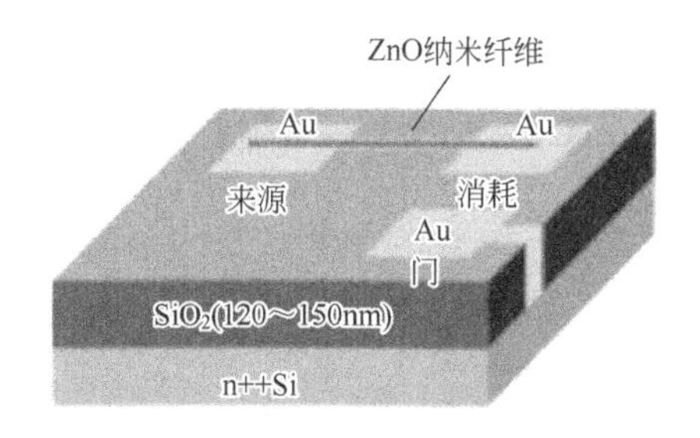

图 6-90　单根 NFDW 氧化锌纳米纤维场效应晶体管示意图

2013 年，Min 等利用 NFDW 精确、可控地制备单根纳米线，直接在仪器的基体上获得大面积有机半导体纳米线阵列，并将 p 型和 n 型有机半导体纳米线组装成互补性逆变器电路，如图 6-91 所示，表现出较高的最大场效应迁移率和较低的接触电阻。这说明 NFDW 获得的半导体纳米线阵列，可用于制备大面积、柔性纳米电子器件。

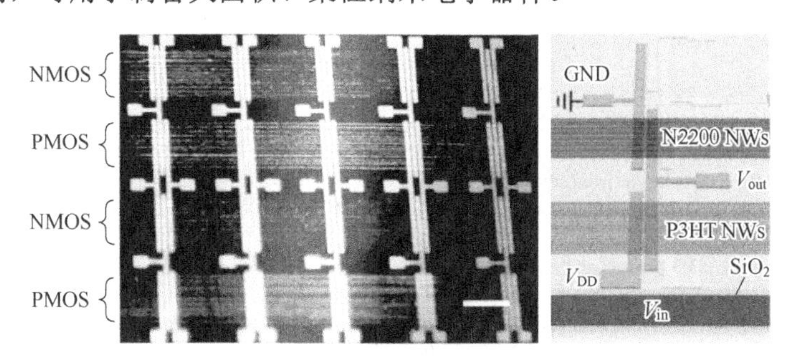

图 6-91　NFDW 打印有机半导体纳米线组装成互补性逆变器

2015 年，Luo 等以打印纸作为收集装置所设计的近场直写静电纺丝工艺成功地实现了纺丝过程中的直写和“自对准”，这一过程使得纤维能够以可控的方式有序堆叠，制备出具有特定结构的静电纺丝纳米纤维材料。从制造技术的角度来看，这种近场直写静电纺丝技术可以弥补传统静电纺丝技术和传统 3D 印刷技术的差距，推进微/纳米制造技术的发展。

（3）纳米通道与微流控器件

基于纳米通道（Nanochannels）的微流控器件，在分析化学、基因组和蛋白质组研究、环境监测以及保健诊断等领域具有重要的应用前景，吸引了众多学者的研究兴趣。制备纳米通道是获得低成本、高精度的微流控器件的前提和关键。迄今为止，已经有诸多技术用在纳米通道的开发和制作中，如高分辨率光刻技术，例如电子束、聚焦离子束、激光等，但是这些技术需要精细的操作和昂贵的设备，不利于工业化生产。2018 年，广东工业大学王晗教授团队通过 NFDW，简单灵活地实现了纳米通道和微流控器件的制备，具体过程如图 6-92 所示：首先用 NFDW 直接制备微米级 PCL 的 2D 或 3D 图形；接着将 PDMS 浇注在 PCL 图案上；然后把复制了 PCL 图案的 PDMS 剥离下来；最后通过热压将带微通道的 PDMS 粘接到另一层 PDMS 上。基于此，分别制备了 T 字形和十字形结构的微流控器件，在不同的通道注入红色和蓝色墨水，通过控制流速，可以形成层流，通过注入油，可以形成微液滴，验证了该方法获得的微流控器件的有效性，如图 6-93 所示。

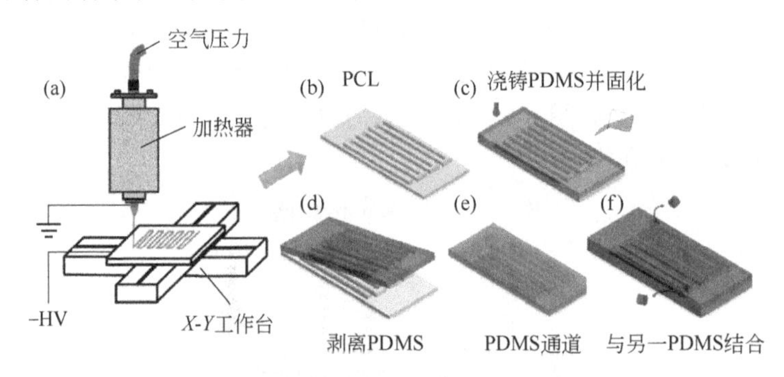

图 6-92　NFDW 制备纳米通道和微流控器件示意图

图 6-93　微流控器件的有效性

参考文献

［1］https：//www.qianzhan.com/analyst/detail/220/180507-e30f6f77.html.

［2］Scott Stecker.Electron Beam Layer Manufacturing：U.S. Patent 8546717B2［P］. 2013-10-1.

［3］Scott Stecker. Electron Beam Layer Manufacturing：U.S. Patent 9399264B2［P］. 2016-7-26.

［4］Scott Stecker. Electron Beam Layer Manufacturing：U.S. Patent 10189114B2［P］. 2019-1-29.

［5］巩水利，等. 电子束熔丝沉积成形技术及应用［M］. 北京：机械工业出版社，2013.

［6］Mike Wall. Space station's 3D printer makes wrench from “beamed up” design［N］. https：//www.space.com/28095-3d-printer-space-station-ratchet-wrench. html. 2014-12-23/2018-1-28.

［7］Janet Anderson. Full circle：NASA to demonstrate refabricator to recycle，reuse，epeat［N］. https：//www.nasa.gov/ mission_pages/centers/marshall/images/refabricator. html. 2017-08-28/2018-1-28.

［8］陈国庆，树西，张秉刚，等. 国内外电子束熔丝沉积增材制造技术发展现状［J］. 焊接学报，2018，39（8）：7.

［9］ Hafley R，Taminger K，Bird R. Electron beam freeform fabrication in the space environment［C］. Aiaa Aerospace Sciences Meeting & Exhibit. 2007.
［10］ https：//baijiahao. baidu. com/s?id=1605797122755630241&wfr=spider&for=pc.
［11］ Iii J C，Calvert P D. Freeforming objects with low-binder slurry：US6027326［P］. 2000.
［12］ Iii J C，Calvert P D. Method for freeforming objects with low-binder slurry：US6401795［P］. 2002.
［13］ Cesarano J，Segalman R，Calvert P. Robocasting Provides Moldless Fabrication fiom Slurry Deposition. 1998.
［14］ Lewis J A，Smay J E，Stuecker J，et al. Direct ink writing of three ỏ imensional Ceramic Structures［J］. Journal of the American Ceramic Society，2006，89（12）：3599-3609.
［15］ http：//wnlo. hust. edu. cn/info/1602/9963. htm.
［16］ 姜一帆，赵凤起，李辉，等. 墨水直写增材制造技术及其在含能材料领域的研究进展［J］. 火炸药学报，2022，45（1）：1-19.
［17］ Lebel L L，Aissa B，Khakani M，et al. Ultraviolet-assisted direct-write fabrication of carbon nanotube/polymer nanocomposite microcoils［J］. Advanced Materials，2010，22（5）：592-596.
［18］ Raney，Jordan R，et al. Rotational 3D printing of damage-tolerant composites with programmable mechanics［J］. Proceedings of the National Academy of Sciences of the United States of America，2018.
［19］ Gunduz I E，McClain，et al. 3D printing of extremely viscous materials using ultrasonic vibrations［J］. Additive Manufacturing，2018.
［20］ Yu，Wei，Li，et al. 3D printing of interdigitated electrode for all-solid-state microsupercapacitors［J］. Journal of Micromechanics & Microengineering，2018.
［21］ Kotikian A，Truby R L，Boley J W，et al. 3D printing of liquid crystal elastomeric actuators with spatially programed nematic order［J］. Advanced Materials，2018，30（10）.
［22］ Skylar-Scott M A，Gunasekaran S，Lewis J A. Laser-assisted direct ink writing of planar and 3D metal architectures［J］. Proceedings of the National Academy of Sciences of the United States of America，2016：6137.
［23］ 石磊. 基于冷冻挤出直写生物打印技术的小肠粘膜下层皮肤组织工程支架制备研究［D］. 武汉：华中科技大学，2019.
［24］ https：//baike. baidu. com/item/%E6%B5%B7%E8%97%BB%E9%85%B8%E9%92%A0/10329869?fr=aladdin.
［25］ Mao Yaofeng，Zhong Lin，Zhou Xu，Zheng Dawei，Zhang Xingquan，Duan Tao，Nie Fude，Gao Bing，Wang Dunju. 3D printing of micro-architected Al/CuO-based nanothermite for enhanced combustion performance［J］. Advanced Engineering Materials，2019，21（12）：1900825.
［26］ Wang D，Guo C，Wang R，et al. Additive manufacturing and combustion performance of CL-20 composites［J］. Journal of Materials Science，2020，55（7）.
［27］ Chandru R A，Balasubramanian N，Oommen C，et al. Additive manufacturing of solid rocket propellant grains［J］. Journal of Propulsion & Power，2018，34（4）：1-4.
［28］ Jin Y，Xiong P，Xu T，et al. Time-efficient fabrication method for 3D-printed microfluidic devices［J］. Scientific Reports，2022（1233）.
［29］ Liu Y，Zheng S，Ma J，et al. Aqueous high-voltage all 3D-printed micro-supercapacitors with ultrahigh areal capacitance and energy density［J］. Journal of Energy Chemistry，2021.
［30］ Cooley J F. Apparatus for electrically dispersing fluids：U. S. Patent 692，631［P］. 1902-2-4.
［31］ Morton W J. Method of dispersing fluids：U. S. Patent 705，691［P］. 1902-7-29.
［32］ Anton F. Process and apparatus for preparing artificial threads：U. S. Patent 1,975,504［P］. 1934-10-2.
［33］ Anton F. Artificial thread and method of producing same：U. S. Patent 2,187,306［P］. 1940-1-16.
［34］ Beachley V，Wen X. Fabrication of three dimensional aligned nanofiber array：U. S. Patent 7，828，539［P］. 2010-11-9.
［35］ Beachley V，Katsanevakis E，Zhang N，et al. A novel method to precisely assemble loose nanofiber structures for regenerative medicine applications［J］. Advanced healthcare materials，2013，2（2）：343-351.
［36］ Sun D，Chang C，Li S，et al. Near-field electrospinning［J］. Nano Letters，2006，6（4）：839-842.
［37］ Zheng G，Wang L，Sun D. Micro/nano-structure direct-write technology based on near-field electrospinning［J］. Nanotechnology and Precision Engineering，2008，6（1）：20-23.
［38］ 王晗，李敏浩，陈新，陈新度，秦磊. 一种基于近场电纺直写技术的微纳三维打印机［P］. 广东：CN103407293A，2013-11-27.
［39］ 郑嘉伟，白见福，吴植英，林嘉煌，申启访，陈剑，周金成，梁锐鑫，李响，王晗. 一种静电纺丝打印精度调节装置［P］. 广东：CN206521539U，2017-09-26.
［40］ 申启访，郑嘉伟，吴植英，陈剑，白见福，林嘉煌，周金成，梁锐鑫，李响，王晗. 一种持续供液装置［P］. 广东：CN206521538U，2017-09-26.
［41］ 李烁，陈村，辛正一，黄庆宗，罗越锋，骆志明，胡学峰，王晗. 一种熔体纺丝注射器的清洗装置［P］. 广东省：CN209222712U，2019-08-09.
［42］ Brown T D，Dalton P D，Hutmacher D W. Melt electrospinning today：An opportune time for an emerging polymer process［J］. Progress in Polymer Science，2016，56：116-166.
［43］ 何潇，何扬波，朱少奎，何黎冰，王晗，王翀. 3D 打印骨组织工程支架的制备技术［J］. 生物骨科材料与临床研究，2021，18（03）：83-86+91.
［44］ Liang F，Wang H，Lin Y J，et al. Near-field melt electrospinning of poly（ε-caprolactone）（PCL）micro-line array for cell alignment study［J］. Materials Research Express，2018，6（1）：015401.
［45］ Bai J，Wang H，Gao W，et al. Melt electrohydrodynamic 3D printed poly（ε-caprolactone）/polyethylene glycol/roxithromycin scaffold as a potential anti-infective implant in bone repair［J］. International Journal of Pharmaceutics，2020，576：118941.
［46］ Abdal-hay A，Abbasi N，Gwiazda M，et al. Novel polycaprolactone/hydroxyapatite nanocomposite fibrous scaffolds by direct melt-electrospinning writing［J］. European Polymer Journal，2018，105：257-264.

[47] 董小兵. 基于电驱动近场直写的纳米银电极打印与烧结技术研究［D］. 长沙：湖南大学，2020.
[48] Wang X，Zheng G，He G，et al. Electrohydrodynamic direct-writing ZnO nanofibers for device applications［J］. Materials Letters，2013，109：58-61.
[49] Min S Y，Kim T S，Kim B J，et al. Large-scale organic nanowire lithography and electronics［J］. Nature Communications，2013，4（1）：1-9.
[50] Luo G，Teh K S，Liu Y，et al. Direct-write，self-aligned electrospinning on paper for controllable fabrication of three-dimensional structures［J］. ACS Applied Materials & Interfaces，2015，7（50）：27765-27770.
[51] Vieu C，Carcenac F，Pepin A，et al. Electron beam lithography： resolution limits and applications［J］. Applied Surface Science，2000，164（1-4）： 111-117.
[52] Menard L D，Ramsey J M. Fabrication of sub-5 nm nanochannels in insulating substrates using focused ion beam milling［J］. Nano Letters，2011，11（2）： 512-517.
[53] Bityurin N，Afanasiev A，Bredikhin V，et al. Colloidal particle lens arrays-assisted nano-patterning by harmonics of a femtosecond laser［J］. Optics Express，2013，21（18）：21485-21490.
[54] Zeng J，Wang H，Lin Y，et al. Fabrication of microfluidic channels based on melt-electrospinning direct writing［J］. Microfluidics and Nanofluidics，2018，22（2）：1-10.

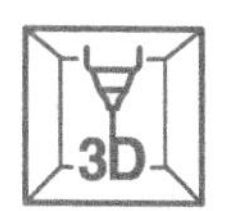

第7章 二维面成形工艺

作为三维结构的最小成形几何单元，除了零维点、一维线，当然还有二维面。面成形方式的3D打印工艺最能体现“分层制造-逐层累积”的增材制造思想，也是在增材制造思想孕育阶段最早出现的一种构想。最早将该思想转化为具体的产品方案并予以产业化的是Michael Feygin，他于1984年提出相关设想，并于1985年组建了Helisys公司（后为Cubic Technologies公司）进行产业化，1988年获得授权专利，后来在1990年推出第一台商业机LOM-1015，如图7-1所示。随后，又很快升级了设备推出加工能力更强的LOM-2030，如图7-2所示，将二维层片作为最小成形几何单元的3D打印工艺方式——叠层实体制造（Laminated Object Manufacturing，LOM），就此诞生。

图7-1 Helisys公司的第一台商业机LOM-1015

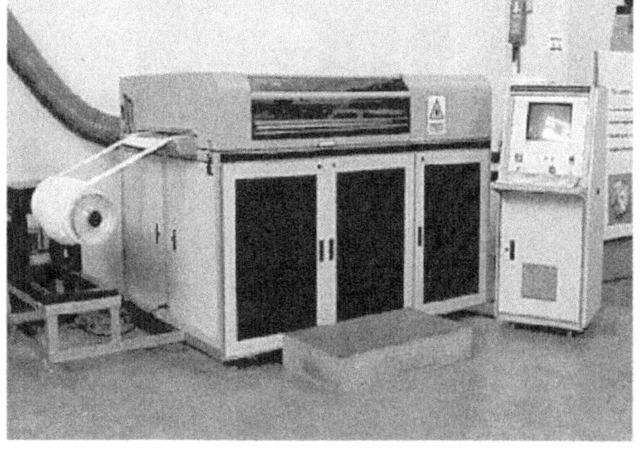

图7-2 Helisys公司的商业机LOM-2030

研究和开发LOM工艺3D打印机的单位，在国外除了美国的Helisys公司，还有日本的Kira公司、Sparx公司，以色列的Soldimension，以及新加坡的Kinergy公司；而国内则以华中科技大学和清华大学等高校为代表，且新加坡Kinergy公司的技术来源即为华中科技大学。华中科技大学1994年第一台LOM样机开发成功，名称为快速成形样机HRP-Ⅰ，并经几轮改进，成功推向市场，如图7-3所示为HRP-ⅢA设备；华中科技大学后与新加坡Kinergy公司合作开发商业化机型，名称为RPM，后改名为Zippy，也成功推向市场。

在LOM工艺的打印成形过程中，3D成形的最小几何单元为二维面。继LOM之后，同

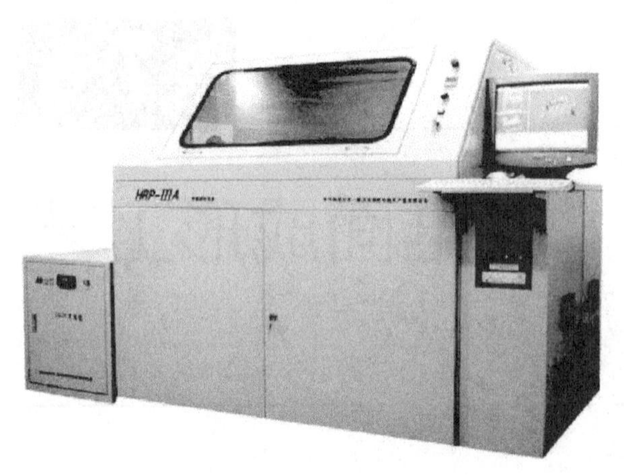

图 7-3　华中科技大学 HRP-ⅢA 设备

样利用薄材材料借助其他手段将薄材材料切割成形的原理，又陆续出现了来自于以色列 Soldimension 公司的 Solido 工艺。由于其累积成形的最小几何单元为二维面，打印精度受限，材料受限，该类型 3D 打印工艺不仅市场逐渐萎靡、衍生发展缓慢，甚至曾经一度退出了历史舞台。然而，2019 年末，爱尔兰 Malahide 的 Clean Green3D 公司，收购了成立于 2005 年同样位于爱尔兰的 Mcor Technologies 公司（总部位于 Dunlear），推出了选择性沉积层片技术（Selective Deposition Lamination，SDL），专门从事纸质 3D 打印系统的设计、开发和制造，尤其是他们推出了可以彩色打印的 CG-1 打印机，如图 7-4 所示，所打印的彩色模型如图 7-5 所示，这使得该类型工艺又重新获得了发展的生机，引起了人们的关注。

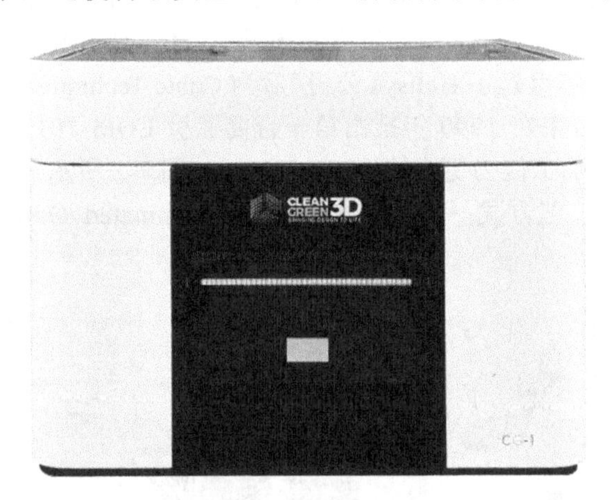

图 7-4　Clean Green3D 公司的 CG-1 设备

图 7-5　Clean Green3D 公司打印的彩色模型

虽然 Solido 工艺、SDL 工艺与 LOM 工艺比较，在机械结构、材料类型、黏合机制等方面有较大区别，但是它们均遵循“逐层累积”的增材制造原理，且最小的成形几何单元均可以定义为二维面，因此本书将此三个 3D 打印工艺划分为一类，定义为二维面成形 3D 打印工艺。

7.1　叠层实体制造工艺

7.1.1　简述

叠层实体制造（Laminated Object Manufacturing，LOM）获得的模型见图 7-6、图 7-7。其材质在 LOM 专利文件中指出，理论上覆胶的纸张、塑料膜、金属片、陶瓷片等薄材，均可以作为 LOM 原材料，然而 LOM 主要以廉价、环保的纸张为主原材料，因此，模型零件的性能仅相当于高级木材；其造型的复杂程度，因为通过将复杂三维结构分割为每层二维下的切割成形，所以，通常也可以获得与传统数控加工相媲美的复杂程度。当然，因为二维的最小几何单元，显然没有零维、一维几何单元的自由度高，因此造型的复杂程度没有办法与前述章节 3D 打印工艺相比。另外，受限于纸张厚度不能太小，不可回避的一个现象是，LOM 获得的 3D 打印零件，其表面质量和精度一般，甚至可以观察到表面比较明显的层间阶梯纹。

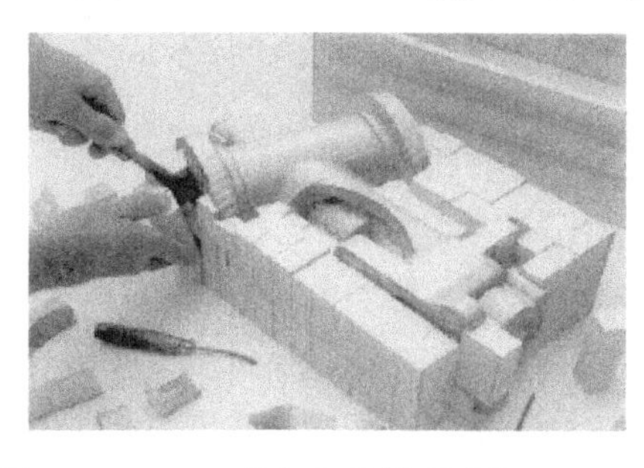

图 7-6　LOM 工艺打印的模型零件（一）

图 7-7　LOM 工艺打印的模型零件（二）

LOM 工艺在国内曾经获得清华大学、华中科技大学等高校的研发和关注，也在市场上获得包括铸造企业在内不错的应用。清华大学曾经称呼该工艺为切片实体制造（Slicing Solid Manufacturing，SSM）。

7.1.2　工艺过程及特点

（1）工艺过程

图 7-8 给出了 LOM 工艺过程，具体如下：

① 数据准备。获得零件三维模型并进行二维切片处理。

② 铺放纸张。收料轴和供料轴协作铺放新的一层纸张至加工平面区域内。

③ 二维移动。激光器生成激光束（通常为 CO_2 激光器生成红外激光束），经光学系统、扫描器到达纸张加工平面；激光束接受指令文件控制进行 X、Y 二维移动；激光束经聚焦、照射作用于加工平面内最上面的一层纸张，使光斑内的纸张瞬间被燃烧、气化而产生切割加工；激光束的切割加工，包括三个路径：一是从整个纸卷上进行下料的路径（通常为工作台的轮廓路径），二是成形零件模型的横截面轮廓路径，三是非零件区域余料部分的纵横碎切路径，如图 7-9 所示。

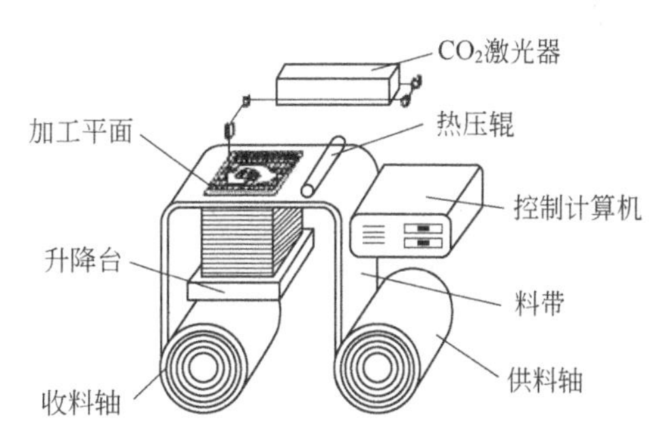

图 7-8　LOM 工艺过程示意

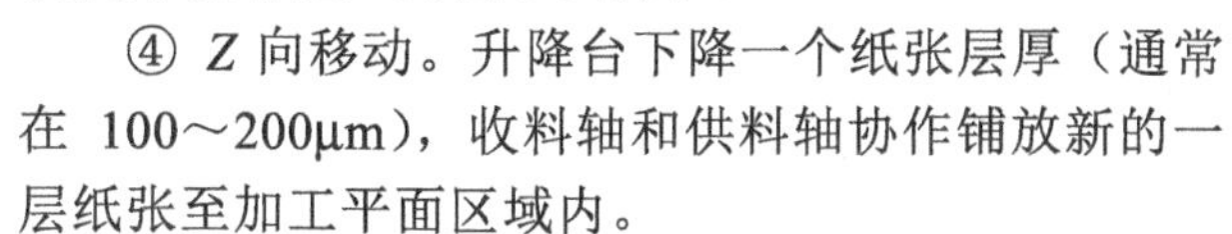

④ Z 向移动。升降台下降一个纸张层厚（通常在 100～200μm），收料轴和供料轴协作铺放新的一层纸张至加工平面区域内。

⑤ 层间结合。经热压辊加热加压，使纸张背面的热熔胶熔化，并在压力作用下，新的一层纸张与上一层纸张黏结在一起；然后激光束在新的一层 X、Y 指令下移动，产生新的一层纸张的切割。

⑥ 重复上述过程，经过逐层打印，零件逐渐埋没于叠层形成的方块内并最终成形，其中零件与方块的关系如图 7-10 所示。

LOM 工艺其实还具有传统切削工艺的影子，只不过它不是用大块原材料进行切割，而是将原来的零部件模型分割成多层，然后进行逐层切割。

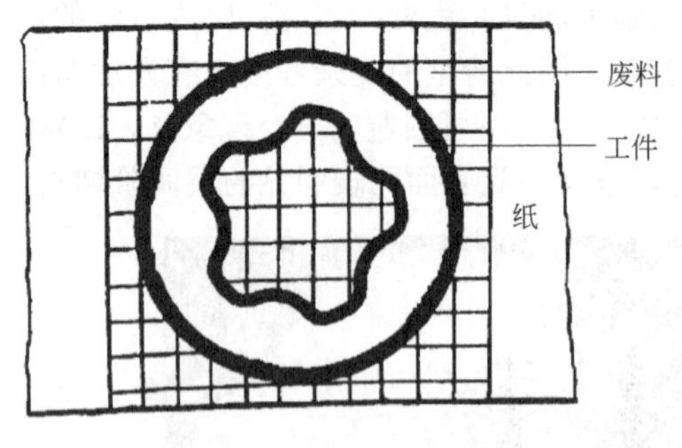

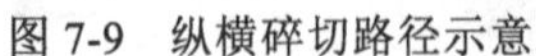
图 7-9　纵横碎切路径示意

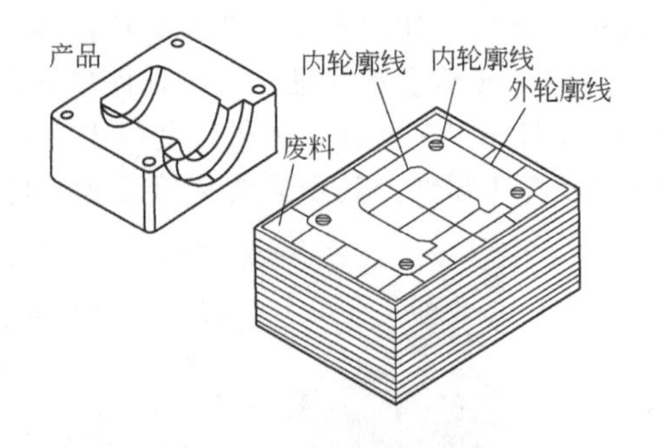

图 7-10　零件与方块的关系

零件经过 LOM 打印完成后，还需进一步进行后处理，通常有两个过程：

① 剥离余料　因为零件被完全埋藏在纸张叠层获得的方块木料内，因此，需要将零件从其中剥离，图 7-6 所示即为余料剥离的过程。显然纸张作为环保无污染材料，可以进行回收循环利用。

② 表面处理　首先，打印完成后，模型零件通常都需要使用砂纸进行磨光，提高表面光洁度；另外，根据需要，有的零件可以浸胶强化处理，或者进行密封漆涂覆防潮处理，并增加模型表观效果。

（2）工艺特点

LOM 工艺具有三个比较明显的优点：

① 成形效率高，由于 LOM 工艺无需打印整个切面，只需要使用激光束将物体轮廓切割出来，所以成形速度较快，常用于加工内部结构简单的大型物件。

② 材料成本较低且环保无污染，没有涉及化学反应。

③ 无须支撑结构，且收缩和翘曲变形可控。

然而，LOM 工艺也具有一定的局限性和缺点，分别是：

① 需要激光成本高，且需要专门的实验室环境（有纸张被引燃的危险），维护费用高。

② 需要剥离等烦琐的后处理工艺，且通常有些机械结构剥离比较困难。

③ 材料利用率低，因为属于切割、减材方式获得成形，因此有较大比例余料产生。

④ 精度一般，通常在 Z 方向的精度受材质层厚决定，仅为 0.2～0.3mm，X 和 Y 方向的精度仅为 0.1～0.2mm。

⑤ 受原材料的限制，成形件的抗拉强度和弹性较差。

⑥ 不能制造中空结构件，难以构建精细形状的物件，仅限于结构简单的物件。

（3）讨论

LOM 工艺，逐层切割薄材，是减材类型的加工方式，产生一定程度的余料，较其他 3D 打印工艺，材料利用率较低。但 LOM 工艺的确较好地体现了“分层制造-逐层累积”的增材制造思想，因此也被业界公认为 3D 打印工艺方式之一。同时指出，纸张等薄材可以很好地获得回收利用。

7.1.3　应用实例

由于 LOM 技术本身的缺陷，故采用该技术的产品较少，应用的行业也比较狭窄。LOM 多用于以下几个领域：

（1）直接制作纸质或薄膜等材质的功能制件，用在新产品开发中的外观评价、设计验证

根据鲁得贝公司提出的系列车灯产品开发要求，在产品设计的基础上，利用 LOM 进行各

种车灯的模型制造。图 7-11 为某轿车前照灯的 LOM 模型，图 7-12 为轿车后组合车灯的 LOM 模型，图 7-13 为一汽六平柴后组合灯 LOM 模型。

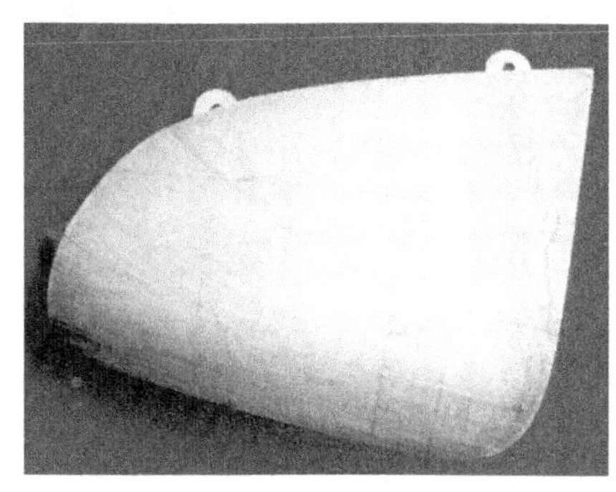
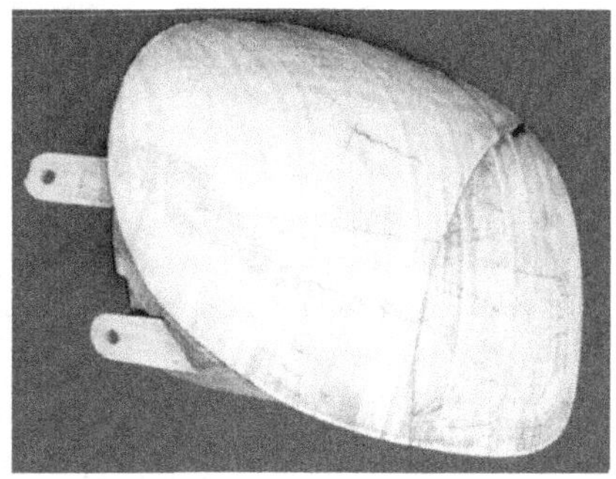

图 7-11 轿车前照灯 LOM 模型

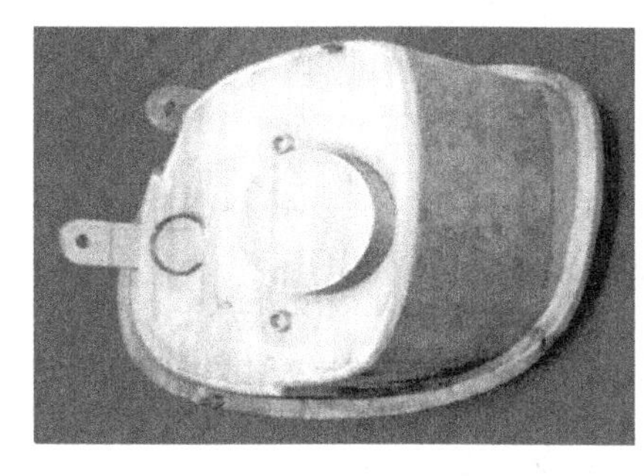
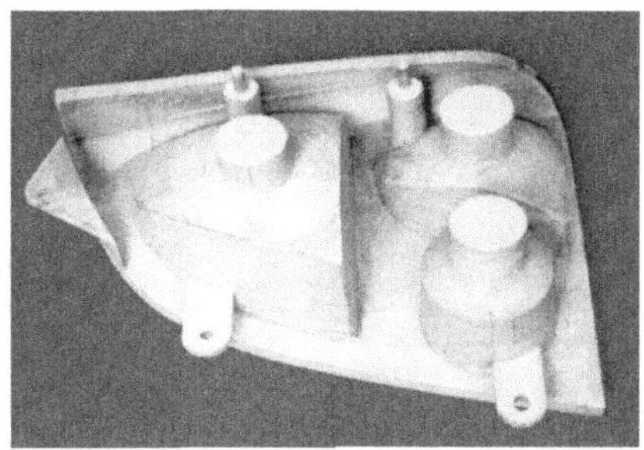

图 7-12 轿车后组合车灯 LOM 模型

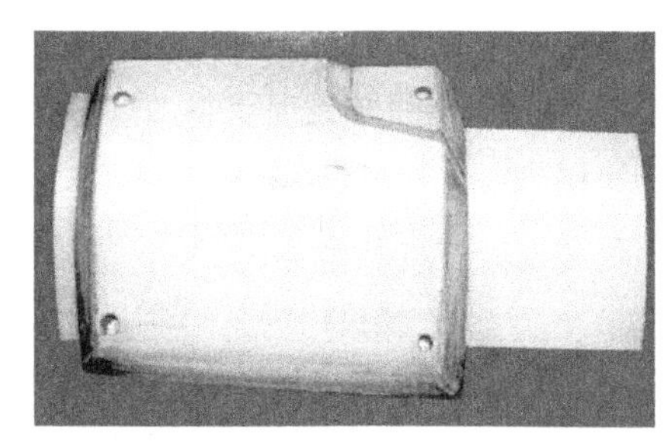
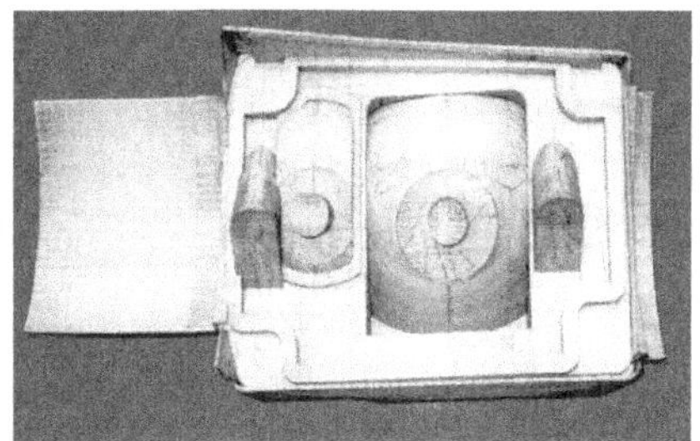

图 7-13 一汽六平柴后组合灯 LOM 模型

根据山东某通信公司提出的探测仪产品开发要求，在产品设计的基础上利用 LOM 进行产品模型制作。图 7-14 为探测仪长柄部分模型，图 7-15 为探测仪探头部分模型。

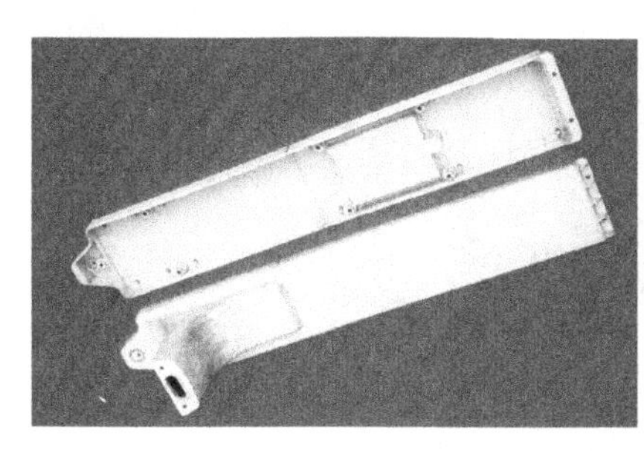
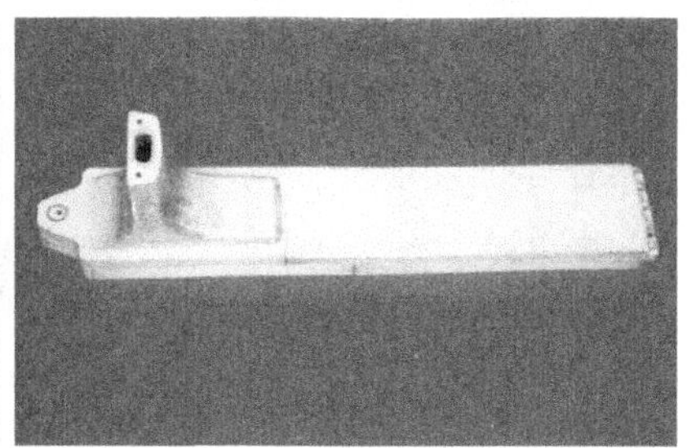

图 7-14 探测仪长柄部分模型

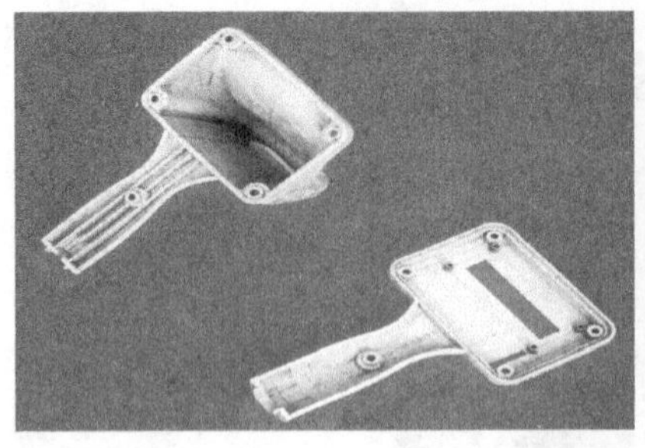
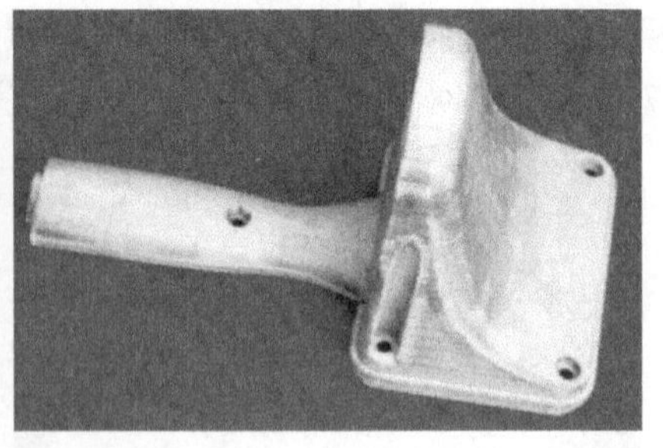

图 7-15　探测仪探头部分模型

根据山东某通信公司提出的信号发生器产品开发要求，在产品设计的基础上利用 LOM 进行了产品模型制作。图 7-16 为信号发生器上盖、下盖及组合体。

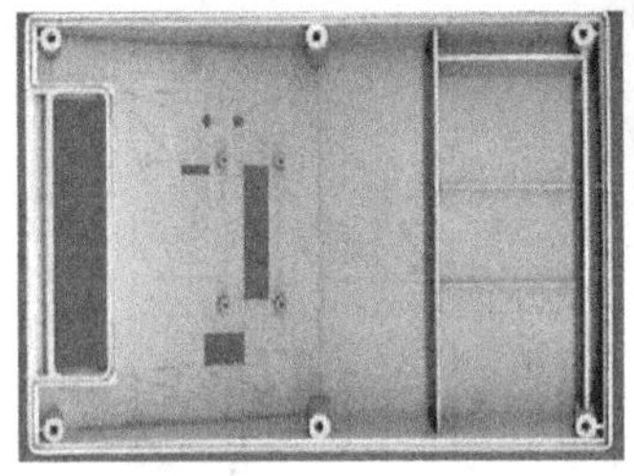
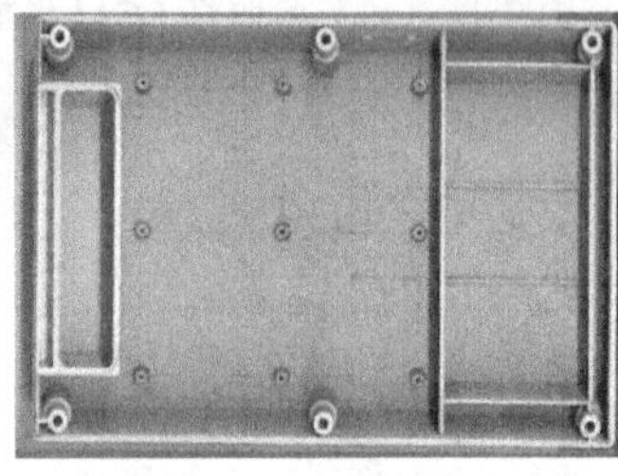

图 7-16　信号发生器上盖、下盖及组合体

（2）通过真空注塑机制造硅橡胶模具，试制少量新产品

硅橡胶软模在小批量制作具有精细花纹和无拔模斜度甚至倒拔模斜度的样件方面具有突出的优越性，几乎所有的 3D 打印原型都可以作为硅橡胶模具制作的母模。图 7-17 为义耳模型的制作实例，首先通过 CT 获得人体耳朵的扫描数据，经提取处理获得 STT 数据，进一步获得切片数据，利用 LOM 打印机获得人体耳朵的 LOM 原型，然后翻制硅橡胶模具，使用生物树脂，并进行人体耳朵的快速复制，获得义耳。通常，还可以进一步对生物树脂进行调色，达到与人体肤色一致的效果。

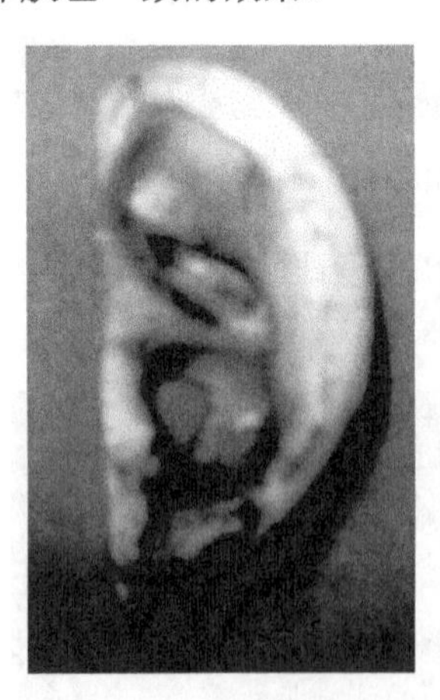

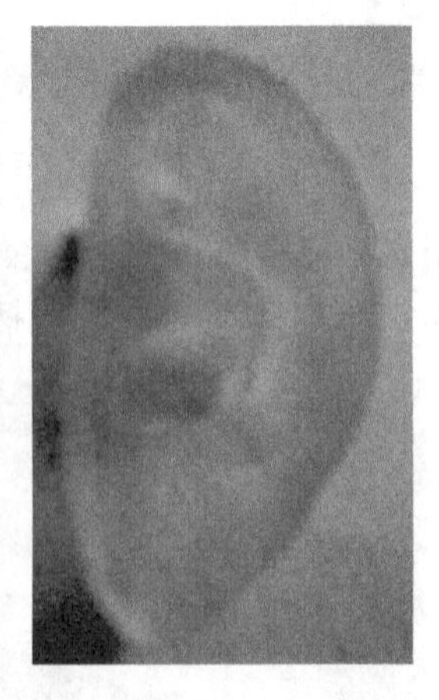

图 7-17　采用 LOM 义耳原型翻制硅橡胶模具并复制义耳

图 7-18 为采用 LOM 原型翻制硅橡胶模具并进行产品快速复制的另一个实例。

  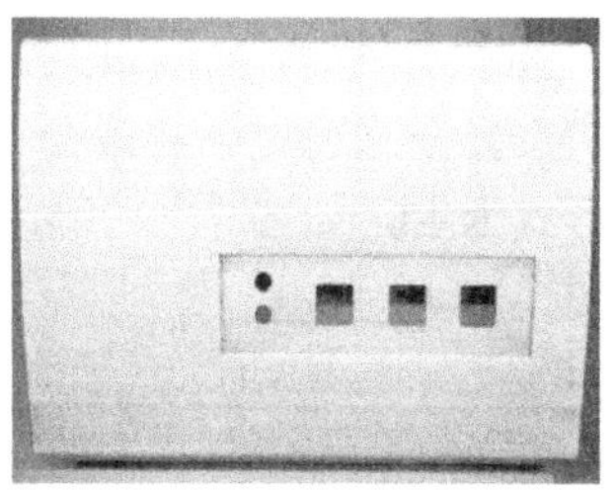

图 7-18 采用 LOM 原型翻制硅橡胶模具并复制产品

（3）砂型铸造木模

砂型铸造的木模一直以来依靠传统的手工制作，其周期长，精度低。LOM 的出现为快速高精度制作砂型铸造的木模提供了良好的手段，尤其是基于 CAD 设计的复杂形状的木模制作，LOM 更显示了其突出的优越性。图 7-19 给出的是砂型铸造的产品和通过 LOM 制作的木模。

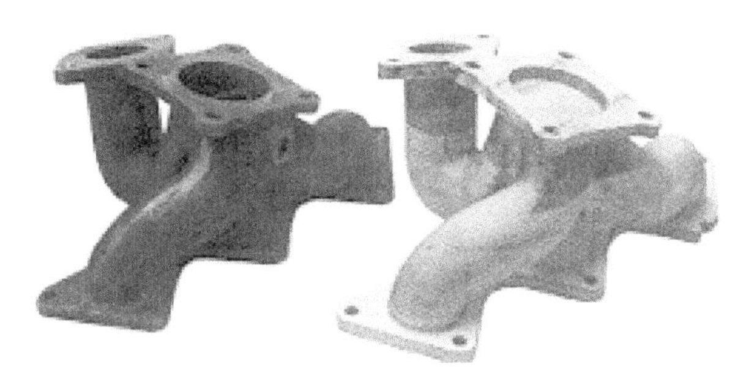

图 7-19 砂型铸造的产品和通过 LOM 制作的木模

7.2 速立得工艺

7.2.1 简述

上节介绍的 LOM 工艺在 3D 打印发展历史中曾经发挥了比较重要的作用。然而，需要剥离余料，是其自身比较明显的局限。那么有无方便剥离余料的面成形工艺呢？本节介绍的速立得（Solido）工艺，则在余料剥离、切割方式、薄材材料等方面，做了较大的改进，在面成形 3D 打印工艺中，产生了较大的推动作用。图 7-20、图 7-21 即为 Solido 工艺打印的模型零件。

图 7-20 Solido 工艺打印的模型零件

图 7-21 Solido 工艺打印的模型零件

Solido，国内 3D 打印领域称呼其为“速立得”“速易得”。该类面成形 3D 打印机在国内由南京紫金立德电子有限公司生产制造，其技术来源于以色列的 Solidimension 公司，以桌面机形式为主，如图 7-22 所示为 SD300Pro 设备，其性能参数如表 7-1 所示，其基本机械结构如图 7-23 所示。

表 7-1　SD300Pro 设备性能参数

性能	参数
使用技术	3D 打印-覆膜切割
建模材料	PVC 工程塑料
材料颜色	琥珀，乳白，蓝，黑，红
精度（公差）	±0.1mm（*XY* 轴）
塑料材质厚度	0.168mm（*Z* 轴）
最大建模尺寸	160mm×210mm×135mm（*X*,*Y*,*Z* 轴）
体积	770mm×465mm×420mm
净重	36kg
总重（包含耗材）	45kg
耗电量	620W（工作状态最大耗电量）100～120/200～240VAC@50/60Hz
舱内工作温度	18～35℃
噪声值	65dB（A）
最大允许湿度	80%相对湿度
语言	中/英文
支持的文件格式	STL
支持的操作系统	Windows2000，XP，VISTA

图 7-22　SD300Pro 设备

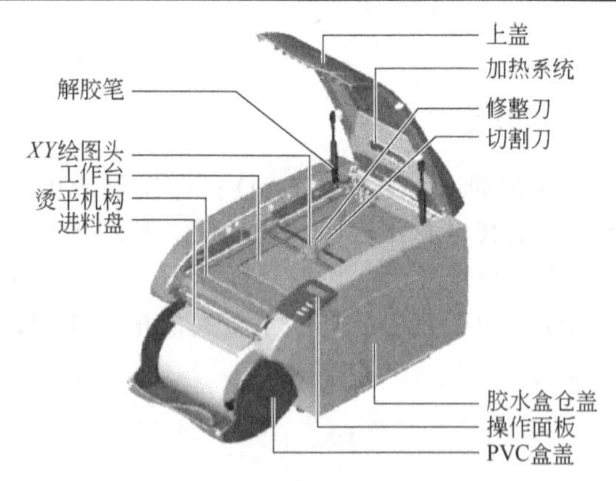

图 7-23　SD300Pro 设备基本机械结构

1999 年 7 月 15 日，来自 Israel 的 Yossi Bar-Erez，通过 PCT 申请一项名称为“METHOD AND APPARATUS FOR MAKING THREE-DIMENSIONAL OBJECTS”的专利，该专利即为 Solido 工艺。读取该专利的摘要示意图（图 7-24），及其专利摘要记载的关键信息，“made of a plurality of performed sheets”，显然该工艺同样是逐层累积的增材制造原理，且最小几何单元为二维面；“coating one side of one sheet with adhesive，coating the adhesive with a release agent， bonding the opposite side of twice coating sheet”，该工艺将选择性地施加液体黏结剂到薄材表面，使薄材层间产生结合，“The release agent is coated only in those areas of sheets which will not be part of object，and cutting of each sheet is along a contour corresponding to the contour of the same respective layer in object”，同时，无须层间结合的位置通过释胶剂予以解除黏结，成形轮廓通过切割获得。这就是 Solido 工艺方便去除余料的具体方法。

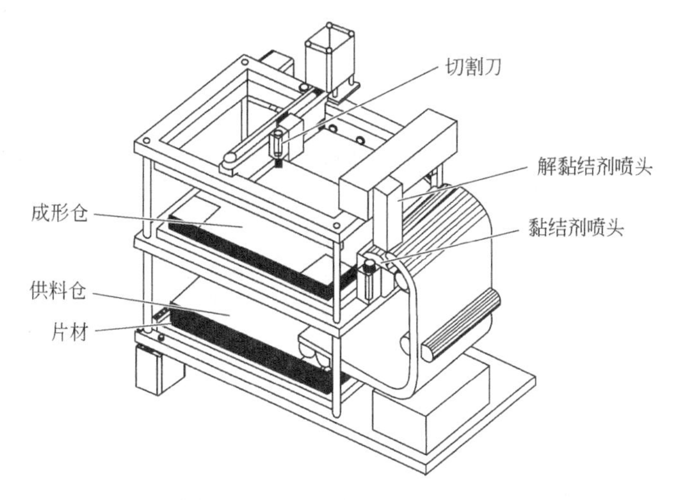

图 7-24　Solido 工艺专利示意图

7.2.2　工艺过程及特点

（1）工艺过程

图 7-25 给出了 Solido 工艺过程，具体如下：

① 数据准备。三维模型［图 7-25（a）］经专用切片软件 SDView 处理获得 Solido 打印机的驱动指令文件，如图 7-25（b）所示，指令文件包含胶水笔路径、解胶水笔路径以及柱形刀切割路径。

② 材料准备。Solido 打印机依次安放打印材料——PVC 塑料薄材卷［图 7-25（c）］、胶水盒［图 7-25（d）］、解胶水盒［图 7-25（e）］、解胶水笔［图 7-25（f）］，做好打印前材料准备。

③ 二维移动。启动 Solido 打印机控制程序，胶水笔进行二维移动对当前层 PVC 塑料薄材涂覆胶水，与前一层 PVC 塑料薄材进行黏合，如图 7-25（g）所示；柱形刀具进行二维移动，切割当前层 PVC 塑料薄材，如图 7-25（h）所示；然后解胶水笔进行二维移动对当前层 PVC 塑料薄材余料部分涂覆解胶水，以方便后处理时余料剥离，如图 7-25（i）所示。

④ Z 向移动。升降台下降一个 PVC 塑料薄材层厚（通常在 100～200μm），同时铺放新的一层 PVC 塑料薄材至加工平面区域内。

⑤ 层间结合。逐层涂覆的胶水，使新的一层 PVC 塑料薄材与上一层 PVC 塑料薄材黏结在一起。

⑥ 重复上述过程，经过逐层打印，零件逐渐埋没于叠层形成的方块内并最终成形，如图 7-25（j）所示。

⑦ 对整体方块进行余料剥离，如图 7-25（k），包括周边余料剥离、内部余料剥离，最终

获得三维模型，如图 7-25（l）所示。

(a) 三维模型

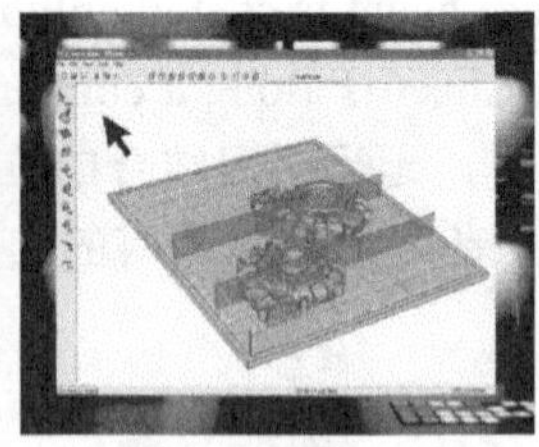
(b) SDView处理三维模型

(c) 安放PVC塑料薄材卷

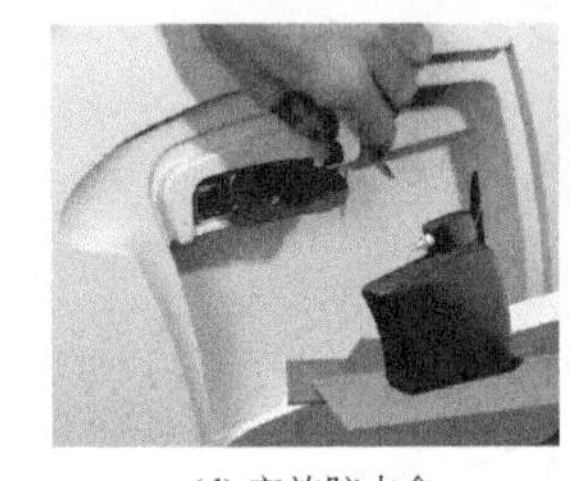
(d) 安放胶水盒

(e) 安放解胶水盒

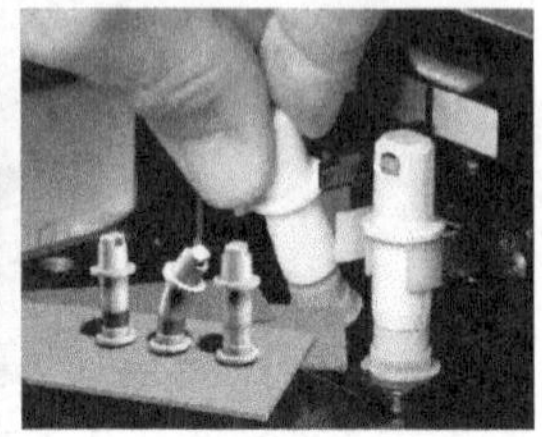
(f) 安放解胶水笔

(g) 涂覆胶水

(h) 柱形刀具进行逐层切割成形

(i) 涂覆解胶水

(j) 打印完成获得整体方块

(k) 余料剥离

(l) 最终获得三维模型

图 7-25　Solido 工艺过程

模型零件经过 Solido 打印完成后，还需进一步进行后处理，通常有两个过程：

① 剥离余料　因为模型零件被完全埋藏在塑料薄材叠层获得的整体方块内，因此，需要将零件从其中进行剥离，图 7-25（j）、图 7-25（k）即为余料剥离的过程。

② 表面处理　首先，打印完成后，模型零件通常都需要使用砂纸进行磨光，提高表面光洁度；另外，根据需要，有的零件可以浸胶强化处理，或者进行表面喷漆处理，呈现不同的颜色，增加模型表观效果。

（2）工艺特点

同样作为面成形 3D 打印方式，Solido 工艺与 LOM 工艺几乎具有相同的工艺特点，但是其与 LOM 工艺的区别包括：

① Solido 工艺余料剥离更方便，因此，总体成形效率较 LOM 工艺更高；

② Solido 工艺不需要激光，使用和维护成本较 LOM 工艺低；

③ Solido 工艺所用塑料薄材材料，可以获得透明或半透明的模型，有利于洞悉内部结构，但是成本较 LOM 工艺所用纸张薄材高。

（3）讨论

与 LOM 工艺比较，Solido 工艺更具传统切削工艺的影子，完全使用工具刀，将逐层铺放的塑料薄材进行切割成形。但同样需要指出，Solido 工艺也较好地体现了“分层制造-逐层累积”的增材制造思想，因此也被业界公认为 3D 打印工艺方式之一。

7.2.3 应用实例

下面列举三个 Solido 工艺的应用实例。

（1）刀具夹具

ISCAR 公司是世界上最大的金属切削刀具生产厂家之一，其产品范围广，型号众多，并随时有产品更新。ISCAR 公司将 SD300Pro 作为主要营销工具之一，可随时打印新产品的模型，并加以砂纸磨光，漆上颜色，在产品展会上或其他与客户交流的平台，做交互式的沟通及交流。这些模型不但外形逼真，而且完全可以实现每个活动件的操作，替 ISCAR 公司大大提高营销效率和节省营销成本。图 7-26 为 ISCAR 公司利用 SD300Pro 打印的某刀具夹具。

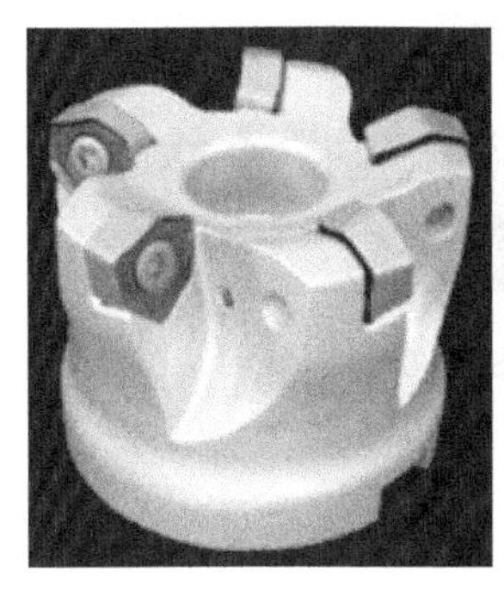
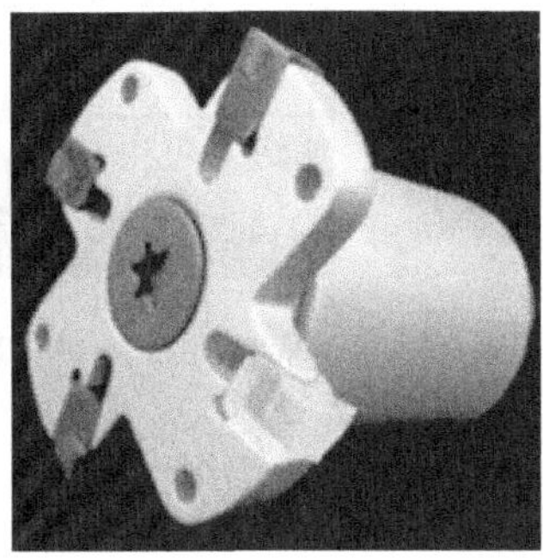

图 7-26　ISCAR 公司利用 SD300Pro 打印的某刀具夹具

（2）塑料卡扣

Encee 公司某卡扣产品的精密度、材料强度和材料韧性等方面都具有非常严苛的要求，SD300Pro 的模型正好都能符合，不仅能用来演示铰链的开合、卡扣的锁位与咬合强度，连扣上的“喀喀”声都能做到逼真地模仿。图 7-27 为 Encee 公司利用 SD300Pro 打印的某塑料卡扣产品。

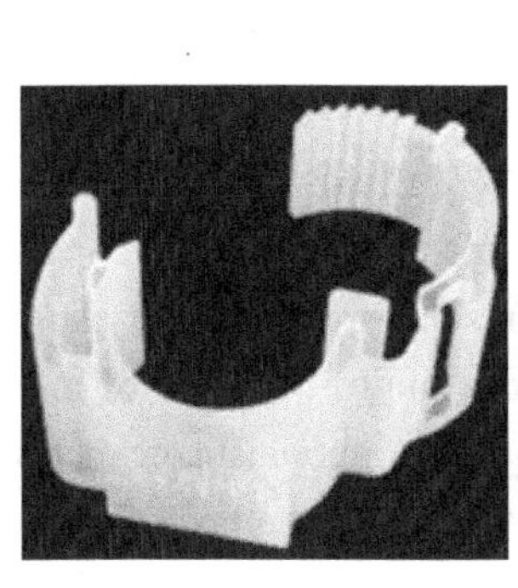
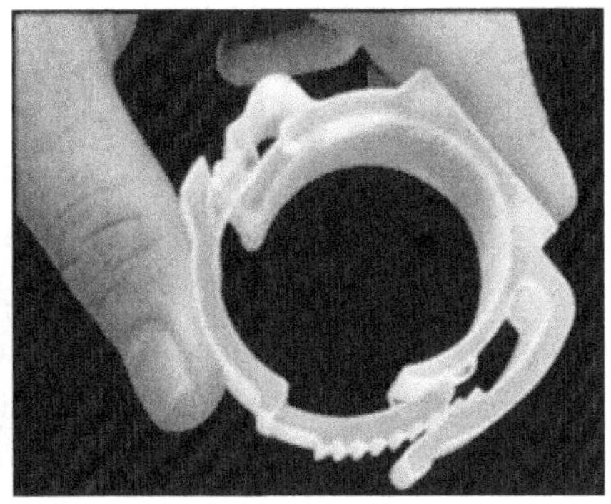

图 7-27　Encee 公司利用 SD300Pro 打印的某塑料卡扣产品

（3）自行车

以色列的 Ziv-Av Engineering 公司，为了测试自行车产品的机械结构是否设计得当，用 SD300Pro 制作 1∶1 模型来进行全面测试。工程师将整架自行车支架部分的三维 CAD 槽以 SDView 软件切割成几个主要的部分，并分别交由 SD300Pro 建模，再以一般的快干胶轻松地将各部位组合成一台完整的自行车支架。工程师惊讶地发现，SD300Pro 制造的 PVC 样件支架，其韧性、强度皆可有效地模拟自行车的铝合金支架。Ziv-Av Engineering 的工程师随即展开一系列组装，为自行车安装刹车、椅垫、链条、踏板等。前后不到 5 天的时间，一台完整并可完全实现其功能的自行车便出现在他们眼前。Ziv-Av 快速找出设计的盲点，并实时在计算机上修改部件的尺寸及外形。没有多久，一台无缺陷的自行车设计立即获得公司内部以及客户的认可，并且立刻完成批量生产的准备工作。总之，SD300Pro 将原本需要数月的工作量，变成数周，不仅仅节省成本，同时在客户心中树立了极好的形象，未来继续拿到客户订单的机会大增。图 7-28 为 Ziv-Av Engineering 公司利用 SD300Pro 打印的某自行车支架产品。

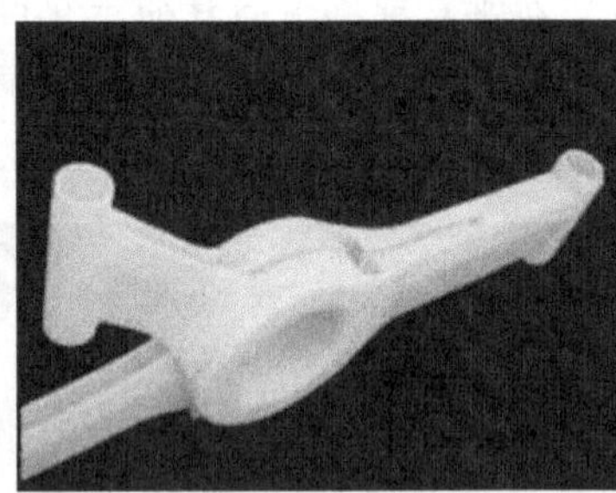

图 7-28　Ziv-Av Engineering 公司利用 SD300Pro 打印的某自行车支架产品

7.3　薄材材料

7.3.1　概述

Michael Feygin 在 1988 年获得授权的专利中，关于 LOM 工艺所用的材料，指出是片材，主要提及两种，并分别给出了其相应的层合办法，分别是，“the sheet-like material is a sheet metal ribbon…… “the integral bonding means comprises spot brazing the individually contoured laminations……” “The sheet-like material is preferably a sheet-like plastic ribbon having a pressure sensitive adhesive on the top……”。显然，一是金属薄带，可以采用点焊的方法将每层金属薄带焊接在一起；二是塑料薄带，并涂覆有黏结剂，通过热压将每层塑料薄带结合在一起。

Michael Feygin 在 1997 年 6 月 10 日获得新的授权专利，名称为“Apparatus for forming an integral object from laminations”，其中提及，“The material could be a plastic film，paper. B-staged fiber reinforced composite，foil or any other sheet material that can be cut by a laser beam……” “Our work has already resulted in the production of parts out of metal，plastic，and paper……” “Typical materials include paper coated with a thermoplastic or thermoset……” “The paper based parts have properties similar to plywood……” “If green ceramic tapes are used in the process，an organic or an inorganic mesh material of greater strength is preferred to support the ceramic，which normally is very fragile……”。显然，该专利丰富了 LOM 工艺所用的材料，甚至任何可以被激光切割的塑料膜、纸张、纤维增强复合材料、箔或片材等均可用，尤其指出，一是使用纸张，采用涂覆热熔胶或热固胶来结合每层纸张，二是使用陶瓷，采用有机或无机网状材料提供支撑防止其脆性断裂。

LOM 工艺所用薄材材料，对于基材，理论上可以是任何金属薄材、塑料薄材、陶瓷薄材、复合材料薄材以及纸张，而使薄材产生层间结合的材料，比较成熟、可行且适合 LOM 工艺的，是各类热熔胶黏结剂。的确，LOM 工艺最终比较广泛地利用了涂覆热熔胶的纸张，制作木质模型。

而对于另一个面成形工艺——Solido，其所用材料为塑料薄材，在 3D 打印过程中，一方面在层间整体上涂覆黏结剂，另一方面在不需要层合的位置涂覆解胶剂，最终获得塑料件。

7.3.2 LOM 工艺所用薄材

LOM 工艺所用薄材材料涉及三个方面的问题，即基材、黏结剂和涂布工艺。基材纸张材料的选取、热熔胶黏结剂的配置及涂布工艺均要从保证最终成形零件的质量出发，同时要考虑成本。

（1）基材纸张

对于 LOM 工艺所用薄材材料的基材纸张，有以下要求：

① 抗湿性：保证纸张不会因时间长而吸水，从而保证热压过程中不会因水分的损失而产生变形及粘接不牢。纸的施胶度可用来表示纸张抗水能力的大小。

② 良好的浸润性：保证良好的涂胶性能。

③ 抗拉强度：保证在加工过程中不被拉断。

④ 收缩率小：保证热压过程中不会因部分水分损失而导致变形，可用纸的伸缩率参数计量。

⑤ 剥离性能好：因剥离时破坏发生在纸张内部，要求纸的垂直方向抗拉强度不是很大。

⑥ 易打磨：方便打磨。

⑦ 稳定性：以方便成形零件，可长时间保存。

（2）热熔胶黏结剂

热熔胶黏结剂的种类很多，最常用的是 EVA，乙烯（E）/醋酸乙烯酯（VA）共聚物，占热熔胶的 80%左右。为了得到较好的使用效果，在热熔胶中还要增加其他组分，如增黏剂、蜡类等。对于 LOM 工艺所用薄材材料的热熔胶黏结剂，有以下要求：

① 良好的热熔冷固性能（室温固化）。

② 在反复“熔融—固化”条件下其物理化学性能稳定，在逐层黏结时经受来回的辊压，不能发生起层现象。

③ 熔融状态下与基材纸张有较好的涂挂性和涂匀性。

④ 与纸具有足够的黏结强度，其黏结强度要大于纸张的内聚强度，即在进行黏结破坏时，纸张发生内聚破坏，而黏结层不发生破坏。

⑤ 良好的废料分离性能，即热熔胶黏结剂在激光切割后能顺利分离，热熔胶黏结剂和纸张断面之间不能发生相互粘连，即模型分离性能好。

（3）热熔胶黏结剂的涂布方式

热熔胶黏结剂的涂布方式通常有两类，分别是粉末熔融法和热熔胶涂布法，如图 7-29 所示。

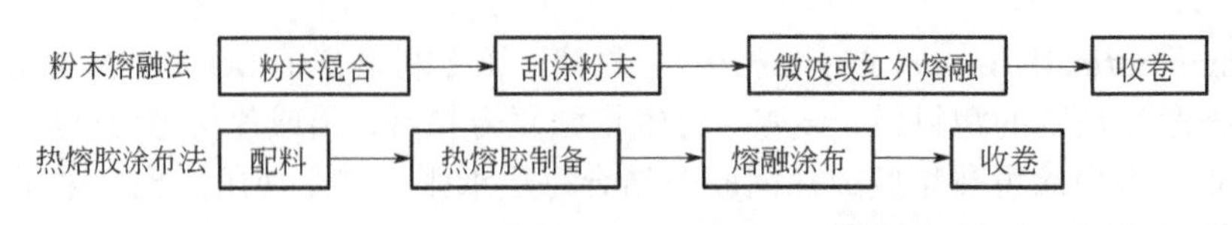

图 7-29　两类热熔胶黏结剂的涂布方式

使用粉末熔融法，首先将粉末基体树脂均匀分散在纸张上，通过红外或微波加热后，固定在纸张上，制成 LOM 专用纸张薄材。粉末熔融法的优点是施胶工艺方便，配方调整容易。常见的粉末基体热熔胶的性能特点如表 7-2 所示。

表 7-2　常见粉末基体热熔胶的性能特点

材料	粒径/nm	加工温度/℃	加工压力	黏结性	耐水性	硬度
共聚尼龙	100～500	170～260	中等	良	一般	良
共聚聚酯	100～500	170～260	高	良	差	良
EVA	200～600	170～200	低	优	差	中等
高密度 PE	100～400	240～270	高	差	优	优
低密度 PE	100～300	240～270	最高	差	优	优

另一类是使用热熔胶涂布法，它可使用普通的热熔胶生产设备来生产 LOM 专用纸张薄材，比较容易实现工业化和商品化。使用热熔胶涂布法，对热熔胶配方设计的要求高。例如，为了满足涂布工艺的需求，在生产 LOM 专用纸张薄材时，要求热熔胶黏剂有较低的熔体黏度和较宽的熔融温度范围，而在 LOM 打印成形过程中，却要求它有较高的熔体黏度和尽可能狭窄的熔融温度范围，这两者是完全相反的要求，因此配方的设计技术要求高。

表 7-3、表 7-4 分别是新加坡 KINERGY 公司及美国 Cubic Technology 公司的 LOM 专用纸张薄材的性能指标。

表 7-3　新加坡 KINERGY 公司的纸材物性指标

型号	K-01	K-02	K-03
宽度/mm	300～900	300～900	300～900
厚度/mm	0.12	0.11	0.09
黏结温度/℃	210	250	250
成形后的颜色	浅灰	浅黄	黑
成形后的翘曲变形	很小	稍大	小
成形件耐温性	好	很好	很好
成形件表面硬度	高	较高	很高
成形件表面光洁度	好	很好	好
成形件表面抛光性	好	好	一般
成形件弹性	一般	好	一般

续表

型号	K-01	K-02	K-03
废料剥离性	好	好	好
价格	较低	较低	较高

表 7-4　美国 Cubic Technology 公司的纸材物性指标

型号	LPH 042		LPH 050		LPH 045	
材质	纸		聚酯		玻璃纤维	
密度/（g/cm^3）	4.449		1.0～1.3		1.3	
纤维方向	纵向	横向	纵向	横向	纵向	横向
弹性模量/MPa	2524		3435			
拉伸强度/MPa	26	1.4	85		>124.4	4.8
压缩强度/MPa	15.1	115.3	17	52		
压缩模量/MPa	2192.9	406.9	2460	1601	—	—
最大变形程度/%	1.01	40.4	3.58	2.52	—	—
弯曲强度/MPa	2.8～4.8		4.3～9.7		—	
剥离转化温度/℃	30		—	—	53～127	
膨胀系数/（10^{-6}/K）	3.7	185.4	17.2	229	X: 3.9/Y: 15.5	Z：111.1

7.3.3　Solido 工艺所用薄材

显然，Solido 工艺，需要三种材料，分别为塑料薄材、黏结剂和解胶剂。

（1）塑料薄材

Solido 工艺所用的塑料薄材，通常需要考虑具有一定的强度，满足将来模型零件的工程应用需要；又考虑到余料的回收利用，应选择热塑性塑料；同时还应考虑成本，以最大可能降低 Solido 工艺的使用成本。Solido 工艺所用的塑料薄材目前通常为聚氯乙烯（Polyvinyl Chloride，PVC），为五大通用塑料之一。工业生产的 PVC 分子量一般在 5 万～11 万范围内，无固定熔点，80～85℃开始软化，130℃变为黏弹态，160～180℃开始转变为黏流态；有较好的力学性能，抗张强度 60MPa 左右，冲击强度 5～10kJ/m^2；有优异的介电性能；应用非常广泛，在建筑材料、工业制品、日用品、地板革、地板砖、人造革、管材、电线电缆、包装膜、瓶、发泡材料、密封材料、纤维等方面均有广泛应用。

（2）黏结剂

Solido 工艺所用的黏结剂，需要考虑具有较强的黏结力，通常不应小于塑料薄材的抗张强度；还需要具有较好的涂覆性能，便于涂覆均匀；不应对基体薄材产生降低力学性能的不良作用；同时考虑到使用环境的需要，不应产生挥发刺鼻气味，并具备其他环保要求；同样，还应考虑成本，以最大可能降低 Solido 工艺的使用成本。

（3）解胶剂

Solido 工艺所用的解胶剂，显然是上述黏结剂的逆作用，应针对性地对上述黏结剂产生黏结解除作用；同样需要考虑涂覆性能、对基体薄材的副作用、环境友好、成本低廉等因素。

Solido 工艺所用的黏结剂、解胶剂，均为工艺的核心技术秘密。

参考文献

[1] 王广春，赵国群. 快速成型与快速模具制造技术及其应用［M］. 北京：机械工业出版社，2013.

[2] 王延庆，吴玲，张辉，等. 基于 CT 与叠层实体制造义耳模型的快速成型［J］. 中国组织工程研究与临床康复，2008，12（17）：3.

[3] Yossi Bar-Erez，Eyal Bar-EI.Method for facilitating the removal of residues from a three-dimensional object formed from multiple layers：U. S. Patent 6602377 B1［P］. 2003-8-5.

[4] Michael Feygin.Apparatus and method for forming an integral object from laminations：U. S. Patent 4752352［P］. 1988-6-21.

[5] Michael Feygin. Apparatus for forming an integral object from laminations：U. S. Patent 5637175［P］. 1997-6-10.

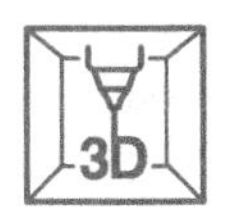

第 8 章

4D/5D 打印

8.1 4D 打印

8.1.1 简述

2011 年 2 月，美国麻省理工学院（MIT）自组装实验室（Self-Assembly Lab）主任 Skylar Tibbits 教授，在 TED（Technology Entertainment Design，是美国的一家私有非营利机构）演讲中提出了通过材料自组装完成造型的设想；2013 年，Skylar Tibbits 教授再次登上 TED 讲台，向世界首次提及了 4D 打印的概念，并分享了 4D 打印的理念，被公认为是 4D 打印的发明者。由此，4D 打印在世界范围内受到了各行各业的广泛关注，4D 打印的技术得到快速发展，其应用领域也被更为广泛地开发。Skylar Tibbits 教授及其自组装实验室联合 Stratasys 公司持续研究，并获得了很多 4D 打印的物理模型，如图 8-1～图 8-4 所示。

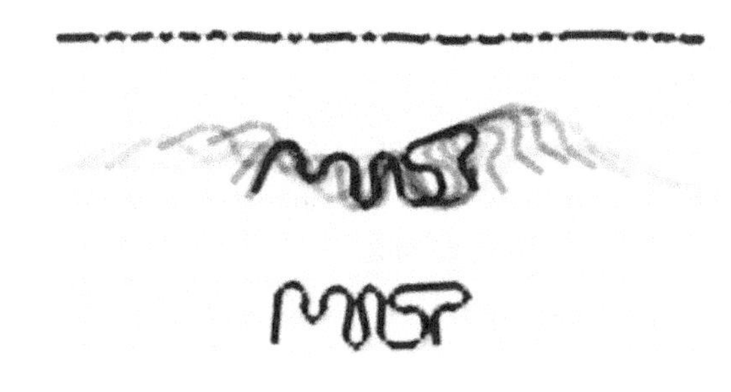

图 8-1　4D 打印获得单链并自动折叠为 MIT 字母

图 8-2　4D 打印获得单链并自动折叠为某立方体

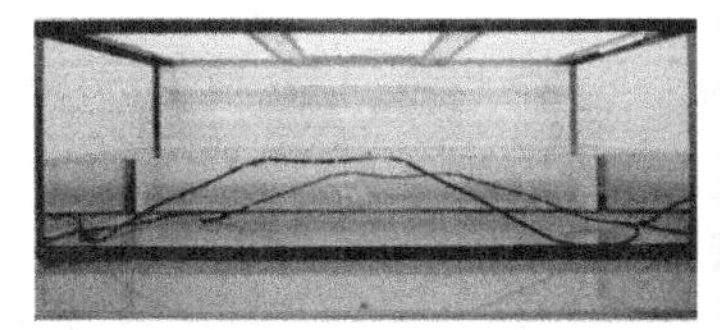

图 8-3　4D 打印获得若干单链并随时间自动折叠为某三维结构的演变过程

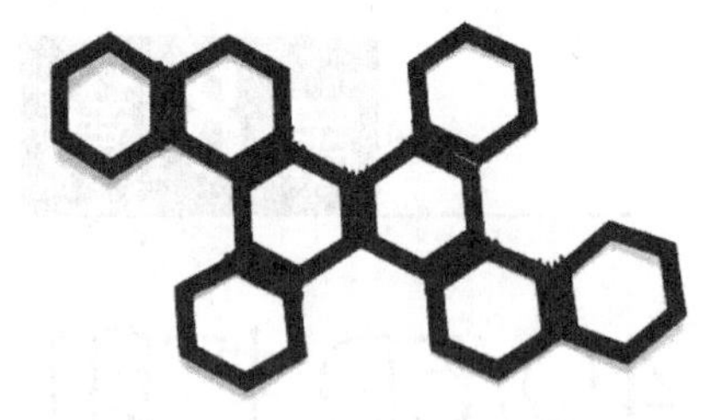  

图 8-4　4D 打印获得某平面结构并随时间自动折叠为八面方体的演变过程

现阶段，4D 打印技术仍处于探索阶段，尚未实现规模化生产应用，但其在制造业技术变革升级方面具有巨大潜力，因此受到全球多个国家的关注，尤其是美国和中国，陆续有研究成果问世：2011 年，美国麻省理工学院开始 4D 打印技术研究；2014 年，美国 Nervous System 公司第一件 4D 镂空连衣裙问世；2017 年，美国国家航空航天局利用 4D 打印技术制作出可折叠金属编织物，准备用于太空各类飞行器的制造；2016 年，中国第四军医大学西京医院专家团队联合驻地某国家重点实验室，首次将 4D 打印气管外支架成功用于婴儿复杂先天性心脏病合并双侧气管严重狭窄的救治领域。总之，4D 打印将改变人们的观念，开拓人们的思维，更加令人向往和期待。

8.1.2　4D 打印概念、内涵

自从 2013 年，Skylar Tibbits 教授首次提出 4D 打印的概念以后，4D 打印的概念被越来越多的学者所诠释，且众说纷纭，说法不一，甚至还存有争议，尚未达成统一。应该指出的是，4D 打印技术不断发展，其概念内涵也会越来越丰富。

首先，本书给出 Skylar Tibbits 教授对于 4D 打印的全面阐述，其英文原文为：

4D Printing is a new process that demonstrates a radical shift in additive manufacturing. It entails multi-material prints with the capability to transform over time，or a customised material system that can change from one shape to another，directly off the print bed. This technique offers a streamlined path from idea to reality with performance-driven functionality built directly into the materials. The fourth dimension is described here as the transformation over time，emphasising that printed structures are no longer simply static，dead objects； rather，they are programmably active and can transform independently.4D Printing is a first glimpse into the world of evolvable materials that can respond to user needs or environmental changes. At the core of this technology are three key capabilities：the machine，the material and the geometric ‘programme’.

Skylar Tibbits 教授对于 4D 打印的阐述为：4D 打印是与 3D 打印（增材制造）有着根本区别的新工艺。4D 打印需要一种可演变的多材料或者定制材料系统，该材料系统在被 3D 打印完成后，可以随时间继续发生演变，或者从一种形状转变为另一种形状。4D 打印通过将一些性能驱动的功能直接嵌入材料系统中，为人们提供一种从想法到现实的捷径。4D 打印的第四维度，可以被描述为随时间的演变，尤其强调的是，3D 打印的结构不再只是静止不动的，而是可编程控制并可以进行独立转变。4D 打印有三个关键技术：设备、材料和几何“程序”。

Skylar Tibbits 教授对于 4D 打印的阐述，需要充分理解以下几点内涵：

① 所谓第四维度，指可演变材料系统随时间的演变，按照 Skylar Tibbits 教授的解释，就是自我组装，即可演变材料系统通过软件设定模型和时间，在指定时间之内变形为所需的形状。

② 所谓与 3D 打印的根本区别，主要体现在制造方式的根本转变，3D 打印需要预先设计

三维模型，然后使用相应的材料成形，而4D打印则直接将三维模型设计内置到材料系统当中，简化了从“设计”到“实物”的制造过程。

③ 所谓三个关键技术：对于设备，通常直接或稍加改造利用常规的3D打印设备即可；对于材料，通常为多相复合、可演变材料，又称为智能材料、刺激响应材料，指在预定的刺激下（如放入水中，或者加热、加压、通电、光照等）可自我变换物理或化学属性（包括形态、密度、颜色、弹性、导电性、光学特性、电磁特性等）的材料，目前主要包括条状单链和片状薄材，下一步研究的目标是结构更加复杂的三维结构，且当前4D打印更加胜任条状单链的打印；对于几何“程序”，是指上述材料刺激与物理属性之间的响应关系，主要的响应机制是在打印过程中或打印之后，在打印对象内产生局部特征应变（或失配应变）。对于Skylar Tibbits教授及其自组装实验室而言，4D打印用的设备和材料，由美国Stratasys公司提供，而几何“程序”则由Autodesk公司的研发团队提供，他们还设计了新软件Cyborg。

图8-5更加直观地表达了上述对于Skylar Tibbits教授4D打印的阐述。

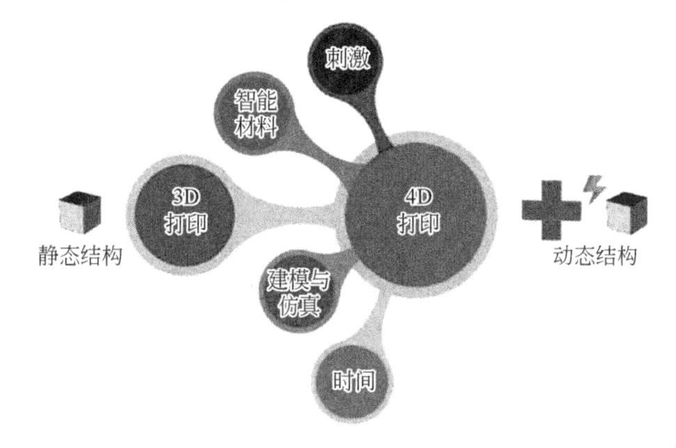

图8-5　4D打印的构成：由智能材料组成的3D打印件在建模仿真设计后随着时间推移进行刺激反应

2014年，西安交通大学李涤尘教授给出了相对简练的4D打印概念：4D打印是指智能材料的增材制造，即由3D打印技术制造的智能材料结构，在外界环境激励下可以随时间产生形状结构的变化。4D打印技术相比于3D打印技术增加的一个维度是时间。

至此，4D打印发展初期的概念，其内涵可以简单理解为：4D打印是“3D打印+时间”，是智能材料的3D打印，注重的是构件形状随时间的改变。

相信，随着4D打印研究的持续深入，其概念和内涵也必将进一步得到升华。

8.1.3　4D打印的材料

4D打印的重要组成部分之一就是智能材料。20世纪80年代末期，受到自然界生物具备的某些能力的启发，美国和日本科学家首先将智能概念引入材料和结构领域，提出了智能材料结构的新概念。智能材料结构又称机敏结构（Smart/Intelligent Materials and Structures），泛指将传感元件、驱动元件以及有关的信号处理和控制电路集成在材料结构中，通过机、热、光、化、电、磁等激励和控制，不仅具有承受载荷的能力，而且具有识别、分析、处理及控制等多种功能，还能进行自诊断、自适应、自学习、自修复的材料结构。智能材料结构是一门交叉的前沿学科，所涉及的专业领域非常广泛，如力学、材料科学、物理学、生物学、电子学、控制科学、计算机科学与技术等，目前各国都有一大批各学科的专家正积极致力于发展这些学科。

智能材料分类方式繁多，根据功能及组成成分的不同，可大体分为形状记忆材料、电活性聚合物、压电材料、电磁流变体、磁致伸缩材料等，其中形状记忆材料应用最多。形状记忆材料分为形状记忆聚合物（SMP）、形状记忆合金（SMA）、形状记忆水凝胶（SMH）、形状记忆陶瓷（SMC）和形状记忆复合材料（SMC）。

（1）形状记忆聚合物（Shape Memory Polymer，SMP）

又称形状记忆高分子，是指具有初始形状的制品在一定的条件下改变其初始条件并固定后，通过外界条件（如热、电、光、化学感应等）的刺激又可恢复其初始形状的高分子材料。SMP运用了现代高分子物理学理论和高分子合成及改性技术，对通用高分子材料，如聚乙烯、聚异戊二烯、聚酯、共聚酯、聚酰胺、共聚酰胺、聚氨酯等，进行分子设计及分子结构的调整，使它们在一定条件下，被赋予一定的形状（起始态），当外部条件发生变化时，它可相应地改变形状并将其固定（变形态）。如果外部环境以特定的方式和规律再次发生变化，它们便可逆地恢复至起始态。至此，完成记忆起始态—固定变形态—恢复起始态的循环。

SMP根据其可以接受的响应刺激类型分为热致型SMP、电致型SMP、光致型SMP、化学感应型SMP等。

① 热致型SMP，是一种在室温以上变形，并能在室温固定形变且可长期存放，当再升温至某一特定响应温度时，制件能很快恢复初始形状的聚合物，广泛用于医疗卫生、体育运动、建筑、包装、汽车及科学实验等领域，如医用器械、泡沫塑料、坐垫、光信息记录介质及报警器等。热致型SMP形状记忆功能主要来源于材料内部不完全相容的两相，即保持成形制品形状的固定相，随温度变化会发生软化、硬化可逆变化的可逆相。固定相的作用在于原始形状的记忆与恢复，可逆相则保证成形制品可以改变形状。根据固定相的结构特征，热致型SMP又可分为热固性和热塑性两大类，除此之外还有一种所谓的“冷变形成形”的形状记忆聚合物材料，它是将一些热塑性树脂在T_g以下，通过冷加工使之发生强迫高弹形变并冷却得到变形态，当再次加热到以上温度时，材料同样可恢复原形。

② 电致型SMP，是热致型形状记忆高分子材料与具有导电性能物质（如导电炭黑、金属粉末及导电高分子等）的复合材料。其记忆机理与热致感应型形状记忆高分子相同，该复合材料通过电流产生的热量使体系温度升高，致使形状恢复，所以既具有导电性能，又具有良好的形状记忆功能，主要用于电子通信及仪器仪表等领域，如电子集束管、电磁屏蔽材料等。

③ 光致型SMP，是将某些特定的光致变色基团（Photochromic Group，PCG）引入高分子主链和侧链中，当受到紫外光照射时，PCG发生光异构化反应，使分子链的状态发生显著变化，在宏观上材料表现为光致形变；光照停止时，PCG发生可逆的光异构化反应，分子链的状态恢复，材料也恢复原状。该材料可用作印刷材料、光记录材料、光驱动分子阀和药物缓释剂等。

④ 化学感应型SMP，利用材料周围介质性质的变化来激发材料变形和形状恢复。常见的化学感应方式有pH值变化、平衡离子置换、螯合反应、相转变反应和氧化还原反应等，这类物质有部分皂化的聚丙烯酰胺、聚乙烯醇和聚丙烯酸混合物薄膜等。该材料用于蛋白质或酶的分离膜、化学发动机等特殊领域。

（2）形状记忆合金（Shape Memory Alloy，SMA）

SMA是通过热弹性马氏体相变及其逆变而具有形状记忆效应（Shape Memory Effect，SME）的由两种以上金属元素所构成的材料。形状记忆合金是形状记忆材料中形状记忆性能最好的材料。这种热弹性马氏体一旦形成，就会随着温度下降而继续生长，如果温度上升它又会减少，以完全相反的过程消失。两项自由能之差作为相变驱动力。

按照变形特征不同，SMA分为三类：

① 单程记忆效应　形状记忆合金在较低的温度下变形，加热后可恢复变形前的形状，这种只在加热过程中存在的形状记忆现象称为单程记忆效应。

② 双程记忆效应　某些合金加热时恢复高温相形状，冷却时又能恢复低温相形状，称为双程记忆效应。

③ 全程记忆效应　加热时恢复高温相形状，冷却时变为形状相同而取向相反的低温相形状，称为全程记忆效应。

上述三类 SMA 变形特征如表 8-1 所示。

表 8-1　三类 SMA 变形特征

SMA	原始形状	低温变形	加热变形	冷却变形
单程				
双程				
全程				

迄今为止，人们发现具有形状记忆效应的合金有 50 多种。1969 年，镍-钛合金的“形状记忆效应”首次在工业上应用，制造了一种与众不同的管道接头装置。在镍-钛合金中添加其他元素，进一步研究开发了钛镍铜、钛镍铁、钛镍铬等新的镍钛系形状记忆合金；除此以外还有其他种类的形状记忆合金，如铜镍系合金、铜铝系合金、铜锌系合金、铁系合金（Fe-Mn-Si、Fe-Pd）等。SMA 被广泛应用于航空航天、机械电子、生物医疗、桥梁建筑、汽车工业及日常生活等多个领域。

（3）形状记忆水凝胶（Shape Memory Hydrogel，SMH）

水凝胶（Hydrogel）是一类极为亲水的三维网络结构凝胶，它在水中迅速溶胀并在此溶胀状态可以保持大量体积的水而不溶解。水的吸收量与交联度密切相关，交联度越高，吸水量越低。根据水凝胶对外界刺激的响应情况可分为传统的水凝胶和环境敏感的水凝胶两大类。传统的水凝胶对环境的变化如温度或 pH 等的变化不敏感，仅靠自我适应性改变大分子的交联度，实现捕获和释放水（提供刺激），从而完成收缩和膨胀并促进结构的转变。而环境敏感的水凝胶是指自身能感知外界环境（如温度、pH、光、电、压力等）微小的变化或刺激，并能产生相应的物理结构和化学性质变化甚至突变的一类高分子凝胶，此类凝胶的突出特点是在对环境的响应过程中其溶胀行为有显著的变化。依据上述两类不同响应机理，就有了形状记忆水凝胶，可将其用作传感器、控制开关等。

（4）形状记忆陶瓷（Shape Memory Ceramics，SMC）

SMC 的形状记忆效应与 SMP 和 SMA 相比有以下特点：首先是 SMC 的形变量较小，其次是 SMC 在每次形状记忆和恢复过程中都会产生不同程度的不可恢复形变，并且随着形状记忆和恢复循环次数的增加，累积的变形量会增加，最终导致裂纹的出现。SMC 按照形状记忆效应产生的机制不同，可以分为黏弹性形状记忆陶瓷、马氏体相变形状记忆陶瓷、铁电性形状记忆陶瓷和铁磁性形状记忆陶瓷。

① 黏弹性形状记忆陶瓷，有氧化钴、氧化铝、碳化硅、氮化硅、云母玻璃陶瓷等。当将材料加热到一定温度以后，对其进行加载变形处理，保持外力维持形变，再将其冷却，然后再加热至一定温度，陶瓷的形变就会恢复至初始状态。关于黏弹性形状记忆陶瓷的作用机理，有关研究认为，黏弹性形状记忆陶瓷中包括结晶体和玻璃体两种结构，作为形状恢复驱动力

的弹性能储存在其中一种结构当中，而在另外一种结构中则会发生形变。

② 马氏体相变形状记忆陶瓷，这类材料有 ZrO_2、$BaTiO_3$、$KNbO_3$、$PbTiO_3$ 等，这些形状记忆陶瓷主要用于能量储存执行元件和特殊功能材料。

③ 铁电性形状记忆陶瓷，是指可以在外接电场取向发生变化的情况下体现出形状记忆特性的陶瓷。铁电性形状记忆陶瓷的相区包括顺铁电体、铁电体和逆铁电体，而相转变类型则有顺铁-铁电转变和逆铁电–铁电转变。铁电性形状记忆陶瓷的相转变既可以由电场引起，也可以由极性磁畴的转变或再定向引起。与形状记忆合金相比，铁电性形状记忆陶瓷虽然形变量较小，但具有响应速度快的优点。而铁电性形状记忆陶瓷可经受顺磁-铁磁、顺磁-逆铁磁或轨道有序-无序的转变，这些可逆转变通常也伴随着可恢复的晶格形变。

8.1.4 4D 打印的应用案例

4D 打印制造出的物体属于智能化产品，在实际应用中，具有自适应能力与自我修复能力，可以广泛应用到人工组织器官、医疗器械、汽车交通、精密机械、航空航天、国防军工以及服装时尚、家具、建筑等各个领域。下面列举七个具体应用案例。

（1）4D 打印镂空连衣裙

Nervous System 公司于 2007 年在美国创立，创始人是 Jessica 和 Jessie，两人都毕业于麻省理工学院，其中 Jessica 拥有麻省理工学院的建筑学学位，正是 Skylar Tibbits 教授所在的专业。2014 年，Nervous System 公司开始利用特殊的布料，通过 4D 打印工艺打印连衣裙，如图 8-6 所示。该连衣裙由 2279 个三角形和 3316 个连接点相扣而成镂空结构，如图 8-7 所示，三角形与连接点之间的拉力，可随人体形态变化，即使变胖或变瘦，4D 打印连衣裙也不会不合身。该裙子不仅解决了不合身的问题，并且会根据穿戴者的体型情况进行自我改变。该连衣裙利用 SLS 3D 打印工艺，三角形与连接点之间未被烧结的粉末于打印后掉出来，形成环环相扣的纤维。Nervous System 还研发应用程式，让用户先对自己的身体进行 3D 扫描，再选择布料尺码和形状，亲手量身打造独一无二的 4D 打印连衣裙。目前这件 4D 打印连衣裙被四家博物馆或艺术馆永久收藏。

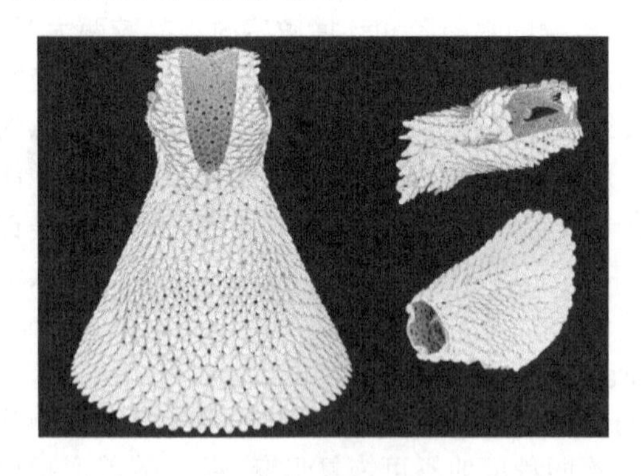

图 8-6 4D 打印连衣裙

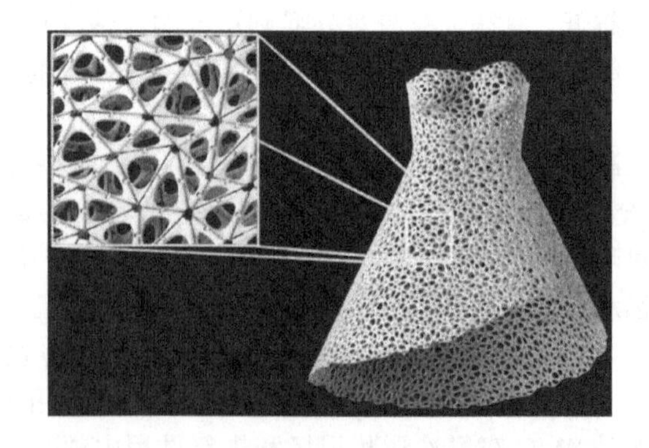

图 8-7 4D 打印连衣裙的镂空结构

（2）4D 打印太空金属织物

2017 年，美国航空航天局（NASA）的喷气推进实验室（Jet Propulsion Laboratory）报道，由 Raul Polit Casillas 领导的一个科研小组，通过 4D 打印技术获得了一种可折叠金属编织物，如图 8-8 所示。该编织物正面是银色的小金属块，背面则是黑色编织状的金属丝，如图 8-9 所示。这种结构可以大大提高它抵御外部冲击的能力，而且这样的结构还便于将它覆盖在航天器的表面或宇航员的宇航服上。这种结构使它可以一面反光（金属块面），一面吸热（金属丝面），同时具备以下五种能力：物理的冲击防御能力、布料般折叠的能力、钢铁般的拉伸强度、对于强光的折射能力、被动热量管理能力。所谓被动热量管理，就是在航天器表面覆盖这么一层材料以后，因为金属的导热性能很强，所以航天器能够与外界环境形成一个较小的温差，达到一个动态平衡的状态。NASA 预计这种金属织物可在诸多领域得到运用，包括可折叠和快速改变形状的大型天线，为访问寒冷、结冰的行星/卫星的航天器隔热等，以及做柔性的宇航隔离脚垫、宇宙飞船的微型陨石盾牌、宇航服等。另外，这种新材料也可以用于冰雪卫星/行星上的航空器，在凹凸不平的星球表面做出可折叠的“脚”，使其避免某些物理伤害，便于采集样本。

图 8-8　Raul Polit Casillas 及可折叠金属编织物

图 8-9　4D 打印可折叠金属编织物的两面结构

（3）4D 打印可降解气管外支架

2016 年 3 月 28 日，解放军第四军医大学唐都医院胸腔外科利用国际最新 4D 打印技术，为一例因支气管内膜结核导致的气管软化性狭窄患者解除病痛。该患者气管软化段超过了气管切除的极限长度，所以不能切除，如果按照传统的方案，植入内支架，又会引起排痰困难等问题。国际上，美国密西根大学在《新英格兰医学杂志》上报道过一个类似病例，国外专家为一名左支气管病变患者设计了外支架悬吊术，但病变长度仅 1～1.5cm，而这个患者病变部位在气管且长度为 6cm，难度更大。但唐都医院胸腔外科李小飞主任、黄立军副主任、王磊博士仔细研究病变特征后，联合第四军医大学 3D 打印研究中心曹铁生教授、杨冠英医师制作了 3D 打印气管模型，充分评估病情后决定，仍旧实施外支架悬吊术，并进一步联合西安交通大学贺健康教授团队，为患者量身制作 4D 打印可吸收气管外支架，如图 8-10 所示。利用 4D 打印的可吸收气管外支架包裹住软化的气管，然后将气管和支架缝合固定，从而使塌陷的气管被外支架吊起，狭窄的气道被疏通，与患者及家属进行充分的术前沟通，如图 8-11 所示。最终，手术成功，术后患者恢复良好。该支架通过调控生物材料的种类和分子量，调控支架的降解周期，使其在未来 2～3 年内逐渐降解被人体吸收，免除了患者二次手术取支架的痛苦。

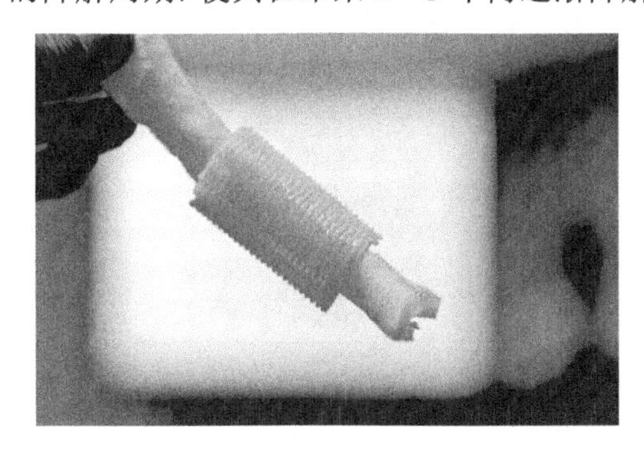

图 8-10　4D 打印可吸收气管外支架

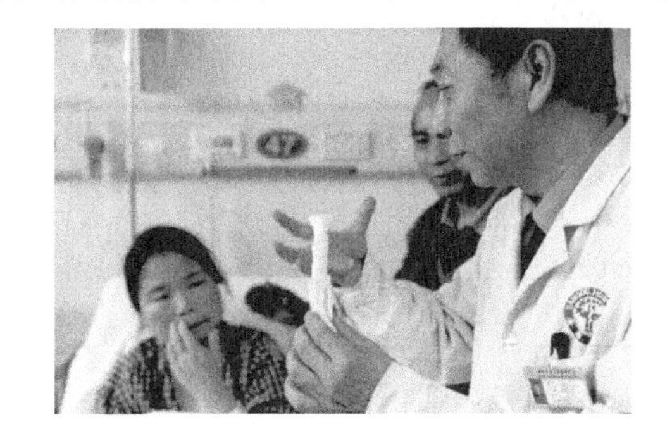

图 8-11　医生持 4D 打印支架与患者及家属术前沟通

该例手术是国际上首次对超长气管软化段进行外支架悬吊术。同时，就在当年9月份，第四军医大学西京医院的大夫们与西安交通大学贺健康团队采用同样的4D打印可吸收气管外支架，为出生仅5个月的、患有复杂先天性心脏病合并双侧支气管严重狭窄的患儿，实施外支架悬吊术，且成功治愈，也属于国际首例。

（4）4D打印SMP封堵器

2019年，哈尔滨工业大学刘立武教授联合哈尔滨医科大学第一附属医院的临床专家，将Fe_3O_4磁性颗粒掺入形状记忆聚乳酸基质中，设计并通过4D打印制备了可个性化定制、可生物降解的SMP封堵器，该封堵器能够在一定强度的磁场下实现远程可控展开。同时，将该4D打印的SMP封堵器在体外进行可行性实验，以试验其展开过程的简易性，如图8-12所示，4D打印的SMP封堵器可以通过导管顺利地包装、输送和释放封堵器，封堵器的展开过程在16s内完成。

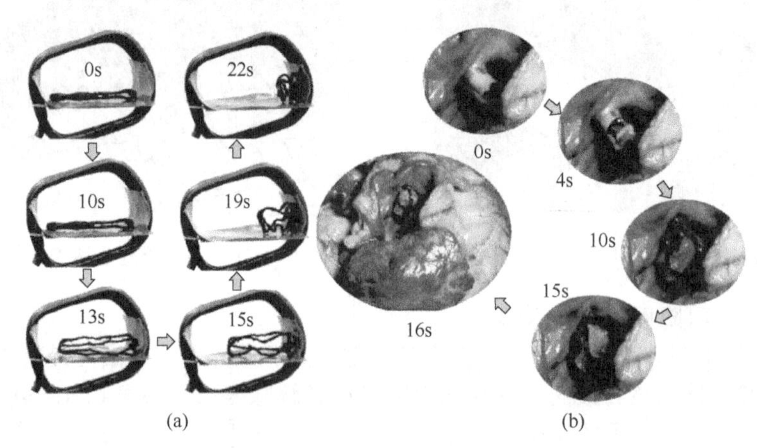

图8-12　4D打印的SMP封堵器在体外进行可行性实验

（5）4D打印机器人自执行系统

2013年IEEE机器人与自动化国际会议上，哈佛大学工程与应用科学学院生物激励工程研究所的Samuel M. Felton展示了通过4D打印技术制备的机器人自执行系统。机器人领域是对结构性能、自动化程度、智能性要求很高的领域，结合形状记忆聚合物往往有意想不到的效果，其中机器人自执行系统尤为重要。该4D打印自执行系统将硬质平面材料和SMP相结合，在外界激励下可以实现顺序折叠、角度控制、插槽等动作。图8-13（a）所示为安装了4D打印机器人自执行系统的蠕虫机器人在足够电流的作用下可以折叠成能够移动的功能形式；图8-13（b）所示的蠕虫机器人演示了自身以2μm/s的速度移动的过程。这种自组装机器人可以减少材料、加工和运输成本，在探索狭小地区方面有着良好的前景。

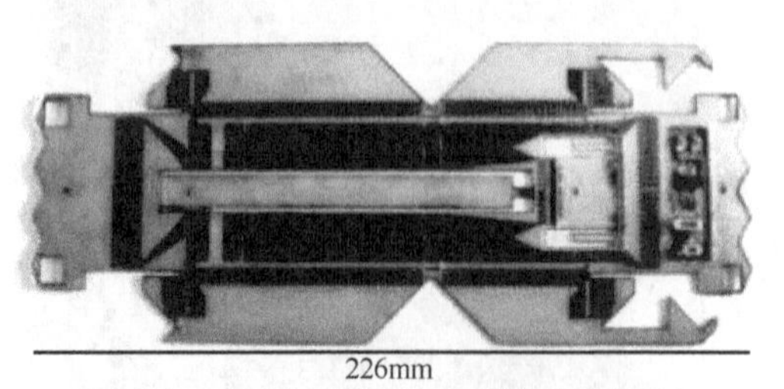

(a) 安装有4D打印机器人自执行系统的蠕虫机器人

(b) 蠕虫机器人展开结构及前进示意图

图8-13　4D打印机器人在机器人领域的应用

（6）4D 打印汗敏运动服

2017 年，麻省理工学院赵选贺教授，将基因易处理的微生物通过 3D 打印工艺，沉积在湿度惰性材料上，形成生物杂化膜，总体上获得一种微生物密度不均匀的多层结构。利用活细胞的吸湿性和生物荧光行为，这种生物杂化膜可在几秒钟内对环境湿度梯度做出响应，并可逆地改变多层结构形状和生物荧光强度，表现为在高湿度环境下，形成张开的通风膜瓣，如图 8-14 所示，并将其做成汗敏运动服，为运动员带去较好的运动体验，如图 8-15 所示。因为该生物杂化膜沉积的多层结构为一种汗敏智能材料的增材制造，因此该 3D 打印过程，也可以被称为 4D 打印。

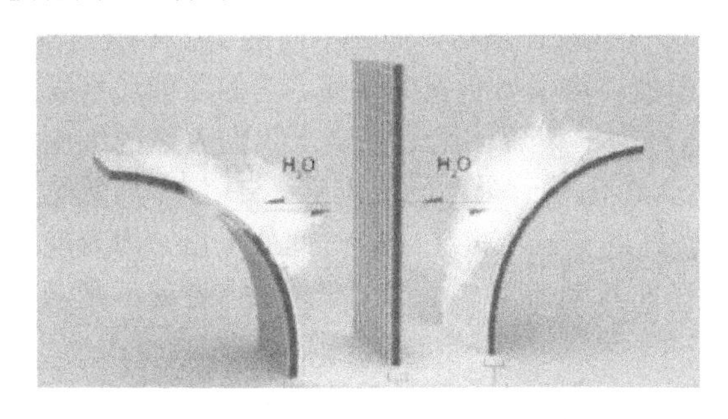

图 8-14　生物杂化膜沉积的多层结构

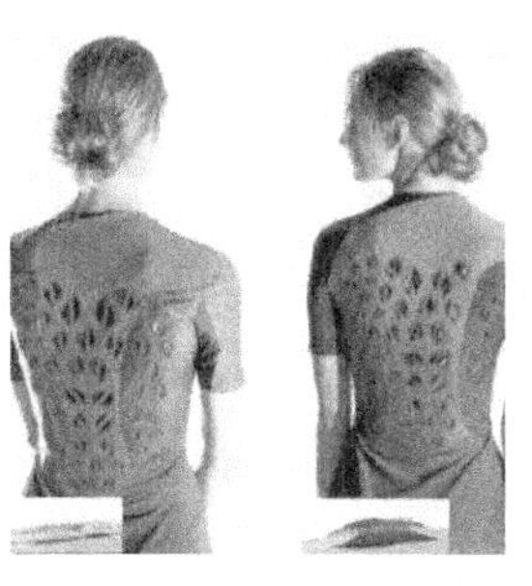

图 8-15　汗敏运动服

（7）大变形、高模量的自变形结构

2020 年，美国佐治亚理工学院 H. Jerry Qi 教授团队展示了一种设计和制造具有大变形和高模量的自变形结构的方法。通过多材料 DIW 工艺使用复合墨水打印出所设计的结构，复合墨水包含高体积分数的溶剂、光固化聚合物树脂、短玻璃纤维以及气相二氧化硅。在打印过程中，玻璃纤维通过喷嘴进行剪切诱导的排列，从而产生高度各向异性的机械性能。然后将溶剂蒸发，在此过程中，对准的玻璃纤维在平行和垂直方向上进行各向异性收缩。最后进行的后光固化步骤，进一步将复合材料的刚度从约 300MPa 增加到约 4.8GPa，上述打印及变形过程，如图 8-16 所示。通过建立有限元分析模型来预测溶剂、纤维含量和纤维取向对形状变化的影响，结果证明了该结构的各向异性体积收缩可以用作主动铰链，且可以实现大变形、高模量复杂结构的自变形，这种大变形、高模量的自变形结构在具有承重能力的轻型结构方面具有潜在应用。

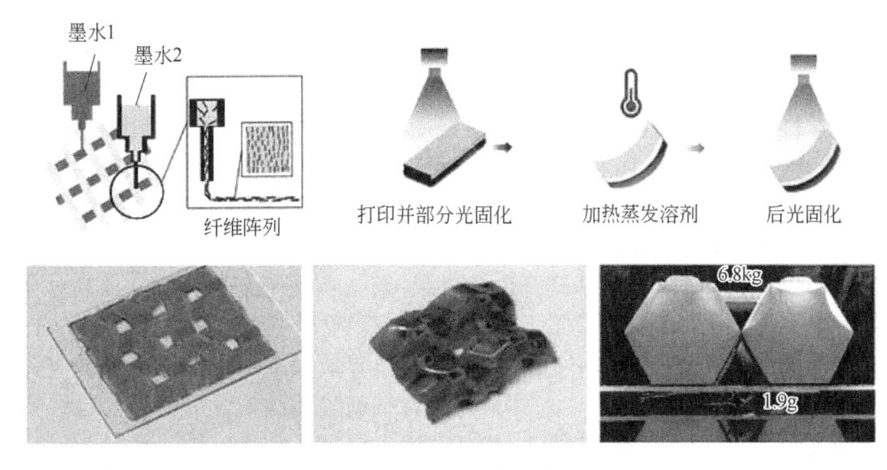

图 8-16　打印及变形过程

8.2 5D 打印

8.2.1 简述与概念

2013 年 2 月，美国人 Skylar Tibbits 提出 4D 打印概念，5 个月后，西安交通大学卢秉恒院士提出了 5D 打印概念。在其发表于 2013 年 7 月 29 日中国信息化周报一篇题为《3D 打印技术发展路线图》的文章中，卢秉恒院士在国际上首次提出，5D 打印的概念就是现在的细胞打印，我们需要的活体、器官可以通过打印的方式实现。随后，他在不同的场合多次对 5D 打印进行描述。所谓 5D 打印，就是随着时间的改变，除了形状发生改变，它的功能还会发生改变。他举例说道，比如打印人体器官，打印好一个框架后在里边复合上我们人体的细胞，在适当的环境下就向不同的组织进行转化，最后就转化成一个自己的器官。5D 打印当然远不止一个概念那样简单：如果说 4D 打印技术是在 3D 的基础上多了一个时间的维度，用智能材料来实现物品的自组装的话，那么 5D 打印则是在此基础上增加了自生长能力，这就不是增加一维，而是 N 维了。

需要指出的是：一，5D 打印仍采用 3D 打印技术设备，但是其打印材料是具有活性功能的细胞和生物因子等具有生命活力的材料，这些生物材料在后续发展中还要发生功能的变化，因此，必须从后续功能出发，在制造的初始阶段就进行全生命周期的设计；二，目前已有的一些所谓自由曲面 5D 制造，是制造技术层面的五轴加工的含义，仍属于 3D 制造，与 5D 打印概念完全不同，不具有科学技术引领作用。

显然，5D 打印将使传统的静态结构和固定性能的制造，向着动态和功能可变的制造发展，突破传统的制造理念，向着结构智能和功能创生方向发展，这将给制造技术、人工智能带来颠覆性的变革发展，将制造的目标产品从非生命体发展成可变形可变性的生命体。该技术在近期可为人体的器官更换和人的健康服务，在远期有望开创制造科学与生命科学的新方向，推动人工智能的划时代发展。

8.2.2 5D 打印的背景

5D 打印的核心是制造具有生命功能的组织，为人类提供可定制化制造的功能器官。人工组织与器官制造技术是世界制造强国的重点支持领域，例如美国《2020 年制造业挑战的展望》中，将生物组织制造作为高新科技的主要方向之一；欧盟委员会《制造业的未来：2015—2020 战略报告》提出，重点发展生物材料和人工假体制造技术，并将生物技术列为支撑制造业未来发展的四大学科之一；日本机械学会技术路线图将微观生物力学促进组织再生确定为 10 个研究方向之一。国内外在个性化人体替代物、薄膜类活性组织等制造领域已实现了部分临床应用与产业化，但在复杂活性组织与器官的工程化制造方面仍面临诸多挑战。目前全球已有超过 300 家专门从事生物 3D 技术研究和开发的机构和公司。其中，美国 Wake Forest 再生医学研究院在生物 3D 领域取得了一系列开创性成果：首次实现干细胞打印并成功分化诱导生成功能性的骨组织；与美国军队再生医学研究所合作，开发出了 3D 皮肤打印机；3D 打印出类似“人造肾脏”的结构体等。此外，国际上已开发出异质集成的血管网络结构、异质集成细胞打印设备，打印出了人颅骨补片、人耳软骨等含细胞异质结构。目前国内已经实现骨骼、牙齿、耳软骨支架、血管结构等的打印，并在临床上进行了初步应用；已经制造出胶质瘤干细胞模型、多细胞异质脑肿瘤纤维模型等。国内的清华大学、西安交通大学、浙江大学、华南理工大学、四川大学、吉林大学等在此方面开展了深入研究，在部分生物制造领域与国际先进水平的差距在不断缩小，甚至少数领域中还处于国际领先地位。

8.2.3 5D打印的关键问题

5D打印是制造技术与生命科学技术的融合，有目的地设计制造与调控是5D打印的核心要点，其主要关键问题包括以下5个方面。

（1）基于功能的生命体结构设计制造

在认识生命体自我生长特性的基础上，需发展细胞和基因尺度的单元原始态和生长过程的结构与功能设计理论。其主要难点包括：一是突破现有的结构设计和力学功能为主的机械设计理论，发展结构、驱动、功能共生和演变的设计方法；二是需要认识细胞和基因在其自繁衍和自我复制过程中的规律，通过这一规律，设计初始状态细胞的组成和结构，使得生命单元按照其自身规律生长；三是开展具有可降解、一定工程强度及在一定环境下可活化、可生长的生命体的材料、制造工艺和工程控制方法研究。

（2）5D打印的生命单元调控方法与活性保持

5D打印中，生命体单元是进行组织生长与发育的基础，单细胞或基因的有机组合是后期功能呈现的核心。制造中需要进行单细胞和基因的微纳尺度的生命单元的堆积，需要研究其堆积的原理以及相互之间的作用关系，通过调节细胞之间的关系，为组织生长和功能再生提供三维空间结构和功能的调控能力。5D打印的最大特点是生命体的功能再生，保证生命体的活性是根本。因此，生命体的制造需要提供与其匹配的培养环境，包括培养液中的养分、氧气与二氧化碳等气氛环境等的调控，形成生物环境与打印工艺的复合。

（3）功能形成机理与构件功能形成

开展不同材料、结构在一定环境下生长为不同组织和功能的细胞/组织的机理研究和工艺创新十分重要。5D打印的初始结构和功能需要在特定环境下发展形成最终功能，其中需要认识功能的形成与设计制造的关系，需要认识功能和多细胞体系随时间推移功能变化的规律，包括细胞互联和相互作用的关系，通过细胞之间的作用，构建能量（肌细胞）释放或者信息（神经元）传递功能，为利用这些功能研发具有多功能的器件提供技术基础。

（4）信息载体与传导组织构建

生命体是可由信息控制的功能组织。动物及人类的神经元担负了这一功能。在5D打印中，需要探究：现有研究采取什么材料和何种结构替代神经的作用，如何通过电或者化学信息来正确传导信息并驱动组织形成其不同的功能。研究神经和类脑组织将有助于建立基于人类自然特征的信息传递组织，进一步向类脑自然组织的人工智能发展。目前人工智能的深度学习是按照模型猜想、数据训练及随时学习积累，甚至采用了生物遗传算法来实现人工智能的功能的，恰如飞机代替了鸟类。将来，类脑会采用5D打印方法把芯片植入再创的器官或者人造器官中，或者学习人脑脑神经的随机互联来制造功能强大的生物芯片，或者采用基因来完全仿制一个具有生物活性的大脑，其中，如何实现人造大脑与人体原器官以及若干人造器官的信息收集、决策控制与驱动等都是有待研究和创新的领域。

（5）多功能器件或组织的制造与功能评价

5D打印技术实现中，需要基于设计、制造和原理的认识，以特定的器官或生物器件为目标，进行系统的结构设计与功能生长设计，认识在生命体单元的发展中，如何调控5D打印的细胞或基因组合，如何控制打印过程中工艺对生命体的损伤，如何调控形成的器官或器件具有的功能以及在细胞生长中的干预和导向；需要认识5D打印与功能形成的关系，对多功能器件或组织的功能进行评价和测定，形成生命体单元—功能设计—无损伤打印—功能生成的研究体系，为研制具有生命体的器官和器件提供技术支撑。

8.2.4 5D 打印的发展方向

5D 打印将使得制造从木材、金属、硅材料等向生命体材料发展，其不再是不可变的结构，而是具有功能再生的器件。在这个过程中需要建立功能引导变革性设计与制造技术，通过学科交叉融合来推动制造技术的发展。西安交通大学机械制造系统工程国家重点实验室针对 5D 打印的发展方向，做了较好的探索工作。

（1）心肌组织的制造

心肌梗死是严重威胁人类生命健康的重大疾病，现有的工程化心肌补片由于缺乏电生理特性，故无法与宿主心肌形成电信号导通，进而实现收缩同步，严重影响梗死心肌的功能恢复。由此需要研究将导电传感功能融入传统心肌组织，通过多材料微纳 3D 打印技术实现导电传感心肌支架的一体化可控制造，为探索心肌梗死的发病机理与治疗提供新手段。该研究成果将推动生物制造研究从传统支架结构制造向智能导电传感支架制造方向发展。

模拟自然心肌组织细胞外基质的微纳米纤维结构，研究了微米/亚微米尺度复合导电纤维多材料静电打印工艺方法。利用熔融静电打印方法制备了直径为 9.5μm±1.5μm 的聚己内酯（PCL）微米纤维；利用溶液静电打印制备了直径为 470nm±76nm 的聚 3,4-乙撑二氧噻吩/聚苯乙烯磺酸盐-聚氧化乙烯（PEDOT：PSS-PEO）导电纤维。PEDOT：PSS-PEO 亚微米导电纤维具有良好的导电性，其电导率为 1.72×10^3S/m。通过层层累积的方法，制备了多层复合支架，包含多层不同取向的微米纤维支架和微米/亚微米导电支架，如图 8-17 所示。该多层复合支架在纤维方向具有良好的力学性能，其弹性模量约为 13.0MPa。多层复合支架导电性的测量结果表明，PEDOT：PSS-PEO 亚微米导电纤维的添加显著增强了支架的导电性，并且，微米/亚微米导电支架在水环境中可以保持稳定的导电性，这为后续的细胞实验奠定了基础。

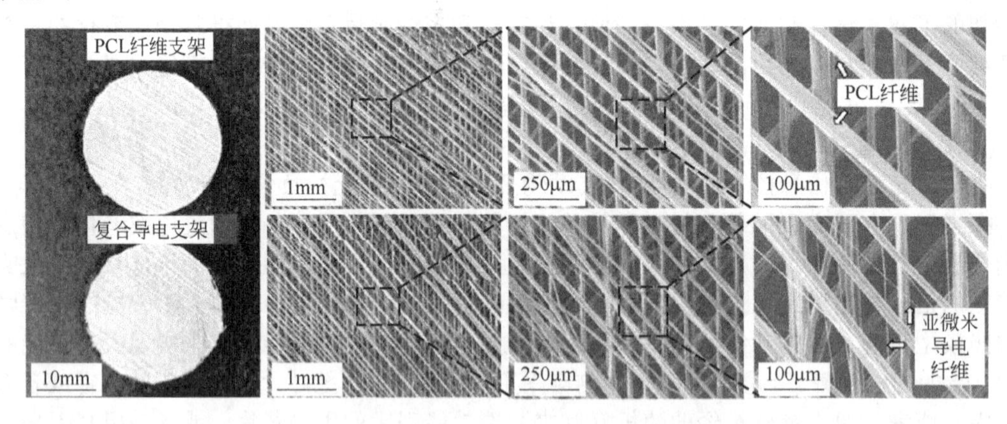

图 8-17 具有多层不同取向的微米纤维支架和微米/亚微米导电支架的多层复合支架

原代心肌细胞是构成心肌组织最重要的细胞，为心脏的收缩和血液流动提供动力。采用上述多层复合支架研究了其对大鼠原代心肌细胞定向生长及同步跳动的影响。复合培养 8 天后发现，原代心肌细胞不仅可以沿微米 PCL 纤维生长，还可以在亚微米 PEDOT：PSS-PEO 导电纤维上生长，形成具有取向性的复杂细胞网络。同时，表达了两种大量的心肌特异性蛋白 α-actinin 和 CX43，而且荧光定量分析表明，在亚微米 PEDOT：PSS-PEO 导电纤维上的表达蛋白量显著高于微米 PCL 纤维，证明了亚微米 PEDOT：PSS-PEO 导电纤维提高了支架的导电性，增强了心肌细胞间电信号传递、特异性蛋白的表达和跳动能力。此外，分层定向的多层复合导电支架更有利于原代心肌细胞的同步跳动。

（2）类脑组织制造

脑科学是当今科学研究重要发展方向之一，也是世界各国间科学竞争的制高点之一。2013年美国总统奥巴马宣布启动脑科学计划（Brain Initiative），欧盟、日本随即予以响应，分别启动欧洲脑计划（The Human Brain Project）以及日本脑计划（Brain/Minds Project）。我国“十三五”规划的 100 个重大项目中，“脑科学与类脑研究”列第四位。世界卫生组织的统计数据表明，脑疾病（如帕金森病、阿尔茨海默病、自闭症、抑郁症等）给全球社会造成的负担已超过心血管疾病和癌症。由于对其发病机制的认识有限，几乎所有的病例都缺乏有效的治疗。在脑科学及脑疾病的研究中，作为研究对象的人脑组织供体缺乏成为其主要的瓶颈，并且动物脑组织无法完全表征人脑组织特征，因此，体外构建接近自然人脑组织的模型是脑科学发展的必然需求。脑组织中的神经元功能与信号发生和交换是形成思维功能的基础，其内部细胞的排列及它们在皮质各层内的类型和密度是大脑皮质分区功能的基础，从“认识脑”到“创造脑”是发展类脑计算机的方向，在体外对脑组织进行形态和功能构建取决于对目标功能部位所对应的神经元类型、构筑结构及神经元组合的仿生设计和精确制造，是生物类脑功能 5D 打印应该发展的前瞻性方向。

在类脑组织体外构建的设备研发方面，设计并搭建了细胞打印/培养一体化系统，可同时实现多种细胞和基质成分的打印，其中打印头打印速度 100～1000mL/min，*X-Y* 工作台移动精度不高于 20μm，可打印组织层厚 100～300μm，打印腔室温度保持为 37℃±1℃，氧气和二氧化碳浓度可调且浓度偏差在±1%以内，为实现多细胞类脑组织体外打印提供了设备平台，如图 8-18 所示。

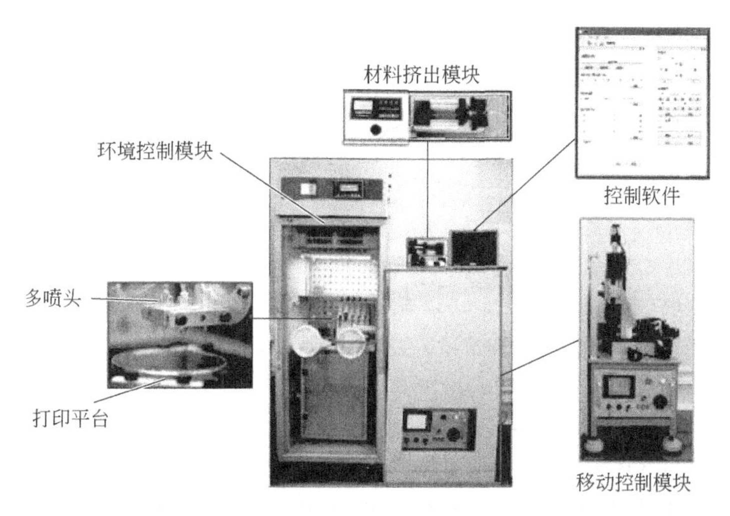

图 8-18　多细胞类脑组织体外打印设备平台

在打印设备的基础上，针对神经元细胞的打印需求，优化了相应的打印工艺参数，实现了包裹大鼠原代神经元细胞的三维活性神经组织的制备，打印后组织的细胞活性在 94%以上。

自然脑组织是由以神经元和神经胶质为主的两类神经细胞组成的。利用上述设备平台构建了单纯神经元组织、神经元和胶质细胞混合组织，以及神经元和胶质细胞以一定的三维空间结构共同存在的组织模型，实现了活性类脑组织神经元和胶质细胞在体外不同方式和空间结构关系下的共培养。研究发现，相对于体外单纯构建的神经元组织，与胶质细胞相邻但分层存在的神经元在体外可以有更接近自然脑组织的形态和生化表达。该模型的构建，从三维层面为神经胶质细胞和神经元共存的组织模型提供了更为接近自然脑组织的解释和研究基础，也为后续脑科学的开展及不同病理药理研究提供了体外模型的基础。

（3）生物机械共生体

现有机器存在能量转化效率低、灵活性低等局限，具有高能量转化效率、本质安全性、运动灵活性的多自由度柔性类生命机器人，是用生命肌肉组织或细胞驱动的生物共生机器的发展方向。为此，需研究类生命机器人多细胞/多材料复合制造方法，为具有生命体和机械体的类生命机器人提供一种从运动功能需求出发，可重复、可定制的快速制造新途径。

① 生命体设计方面，设计了一种用于肌细胞培养分化的负泊松比支架微结构，以提高肌细胞分化程度与肌肉组织的收缩力，并为生命体提供必要的保护及生命维持养分，以利于其长期保持活性。

② 生命体制造方面，采用 3D 打印制造生命体构件，通过实验研究了骨骼肌细胞的生长分化情况。扫描电镜等结果表明，骨骼肌细胞可分化形成成熟的肌纤维，为功能化生命体的构建奠定了基础，同时构建了一种以海蛞蝓为仿生原型的爬行生命机械混合机器人。

③ 生命体功能调控方面，搭建了生命体多场耦合刺激平台，研究了仿生理环境富集刺激（例如电刺激、机械刺激等）对生命体驱动性能的调控作用机制。

④ 有关类生命机器人的驱动性能研究方面，建立了基于二阶弹簧阻尼系统机器人的运动学与动力学模型，利用运动学与动力学实验平台开展了机器人驱动性能检测实验。实验结果表明，在频率 50Hz、电压 1V 的方波脉冲刺激下，机器人能以 2mm/s 的速度向前爬行。

上述研究探索了生命体机器人未来的可能发展方向。

参考文献

[1] Tibbits，Skylar．4D printing：multi-material shape change［J］．Architectural Design，2014，84（1）：116-121.

[2] Tibbits S，Mcknelly C，Olguin C，et al．4D printing and universal transformation［C］．2014.

[3] 张雨萌，李洁，夏进军，张育新．4D 打印技术：工艺、材料及应用［J]，材料导报，2021，35，1：01212-01223.

[4] 李涤尘，刘佳煜，王延杰，等．4D 打印——智能材料的增材制造技术［J］．机电工程技术，2014（5）：9.

[5] 谢建宏，张为公，梁大开．智能材料结构的研究现状及未来发展［J］．材料导报，2006，20（11）：6-9.

[6] 陈莉．高分子新材料丛书：智能高分子材料［M］．北京：化学工业出版社，2005.

[7] 王贺权，曾威，所艳华．现代功能材料性质与制备研究［M］．北京：中国水利水电出版社，2014.

[8] 姜敏，彭少贤，郦华兴．形状记忆聚合物研究现状与发展［J］．现代塑料加工应用，2005，17（2）：4.

[9] 陈光，等．新材料概论［M］．北京：国防工业出版社，2013.

[10] 张骥华．功能材料及其应用［M］．北京：机械工业出版社，2009.

[11] 李敏，黎厚斌．形状记忆材料研究综述［J］．包装学报，2014，6（4）：7.

[12] Lin C，Lv J，Li Y，et al. 4D-printed biodegradable and remotely controllable shape memory occlusion devices[J]. Advanced Functional Materials，2019，29（51）：1906569.

[13] Felton S M，Tolley M T，Onal C D，et al．Robot self-assembly by folding：A printed inchworm robot［C］．2013 IEEE International Conference on Robotics and Automation．IEEE，2013：277-282.

[14]Wang W，Yao L，Cheng C Y，et al. Harnessing the hygroscopic and biofluorescent behaviors of genetically tractable microbial cells to design biohybrid wearables［J］．Science Advances，2017，3（5）：e1601984.

[15] Weng S，Kuang X，Zhang Q，et al. 4D printing of glass fiber-regulated shape shifting structures with high stiffness[J]. ACS Applied Materials & Interfaces，2020.

[16] 李涤尘，贺健康，王玲，等．5D 打印——生物功能组织的制造［J］．中国机械工程，2020，31（1）：7.

[17] Lei Qi，He Jiankang，Li Dichen．Electrohydrody-namic 3D printing of layer-specifically Oriented，multiscale conductive scaffolds for cardiac tissueEngineering［J］．Nanoscale，2019，11 ：15195-15205.

[18] Mao Mao，He Jiankang，Li Zhi，et al. Multi-di-rectional cellular alignment in 3D guided by elec-trohydrodynamically-printed microlattices [J]. ActaBiomaterialia，2020，101：141-151.
[19] Fang A，Li D，Hao Z，et al. Effects of astrocyte on neuronal outgrowth in a layered 3D structure[J]. BioMedical Engineering OnLine，2019，18 (1).
[20] Fang A，Hao Z，Wang L，et al. In vitro model of the glial scar [J]. International Journal of Bioprinting，2019，5 (2)：9.
[21] Sung Jin，Park，Gazzola，et al. Phototactic guidance of a tissue-engineered soft-robotic ray [J]. Science，2016.
[22] Zhang C，Wang W，Xi N，et al. Development and future challenges of bio-syncretic robots [J]. Engineering，2018，4 (4)：12.
[23] Akhtar M U，Gao L，Wen H，et al. Design of a biohybrid robot by mimicking the gait mechanism of Aplysia californica [J]. Procedia CIRP，2020，89：154-158.